Deutsche Texte 50
Herausgegeben von Gotthart Wunberg

Nietzsche und die deutsche Literatur

I. Texte zur Nietzsche-Rezeption 1873–1963

Mit einer Einführung herausgegeben
von BRUNO HILLEBRAND

Deutscher Taschenbuch
Verlag

Max Niemeyer Verlag
Tübingen

CIP-Kurztitelaufnahme der Deutschen Bibliothek

Nietzsche und die deutsche Literatur / mit e. Einf. hrsg. von Bruno Hillebrand. – [München] : Deutscher Taschenbuch-Verlag; Tübingen : Niemeyer.

NE: Hillebrand, Bruno [Hrsg.]

1. Texte zur Nietzsche-Rezeption : 1873–1963. – 1. Aufl. – 1978.
(Deutsche Texte ; 50)
ISBN 3-423-04333-4 (dtv)
ISBN 3-484-19049-3 (Niemeyer)

Satz: Bücherdruck Wenzlaff, Kempten

ISBN Niemeyer 3-484-19049-3 ISSN 0418-9159
ISBN dtv 3-423-04333-4

Inhaltsverzeichnis

Erstdrucke

Vorwort

Eine Textsammlung der literarischen Nietzsche-Rezeption gab es bisher nicht. Die vorliegende Zusammenstellung ist ein erster Versuch, das umfangreiche Material zugänglich zu machen. Angesichts der Fülle des Stoffes kann es sich nur um eine Auswahl handeln. Sie wurde zusammengestellt unter dem Gesichtspunkt typischer Rezeptionsformen zum einen und bedeutender Autoren zum anderen. Das Typische der frühen Wirkung wird in seinem Pro und Contra aufgezeigt. Dabei kommt mancher damals bekannte Autor zur Sprache, der heute vergessen ist. Um das Labyrinth von Namen und Meinungen im ausgehenden 19. und beginnenden 20. Jahrhundert überschaubar zu machen, ist der Sammlung eine Einführung vorangestellt worden. Sie beschäftigt sich zur Hauptsache mit der Nietzsche-Wirkung in den beiden Jahrzehnten vor und nach 1900.[1] Hofmannsthal, George und Rilke wurden dabei herausgehoben aus der Masse der Rezipienten; unter Berücksichtigung der gegenwärtigen Forschungslage wurde ihr jeweiliges Verhältnis zu Nietzsche in kurzen Zügen umrissen. Auch die Marginalien zur späteren Nietzsche-Rezeption, die in der Einleitung sich anschließen, wollen nicht mehr sein als informative Hinweise zu den wichtigen abgedruckten Texten, etwa denen von Heinrich und Thomas Mann, Alfred Döblin, Robert Musil und Gottfried Benn.

Die Abdrucke des vorliegenden Bandes sind chronologisch geordnet. Dadurch stehen die Äußerungen mancher Autoren nicht in einem räumlichen Zusammenhang. Die historische Information war das Prinzip der Zusammenstellung. Die Geschichte der Nietzsche-Wirkung soll im Umriß zutage treten. Darum war die Kürzung vieler Texte unumgänglich. Dem interessierten Leser werden die wichtigen literarischen Zeugnisse leicht zur Hand sein; etwa die Essays von Thomas und Heinrich Mann oder Benn, die Romanstel-

---

1 Eine breitere wissenschaftliche Abhandlung zu diesem Thema liegt bisher nicht vor. Die Rezeptionsforschung zu Nietzsche beginnt im Überblick erst mit einer Abhandlung zum expressionistischen Jahrzehnt. Diese Abhandlung ist abgedruckt im Begleitband, der wichtige Forschungsergebnisse zur Nietzsche-Wirkung zusammenfaßt. Diese Aufsätze zeigen, zusammen mit dem hier vorliegenden ersten Teil der Einführung, ein kritisches Spektrum der Rezeptionsgeschichte von 1890 bis 1950.

len im *Doktor Faustus* oder in Musils *Der Mann ohne Eigenschaften,* die Darstellung von Stefan Zweig u. a. Weniger bekannte Autoren sind schwerer greifbar; in diesen Fällen wird das hier gebotene Material vielfach als Information genügen. Die Bibliographie mag darüber hinaus noch zur Lektüre anregen und einen Eindruck vermitteln von der breiten Spur, die Nietzsches Werk in der deutschen Literatur hinterlassen hat.

Mit Dank verzeichnet der Herausgeber die Tatsache, daß ihm bisher unveröffentlichte Texte von so wichtigen Autoren wie Hofmannsthal und Döblin zur Verfügung gestellt wurden. Im Falle Döblin ist dadurch überhaupt erst die Dokumentation einer intensiven Nietzsche-Beschäftigung gegeben. Der Dank gilt Herrn Dr. Rudolf Hirsch vom Freien Deutschen Hochstift in Frankfurt und Herrn Dr. Werner Volke vom Deutschen Literaturarchiv in Marbach. Mein Dank gilt vor allem Frau Inge Skibba, die bei der Übertragung der Döblin-Handschriften, bei der Bereitstellung des Textmaterials und bei der Erstellung der Bibliographie wertvolle Hilfe geleistet hat.

Bruno Hillebrand

Einführung

Bruno Hillebrand

Frühe Nietzsche-Rezeption in Deutschland

Um 1890 beginnt ebenso plötzlich wie heftig die Auseinandersetzung mit Nietzsche. Dessen Gedanken hatten auch vorher schon zündend gewirkt, aber doch nur vereinzelt und im Umkreis ihm nahestehender Zeitgenossen. Mit steigender Intensität und ohne schöpferische Pause hatte Nietzsche in den 80er Jahren seine Werke publiziert: *Der Wanderer und sein Schatten* (1880), *Morgenröte* (1881), *Die fröhliche Wissenschaft* (1882), *Also sprach Zarathustra* (1883–1885), *Jenseits von Gut und Böse* (1886), *Zur Genealogie der Moral* (1887), *Götzendämmerung* (1889).[1] Das geistige Erlebnismaterial tritt in äußerster Weise verdichtet zutage. Ephemere Daseinsaspekte dringen kaum in das geistige Selbstgespräch ein. Der Monolog drängt zunehmend zur aphoristischen Schärfe. Insgesamt war das Werk ein Magazin von ungeheuerer Sprengkraft. Der Leser war aufs äußerste gefordert. Die geistige Situation der Zeit war von Nietzsche mit einer bis dahin nicht gekannten Rücksichtslosigkeit aufgerissen worden. Die Verzögerung des Begreifens dauerte Jahrzehnte. Erst nach einem halben Jahrhundert war die gründliche Aufarbeitung geleistet, hatte sich die Energie der Initialzündung verzehrt.

1950 hielt Gottfried Benn den Vortrag *Nietzsche – nach fünfzig Jahren.*[2] Das ist ein abschließendes Datum. Insgesamt für die Nietzsche-Rezeption, nicht nur als Dokument Benns. Auch für diesen lag die vehemente Auseinandersetzung zu diesem Zeitpunkt schon über zwanzig Jahre zurück. Im Pathos dieses Vortrags zeigt sich noch einmal die expressionistische Emphase, deren Ende um 1925 anzusetzen ist. Generell läßt sich sagen, daß mit dem Hitler-Regime und

---

1 Geschrieben in diesem Jahrzehnt, aber erst später veröffentlicht: ›Ecce homo‹ (1908), der Nachlaß in zwei Folgen veröffentlicht unter dem Titel ›Wille zur Macht‹ (1901 und 1906).

2 Gottfried Benn: Nietzsche – nach fünfzig Jahren. In: G. B., Ges. Werke. Hrsg. Dieter Wellershoff. Bd. 1. Essays, Reden, Vorträge. Wiesbaden 1959, S. 482–493.

dessen Nietzsche-Verfälschung die langanhaltende Rezeptionsgeschichte abgeschlossen ist.

Gottfried Benn, der sich und seine Generation oft genug von Nietzsches geistigem Einfluß her definiert hatte, sieht deutlich diese Zäsur.[3] Seine *Bedenken gegen Nietzsche* sind letztlich aber nicht gegen diesen gerichtet, sondern gegen dessen Ausbeutung im Sinne des nationalsozialistischen Rassismus und Biologismus. Das ästhetisch-künstlerische Postulat Nietzsches wird nicht angezweifelt. Bis 1950 nicht, als Benn rückblickend zum Thema Nietzsche und die deutsche Literatur noch einmal feststellt: »für meine Generation war er das Erdbeben der Epoche«.[4]

Insgesamt kritischer verhält sich Thomas Mann. Auch er ist ein Kronzeuge für die Endphase dieser Wirkungsgeschichte. Im Unterschied zu Benn distanziert sich Thomas Mann gerade von dem ästhetischen Phänomen und Problem Nietzsche. Thomas Mann sieht Nietzsche historisch, er sieht ihn im Rahmen deutscher Geistesgeschichte. Mitte der vierziger Jahre beschwört er im *Doktor Faustus* Nietzsche und das deutsche Schicksal mit ergreifendem Engagement. Fassungslos und mit Tränen sieht der Erzähler des Romans das infernalische Ende einer geistigen Bewegung, mit der sich Thomas Mann jetzt identifiziert wie nie zuvor. Das ist zugleich der Abschluß seiner lebenslangen Auseinandersetzung mit Nietzsche. Diese hatte ihren Anfang genommen in den letzten Jahren des 19. Jahrhunderts – in den *Buddenbrooks* ist sie schon, wenn auch beiläufig nur, thematisiert. Als Thomas Mann 1897 den Roman zu schreiben begann, lebte Nietzsche noch. Als er 1947 äußerst kritisch *Nietzsche's Philosophie im Lichte unserer Erfahrung* betrachtete, hatte mit dem Ende des 2. Weltkrieges eine neue Epoche begonnen. »In mehr als einem Sinn ist Nietzsche historisch geworden.«[5] Das ist das kritisch abgesicherte Fazit einer sechzigjährigen Rezeptionsgeschichte.

Die Nietzsche-Einwirkung seit 1890 ist ein Stück Geistesgeschichte, vergleichbar in etwa dem Einfluß Rousseaus zu seiner Zeit. Geistesgeschichte gedeutet als Geschichte der Umwandlung geistiger Erfahrungen und Sehweisen.

---

[3] Gottfried Benn: Züchtung II. In: G. B., Ges. Werke. Bd. 1, S. 295–298.

[4] Benn, Nietzsche – nach fünfzig Jahren, a.a.O., S. 483.

[5] Thomas Mann: Nietzsche's Philosophie im Lichte unserer Erfahrung. In: Th. M., Ges. Werke. Bd. IX. Reden und Aufsätze. Frankfurt 1960 (1970), S. 710.

Nietzsches Umwertung ist der Umsturz festgefahrener Perspektiven. Die Art und Weise, Welt zu sehen, zu deuten, zu werten, wird umgestoßen, die Immobilität des Denkens wird gesprengt, Tendenzen geistiger Verhärtung werden attackiert. Das satte Selbstgenügen der positivistisch-materialistisch orientierten Gründerzeit ist aber nur *eine* Motivation von Nietzsches Denken, die andere, »eigentliche« sitzt tiefer, der Anti-Idealismus, dieser metaphysische Kampf Nietzsches gegen ein Entartungsphänomen, das er zutiefst als lebensfeindlich empfand und das er im Platonismus und Christentum zu treffen versuchte. Er kritisierte die Tatsache, daß dort die obersten Werte nicht immanent, also irdisch und lebensbezogen gedacht waren, sondern transzendent, in geistiger Autonomie. Nietzsche verwarf diesen Denkansatz und stellte damit das metaphysische Denken von zwei Jahrtausenden auf den Kopf. Wobei zu beachten ist, daß er das idealistische Denken nicht durch ein materialistisches ersetzen wollte, sondern er wollte den idealistischen Ansatz neu ergründen, im Sinne der frühen Griechen, naturhaft im Sinne Heraklits: der immanente Logos als Steuerungsprinzip der Welt.

Nietzsches Denken ist vom Kern her metaphysisch strukturiert. Das aber haben die Literaten erst später begriffen, beispielhaft wären hier Robert Musil und Gottfried Benn zu nennen. Am Anfang faszinierten die Dichter andere Momente: Nietzsches Vitalismus, insgesamt die Betonung des Lebensaspekts, die Aufbruchstimmung, der Züchtungsgedanke, von Darwin herrührend und im Phantom des *Übermenschen* kulminierend; es faszinierte die mitreißende Sprache, das Pathos, der exorbitante Lebenswille, der sich als Rhythmus des Denkens und Sprechens niederschlug. Die Aphorismen der *Götzendämmerung*, so berichtet der Schriftsteller Wilhelm Weigand, habe er 1889, im Jahr des Erscheinens, gelesen: sie »schlugen wie der Blitz in meine Seele, und aus der knappen Sprache klang mir ein Rhythmus entgegen, den ich noch vor keinem deutschen Buch empfunden hatte«.[6] So ging es vielen. Es war ein Überwältigtwerden durch Sprache, ein Berauschtsein ohne rechtes Begreifen. Nicht George gebühre der Ruhm, der entscheidende Sprachschöpfer und Stilbildner seiner Zeit gewesen zu sein, sagt Weigand rückblickend, »sondern Friedrich Nietzsche war es, der, als Meister eines zauber-

---

6 Wilhelm Weigand: Welt und Weg. Aus meinem Leben. Bonn 1940, S. 14f.

haften Stils, der deutschen Sprache einen ungeahnt neuen Rhythmus verlieh und ganz Europa aufhorchen ließ«.[7]

Im Jahr 1889 erscheint Leo Bergs Studie über Nietzsche,[8] eines der frühesten Dokumente dieser Wirkungsgeschichte, emphatisch und affirmativ auf der ganzen Linie. Auch hier ist Nietzsches Sprache der Hauptanknüpfungspunkt: die *Geburt der Tragödie* fasziniere durch die »Schönheit ihrer Diktion«, man werde unwillkürlich an Platons Sprache erinnert. »Eine so durchgeistigte, eine so bilderreiche und anschauliche und zugleich so abgerundete und klare Sprache findet man nicht bald wieder in irgend einem deutschen Buche.«[9] Der *Zarathustra* atme »eine Glut der Empfindungen, wie nur wenige Dichtwerke von heute«.[10] *Jenseits von Gut und Böse* und *Zur Genealogie der Moral* seien die reifsten von Nietzsches Schriften, virtuos der Stil, virtuoser als bei Heine, »schärfer, durchgeistigter und schneidender«. Insgesamt seien Nietzsches Schriften vergleichbar mit der Flamme in einer Eisschale. »Man mag einst über Nietzsche denken, wie man will, über den Schriftsteller in ihm wird es bald keinen Zweifel mehr geben. Er ist der größte Virtuos der deutschen Sprache.« Diese Prognose hat sich bewahrheitet; über den Stilisten, den Sprachartisten Nietzsche haben sich die Literaten bald verständigt – das hielt an, bis 1950 Gottfried Benn noch einmal sagte: »seit Luther das größte deutsche Sprachgenie«.[11] Über den Denker Nietzsche war Einigung nicht so schnell zu finden; verstanden haben ihn nur wenige Literaten der Zeit um 1900. Auch das hat der heute fast vergessene Naturalist Leo Berg, der die Epochenbezeichnung »Die Moderne« mitprägte, vorausgesagt: daß die Zeit für Nietzsche noch nicht gekommen sei.[12] Das war 1889 – Nietzsche hat den vehementen Beginn seines Ruhms nicht mehr mit klarem Bewußtsein wahrgenommen – in den Januartagen dieses Jahres erfolgte der geistige Zusammenbruch in Turin.

Ein Jahr vorher allerdings hat er noch erlebt, wie an der Universität Kopenhagen Georg Brandes seine Vorträge »über den deut-

---

[7] Weigand, a.a.O., S. 244.

[8] Leo Berg: Friedrich Nietzsche. Studie. In: Deutschland Nr. 9. Berlin 1889, S. 148f., 168ff.

[9] Berg, a.a.O., S. 148.

[10] Berg, a.a.O., S. 149.

[11] Benn, Nietzsche – nach fünfzig Jahren, a.a.O., S. 483.

[12] Berg, a.a.O., S. 170.

schen Philosophen Friedrich Nietzsche« hielt. Auch die Aufnahme in Falckenbergs weitverbreiteter »Geschichte der neueren Philosophie«[13] (1886) hatte ihm in den letzten Jahren noch Bestätigung gegeben. Gemessen aber an der Ablehnung, an aller Verhöhnung, an all dem Spott, den er Zeit seines Schaffens ertragen mußte, war das Aufkommen des Erfolgs nur ein schwacher Lichtblick. Erspart blieb ihm andererseits, den Mißbrauch seiner Gedanken länger mitansehen zu müssen. Die Verfälschung etwa ins Antisemitische wie in Hermann Conradis Roman *Adam Mensch*[14] (1889) oder den bald einsetzenden trivialen Übermenschenkult, der vielfach einem infantilen Verhalten zur Rechtfertigung diente. – Nietzsches eigene Generation hat mehr zum Mißverständnis seiner Schriften als zu deren Verständnis beigetragen. Eine Figur wie Georg Brandes oder die Publikationen der Zeitschrift »Freie Bühne«, die programmatisch seit 1890 zum Thema Nietzsche erscheinen, ragen aus der flachen Kulturlandschaft dieser Jahre hervor.

Die Generation der von Nietzsche maßgeblich beeinflußten Literaten war um diese Zeit soeben erst geboren, etwa Sorge (1892), Heym (1887), Benn (1886), Stadler (1883), Stefan Zweig (1881), Musil (1880), oder steckte noch in den Kinderschuhen wie Sternheim, Kaiser, Döblin (alle geboren 1878), Hesse (1877), Rilke und Thomas Mann (1875), Hofmannsthal (1874), Heinrich Mann (1871), George (1868). Sie alle wuchsen als Kinder heran in den Jahren, als Nietzsche seine Werke schrieb – die Atmosphäre ihrer Elternhäuser war die Welt, gegen die sich Nietzsche behaupten mußte, die er floh, mit der ihn nichts verband als traumatische Fesseln. Sie wurden ausgebildet an Schulen und Universitäten, die vom Gründergeist geprägt waren: gewinnmaterialistisch, utilitaristisch-optimistisch, nationalistisch. Sie alle glaubten zu ersticken in dieser Luft. Nietzsche, der Europäer, verkörperte für sie die Befreiung von solcher Enge; die zunehmende Ungebundenheit seines Lebens, die Bedingungslosigkeit seines Denkens sahen sie wie ein Leuchtfeuer. Nietzsche gab ihnen Selbstbewußtsein, Mut zur Eigeninitiative in einer von Vätern hart regierten Welt, er setzte Energien frei – auch wenn sich diese zunächst nur rhetorisch anwenden ließen. Man las

---

[13] Richard Falckenberg: Geschichte der neueren Philosophie von Nikolaus von Kues bis zur Gegenwart. Im Grundriß dargestellt. Leipzig 1886, S. 422f.

[14] Hermann Conradi: Adam Mensch. Leipzig (Verlag Wilhelm Friedrich) 1889.

Nietzsche meist schon in jungen Jahren.[15] Nietzsche stachelte diese Jugend mit den Wörtern »Genie«, »Instinkt«, »Heros«, er proklamierte die Zweckfreiheit des Lebens, verherrlichte dessen rauschhaftimmanente Steigerungsfähigkeit. Er führte ein Leben außerhalb der Gesellschaft – um so eindrucksvoller, als er die glänzende, früh ihn verwöhnende Karriere ebenso aufgab wie die beneidete Freundschaft mit dem prominenten Richard Wagner. Das alles machte Eindruck auf die jungen Literaten um 1900, bestätigte ihren Individualtrieb, ihren Drang zum antibürgerlichen Abseits, zur exzentrischen Profilierung. Das aufkommende Massenzeitalter hatte parallel zu den Symptomen der Anonymität, der Auslöschung des Ich, des subalternen Funktionierens, der sozialen Verelendung die Gegenhaltung hervorgebracht. Das Herausspringen aus festgelegten, scheinbar geordneten Gesellschaftsverhältnissen war aber nur die äußere Demonstration einer inneren Ruhelosigkeit, die sich ständig steigerte, bis in die Jahre vor dem Ersten Weltkrieg.

Nietzsche hatte seismographisch die Bewegung seiner Zeit erfaßt, er registrierte den Erdrutsch, der dem Bürgertum den Boden entzog – zu einer Zeit, als sich dieses Bürgertum sicher fühlte wie nie zuvor. Er decouvrierte die bürgerliche Moral, klopfte an die hohlen Statusformen, deckte brutal das wertlose Fundament dieser Gesellschaft auf. Er tat das nicht materialistisch auf Kollektivinteressen ausgerichtet, er tat das idealistisch in dem Glauben an die Individualstruktur des Menschen. Sein Kampf galt den aufgeblasenen Pseudo-Idealen einer ideenlosen Gesellschaftsschicht. Darum hingen an ihm von Anfang an die rebellierenden Söhne des Bürgertums, die Renegaten, vielfach von jenem Milieu geprägt, gegen das sie vorgingen. Gemeint ist nicht die Generation der Brüder Mann und der späteren Expressionisten, angesprochen sind Literaten wie Heinrich und Julius Hart, Hermann Conradi, Michael Georg Conrad, Otto Erich Hartleben, Franz Evers (der Erfinder des »Überweibs«), Adolf Wilbrandt u. a. Falsche Romantik spukte in den Köpfen dieser Literaten, nicht anders als im praktischen Bereich des bürgerlichen Lebens. »Unter den jungen Dichtern grassierte die Kraftmeierei. Ihr überspanntes Selbstgefühl, das für den echten Egoismus

[15] Hofmannsthal lernt ihn mit 16 oder 17 kennen (1891); Rilke mit 20 Jahren (1895); George mit 24 (1892); Dehmel mit 27 (1890); Thomas Mann mit 20 (1895); Heinrich Mann mit 20 (1891); Musil mit 18 (1898) – um nur auszugsweise Zahlen zu nennen.

noch nicht reif war (!), ließ sie sich fühlen als Übermenschen und Halbgötter. Jeder junge Gott und Tor glaubte sich nun berufen, der ganzen Welt seinen Trotz ins Gesicht zu speien. Jede Liebesnacht wurde den jungen Stürmern, die nach Leben lechzten, zu einer mystischen Offenbarung, die Dirne wurde aus purstem Idealismus zur Göttin erhöht. Es war für alle ausgemacht ... daß jeder eine Persönlichkeit war. Wozu den Übermenschen in eine ferne Zukunft versetzen, wie Nietzsche das tat ... Nietzsche selbst wurde zu einem Mythos, zum Heros und Weltenschöpfer. Man drängt zu ihm, man betet ihn an, läßt Weihgesänge zu ihm aufsteigen. Er selbst aber führte bereits ein freudlos stumpfes Dasein in der Nacht des Wahnsinns.«[16]

Die Auflehnung der frühen Nietzsche-Adepten zeigt mit perspektivischer Verzerrung das Spiegelbild der bürgerlichen Szenerie vor und nach 1890. Nietzsche war im Munde der falschen Propheten. »Sein Publikum ist das Bürgerthum der Decadence«, so beginnt 1890 Paul Ernst, damals noch Marxist, seinen Angriff gegen Nietzsche in der »Freien Bühne«.[17] Aus sozialengagierter Sicht gibt es, ganz folgerichtig, kein Pardon: alles ist Phrase bei Nietzsche: »dicke, geschwollene Phrase«. »Nietzsche ist ja jetzt auf dem besten Wege, Modephilosoph zu werden.« Er ist »ein Weltverbesserer von der Sorte, wie wir sie jetzt auf allen Straßen finden«.[18] Die Propagierung der Herrenmoral kann für den praktizierenden Sozialdemokraten Paul Ernst nur die gewollte Stabilisation des Kapitalismus bedeuten. Ganz anders sieht Joseph Diner zur selben Zeit in derselben Zeitschrift das Phänomen Nietzsche[19]: »ein originaler Denker«, dessen Schriften gekennzeichnet sind von einer »rücksichtslosen Wahrheit« – »ein Seher« – »ein wahrhaft begnadeter Dichter«, Schöpfer einer lebendigen, musikalischen Sprache.[20] In Diners Ausführungen steckt aber auch schon das Mißverständnis

16 Hans F. Landsberg: Friedrich Nietzsche und die deutsche Literatur. Leipzig 1902, S. 89f.

17 Paul Ernst: Friedrich Nietzsche. Seine Philosophie. In: Freie Bühne 1 (1890), S. 516.

18 Ernst, a.a.O., S. 518.

19 Mit Diners Aufsatz ›Friedrich Nietzsche. Ein Dichterphilosoph‹ eröffnete die »Freie Bühne« im 1. Jg. 1890 eine Reihe von Publikationen über Nietzsche.

20 Joseph Diner: Friedrich Nietzsche. Ein Dichterphilosoph. In: Freie Bühne 1 (1890), S. 369.

der frühen Nietzsche-Rezeption: der Optimismus, als ob jetzt alles besser würde, der Fortschrittswahn des naturwissenschaftlichen Positivismus: daß Nietzsche »vollkommen übereinstimmt mit den neueren naturwissenschaftlichen Entdeckungen«.[21] Dieser verhängnisvolle Glaube einer materialistischen Ideologie hängt wesensmäßig zusammen mit prosperitivem Gründerdenken, mit Nationalismus, Rassenwahn, insgesamt mit dem Hochmut einer Zeit, die Quantität statt Qualität setzt. »Die Lehren Darwins und Haeckels führen in letzter Consequenz ebenfalls zum Übermenschen.«[22]

Nietzsches Terminologie legte infolge einer biologistischen No-

---

[21] Diner, a.a.O., S. 371.

[22] Vierzehn Jahre später erst, also 1904, hat Samuel Lublinski als erster die realpolitischen Hintergründe aufgezeigt (Die Bilanz der Moderne. Vgl. Kap. I, 1: Geistige Struktur um 1890). Darwin, sagt er, wurde nicht wissenschaftlich, sondern mythologisch aufgegriffen – und zwar ausschließlich aus Gründen der Herrschaftsstabilisation; nicht nur von der Bourgeoisie, dem Großkapital, das sich auf Höherentwicklung durch Tüchtigkeit berief, sondern auch von den Konservativen, die im Schatten Bismarcks ihre Junkerprivilegien verteidigten mittels Rassen- und Züchtungsideologie: nämlich höher geboren, weil höher entwickelt zu sein. Die Basis materieller Verteidigung durch Schutzzölle (zum Schutz der eigenen Agrarprodukte) wurde mythisch überhöht durch Cherusker- und Nibelungenwahn. »Auch Fürst Bismarck gehörte ... zu den Nibelungenenkeln ... man half sich, wie es ging, und ließ sich das Schlagwort *Kampf ums Dasein* nicht entgehen. Wir sind Tiere, wir zerfleischen uns, das stärkere Raubtier siegt über das schwächere, und die *blonde Bestie* ist stärker als alle anderen Bestien zusammengenommen. So war also die Verbindungslinie von Hermann dem Cherusker zu Charles Darwin glücklich hergestellt ...« (S. 21f.). Der Landadel berief sich auf ein verschöntes Mittelalter, wenn es um Herrschaftsansprüche gegen das Kapital ging; im übrigen pochte man gegenüber der Welt auf Herrschaftsanspruch kraft Ariertum. Die Deutschen also in der »Maske von Ariern und Nibelungenenkeln« (S. 24). Wagner und Schopenhauer stabilisierten geistig-künstlerisch diesen Wahn. »Er verflog beim ersten Hahnenschrei Friedrich Nietzsches ...“ (S. 41). 1910 folgt abschließend noch einmal eine kritisch-analytische Auseinandersetzung mit den fehlverstandenen Leitbegriffen Nietzsches (vgl. Lublinski, Zehn Jahre nach Nietzsche. In: S. L., Nachgelassene Schriften. München 1914, S. 367. Zuerst in: Die Propyläen Nr. 39 und 40, 1910). Daß der Darwinismus Nietzsche nur »als Gleichnis gedient« habe, wird hier klar herausgestellt (S. 368). Aber auch, daß Nietzsche mit dem Gedanken der »Züchtung« die positivistischen Instinkte der Jugend von 1890 angesprochen habe (S. 368).

menklatur derartige Mißverständnisse nahe. Daß sein Denken qualitativ *gegen* die Zeit gerichtet war, hat damals kaum jemand gesehen. Man las nicht sehr aufmerksam, man war schnell begeistert, »berauscht« von der Psychologie,[23] mitgerissen von der Dynamik der Formulierungen, der Forschheit der Begriffe (Raubtierinstinkt, Blonde Bestie, Sklaven- und Herrenmoral, Übermensch usw.), man las das Wort Krieg im Sinne von 1870/71 (ganz gegen Nietzsches Urteil), und man fühlte sich durch einen mißverstandenen Immoralismus animiert zur Promiskuität. Die Dimension von Nietzsches Philosophie blieb im Dunkeln, man bewegte sich auf der platten Bühne egoistischer Luststeigerung. Man sah nicht die Widersprüchlichkeit in Nietzsches Denken, den Widerspruch als Denk-Prinzip, das Nicht-Festgelegte, den Widerstand gegen jede verkürzte Definition des Menschen, sei sie idealistisch oder materialistisch. Man nahm Nietzsche wörtlich. Man zitierte ihn nach Belieben. Man sah nicht einmal die biographischen Tatsachen, man projizierte auch dahinein noch die eigenen Wunschdeutungen. »In rhythmischem Schritte kommt er daher, mit heiterem Lächeln auf den Lippen und aus den Augen strahlt ihm reine Lebenslust.«[24]

An diesem Gegenbild seiner selbst trägt Nietzsche zum Teil selber die Schuld. Der *Zarathustra* ist eine Fundgrube manierierter Bilder, ist auch Signum des Ungeschmacks der Zeit. Arno Holz nannte ihn schon früh einen »Salontiroler«,[25] Thomas Mann sehr spät noch einen »Unhold«, gesicht- und gestaltlos, pure Rhetorik, eine »Unfigur«, voll erregten Wortwitzes, gequält in der Stimme, hilflos in seiner Grandezza, rührend und peinlich.[26] – Den Denkansatz, der hinter diesem skurrilen Machwerk steht, sah man um 1890 noch nicht: die Selbstbewußtwerdung des Menschen im Sinne äußerster Verantwortung. Verantwortung für sich selbst und für die Erde, die eine götterlose geworden war. »›*Tot sind alle Götter: nun wollen wir, daß der Übermensch lebe*‹ – dies sei einst am großen Mittage unser letzter Wille! –.«[27]

---

23 Stanisław Przybyszewski: Zur Psychologie des Individuums. I. Chopin und Nietzsche. Berlin 1896, S. 44.

24 Diner, a.a.O., S. 370.

25 Arno Holz: Evolution der Lyrik. In: Das Werk von Arno Holz. Erste Ausgabe mit Einführungen von Dr. Hans W. Fischer. Bd. 10. Berlin 1925, S. 533.

26 Th. Mann: Nietzsche's Philosophie, a.a.O., S. 683.

27 Zarathustra, 1, 22, Ende des 1. Buches.

Der große Mittag ist die ausstehende Bewußtwerdung der metaphysischen Verantwortung des Menschen. Die etablierte Moral ist unzureichend für die große Aufgabe – der Mensch hat noch nicht gelernt, Herr seiner selbst zu sein. Der metaphysische Sinnhorizont, der ihn früher umstellte mit Werten, ist zusammengebrochen: das Kraftfeld des Mythos und das Kraftfeld der Religion. Der Aufruf Zarathustras »Werde, der du bist!« (4,1) muß zusammengedacht werden mit der Entfremdung von Natur, die das Wesen des neuzeitlichen Menschen ausmacht. Der Mensch ist aus dem Lebensprozeß als einem intuitiven Vollzug herausgefallen. Der Übermensch muß den verlorenen Zustand auf bewußter Stufe selbst leisten. Das heißt: »über sich hinaus zu schaffen« – das »schaffende Selbst« (1,4) vollzieht den irdischen Auftrag. Der Übermensch »redet vom Sinn der Erde« (1,3). Die historische Situation wird als geistige verstanden: »An der Erde zu freveln ist jetzt das Furchtbarste ...« (Vorrede) – denn nichts Höheres gibt es für den Menschen als diese Erde, als den Lebens-Willen. Es gibt nicht mehr die übersinnliche Welt, die einst Sinn setzte. Zarathustra beschwört: »bleibt der Erde treu« – es ist Zeit, »daß der Mensch sich selbst sein Ziel stecke« (Vorrede). Aber nicht im Sinne von technischer Ausbeutung, egoistischer Weltzerstörung. Gerechte Weltherrschaft basiert auf Selbstbeherrschung des Menschen.

Die Literaten haben von diesem Aufruf, der immer noch Zukunft ist, zunächst nichts verstanden. Zarathustras Wort: »Noch hat die Menschheit kein Ziel« blieb ihnen dunkel. Die ersten zehn Jahre der Nietzsche-Rezeption sind voller Mißverständnis, und sicher ist eine so fundamentale Kritik wie die von Paul Ernst am Anfang des Jahrzehnts förderlicher und klärender gewesen als das gemütvolle Umranken der Figur Nietzsches mit »Heilands-Glorie«, mit »Übermenschen-Schöne«, mit »Sphären-Harmonien«, wie es 1899 symptomatisch in Michael Georg Conrads *Zarathustra*-Gedicht geschieht.[28] Die Verkitschung des Leids mittels »Golgatha«-Schwärmereien richtete sich tiefer als alle Angriffe gegen Nietzsche. Das Mißverständnis hatte schon Tradition, Hermann Conradi hatte den *Triumph des Uebermenschen*[29] schon unter diesem Zeichen gefeiert: »Golgathas

---

[28] Michael Georg Conrad: Zarathustra. In: M. G. C., Salve Regina. Berlin und Leipzig 1899, S. 95.

[29] Hermann Conradi: Triumph des Uebermenschen. In: H. C., Ges. Schriften. Bd. 1. München und Leipzig 1911, S. 195.

blutrotes Schmerzenskleid.« Sentimentalität war die rosa Kehrseite des brutalen, erfolgsegoistischen 19. Jahrhunderts.

Aus Conrads Feder stammt auch das Produkt *In purpurner Finsterniß* (1895).[30] – Nach furchtbaren Kriegs-Verheerungen Ende des 20. Jahrhunderts lebt das Volk des Landes Teuta unterirdisch, ist über alle Natur hinaus in einem Zustand perfekter Mechanik und Mystik. Man verehrt den Märtyrer »Zarathustra-Nietzischki« als Nationalheiligen, feiert das »Zarathustra-Fest«. Zu Lebzeiten mußte er sich im Wahnsinn verbergen, erst 500 Jahre nach seinem Tode wurde er anerkannt. Als er gestorben war, hörte man noch 50 Jahre seine Stimme aus dem Grabe murmeln, darüber am Tage seine Gestalt als dunkler Schatten, in der Nacht als Lichtschein zu sehen war. Der Name Nietzischki darf in Teuta nur einmal im Jahr öffentlich ausgesprochen werden.

Im selben Jahr erschien von Adolf Wilbrandt der Roman *Die Osterinsel.*[31] Ein Dr. Adler (Zarathustras Wappentier!) sieht sich in einem Wachtraum als Phönix aus der Asche steigen, und nun verfolgt er »die Heranzüchtung des Vollmenschen«, will dies auf den Osterinseln bewerkstelligen, wird aber an die Sozialisten verraten. Mit den »Gleichmachern, den Kleinmachern« will dieser Dr. Adler aber nichts zu schaffen haben. Nicht Kommunismus sei sein Ziel, sondern »eine neue Aristokratie der Menschheit«. Er stirbt, die Hinterbliebenen trösten sich: »Uns bleibt am Ende nichts als die *innere* Osterinsel; – *wenig*, Fräulein Malwine. Aber was will der Mensch!«[32] – Der Roman erreichte fünf Auflagen (bis 1908); erschienen war er in dem renommierten Verlag Cotta.

Bekannter als Wilbrandt und Conrad ist heute wohl Paul Heyse, Nobelpreisträger von 1910. Er veröffentlichte im selben Jahr 1895 den Roman *Über allen Gipfeln.*[33] – In einem Duodezfürstentum entfacht ein heimgekehrter Legationsrat die Moraldiskussion und vertritt die in aller Welt verbreitete Auffassung, der wahre Mensch stehe jenseits von Gut und Böse. Neu sei das eben nicht, meint ironisch der Minister des Landes, jener unglückliche Mensch (es fällt auch der Name Nietzsche im Buch), der dies verkündet habe und

---

30 Michael Georg Conrad: In purpurner Finsterniß. Roman-Improvisation aus dem dreißigsten Jahrhundert. Berlin 1895.

31 Adolf Wilbrandt: Die Osterinsel. Roman. [5] Stuttgart und Berlin 1908.

32 Wilbrandt, a.a.O., S. 425, 431.

33 Paul Heyse: Über allen Gipfeln. Berlin 1895.

jetzt »in geistiger Umnachtung« ausruhe, habe die Gesellschaft nur wieder daran erinnert. Aber man möge die Untertanen mit der Moral der »blonden Bestie« nicht erschrecken, es sei genug, wenn man politisch danach handele. Dem sonst erfolgreichen Legationsrat jedoch fehlt das Talent zum Übermenschen »des Herrn Nietzsche« – er verschmäht die Neigung der ebenso heißblütigen wie schönen Landesfürstin und heiratet die »tugendstolze« Freundin Lena. Das deutsche Butzenscheibengemüt hat wieder einmal gesiegt. Das »intime Tete-a-tete« mit Ihrer Durchlaucht ist harmlos und gibt der Bürgerphantasie pikante Würze – daß ein Mensch »nur für eine kurze Frist der wahnwitzigen Verblendung anheimfallen konnte, jenseits von Gut und Böse zu stehen«,[34] in solch seichter Moralauffassung versickerte das Denken Nietzsches bei Paul Heyse. Auch dieser Roman ging bis 1899 in die 10. Auflage.

Der Weg Nietzsches ins Bewußtsein breiter Leserschichten ist hier zu suchen, nicht führte er durch die anstrengende Lektüre von Nietzsches Schriften. Überhaupt waren Schlagworte die Vehikel jener allgemeinen Rezeption, die sich öffentlich als Boheme oder Rabaukentum darstellte. Alberne Künstlerallüren und dummer Hochmut bestimmten die Szene des Literaturjahrmarktes. Michael Georg Conrad dünkt sich davon weit entfernt, er spricht verächtlich von »gigerlhaftem Zarathustra-Affentum«, von jenem hybriden »Übermenschentum«, das sich in nichts anderem darstellt, als in »Kleidung und Haltung, Mienen und Gebärden«.[35] Conrad sagt das im selben Jahr, als sein »Nietzischki«-Roman erscheint. Ein Jahr später persifliert Arno Holz in seiner Komödie *Sozialaristokraten* die geistlose Anmaßung der Zeit. Ein Dr. Gehrke, Schriftsteller, »urgermanischer Typus ... zwischen Waldmensch und Oberlehrer«, selbstbewußt, herablassend, setzt sich deutlich von »den verworrenen Jüngern eines Nietzsche« ab. »Leutchen, die ihre zufällige Individualität in Gänsefüßchen mit einer gewissen Naivität heute in den Vordergrund zu stellen belieben.« Sein Ideal sei nicht »der bloße sogenannte Übermensch, sondern, wohlgemerkt, die Übermenschheit! Ein Ideal, dessen erstmalige Schöpfung mein geistiges

---

34 Heyse, Über allen Gipfeln. In: P. H., Ges. Werke. 2, II. Stuttgart, Berlin-Grunewald 1924, S. 61, 188, 181, 219.

35 Michael Georg Conrad: Der Übermensch in der Politik. Betrachtungen über die Reichszustände am Ende des Jahrhunderts. Stuttgart 1895, S. 25f.

Eigentum ist.«[36] Die Banalisierung Nietzsches geht durch alle Zonen, von der literarischen Trivialisierung bis zur Gassen-Rüpelei, wie Leo Berg berichtet: »Nachdem Nietzsche aber sein Zauberwort ausgesprochen hatte, war in Deutschland plötzlich alles Übermensch ... Man machte Schulden, verführte Mädchen und besoff sich, alles zum Ruhme Zarathustras.«[37]

Später handelte man politisch kriminell im Namen Nietzsches. Der faschistische Mißbrauch Nietzsches ist in der aufgezeigten Linie zu sehen. Weder am Anfang von privategoistischer noch später von machtkollektiver Seite her wurde der Aufruf Zarathustras verstanden: der Übermensch sei der Sinn der Erde. Materialistisch und ideologisch wurde mißdeutet, was eine Metapher war für menschliche Sinnfülle, für das Bewußtsein, aus menschlicher Geistesgeschichte die konstruktive, verantwortete Summe zu ziehen. Aufzubrechen nach neuen Ufern, zu wagen den utopischen Entwurf. Pfeile der Sehnsucht, heißt es im *Zarathustra,* sollten vorauseilen dem Menschen, damit er in gerechter Weise zu eigener Machtfülle gelange. Diese aber ist jenseits aller Willkür und Ausbeutung gedacht. Es geht um Selbstverwirklichung des Menschen, um äußerste Selbstverantwortung.

Die Nietzsche-Rezeption beginnt mit trivialer Verfälschung; die philosophischen Grundaspekte bleiben unerkannt. Neben der Fehldeutung des Übermenschen steht die Verkennung von Ästhetik als Genuß: »daß Nietzsche immer nur in erster Linie ästhetisch aufgefaßt, genossen – eben genossen! – werden wolle und müsse.« Das ist nicht nur die private Auffassung des neuromantischen Dichters Otto Erich Hartleben,[38] er versucht dieses Mißverständnis auch sei-

---

36 Arno Holz: Sozialaristokraten. In: A. H., Werke Bd. IV. Hrsg. W. Emrich und A. Holz. Neuwied, Berlin 1961, S. 55. – Die sozialpsychologische Seite des Phänomens läßt sich heute klarer sehen. Man war Künstler, um sich über den Ständen etablieren zu können. Man gab sich geistig-*aristokratisch,* weil es anders keine Chance gab, als aristokratisch zu gelten. Die gesamte Intelligenz damals steckte in dieser Situation, auch wenn sie über den hybriden Künstleraristokratismus lästerte.

37 Leo Berg: Der Übermensch in der modernen Litteratur. Ein Kapitel zur Geistesgeschichte des 19. Jahrhunderts. München 1897, vgl. S. 216ff. Ein Katalog literarischer Namen verweist auf die Rezeptionsbreite allein dieses Schlagworts.

38 Otto Erich Hartleben: Tagebuch. Fragment eines Lebens. München 1906, S. 118.

nen literarischen Kollegen Arno Holz und Johannes Schlaf in geselliger Runde zu soufflieren. Der »Menschenclub«, in dem dies vorgetragen wurde, war nach Hartleben »eine freie Gruppierung der isolierten ›Menschen‹ beim Biere«. Auch im »Genie-Klub«, federführend waren die literarischen Brüder Heinrich und Julius Hart, wurde im Namen Nietzsches palavert; Teilnehmer u.a. Gerhart Hauptmann, Arno Holz, Johannes Schlaf, Bruno Wille. Nietzsche rangierte gleichwertig neben Spiritismus und Theosophie. Der Kreis um Dehmel, bestehend aus den Brüdern Hart, Liliencron, Otto Julius Bierbaum, Holz, Schlaf, Wilhelm Bölsche u. a., drängte im Zeichen Nietzsches über den engen Rahmen des Naturalismus, des Pessimismus und thematischen Sozialismus hinaus. »Man hatte sie satt, übersatt, die graue Nüchternheit und Elendsliteratur, die engbrüstige Moral der Massenprediger, den herrschenden Rationalismus und die herrschende Politisiererei.«[39] Die Worte Lebensfreude, Ausleben, Sinnlichkeit, Freiheit wurden im Namen Nietzsches beschworen. Ein Leben in Schönheit, die neue Renaissance eines »kunstfreudigen Heidentums« – so wurde Nietzsche banalisiert. Ästhetik als Genuß, als geistige Delikatesse, als Beschäftigung der Unbeschäftigten hat auf lange Zeit den philosophischen Zugang zum Kern von Nietzsches Denken versperrt. Auch romanhafte Schwärmereien, wie die der Gräfin zu Reventlow, waren dem philosophischen Verständnis des *Zarathustra* nicht eben förderlich. Die Szene in *Ellen Olestjerne* hat autobiographische Hintergründe und spielt im Lübeck des Jahres 1888.[40]

Detlev von Liliencrons Begeisterung von 1889,[41] »er war der geistig höchst stehende Deutsche«, ist freundlich gemeint, steht aber auf schwachen Füßen, denn viel von Nietzsche hatte Liliencron gewiß nicht gelesen. Er holt das ein Jahr später nach und ist »hingerissen«. Die Diktion aber bleibt oberflächlich, das Erkenntnisfazit dünn – mit forscher Pennälermentalität wird über Nietzsche geurteilt: »Es ist selbstverständlich, daß die guten Bier- und Skatdeutschen ihn nicht kennen. Zu empörend.«[42] Über deren »Prü-

---

[39] Heinrich Hart: Wir Westfalen. In: H. H., Ges. Werke. Bd. 3. Hrsg. J. Hart. Berlin 1907, S. 92.

[40] Franziska Gräfin zu Reventlow: Ellen Olestjerne. In: F. z. R., Ges. Werke. Hrsg. E. Reventlow. München 1925, S. 575f.

[41] Detlev von Liliencron: Brief an M. G. Conrad, 15. 4. 1889. In: D. v. L., Ausgewählte Briefe. Bd. 1. Berlin 1910, S. 196.

[42] Liliencron, Brief an Karl Henckell, 27. 5. 1890, a.a.O., S. 214.

derie« berichtet 1890 Johannes Schlaf in einer Skizze,[43] die von Nietzsche ausgeht und eben jene Gesellschaft darstellt, gegenüber der sich Nietzsche behaupten mußte – gegen deren »Convenienzen«, »Sentimentalitäten«, gegen Verlogenheit, Bequemlichkeit, Konfliktfeigheit.

Aus eben diesen Jahren weiß Graf Keßler plaudernd zu berichten von der messianischen Wüste in seinem Herzen, über der wie ein Meteor Nietzsche erschien.[44] Die Literaten dieser Zeit, ob nun adeliger oder bürgerlicher Herkunft, sind durchaus nicht frei vom Stuck und Pomp ihres Milieus. Niemand versteht so recht, daß Nietzsche gerade diese Schichten abschlagen will vom Menschen, um zum Kern vorzustoßen. Man ahnt etwas von Nietzsches Anspruch, aber man scheut sich vor Konsequenzen. Der Geist der Zeit (in Stilschubladen mit den Namen Neuromantik, Impressionismus, Jugendstil untergebracht) ist widersprüchlich in sich, reagiert mit ja und nein. Wie etwa Dehmel, der in späteren Jahren den sentimentalen *Nachruf an Nietzsche*[45] (»gern hätt ich dir / dein letztes Wort vom Mund geküßt«) neben die schnodderige Rezeptionskritik setzt: »U will den Übermenschen züchten. / V will's mit Unzucht, W mit Züchten.«[46] Dehmel schickte die Erstausgabe (*Erlösungen*, 1891) samt Widmung an Nietzsche – später nennt er ihn einen »Rattenfänger von Sehnsuchtshausen«.[47] Er berichtet 1902 rückblickend,[48] die »Ehrfucht vor diesem aufrichtigsten aller Selbstbekenner« habe auch ihre Kehrseite. Nietzsche habe ihn einmal (um 1890) »acht Tage lang völlig berauscht«, er sei »besinnungslos hingerissen« gewesen vom *Zarathustra*, dann aber sei eine ebenso »völlige Ernüchterung« eingetreten.[49] Er habe sich »Selbstbekräftigung« aus Nietz-

[43] Johannes Schlaf: Prüderie. In: Freie Bühne 1 (1890), S. 161ff.

[44] Harry Graf Keßler: Erlebnis mit Nietzsche. In: NRds 46/1 (1935), S. 392.

[45] Richard Dehmel: Nachruf an Nietzsche. In: R. D., Ges. Werke in zehn Bänden. Bd. 1. Berlin 1906, S. 113ff.

[46] Dehmel, Den Schreihälsen. In: R. D., Ges. Werke, a.a.O., S. 124.

[47] »Merkt man denn immer noch nicht im Seelenland, daß diese zarathustralische Übermenschheitsverhimmelung auch nur wieder Erlöserei und blaue Blume gewesen ist?!« (Dehmel: Brief an Christian Rang. In: R. D., Ausgew. Briefe 1883–1920. Hrsg. Ida Dehmel. Bd. 2, Berlin 1923, S. 77).

[48] Dehmel, Offener Brief an den Herausgeber der »Kultur". In: R. D., Ges. Werke in Einzelausgaben. Bd. 5. Berlin 1926, S. 127f.

[49] 1892 noch veröffentlichte Dehmel den Aufsatz »Die neue deutsche All-

sche geholt, schreibt Dehmel in diesem offenen Brief an den Herausgeber der ›Kultur‹, er schreibt es abfällig, blasiert: er seinerseits könne die Phänome des Lebens besser einschätzen, an denen Nietzsche vorbeidachte. Er tat das dann mit Gedichten wie *Pfingstlied*, *Weihnachtsglocken*, *Bergpsalm*, *Heilandswort*, *Himmelfahrt*, *Verkündigung*, *Jesus der Künstler* etc. Darin zeigt sich, daß Dehmel nicht dachte, sondern fühlte, und das nicht immer in den Grenzen des Geschmacks. Die Kritik an Nietzsche ist ohne angemessene Dimension und damit irrelevant. Ähnlich hochmütig und mit einer eigenen Lehre aufwartend trat später (1907) Johannes Schlaf auf mit seinem umfangreichen Buch *Der ›Fall‹ Nietzsche. Eine ›Überwindung‹*. Er gesteht Nietzsche, dem europäischen Dekadent, bestimmte Verdienste zu, besonders auf sprachlichem Sektor; aber letztlich fehle es an Glaubenskraft, an poetischer Innigkeit. Der Schluß des Buches ist befrachtet mit jener steilen Weltanschauung, die damals so manchen Propheten erfüllte. Das aber war es, was Nietzsche bekämpft hatte, das Aufgeblasene des Pseudoidealismus, das kosmisch Gefühlte, die hohlen Gemütswerte, die man vielfältig drapierte, wissenschaftlich, religiös, messianisch, um ihre Leere zu überdecken.

Neben der Schwärmerei steht früh auch schon die emphatische Ablehnung. Gerhart Hauptmanns rückblickendes Urteil: »Friedrich Nietzsche war nicht unser Mann« bezieht sich zum Teil auf den Freundschaftsbruch mit Wagner, zum größeren Teil aber wohl auf die unverstandene Philosophie Nietzsches. »Es fehlte uns auch damals die Zeit, subtile und komplizierte Gespinste des Gehirns, die wesentlich Selbstzweck schienen, zu verfolgen.«[50] Das klingt nüchtern gegenüber dem germanisch-nationalistischen Haßausbruch Julius Harts (1899). Nietzsches »romantisch-dilettantisch-weibischen Empfindungen« stellt Hart die Kraft des »nordischen Ariers« entgegen. Nietzsche, der »Täuscher und Betrüger«, hörig der romanischen Fremdrassenkultur, habe polnisches Blut in den Adern, gehöre damit einer minderwertigen Rasse an.[51] Das bedarf keiner weiteren

---

tagstragödie«; darin tritt unverkennbar noch einmal der starke Nietzscheeinfluß zutage. Von der Pathetik Zarathustras bis zur Terminologie der »Schaffenden«, der »Propheten der Sonne«. (Die Gesellschaft 8, 1892, S. 512).

50 Gerhart Hauptmann: Abenteuer meiner Jugend. Bd. 2. Berlin 1937, S. 438.

51 Julius Hart: Der neue Gott. Florenz und Leipzig 1899. S. 79, 80, 89, 110.

Ausführungen. Es zeigt in erschreckender Deutlichkeit, wie fanatisch sich nationalistischer Rassenwahn schon im 19. Jahrhundert verstiegen hatte. – Aufschlußreich für die Ablehnung Nietzsches Anfang der 90er Jahre sind auch die Berichte des Naturwissenschaftlers und Schriftstellers Wilhelm Bölsche zur aktuellen Nietzsche-Rezeption.[52] Bölsche decouvriert professoralen wie konservativen Dilettantismus, jene Front, die damals lauthals vor der Gefahr Nietzsche warnte. Er zeigt auf, wie Unkenntnis, Indolenz und Hochmut jene Front bilden, die im äußersten Maße signifikant ist für das letzte Drittel des Jahrhunderts.

Bölsche kritisierte zur Hauptsache den Aufsatz von Ludwig Stein[53] *Friedrich Nietzsches Weltanschauung und ihre Gefahren*; vorher schon warnte Moritz Carriere (1891) vor Nietzsches Übermensch, der eigentlich ein Untermensch sei; verwahrte sich ein Dr. Türck (1891) gegen den Bestienzüchter Nietzsche, dem das Geistesproletariat der Großstädte bereits zujubele; lehnte Eduard von Hartmann[54] (1891) als philosophische Kapazität das Denken Nietzsches brüsk ab (die umsturzlüsterne Jugend könne derartiges genuiner bei Max Stirner finden – später spricht Hartmann von Nietzsches Philosophie des moralischen Irreseins); zur selben Zeit zitiert der Historiker Meinecke den Kollegen Troeltsch, Nietzsche sei wie »Rattengift im Gedärm«; schreibt der sozialistische Schriftsteller Franz Mehring[55] (1891), mit Hilfe von Lassalle, Marx und Engels sei Nietzsche jederzeit zu widerlegen. Zwar versucht der Schriftsteller Franz Servaes (1892), Nietzsche und den Sozialismus auf einen Nenner zu bringen, aber doch mehr bildreich-pathetisch als faktisch.[56]

1894 findet Nietzsche Aufnahme im Konversationslexikon Brockhaus (14. Aufl.): als Stilist ersten Ranges, als Dichter eines

---

52 Wilhelm Bölsche: Die Gefahren der Nietzscheschen Philosophie. In: Freie Bühne 4 (1893); Das Geheimnis Friedrich Nietzsches. In: Neue Rundschau (Freie Bühne) 5 (1894).

53 Ludwig Stein: Friedrich Nietzsches Weltanschauung und ihre Gefahren. In: Deutsche Rundschau 19 (1893), S. 392–419.

54 Eduard von Hartmann: Nietzsches neue Moral. In: Preußische Jahrbücher 67 (1891), S. 504–521.

55 Franz Mehring: Zur Philosophie und Poesie des Kapitalismus. In: F. M., Kapital und Presse. Berlin 1891.

56 Franz Servaes: Nietzsche und der Sozialismus. In: Freie Bühne 3 (1892), S. 85–88, 202–211.

neuen Dithyrambusstils. Im selben Jahr erscheint die Gesamtausgabe; in über 20 Jahren waren nicht mehr als 24 000 Exemplare von Nietzsches Büchern verkauft worden (ein Erfolgsbuch brachte schon damals das Mehrfache in einem Jahr!). Aber es erscheinen in diesen Jahren wichtige Bücher über Nietzsche: Lou Andreas-Salomé[57] (1894), Rudolf Steiner[58] (1895), Alois Riehl[59] (1897). Gustav Mahler nennt um diese Zeit seine 3. Symphonie zunächst »Die Fröhliche Wissenschaft«, und Richard Strauß leitet die Uraufführung seiner Tondichtung »Also sprach Zarathustra« (1897). Im selben Jahr erscheint auch das Buch von Leo Berg (*Der Übermensch in der modernen Litteratur*) – darin wird der literarische Einfluß Nietzsches nachgewiesen; u. a. auf: Wilbrandt (*Osterinsel*), Heyse (*Über allen Gipfeln*), Bleibtreu (*Der Übermensch*), Conradi (*Phrasen*), Sudermann (*Heimat*), Wedekind (*Der Erdgeist*), Dehmel (*Der Mitmensch*), Holz, Hartleben, Strindberg, Langbehn, Julius Hart, Evers, Morgenstern. 1899 weist Arthur Moeller-Bruck in einer breitangelegten Studie literarische Parallelismen auf; u. a. zwischen Nietzsche und Conradi, Liliencron, Holz, Schlaf, Hauptmann, Dehmel, Halbe, Stehr, Bierbaum, George, Hofmannsthal, Wedekind, Dauthendey, Mombert.[60]

Die ersten zehn Jahre der Nietzsche-Rezeption sind in der Urteilslage zwiespältig, das Mißverständnis ist groß – aber hervortretend ist insgesamt das Phänomen der Wirkungskraft, das von Nietzsches Schriften ausging. Bedenkt man, daß noch 1891 Max Dauthendey in einer deutschen Universitätsbuchhandlung mit dem Namen Nietzsches vor ungläubigen Gesichtern steht (man bestritt,

---

57 Lou Andreas-Salomé: Friedrich Nietzsche in seinen Werken. Wien 1894.

58 Rudolf Steiner: Friedrich Nietzsche. Ein Kämpfer gegen seine Zeit, Weimar 1895.

59 Alois Riehl: Friedrich Nietzsche, der Künstler und der Denker. Stuttgart 1897.

60 Arthur Moeller-Bruck: Die moderne Literatur in Gruppen- und Einzeldarstellungen. Berlin und Leipzig 1899–1902. – Einen ausgezeichneten Überblick über den genannten Zeitraum gibt Richard Frank Krummel: Nietzsche und der deutsche Geist. Ausbreitung und Wirkung des Nietzscheschen Werkes im deutschen Sprachraum bis zum Todesjahr des Philosophen. Berlin, New York 1974. – Insgesamt zum Überblick der Nietzsche-Rezeption vgl. Peter Pütz: Friedrich Nietzsche. Stuttgart ^{2}1975.

daß es einen Philosophen dieses Namens gibt)[61] – daß man aber schon am Ende des Jahrhunderts eine kleine Bibliothek mit Werken über Nietzsche zusammenstellen konnte, dann läßt sich das Dynamische der Rezeptionsgeschichte ermessen. »Die letzten Jahre der Entwicklung gehören fast ausschließlich ihm.« Das schreibt 1895 Caesar Flaischlen[62] – allerdings mit dem Hinweis, daß dieser Einfluß mehr ein innerlich wirkender war und nicht so sehr äußerlich laut hervortrat. Was Leo Berg 1889 prognostizierte, daß nämlich die Zeit Nietzsches noch nicht gekommen sei, war eine Hellsichtigkeit, die manchen Geist erleuchtete; Flaischlen geht sogar soweit – und trifft damit die Realität –, daß es noch Jahrzehnte dauern werde, bis die Höhen und Tiefen dieses außerordentlichen Denkens begriffen seien.

Wer einen ersten tiefen Blick in Nietzsches Leben und Denken warf, war Lou Andreas-Salomé; 1891 hob sie in ihrer vortrefflichen psychologischen Studie schon hervor: »den Werth des Leidens für die Erkenntniß«, die Bedingungslosigkeit und organische Totalität des Denkansatzes bei Nietzsche.[63] Wer symptomatisch in diesem Rezeptionsfeld einen Entwicklungsprozeß repräsentiert, ist Paul Ernst, der zunächst Nietzsche kritisierte, zehn Jahre später aber hervorhebt, daß Nietzsche überhaupt es gewagt habe, »wieder ein höheres Ziel zu zeigen, das genügt, um ihn für immer unter die größten Wohlthäter der Menschheit zu reihen«.[64] Samuel Lublinski, dem Kreis um Paul Ernst zugehörend, nennt Nietzsche den »Freund und Führer unserer entscheidenden Jugendjahre«.[65] Rückblickend auf die Zeit Anfang der 90er Jahre stellt Max Halbe fest: »Das große Säkularereignis jener Epoche war Nietzsche«;[66] und der Nietzsche-Schwärmer Michael Georg Conrad stellt 1899 vergleichsweise sachlich fest, Nietzsche sei »in der zweiten Hälfte des neunzehnten Jahrhunderts der genialste und stärkste Gährungserreger,

---

61 Max Dauthendey: Gedankengut aus meinen Wanderjahren. In: M. D., Ges. Werke. Bd. 1. München 1925, S. 399f.

62 Caesar Flaischlen: Zur modernen Dichtung. Ein Rückblick. In: Pan 1 (1895), S. 240.

63 Lou Andreas-Salomé: Zum Bilde Friedrich Nietzsches. Eine psychologische Studie. In: Freie Bühne 2 (1891), S. 66.

64 Paul Ernst: Friedrich Nietzsche. Berlin 1900, S. 37.

65 Lublinski, Zehn Jahre nach Nietzsche, a.a.O., S. 354.

66 Max Halbe: Scholle und Schicksal. Die Geschichte meiner Jugend. Salzburg 1940, S. 369.

der kühnste Frager und Muthmacher im Moralischen, Intellectuellen und Künstlerischen«. – »Der Zauber seiner genialen Persönlichkeit ist durch nichts zu brechen.«[67] Graf Keßler, Mäzen und literarisch ambitionierter Diplomat, der zu jener Generation zählte, die als erste sich von Nietzsche »tief beeinflußt« fühlte, faßte die Wirkung später mit erstaunlicher Ausschließlichkeit zusammen: »Die Art, wie Nietzsche uns beeinflußte, oder richtiger gesagt, in Besitz nahm, ließ sich mit der Wirkung keines anderen zeitgenössischen Denkers oder Dichters vergleichen.«[68] Am Ende des expressionistischen Jahrzehnts schreibt der exaltierte Nietzsche-Verehrer Rudolf Pannwitz: »Der name nietzsche ist der höchste begriff des deutschen namens das heiligtum des deutschen geistes ...«[69] Nietzsches Einfluß hatte inzwischen die zweite Generation geprägt. Das starke Echo kennzeichnet bis 1950 die literarische Situation. Zu diesem Zeitpunkt resümiert Gottfried Benn noch einmal apodiktisch: »alles, was meine Generation diskutierte, innerlich sich auseinanderdachte, man kann sagen: erlitt, man kann auch sagen: breittrat« – alles das habe bereits bei Nietzsche eine definitive Formulierung gefunden; Nietzsche sei, wie sich immer deutlicher zeige, »der weitreichende Gigant der nachgoetheschen Epoche«.[70] Thomas Mann – noch der älteren Generation zugehörend – apostrophierte Nietzsche im Jahre 1941 als »den Urheber wohl der faszinierendsten und farbenvollsten philosophischen oder lyrisch-kritischen Produktion unseres Zeitalters«.[71] Am Ende seiner lebenslangen Nietzsche-Auseinandersetzung erweitert er den Bedeutungsrahmen: »wahrlich, nach einer Gestalt, faszinierender als die des Einsiedlers von Sils Maria, sieht man sich in aller Weltliteratur und Geistesgeschichte vergebens um« (1947).[72]

---

67 Michael Georg Conrad: Der Kampf um Nietzsche. In: Die Wage 2 (1899), S. 812.

68 Harry Graf Keßler: Erlebnis mit Nietzsche. In: Neue Rundschau 46, 1 (1935), S. 403.

69 Rudolf Pannwitz: Einführung in Nietzsche. München 1920, S. 1.

70 Benn, Nietzsche – nach fünfzig Jahren, a.a.O., S. 482.

71 Thomas Mann: Ansprache zu Heinrich Manns siebzigstem Geburtstag. In: Thomas Mann – Heinrich Mann. Briefwechsel 1900–1949. Hrsg. H. Wysling. Frankfurt 1968, S. 208f.

72 Th. Mann, Nietzsche's Philosophie, a.a.O., S. 675.

Hofmannsthal, George, Rilke

Die Wiener Neuromantiker können begreiflicherweise zunächst nicht allzuviel mit den strengen Forderungen Nietzsches anfangen. Die Stimmung latenter Trauer, die matte Todessehnsucht (Schnitzler: *Sterben*, 1892), das Gefühl des Epigonalen war unvereinbar mit Nietzsches kämpferischer Attitüde. Hofmannsthals Prolog zum *Anatol* gibt den Empfindungszustand wieder: »Also spielen wir Theater, / Spielen unsre eignen Stücke, / Frühgereift und zart und traurig, / Die Komödie unsrer Seele.« Nietzsches Leben und seine Lehre (»werdet hart!«) sind unvereinbar mit diesem Erlebnisrahmen. Zwar erfreut sich Hofmannsthal an der »kalten Klarheit« von Nietzsches Gedanken, weil bei solcher Lektüre seine eigenen Gedanken Kontur gewinnen (1891),[73] aber der Erlebnisrahmen ist doch sehr divergent: »Gut, also da les' ich gestern ›Menschliches, Allzumenschliches‹ und esse Kirschenkuchen dazu.« Und es ist Hofmannsthal »sehr leid«, daß er »lauter neue Krawatten« mithat, die in diesem Hotel niemand »versteht«.[74] Der verwöhnte Loris ist eben erst 17 Jahre alt; ein Jahr später schreibt er: »wir reden gern von hübschen Einrichtungsgegenständen, wir sind alle ehrgeizig, ein bißchen verdorben durch Sensitivität, aber doch ... wir erleben bei 3 Seiten Nietzsche viel mehr als bei allen Abenteuern unseres Lebens, Episoden und Agonien, wir haben Hunde gern ...«[75] – die charmante Selbstironie läßt nur als Andeutung das Betroffensein hervortreten. Selbst 1900 schreibt Hofmannsthal noch in dieser scheinbar unverbindlichen Form vom Genfersee an seinen Freund Poldy (Freiherrn von Andrian zu Werburg): »D'Annunzio hat mir eine recht schöne Ode auf den Tod Nietzsches geschickt«, man könne sie, wenn gewünscht, auch zusammen lesen.[76]

Schnitzler antwortet 1891 seinem Freunde Loris, er lese so mancherlei, zuletzt habe ihn der Schluß von *Jenseits von Gut und Böse* ergriffen: »Erinnern Sie sich? Nietz'sche Sentimentalität! – Weinen-

[73] Hugo von Hofmannsthal: Brief an Arthur Schnitzler, 13.7.1891. In: H. v. H. – Arthur Schnitzler. Briefwechsel. Frankfurt 1964, S. 7.

[74] Hofmannsthal, Brief an Richard Beer-Hofmann, 9.7.1891. In: H.v.H., Briefe I. Leipzig 1935, S. 20f.

[75] Hofmannsthal, Brief an Felix Salten, 27.7.1892. In: H. v. H., Briefe I, S. 57.

[76] Hofmannsthal, Brief an Leopold Freiherrn von Andrian zu Werburg, 5.10.1900. In: H. v. H., Briefe I, S. 319.

der Marmor! Stellen, die sogar auf Weiber wirken, ohne daß man den Stellen oder den Weibern bös werden müßte.«[77] Viel mehr ging zwischen den beiden Freunden zu diesem Thema nicht hin und her. Und man muß auch hier den Rahmen beachten, in den es gestellt ist. »Erleben Sie was?« fragt Schnitzler im darauffolgenden Satz. »Spielen Sie aber lieber lawn-tennis, statt sich zu verlieben.« Die tändelnde Lebensart! Daß sie so leicht nicht war, sagen die Werke beider Dichter in dieser Zeit. Eine konstitutionelle Schwermut gibt dieser Lebensart ihr Gewicht. Aber zu Nietzsches preußisch-protestantischer Strenge ist der Abstand doch zu weit. So spielt Nietzsche in Schnitzlers Denken auch keine nennenswerte Rolle,[78] und bei Hofmannsthal suchen die Literaturwissenschaftler seit einiger Zeit nach Nietzsche-Einflüssen, die mehr ahnbar als greifbar sind.[79]

Hofmannsthals Verhältnis zu Nietzsche zeigt sich wie ein schönes Geheimnis, von dem die Wissenden bedeutsam sprechen, aber niemand hat den Schlüssel dazu in der Hand. Die tändelnden Formulierungen der Briefe sind offenbar Maske, also jene Haltung des

---

77 Arthur Schnitzler: Brief an Hugo von Hofmannsthal, 27. 7. 1891. In: Hugo von Hofmannsthal – A. S. Briefwechsel. Frankfurt 1964, S. 9.

78 ». . . no specific references to Nietzsche, no clearly defined Nietzschean ideas were discernible«, so Herbert W. Reichert: Nietzsche and Schnitzler. In: Studies in A. Schnitzler. Chapel Hill 1963, S. 99. Reicherts unbewiesene Behauptung vom Nietzsche-Einfluß auf Schnitzler weist Gerd-Klaus Schneider zurück: Arthur Schnitzler und die Psychologie seiner Zeit. Univ. of Washington 1969.

79 Paul Requadt hatte 1955 (DVjs 29) in seinem informativen Aufsatz ›Sprachverleugnung und Mantelsymbolik im Werk Hofmannsthals‹ einen starken Nietzsche-Einfluß auf Hofmannsthal herausgestellt. Vor allem wird Hofmannsthals Sprachkrise und Sprachkritik und damit das Bildungsproblem im Zusammenhang mit Nietzsche gesehen (Wiederabdruck in: Hugo von Hofmannsthal. Hrsg. S. Bauer. Darmstadt 1968, vgl. S. 40–54). Vorsichtiger argumentieren Gotthart Wunberg (Der frühe Hofmannsthal. Stuttgart/Mainz 1965, vgl. S. 23ff.) und Rolf Tarot (Hugo von Hofmannsthal. Daseinsformen und dichterische Struktur. Tübingen 1970, vgl. S. 69f.). Wunberg verweist auf den Gesamteinfluß Nietzsches zu seiner Zeit – dem sich auch Hofmannsthal nicht entzogen hat. Tarot hebt die größere Nähe des Hofmannsthalschen Lebensbegriffs zu Dilthey hervor. In wesentlichen Zügen seiner Anthropologie stehe Hofmannsthal wie Dilthey »in scharfem Gegensatz zu Nietzsche«. Vgl. auch H. Jürgen Meyer-Wendt: Der frühe Hofmannsthal und die Gedankenwelt Nietzsches. Heidelberg 1973.

Verschweigens, der Distanz, die Hofmannsthal an Nietzsche schätzt: »Es ist die Maske, die Nietzsche rät.«[80] Als sicher darf gelten, daß Hofmannsthal das Gesamtwerk Nietzsches kannte, einige Bücher hat er mehrfach gelesen. Das geht aus den Anmerkungen seiner Nietzsche-Ausgabe hervor. 1891 wollte er *Jenseits von Gut und Böse* ins Französische übersetzen, im selben Jahr liest er *Menschliches Allzumenschliches,* Notizen finden sich zum Band *Die fröhliche Wissenschaft,* angeschafft wird die zweite Auflage *Zur Genealogie der Moral,* Hofmannsthal notiert hier u. a.: »ein reiner Begriff vom schaffenden Künstler und seinem Verhältnis zum Leben« – das ist zentral Nietzsches Denkansatz. Die Wertfrage hat hier ihren Angelpunkt, Hofmannsthal sieht das, auch im *Zarathustra,* später in den Nachlaßfragmenten. Nietzsches geistiger Griff nach der irrationalen Tatsache des Lebens muß Hofmannsthal bewegt haben. Direkte Äußerungen finden sich nicht zu diesem Problem, Nietzsche kommt im Werk Hofmannsthals in einer auffallenden Weise nicht vor. Zu vielen geistigen Figuren seiner Zeit hat Hofmannsthal Aufsätze geschrieben, über Nietzsche gibt es keinen in sich geschlossenen Passus der Betrachtung oder Reflexion. Liegt das daran, wie er 1903 an Raoul Richter schreibt,[81] als dieser ihm sein Nietzsche-Buch zuschickte, daß all die aufregenden Eindrücke seiner Nietzsche-Lektüre keine »rechte Kontinuität« gefunden hätten? War er zu redlich, hatte er den Widerspruch von Nietzsches Denken vielleicht so tief begriffen, daß er ihn mit schönen Worten nicht glätten wollte? Er hätte sich äußern können, etwa zu dem Kardinalproblem des unverstellten Ergreifens von Leben. Hofmannsthal kannte die Gefahr der historischen Überformung: das Gelesene mehr zu erleben als das Leben selbst.

Gerade an diesem Punkte hatte ja Nietzsche mit seinen frühen Schriften angesetzt (*Vom Nutzen und Nachteil der Historie für das Leben*): die radikale Ablehnung des Historismus;[82] dagegen sollte dem eigenen Erleben, der Selbsterfahrung, ihrer Steigerungsmöglichkeit der oberste Wert beigemessen werden. Insgesamt sind die

80 Hugo von Hofmannsthal: Maurice Barrès. In: H. v. H., Ges. Werke in Einzelausgaben. Prosa I. Frankfurt 1956, S. 45.

81 Hugo von Hofmannsthal: Brief an Raoul Richter, 7. 7. 1903. In: H. v. H., Briefe II. Wien 1937, S. 118.

82 Hofmannsthal zitiert Nietzsche 1890 als Motto zu dem Gedicht ›Gedankenspuk‹: »Könnten wir die Historie loswerden«.

Unzeitgemäßen Betrachtungen mit Ideenmaterial gefüllt, das sich modifiziert bei Hofmannsthal wiederfindet. Aber Hofmannsthal, der das Spätgeborensein, das Epigonenhafte als Gefühl in dubioser Weise als belastend und bereichernd zugleich empfand (»Ganz vergessener Völker Müdigkeiten / kann ich nicht abtun von meinen Lidern« – das heißt doch auch: *will* ich nicht abtun!), der das Erbe einer langen Kulturreihe gar nicht verleugnen wollte (»Den Erben laß verschwenden« – der Titel des Gedichts: *Lebenslied*!), der das alles auch als Inhalt seines Lebens ansieht: »Verhüllt ein Hauch verklärter Möglichkeiten« (Titel des Gedichts *Leben*!) – dieser Hofmannsthal mag sich gescheut haben, Nietzsches radikale Postulate nach seinem Geschmack umzudeuten. Wo Nietzsche aktiv, ja aggressiv in Richtung unbedingter Lebenssteigerung dachte, da verhielt sich Hofmannsthal defensiv, geradezu passiv. Nietzsches Ansatz war ideell, metaphysisch, gegen die Entwicklung der Geschichte der Metaphysik gerichtet – Hofmannsthal hatte Lebenspraxis im Sinn, sah poetisch das Gegenständliche, Naheliegende, Konkrete als Lebensprozeß. Ein Satz aus dem Vortrag *Poesie und Leben* (1896) kann das verdeutlichen: »Es führt von der Poesie kein direkter Weg ins Leben, aus dem Leben keiner in die Poesie.«[83] Das war Hofmannsthals Problem. Nietzsche hätte das in dieser Form nicht gesagt. Hofmannsthal sieht »Leben« hier als alltägliche Praxis, Poesie als die empfindsame Reflexion von Lebensgefühl. Leben einmal als Handeln, zum andern als Innewerden, Begreifen der geistigen Vorgänge darin.

Nietzsches Denken war als Metakritik der Metaphysik aus diesem Praxisrahmen herausgenommen. Als Philosoph steht Nietzsche in einem ganz anderen Bezugsnahmen als Hofmannsthal. Vielleicht hat dieser das gewußt – und respektiert, er äußert sich nicht dazu.[84] Nietzsches philosophischer Grundbegriff des Willens jedenfalls steht in direktem Widerspruch zu Hofmannsthals poetischer Intention. Der dynamische Umwertungsfaktor des Setzens, Befehlens neuer Möglichkeiten ist nicht einzubringen in die sanfte Gebärde des Wahrnehmens, der gegenstandsbezogenen Toleranz. Der Unterschied liegt im Verhalten zur Welt. Die Funktion des Künstlers ist

---

[83] Hugo von Hofmannsthal: Poesie und Leben. In: H. v. H., Ges. Werke in Einzelausgaben. Prosa I. Frankfurt 1956, S. 263.

[84] 1926 nimmt Hofmannsthal in sein ›Deutsches Lesebuch‹ (Verlag der Bremer Presse) Nietzsches Schrift über Heraklit auf.

bei Hofmannsthal nur gewährleistet in der Zurücknahme: »daß alle Dinge, die durch ihre (der Künstler) Seele hindurchgehen, einen Sinn und eine Seele empfangen«, alles, was die Künstler in diesem dämmernden, sinnlosen Leben berühren, »leuchtet und lebt«; das Heimliche, das Unbewußte fassen sie in Worte und heben es in den Zustand der Erkenntnis.[85] Das ist frühromantisch gedacht, im Sinne jenes transzendentalen Idealismus eines Novalis. Oder empfunden nach Art der Eichendorffschen Wünschelrute, daß ein Lied in allen Dingen schläft und daß die Welt zu singen beginnt, trifft der Dichter nur das Zauberwort. Gegenüber dieser versöhnlichen Anerkennung einer platonisch-ideellen Substanz wirkt Nietzsches spöttisches Wort von den »Hinterweltlern« kalt und ablehnend. Es gibt keine Welten hinter der Welt. Dieses Thema ist hiermit aber nur angedeutet.[86]

Sowenig sich Hofmannsthal auch explizit zu Nietzsche äußert, so ist er doch diejenige hervortretende Gestalt aus der jüngeren Generation, die sich am kongenialsten, vielleicht in der offensten Weise, vor der Jahrhundertwende mit Nietzsche auseinandergesetzt hat. Daneben wäre noch, so merkwürdig das klingt, Christian Morgenstern zu nennen. Sein Blick reicht tief in die Wesensstruktur von Nietzsches »Seele«, ahnungsvoll und schwärmerisch: »Der schönste Mensch, den die Erde je trug, einen noch schöneren Menschen lehren wollend!«[87] Morgenstern hat Nietzsche als »Befreier«, als »Auferwecker« erlebt.[88] Folgen im späteren Werk oder eine Parallelität der Thematik bleiben dann allerdings aus.

Ganz anders begegnet George Nietzsche, streng wie dieser selbst, herrisch, befehlend mit dem Gestus des Gesetzgebers. Spätestens seit dem *Siebenten Ring* gibt sich George in dieser Rolle. Aus wissendem Munde vernehmen wir, er habe sich »zum willentlichen Gründer eines künstlerischen Staats« erklärt.[89] George sieht sich als Prophet, als *vates*, sein Sprechen hat das Pathos äußerster Verantwortung.

---

85 Hugo von Hofmannsthal: Eleonora Duse. In: H. v. H., a.a.O., S. 75, 76.

86 Vgl. Also sprach Zarathustra, 1,3: »Von den Hinterweltlern«.

87 Christian Morgenstern: Nietzsche, der Erzieher. In: Neue deutsche Rundschau 7 (1896), S. 709.

88 Christian Morgenstern: Brief an die Mutter Friedrich Nietzsches, 6. Mai 1895. In: Ch. M., Ein Leben in Briefen. Hrsg. M. Morgenstern. Wiesbaden 1952, S. 65.

89 Herbert Cysarz: Wagner – Nietzsche – George. Form-Wille und Kultur-Wille, vornehmlich bei George. In: Jb. d. Fr. Dt. Hochstifts 1931, S. 98.

Sein Form-Imperativ durchdringt alle Bereiche des Lebens und der Kunst. 1900 schreibt George ein Gedicht mit der Überschrift *Nietzsche*; er fügt es später den Gedichten über Dante und Goethe an (*Der siebente Ring*)[90] – die Indizien ließen sich noch mehr verdichten: George als der adäquate Nietzsche-Nachfolger. Georges Jünger haben diese Behauptung aufgestellt, George sei die Einlösung von Nietzsches Visionen. Nietzsche stelle »ein neues Ziel in die höchste Höhe«, aber er selbst habe es nicht erreicht, George dagegen stelle »ein gesteigertes Leben dar, das er selbst schon verwirklicht« – so Gundolf.[91] Oder ein anderer aus dem Kreis: »Erst George *ist*, was zu sein Nietzsche krampfhaft begehrt.«[92] Wie Wolters berichtet, tritt erst an Georges »Lebenswende«, um 1900, diese Tatsache ins Bewußtsein.[93] Der George-Mythos wuchs steil empor, und Nietzsche hatte eine dienende Funktion in diesem kultischen Zeremoniell.

Wir stehen heute solchen Vorstellungen skeptisch gegenüber. Wir sehen Nietzsches Forderungen in anderen Dimensionen. Das wertschaffende Prinzip der Kunst ist zu allgemein und zu weit gedacht, als daß es personalisierbar wäre. Die schöpferischen Kräfte des Menschen sind insgesamt angesprochen von Nietzsche, wenn er die Kunst als das entscheidende Stimulans des Lebens herausstellt. Kunst als Phänomen zeigt nur im Abglanz den schöpferischen Urimpuls, ohne den Leben nicht wäre. Kunst als Gegenmittel zur Verneinung des Lebens ist selbst Verneinung lebensfeindlicher Verhaltensformen. Kunst als Geronnenes im Habitus eines Künstlers (oder einer Gruppe) widerspricht dem Prinzip des Schöpferischen als dem stets Aufbrechenden, Eröffnenden auf Lebensmöglichkeit hin. »Die Kunst als die eigentliche Aufgabe des Lebens, die Kunst als dessen *metaphysische* Tätigkeit« – dieses *Artisten-Evangelium* Nietzsches ist perspektivisch-dynamisch gedacht, nicht statisch-hieratisch im Sinne Georges. Kunst sei mehr wert als Wahrheit im Sinne gesetzter Norm, sagt Nietzsche. Er meint Metaphysik, Moral, Religion, Wis-

---

90 Stefan George: Nietzsche. In: St. G., Gesamt-Ausgabe. Bd. 6/7. Berlin 1931, S. 12f.

91 Friedrich Gundolf: George. Berlin 1920, S. 49.

92 Kurt Hildebrandt: Nietzsche als Richter: sein Schicksal. In: Ernst Gundolf und Kurt Hildebrandt, Nietzsche als Richter unsrer Zeit. Breslau 1923, S. 102.

93 Friedrich Wolters: Stefan George und die Blätter für die Kunst. Berlin 1930, S. 325.

senschaft. Er setzt über sie das schöpferische Prinzip, Natur – so wird der Künstler zum »Genie der Lüge«. Natur als das im Schein sich Erlösende ist der oberste Wert; die gehämmerten Tafeln des Normativen sind die Basis, von der Kunst sich abhebt. Steigerung jeweils in die eigene Möglichkeit hinein – dies als ständiges Prinzip des Werdens und Wechselns der Perspektiven: das ist die Kunst. »Sie ist die große Ermöglicherin des Lebens, die große Verführerin zum Leben, das große Stimulans des Lebens.« Nur als ästhetisches Phänomen sei das Dasein der Welt gerechtfertigt, sagt Nietzsche – Kunst tritt in diesem Postulat unter den Horizont des Naturgesetzes: »die entfremdete, feindliche oder unterjochte Natur feiert wieder ihr Versöhnungsfest mit ihrem verlorenen Sohne, dem Menschen«.

Diese *Artisten-Metaphysik* ist schon voll ausgeprägt in der *Geburt der Tragödie*, sie tritt – nach einem skeptischen Intermezzo in Sachen Kunst – wieder in ihr volles Recht ab Mitte der 80er Jahre. Die Nachlaßfragmente schließen den Bogen, der sich am Anfang so außerordentlich gespannt öffnet. Nietzsches Kunstlehre ist in ihrer ganzen Tragweite erst spät ins Bewußtsein gedrungen. Die erste von Nietzsche beeinflußte Literatengeneration hat sie nicht begriffen, auch nicht George. Zu gegensätzlich war das Wesen der beiden Geister. Nietzsches bis zur Selbstvernichtung gehender Frage steht die byzantinische Aussage gegenüber. Man nehme die Setzungen im *Stern des Bundes*, die apodiktischen Selbstsetzungen – dagegen in den *Dionysos-Dithyramben* das Verbanntsein von aller Wahrheit: »Nur Narr! Nur Dichter! ...« Nietzsche ist nicht der Künder, der Seher, er propagiert nicht Selbstbewußtsein als in feste Form eingegossenen Geist. George dagegen diktiert, auch sich selbst: »Schon ward ich was ich will.« Nietzsche 1888, zurückblickend auf die Erfahrung des Identitätsbruches, der nie mehr heilen sollte: »– gedenkst du noch, gedenkst du, heißes Herz, wie du da durstetest? –« (*Dionysos-Dithyramben*). Der Denker Nietzsche klagt: »daß ich verbannt sei / von aller Wahrheit!« Wahrheit gedacht als Deckungsgleichheit von Idee und Erlebnisform, von Subjekt und Objekt, von Ich und Welt. Das moderne Bewußtsein hat diesen Wahrheitsanspruch – seit Beginn der Neuzeit – nicht mehr einlösen können. Das ist das Leiden, von dem Nietzsche schon in der *Geburt der Tragödie* spricht. Das Wissen, das sich verdichtet in dem Gedicht *Vereinsamt*. Der Klageruf, daß keine Heimat mehr ist, d.h. keine Einheit, wie sie mythisches Bewußtsein einst erlebte.

George hat das gesehen, im *Stern des Bundes* beginnt das Nietzsche-Gedicht (ohne Überschrift und Hinweis): »Einer stand auf der scharf wie blitz und stahl / Die klüfte aufriss ...« Der den Wahnsinn der Entfremdungssituation den Menschen zuschrie: »Mit solcher wucht dass ihm die kehle barst.«[94] Das trifft ins Zentrum der Erlebnissituation; die metaphysische Frage war zu bedingungslos gestellt. Das Zerbrechen war die Konsequenz der Kompromißlosigkeit. Im Nietzsche-Gedicht aus dem *Siebenten Ring* wird auf Christus verwiesen. »Wie andre führer mit der blutigen krone« – so wird Nietzsche »strahlend vor den zeiten« stehen. Als »Erlöser«! Höher läßt sich ein Mensch nicht einstufen, weder metaphysisch-substantiell, noch historisch. Um so mehr, als die Erlöserrolle erkauft ist durch Leiden und Verzicht auf alles, was mit dem Dasein versöhnen, was einen Menschen befrieden kann. Die Eis- und Hochgebirgsmetapher in Georges Gedicht zielt ab auf die Bilder des Verlassenseins, die Nietzsches Lyrik im Kern ausmachen. »Versteck, du Narr, / Dein blutend Herz in Eis und Hohn«. (*Vereinsamt*). Das Bild der Wüste und des Versteigens in hoher, toter Gebirgslandschaft signalisiert in Nietzsches Dichtungen immer erneut die Ausweglosigkeit, die menschenleeren Räume, das Winterliche. Diese Gedichte sind über den Rand ästhetischer Einfriedung hinausgetreten, sie durchbrechen mittels eingelagerter Sprengkraft den schönen Schein, der Existenz mit Worten bannen kann. Erlösung im Schillerschen Sinne der Ästhetik wurde Nietzsche nicht zuteil; die Konsequenz seiner eigenen Ästhetik blieb ihm versagt. George spricht das aus: »Hast du der sehnsucht land nie lächeln sehn?« In der Tat, Nietzsche erschuf die Götter, um sie selbst zu stürzen. Bis zum vollständigen »schmerz der einsamkeit«. 1886 schreibt Nietzsche an Overbeck: »Wenn ich Dir einen Begriff meines *Gefühls* von *Einsamkeit* geben könnte! Unter den Lebenden so wenig als unter den Toten habe ich jemanden, mit dem ich mich verwandt fühlte. Dies ist unbeschreiblich schauerlich ...«[95]

George mag es gelungen sein: »Sich bannen in den kreis den liebe schliesst ...«[96] Das heißt doch wohl, sich bergen im Kreis von Menschen, die in poetischer Kommunikation verbunden sind. Ob Nietz-

---

[94] Stefan George: Einer stand auf der scharf wie blitz und stahl. In: St. G., Gesamt-Ausgabe. Bd. 8. Berlin 1934, S. 34.

[95] Friedrich Nietzsche: Brief an Overbeck, 5. 8. 1886. In: F. N., Werke in drei Bänden. Hrsg. K. Schlechta. Bd. 3. München 1966, S. 1242.

[96] George, Nietzsche, a.a.O., S. 13.

sche das gelungen wäre, wenn er poetisch das gesagt hätte, was er denkend sagen mußte – die Frage muß offen bleiben. »Sie hätte *singen* sollen, diese ›neue Seele‹ und nicht reden!« So steht es im späten Vorwort zur *Geburt der Tragödie*. George nimmt diese Aussage als Klage: sie hätte es tun sollen, diese neue Seele, Gesang hätte sie möglicherweise befreit. Identifikation bis zur Sympathie ist selbst bei vorsichtiger Deutung dieser Aufforderung Georges zu entnehmen. Einen Vorwurf darin zu sehen, wie es manche Interpreten tun, gelingt mir nicht. Georges kritische Bemerkungen über Nietzsche, wie er sie etwa Edith Landmann gegenüber äußerte,[97] dürfen die Deutung des Nietzsche-Gedichtes nicht überlagern. Die Sicht Georges im Gedicht trifft die tiefe Existenznot, in die Nietzsche geraten war, als er den Weg der unbedingten Umwertung betrat. Der Wanderer zwischen zwei Welten war nirgends mehr zu Hause, hatte sich von allen Ufern gelöst und das neue noch nicht erreicht – die horizontlose Situation. Die Erkenntnis vom Tod Gottes war poetisch nicht aufzufangen. Sie mußte denkend geleistet werden. Sie steht heute noch in Frage; die Diskussion um die zwei Seiten aus der *Fröhlichen Wissenschaft* (Nr. 125), überschrieben »Der tolle Mensch«, ist nicht als abgeschlossen anzusehen.[98] Die metaphysische Frage ist, so gesehen, eine weltgeschichtliche. Die Horizontsuche, letztlich die Horizontsetzung in mythenloser Zeit – das ist der Ansatzpunkt von Nietzsches Wertfrage. Individualpoetisch ist dieser aufgerissene Fragenkreis nicht zu schließen.

Hier liegt die problematische Seite der Auseinandersetzung Georges mit Nietzsche. Der durch menschliche Geschichte weggewischte Wert-Horizont ist nicht durch eine menschliche Einzeltat neu zu setzen. George sah das Problem nicht geschichtsphilosophisch. Der neue Gott, den er verkündete, reicht an Nietzsches Dimension nicht im entferntesten heran; auch dann nicht, wenn man Maximin als privaten Lapsus ausklammert. Max Kommerell hat auf das Unvergleichbare von Nietzsche und George in diesem Punkte deutlich hingewiesen. Er hebt Georges religiösen Optimismus, die Stilisierung der eigenen Person zur religiösen persona kritisch hervor.[99] Ande-

97 Edith Landmann: Gespräche mit Stefan George. München und Düsseldorf 1963, S. 54f., 98, 100, 115 u. a.

98 Vgl. Martin Heidegger: Nietzsches Wort ›Gott ist tot‹. In: M. H., Holzwege. Frankfurt 1950, S. 193–247.

99 Max Kommerell: Notizen zu George und Nietzsche. In: M. K., Essays, Notizen, poetische Fragmente. Olten/Freiburg i. B. 1969, S. 236.

rerseits hängt diese Stilisierung aber auch mit einem Faktor zusammen, der George mit Nietzsche verbindet: das Prinzip der Selbstwerdung, die Übernahme der Herrschaft über sich selbst, das Verfügen über sich selbst. George hat den Ruf Zarathustras fanatisch ernst genommen: werde, der du bist. Das Ergreifen der Existenz in äußerster Strenge läuft allerdings dort Zarathustra zuwider, wo das Verfügen ausgreift auf andere Menschen, wo diese unter das Georgische Joch gezwungen werden, wo ihnen eigene Selbstwerdung verweigert wird. Zarathustra wollte keine Jünger.

Immer erneut haben die Interpreten das Gemeinsame von Nietzsche und George herausgestellt. Nach der kultischen Stilisierung des George-Kreises folgt der Hinweis auf die Parallelität der Sprachgestaltung, Sprachbewußtheit, Spracherneuerung (1937).[100] Im Thematischen, Sprachlichen wie im Strukturellen sieht Peter Pütz Gemeinsamkeiten (1971).[101] Claude David allerdings stellt deutlich den Gegensatz heraus (1952).[102] George setze zwar Nietzsche fort, aber indem er ihn sich dienstbar mache, entstelle er ihn. Georges konservativer Sinn widersetze sich Nietzsches Denkansatz der Umkehrung aller Werte. Für Nietzsches Person sei George offen gewesen, seinen Denkansatz aber habe er negiert. Insgesamt ist die Forschungslage dadurch bestimmt, daß man Rezeptionsfakten sucht, aber in nennenswertem Maße nicht findet. Fest steht: George hat sich intensiv mit Nietzsche auseinandergesetzt, allerdings mit den Äußerungsformen seiner Person, weniger mit der Philosophie. Diese habe nie im »aufbauenden Sinne« auf ihn gewirkt, berichtet Edith Landmann in ihren Gesprächsnotizen.[103] Hier liegt der Gegensatz, der nicht zu überbrücken ist. Nietzsche ist nur in seiner Philosophie ganz zu verstehen. Vergleicht man die Sprachebenen, so sieht man das Offene bei Nietzsche, das Geschlossene bei George. Offen heißt: existentiell aufgerissen, sich preisgebend – geschlossen: abgedichtet, sich distanzierend, preziös bis prätentiös (*Algabal!*). Nietzsches

---

100 Rudolf Kayser: Friedrich Nietzsche und Stefan George. In: Monatshefte 29 (1937), S. 145–152.

101 Peter Pütz: Nietzsche und George. In: Stefan George Kolloquium. Hrsg. E. Heftrich, P. G. Klussmann u. H. J. Schrimpf. Köln 1971, S. 49–66.

102 Claude David: Stefan George. Son œuvre poétique. Lyon/Paris 1952. Dt. Übersetzung: Stefan George. Sein dichterisches Werk. München 1967.

103 Landmann, a.a.O., S. 100.

Thematik des Kampfes und der Umwertung in der Philosophie, die Einsamkeitsklage, die aufgerissene Sehnsucht, das Verwundete in der Lyrik stehen konträr zum stilisierenden Prinzip Georges, zum Pochenden, Fordernden, sich Abhebenden in zeitlos gültige Zonen symbolistischer Schönheit.[104]

Noch unbestimmbarer als bei Hofmannsthal – und ganz sicher schwerer greifbar als bei George – ist das Verhältnis Rilkes zu Nietzsche. Kaum etwas Konkretes ist auszumachen. Lokalisierbar sind Marginalien,[105] nicht mehr – sich auf die Verbindungslinie Lou Salomé zu berufen, ist gewagt. Rilke hat sich nachweislich in den 90er Jahren mit Nietzsche beschäftigt, aber im Frühwerk gerade ist Nietzsches Denken kaum aufspürbar. Es fehlt die Radikalität von Nietzsches Wert-Philosophie. Rilkes religiöser Ansatz ist unvereinbar mit Nietzsches Absage an den substanzlosen Gottesbegriff seiner Zeit. Erst im Spätwerk, in den *Duineser Elegien,* in den *Sonetten an Orpheus* zeigt sich die Profilierung einer Denklinie, die Nietzsche vorgezogen hatte. Nimmt man hier die Suche auf, verdichtet sich die Fährte, drängt sich immer dringlicher eine Antwort auf.[106]

---

104 »Der sterile Idealismus (George)« – wie Robert Musil einmal notiert. (R. M., Tagebücher, Aphorismen, Essays und Reden. Hamburg 1955, S. 300).

105 Rainer Maria Rilke: Marginalien zu Friedrich Nietzsche. ›Die Geburt der Tragödie‹. In: R. M. R., Sämtliche Werke. Bd. 6. Frankfurt 1966, S. 1163–1177.

106 Das markiert die Forschungssituation, seit Fritz Dehn 1936 seinen bemerkenswerten Aufsatz schrieb (Rilke und Nietzsche. In: Dichtung und Volkstum 37, 1936, S. 1–22). Hellers Essay Anfang der 50er Jahre und eine von ihm beeinflußte Dissertation Ende des Jahrzehnts (Margot Fleischer: Nietzsche und Rilkes Duineser Elegien. Diss. Köln 1958) stellten den Sachverhalt klar: in den Elegien und Sonetten ist Nietzsches Denken deutlich anwesend. Ob dabei von Einfluß zu sprechen ist, lassen beide Arbeiten allerdings nicht genügend als Frage offen. Das Suggerieren von Parallelismen bringt die Gefahr mit sich, daß Problemkreise zu früh geschlossen werden. Der Denkhorizont verhärtet sich formelhaft: »Rilke ist der heilige Franziskus des Willens zur Macht.« – »Der Übermensch ist für Nietzsche, was der Engel für Rilke ist.« (Heller, Rilke und Nietzsche. In: E. H., Enterbter Geist. Frankfurt 1954, S. 187, 226). – Aufschlußreich ist Hellers Hinweis auf Rilkes ›Florenzer Tagebuch‹ (1898), geschrieben im Zusammenhang der Begegnung mit Lou Andreas-Salomé, die in den 90er Jahren über Nietz-

Nietzsches Thema der immanenten Metaphysik zeigt sich bis ins Wörtliche hinein, mehr aber noch von der Substanz her, in Rilkes Spätwerk. Die Bejahung des irdischen Erfahrungshorizontes in seiner vollen Tragweite wurde zunehmend Rilkes Generalthema. Der Raum solcher Erfahrung ist von der geistigen Struktur her homolog bei Nietzsche und bei Rilke, beide bewegen sich in vergleichbarer Dimension. Solcher Vergleich springt aber aus dem Rahmen purer Einflußphilologie heraus, wird zu transzendentaler Progression. Hier geht es nicht um thematische Komparabilität, sondern um Steigerung von Erkenntnismöglichkeit. Das ist Einsicht in den metaphysischen Charakter von Affirmation. Das Rühmen, das Preisen, das Ja-sagen über die Abgründe hinweg ist der Weg Rilkes von der auf Faktizität ausgerichteten, konstatierenden Perspektive im *Malte Laurids Brigge* (1910) hin zu den *Sonetten* und *Elegien* (1923). Das Elend der menschlichen Welt wird im *Malte* seismographisch, mit der von Rodin gelernten Präzision registriert. Als pure Darstellung wird es zur Klage. Das ist der Ausgangspunkt eines Weltbezugs, der um 1910 aus der Masse kulturpessimistischer Erlebnisformen hervorragt durch Objektivität. Überwindung, genauer Überhöhung der Klage wird Rilke zur inneren Zielsetzung. Im VIII. der *Sonette* (1. Teil) heißt es dann: »Nur im Raum der Rühmung darf die Klage / gehn, ...« Schon in der *Geburt der Tragödie* hatte Nietzsche solches Rühmen und Preisen Apollon zugeschrieben, dem Gott der Kunst, des Gesangs; der verwandte Orpheus ist nicht fern: »Gesang ist Dasein« (III) – »Rühmen, das ists!« (VII) – »das unendliche Lob« (IX) – »Die Erde *schenkt*« (XII) – es geht um den Raum der »Erfahrung« des Irdischen (XIII–XV).

---

sche publizierte, u.a. ihr Nietzsche-Buch 1894. Heller meint nun, das ›Florenzer Tagebuch‹ sei »ganz und gar für Lous Augen produziert« (S. 183): In der Tat wird die Freundin angesprochen mit Gedanken über Kunst, Künstler, Schaffen – der Künstler schafft erst Zukunft, er steigert Kultur; es zählt nur der Prozeß des Schaffens usw. (R. M. Rilke, Tagebücher aus der Frühzeit. Hrsg. R. Sieber-Rilke und Carl Sieber. Leipzig 1942, vgl. S. 36–40). Die Ablehnung der Massen (47f.), das Gespräch der großen Einsamen von Gipfel zu Gipfel (52), der Tod Gottes (53), der priesterliche Appell à la Zarathustra (76), Kunst sei Gerechtigkeit (86), das Leben lieben (92), das alles verweist auf Nietzsche, dessen Name nicht genannt wird. Manchmal scheint es jedoch, als ob Rilke direkt auf die geistige (von Lou gedeutete) Figur Nietzsches verweist – auf dessen Utopie des großen Schaffenden (vgl. S. 139f.).

Fast unstatthaft in ihrer Kürze sind solche Andeutungen, zumal es um einen Problemkreis geht, der insgesamt hier nicht behandelt werden kann: geschichtsphilosophisch um Entfremdung und Neuassimilation von Natur als Ganzheit des Seienden. »Mund der Natur« zu sein, wie es im XXVI. *Sonett* heißt, ist die Möglichkeit der Überwindung des Spaltungsphänomens, der Abtrennung des Subjektes von den Objekten. Steigerung im Sinne Nietzsches, »Übersteigung« im Namen des Orpheus (I), soll utopisch die äußerste Möglichkeit einholen, die Erfahrung identischer Lebensfülle. Das letzte Wort des ersten Teils der *Sonette* enthält die volle Offenheit: »Natur« als neu zu leistende Bewußtseinsstufe. Nietzsches Ästhetik sieht von Anfang an Kunst als Steigerungsphänomen im Sinne naturhaften Prozeßcharakters. Vollkommenheit als utopisches Ziel der durch Kunst geleisteten Vervollständigung.

Die Erde braucht den Dichter, den Sänger, im Gesang erst kommen die Dinge zu sich selbst. Das ist wiederum frühromantisch gedacht im Sinne des transzendentalen Idealismus. Über Nietzsche bis zu uns hin führt ein Weg, der als solcher noch nicht erkannt ist. Die erste *Elegie* verdichtet dieses Wissen: Dasein als »Auftrag«. Wörtlich wie sinnmäßig scheint die Zarathustra-Weisheit wiederzukehren: »wie der Pfeil die Sehne besteht, um gesammelt im Absprung / mehr zu sein als er selbst.« (Rilke) – »Pfeile der Sehnsucht nach dem anderen Ufer« sendet Zarathustra aus.

Der immanente Imperativ Nietzsches (»Werde, der du bist.«) zielt in Richtung naturhafter Identität. Das zu Schaffende, das zu Leistende ist Kunst im Sinne von Steigerung in die je eigene Möglichkeit. Zarathustra beschwört: »*bleibt der Erde treu*«, rühmt sie, preist sie, damit sie werden kann, was sie im Innersten ihres Wesens immer schon ist. So ist der Mensch auf dem Wege in die Vollkommenheit seines Wesens; sein Verhalten ist affirmativ: »ein heiliges Ja-sagen« (*Zarathustra*).

Das Verwandeln potentieller Möglichkeiten überführt die Dinge und das Bewußtsein in die zuständige Dimension. Diese ist eine innerliche für Rilke, das bedeutet: ein innerer Erfahrungszustand. Nicht gemeint ist Praxis in einem voreiligen Sinne. Neuzeitliche Praxis ist gerade in einem spezifischen Sinne heillos, weil sie zunehmend von außen gesteuert ist. Die Vereinzelung der Gegenstände ist konsequent die Folge fehlender innerer Bindung, der materiellen Veräußerlichung. Welt hat sich nicht an sich geändert; verlagert hat sich der perspektivische Ansatz des Menschen: hin auf

Ausbeutung. Versprengte Gegenständlichkeit wiedereinzuholen, die Verbindung neu zu leisten zwischen Subjekt und Ding – das meint Verwandlung. Sie kann nur im Innern des Menschen, im zentralen Erfahrungsbezirk – wie einst Mythos – vor sich gehen. Mythos als total Umgreifendes ist tot, aber es lebt der *Glaube* an terrestrische Potentialität. Natur – oder Erde – als totum tritt mit neuem Auftrag an den Menschen heran. »Erde, ist es nicht dies, was du willst: unsichtbar / in uns erstehn?« – »Was, wenn Verwandlung nicht, ist dein drängender Auftrag? / Erde, du liebe, ich will.« (*9. Elegie*)

Das sind keine »Parallelen« – das ist geschichtsphilosophisch, immer noch, seit Schiller, der Vorausentwurf von Erfahrung. Historisch ist es die innerste Bewegung des neuzeitlichen Geistes. In dieser Bewegung treffen sich Rilke und Nietzsche. »Überzähliges Dasein / entspringt mir im Herzen.« (*9. Elegie*). Hier ist keine Spur von dem oft entstellten, sentimentalen Rilke. Das ist mit aller Härte utopisch gedacht. Rilke spricht in der *10. Elegie* von »der grimmigen Einsicht«, daß am Ende des Prozesses »Jubel und Ruhm aufsinge« – er spricht von »den klargeschlagenen Hämmern des Herzens«. Hier steht er auch im Denkhabitus Nietzsche nahe. Aber, es gibt auch andere Seiten, die nicht zueinander passen.

Ein traditionell definiertes Rezeptionsverhalten liegt nicht vor. Zu denken, zu glauben an ein »*steigendes* Glück«, wie es am Ende der *10. Elegie* steht, das ist der Substanz nach platonisch und christlich tradiert. Als Denk- und Erlebnisform hat es sich um die Achse gedreht – schon am Ende von *Faust II*. Dort allerdings kommen dem terrestrischen Steigerungsphänomen transzendente Kräfte entgegen (die Liebe von oben). »Mater Gloriosa: Komm! hebe dich zu höhern Sphären!« Das sind christliche Symbole – keine treffenderen standen ihm zur Verfügung, so Goethe. Aber die religiöse Hoffnung ist eine naturhafte, ist nicht auf Offenbarung hin orientiert. Goethes Aufwärtsbewegung des Geistes in Spiralen ist ebenso erdhaft gedacht wie die Grundprinzipien seines geistigen Naturbildes: Polarität und Steigerung. Was sind die Engel Rilkes anderes als durch Steigerung verwandelte Geistessubstanz: »die Verwandlung des Sichtbaren in Unsichtbares, die wir leisten«, ist hier vollzogen. Hier schließt sich ein Ring: Nietzsche ist keinem Dichter zeit seines Lebens treuer verbunden gewesen als Goethe. Die Frage, ob etwas transzendent oder immanent gedacht ist, wird angesichts der Erfahrungsintensität zu einem Begriffsspiel. *Transcendere* als ständiger Prozeß ist gemeint. Verwandlung ist nur ein anderes Wort dafür. Der Vorgang bleibt ein terrestrischer: »*es gibt weder ein Diesseits noch Jenseits, sondern die große Einheit*«. Das ist die »endgültige Bejahung«. Christlich, sagt Rilke in diesem entscheidenden Selbstkommentar,[107] ist das der Form nach nicht – das Jenseits ist deutlich ein anderer Modus von Vorstellung. Rilke spricht betont von einem »rein irdischen, tief irdischen, selig irdischen Bewußtsein«. Es geht um die Ganzheit von Erfahrung, gerade auch im Hinblick auf den Tod. Es geht um Verwandlung »*in das Ganze*«. Verwandlung unseres Bewußtseins, »unserer Natur« und damit der dinghaften Welt. Das ist mit Nietzsches Umwertungsphilosophie in Adäquation zu sehen. Der Welt ihren »humanen und larischen Wert« wiederzugeben, wie Rilke sich ausdrückt. »Die Elegien stellen diese Norm des Daseins auf«, sagt er selbstbewußt. Es geht um den »höheren Rang der Realität« – gewiß war es nach Nietzsche leichter, ein solches Wort in seiner ganzen Konsequenz zu verantworten.

Marginalien zur späteren Nietzsche-Rezeption

Mit dem Namen Rilke erstreckt sich die Rezeptionsgeschichte schon weit in unser Jahrhundert hinein.[108] Aber weder Rilke noch George, noch Hofmannsthal sind innerhalb dieser Geschichte die wichtigen Namen. Der Einfluß Nietzsches schlägt bei ihnen vergleichsweise gering zu Buche, denkt man an die intensive Auseinandersetzung Heinrich und Thomas Manns, Gottfried Benns, Robert Musils mit dem Phänomen Nietzsche. Die zunehmende historische Distanz ermöglichte die breitere und zugleich präzisere Wahrnehmung, die verschärfte Reflexion. Die Nietzsche-Wirkung war inzwischen zu einem Stück Geistesgeschichte geworden und drang als Erlebnis mit in die Überlegungen ein. Jetzt erst begann das Verständnis der geschichtsphilosophischen Phänomenalität Nietzsches in der ihr angemessenen Dimension.

---

107 Rainer Maria Rilke: Brief an seinen Übersetzer Witold Hulewicz, 13. XI. 1925. In: R. M. R., Briefe II. Wiesbaden 1950, S. 480–484.

108 Andere Namen der Literatur verbinden sich zu diesem Zeitpunkt schon intensiver mit dem Komplex der Nietzsche-Auseinandersetzung. Etwa Heinrich und Thomas Mann und Alfred Döblin, aber auch Stefan Zweig, Rudolf Pannwitz oder Hermann Hesse. Die abgedruckten Texte geben die wichtigsten Zeugnisse wieder. Sie können hier nicht im

Die erste Generation der Beeinflußten war dem Phänomen Nietzsche noch zu nahe, um die historische Tragweite seiner Philosophie begreifen zu können. Man war beeindruckt und versuchte, diesen aktuellen Eindruck zu thematisieren. Die Aktualität mit ihren Anregungen und Aufregungen stand einer weitreichenden Reflexion zunächst im Wege. Man verglich sich mit Nietzsche, man betete ihn an, man verachtete ihn, man stand noch zu sehr im Bann von Affekten, unter dem Zwang emotional geleiteter Polemik oder Affirmation. Hofmannsthal und Rilke allerdings hoben sich entschieden ab von der Heftigkeit, die die literarische Situation von damals kennzeichnet. Zusammen mit George standen sie außerhalb der Turbulenzen, die sich um den Namen Nietzsche bildeten. Diese drei Exponenten der Literatur zu Anfang unseres Jahrhunderts stehen dem Phänomen Nietzsche erstaunlich reserviert gegenüber. Das impulsive Engagement zeichnete zunächst die »kleineren« Dichter aus, die heute vielfach vergessen sind. Sie hatten Nietzsche zu einem »Modephilosophen« gemacht, wie Heinrich Mann 1896 schon konstatierte:[109] eine gerechte Beurteilung war unter diesen Umständen nicht möglich. »Der Beifall derer, die ihn zu lieben vorgeben, die mit ihm prunken, sich auf ihn berufen, flößt uns leicht Mißtrauen ein.«

Thomas Mann, der jüngere der beiden Brüder, äußert sich ebenfalls frühzeitig und kritisch zum Rezeptionsproblem. 1909 schreibt er: »Wir um 70 geboren stehen Nietzsche zu nahe, wir nehmen zu unmittelbar an seiner Tragödie, seinem persönlichen Schicksal teil – vielleicht dem furchtbarsten, am meisten Ehrfurcht gebietenden Schicksal der Geistesgeschichte.«[110] Die später Geborenen, die jetzt

---

einzelnen kommentiert und in einen großen Zusammenhang eingeordnet werden. Die vorliegende Untersuchung hat sich zum Ziel gesetzt, die frühe Nietzsche-Rezeption als Einführung in den gesamten Themenkomplex gründlicher abzuhandeln, als das bisher geschehen ist. Damit ist dem Verständnis der späteren Nietzsche-Wirkung insofern vorgearbeitet, als vor dem Hintergrund des turbulenten Anfangs die Qualität der nachfolgenden Auseinandersetzung erst richtig zur Geltung kommt. – Die Ausführungen zur Rezeption von Heinrich und Thomas Mann, Döblin, Musil und Benn, die jetzt noch folgen, wollen nicht mehr sein als informative Hinweise.

109 Heinrich Mann: Zum Verständnisse Nietzsches. In: Das Zwanzigste Jahrhundert 6, 2 (1896), S. 245.

110 Thomas Mann: Notizen zu ›Geist und Kunst‹, Nr. 103. Zit. nach T. J. Reed: ›Geist und Kunst‹. Thomas Mann's Abandoned Essay on Literature. In: Oxford German Studies 1 (1966), S. 86.

Zwanzigjährigen, meint Thomas Mann 1909, hätten es leichter, ihnen spricht er die Chance zu, eine »gereinigte Nachwirkung« zu repräsentieren.[111] Daß er selber zu diesen Repräsentanten gehören würde, ebenso wie die jüngeren Dichter Benn oder Musil oder auch Stefan Zweig, konnte er damals noch nicht wissen. Daß aber der zeitliche Abstand allein noch nicht klüger machte, zeigt recht bald das Jahrzehnt des sogenannten Expressionismus. Die exaltierten Bekenntnisse dieser Zeit zu Nietzsche basieren durchweg auf einem falsch verstandenen Lebensbegriff, der zu konkreten Zielvorstellungen nicht durchdringt. Es geht um erhöhte Vitalität, um ein gesteigertes Selbsterlebnis im Rausche. Der *Zarathustra* ist das große Rezeptionsereignis der Expressionisten – wie schon in den beiden Jahrzehnten zuvor bei den Fin-de-siècle-Schwärmern. Man beruft sich auf Nietzsche mit einem fehlverstandenen Irrationalismus, mit einem ins Leere zielenden Aktivismus. Man stürmt mit ungezielten Aktionen über *die* Wirklichkeit hinaus, die Nietzsche mit aller Schärfe kritisch fixiert hatte. Nietzsches Denk- und Sprachintensität, die Philosophieren als äußerste Möglichkeit geistiger Selbststeigerung vermittelte, wurde annektiert als forciertes Pathos, das sich oft an der Grenze der Hohlform bewegt.[112]

Nietzsches eminent wichtige kulturkritische Bedeutung hatte Heinrich Mann 1896 schon erkannt, 1918 folgt ihm in dieser Feststellung sein Bruder Thomas. Heinrich sieht in Nietzsche das »soziale Moment«, das in der »Vervollkommnung« der Gesellschaft besteht,[113] Thomas sieht die »zivilisatorische Wirkung«, die Ermutigung zu »Kritizismus und Radikalismus« als dominant,[114] beide sehen die erzieherische Funktion der Kunst, die den deutschen Geist anschließen soll an das europäische Niveau.

Deutlich distanzieren sich beide, wie Thomas es ausdrückt, von jenem »Ästhetizismus«,[115] der falsch verstandene Lebens-Romantik, falsch verstandener Nietzsche war. Daß der jüngere Bruder damit

---

111 Th. M., a.a.O., S. 87.

112 Gunter Martens hat in seiner Studie zur Nietzsche-Rezeption der Expressionisten (abgedruckt im Begleitband) diese vitalistische Dynamik ohne Ziel anhand von Beispielen aufgezeigt. Eine eingehendere Behandlung des Problems erübrigt sich darum an dieser Stelle.

113 H. M., a.a.O., S. 249, 251.

114 Thomas Mann: Betrachtungen eines Unpolitischen. In: Th. M., Ges. Werke. Bd. XII. Reden und Aufsätze 4. Frankfurt 1960 (1970), S. 87.

115 Th. M., a.a.O., S. 539.

den älteren treffen wollte, ist sein Mißverständnis und als solches in einem anderen Zusammenhang abzuhandeln. Thomas nennt in den *Betrachtungen eines Unpolitischen* den Grund der zurückliegenden, romantizistischen Nietzsche-Fehldeutung: man hatte Nietzsche wörtlich genommen und verherrlichte den »Immoralisten«, statt in der Moralkritik die äußerste Strenge ethischer Forderung zu sehen.[116]

Daß Heinrich zu diesem Zeitpunkt, am Ende des Krieges, der politisch Klügere war, steht außer Zweifel, und daß auch Thomas nicht in dem Maße, wie er vorgibt, die ästhetische Forderung Nietzsches ins Pragmatische umbiegen will, zeigt der *Vorspruch zu einer musikalischen Nietzsche-Feier* von 1925.[117] Nietzsche, sagt Thomas Mann hier, sei »ein Seher höheren Menschentums, ein Führer in die Zukunft«.[118] Auch diese Seite Nietzsches hatte Heinrich früher begriffen, in seiner Romantrilogie *Die Göttinnen* (1903) hatte er das Rauschgefühl verherrlicht, das die Kunst vermittelt, das gesteigerte Machtgefühl einer »*intelligenten* Sinnlichkeit«,[119] die Affinität des Künstlers zum Eros. Insgesamt ist Heinrich Manns Verhältnis zu Nietzsche von Anfang an spontaner, aufgeschlossener für die ästhetische Information. Bei Thomas geht die Verständigung formalere Wege, hauptsächlich vermittelt durch die stilistische Brillanz von Nietzsches Prosa, gefiltert zunehmend durch Ironie – die soweit geht, die eigene Rezeption als »Verbürgerlichung« Nietzsches zu persiflieren – aber lieber diese Verbürgerlichung, sagt er, als den verwerflichen, »heroisch-ästhetischen Rausch«, den Nietzsche vielfach in der Literatur entfacht hatte. Nietzsche habe ihn zu konservativem Denken erzogen, habe ihn widerstandsfähig gemacht gegen alle »übel-romantischen Reize« – eine Entwicklung in Schüben sei das gewesen.[120]

Dem Bruder bestätigt er dann zweimal, zu dessen 60. und 70. Ge-

---

116 Th. M., a.a.O., S. 539f.

117 Thomas Mann: Vorspruch zu einer musikalischen Nietzsche-Feier. In: Th. M., Ges. Werke. Bd. X. Reden und Aufsätze 2. Frankfurt 1960 (1974), S. 180–184.

118 Th. M., a.a.O., S. 182.

119 Heinrich Mann: Die Göttinnen. Notizen aus dem »Minerva«-Manuskript. In: Renate Werner, Skeptizismus, Ästhetizismus, Aktivismus. Der frühe Heinrich Mann. Düsseldorf 1972, S. 96.

120 Thomas Mann: Lebensabriss. In: Th. M., Ges. Werke. Bd. XI. Reden und Aufsätze 3. Frankfurt 1960 (1974), S. 110.

burtstag, die tiefe Verwandtschaft zu Nietzsche: in beiden sei der südliche Wille zu Form und Klarheit tätig; beiden verleiht er das Prädikat: »der gute Europäer« (1931).[121] In der Hitlerzeit feiert er in seinem Bruder die humane Grundkomponente Nietzsches: »Freiheit, Wahrheit, Recht, Menschlichkeit«. – »Du, lieber Heinrich, hast diese neue Situation des Geistes früher geschaut und erfaßt, als wohl wir alle ...« (1941).[122] Damit war die Versöhnung erreicht, die jenen Zwiespalt überbrückte, mit dem der Name Nietzsche sich verbunden hatte. Das Verhältnis zu Nietzsche war, wie dasjenige zum Bruder, Schüben und Wandlungen unterworfen. Für Thomas Mann war dieser Prozeß noch nicht abgeschlossen – im *Doktor Faustus* wurde das gesamte Thema noch einmal aufgegriffen, tiefgründiger und engagierter, als es je in der deutschen Literatur zur Sprache gekommen war. Als Finale einer lebenslangen Auseinandersetzung mit Nietzsche folgt dann noch der große Essay *Nietzsche's Philosophie im Lichte unserer Erfahrung* (1947). Die Geschichtsereignisse bewegen Thomas Mann zu einer fundamentalen Kritik Nietzsches, damit zugleich des deutschen Wesens, wie es aus dem Geiste der Musik lange Zeit abgeleitet worden war.[123]

Auch Heinrich Manns Verhältnis zu Nietzsche hatte sich gewandelt angesichts der Ungeheuerlichkeit der deutschen Geschichte. Nietzsches Forderungen sind plötzlich der Verbindlichkeit des Faktischen anheimgefallen. Die nationalsozialistische Ideologie hatte die wörtliche Ausbeutung des Werkes skrupellos in die Hand genommen. Die Schlagworte vom Übermenschen, der blonden Bestie, von Rasse und Züchtung wurden herausgenommen aus dem provokativen Rahmen, wurden abgetrennt von ihrer geistigen Wurzel. An die Spitze seiner geforderten Gesellschaft hatte Nietzsche den geistig sich verantwortenden Menschen gestellt, den Schaffenden, den Künstler im weitesten Sinne. Daran zweifelt Heinrich Mann auch jetzt nicht. Der Nietzsche-Essay von 1939[124] ist gerade in die-

---

121 Thomas Mann: Vom Beruf des deutschen Schriftstellers in unserer Zeit. In: Th. M. – Heinrich Mann. Briefwechsel 1900–1949. Hrsg. H. Wysling. Frankfurt 1968, S. 133.

122 Thomas Mann: Ansprache zu Heinrich Manns siebzigstem Geburtstag, a.a.O., S. 210.

123 Das Thema ›Thomas Mann und Nietzsche‹ kann hier nicht ausgeführt werden. Verwiesen sei auf die Abhandlung von Peter Pütz im Begleitband.

124 Heinrich Mann: Nietzsche. In: Maß und Wert 2 (1939), S. 277–304.

sem Punkte von bemerkenswerter Gerechtigkeit. Ebenso deutlich betont Heinrich Mann, daß es Nietzsche um nichts anderes ging als um die Ergründung einer neuen Ethik. Das sei der Kern seiner Umwertungsphilosophie. Heinrich Mann sieht auch jetzt noch den metaphysischen Anspruch, der hinter dieser Philosophie steht. Nietzsche habe seine Sache mit derselben Leidenschaft betrieben wie einst der heraufziehende Gott und Eroberer Christus. Er habe versucht, die Erkenntnis als leidenschaftlichen Zustand zum obersten Maßstab der Welt zu erheben. Gerechter ließ sich nicht urteilen in der Situation von 1939. So schreibt er auch an seinen Bruder Thomas, der den Essay in die Exilzeitschrift *Maß und Wert* aufgenommen hatte: »ich bin froh, daß Du mit dem ›Nietzsche‹ einverstanden bist. Bei allem Widerspruch war ich doch nie versucht, respektlos zu werden, und hoffe, daß mein Verständnis, so weit es reicht, nicht nur ›gütig‹ ist, sondern ehrenvoll.«[125]

Heinrich Mann spricht aus dem Geiste jener »Redlichkeit«, die er Nietzsche in diesem Zusammenhang als höchste Tugend zuspricht. Aber wie Thomas macht er Nietzsche auch verantwortlich für bestimmte Exzesse der historischen Entwicklung. Gleichzeitig verteidigt er ihn, wie sein Bruder, vor der Gleichsetzung mit dem Willen der barbarischen Machthaber. Nietzsche habe das weder vorhergesehen noch gewollt, was jetzt geschehe. Ganz im Gegenteil würde er mit »Haß und Abscheu« der nationalsozialistischen Verfälschung seiner Lehre begegnen. Eine seiner Strafen wäre es, zu hören, »welche Intelligenzen heute mit der seinen in demselben Atemzug genannt werden«. Die Kritik allerdings ist ebenso deutlich wie die noble Verteidigung: »Sein Werk ist furchtbar, es ist bedrohlich geworden, anstatt daß es uns hinrisse wie vor Zeiten.«[126] Es sind die Jahre nach 1890, an die sich Heinrich Mann erinnert, das war die Begeisterung für die rauschhafte Kunsttheorie Nietzsches, die bald ihren Niederschlag fand in der frühen Prosa. Zurück liegen fast 50 Jahre Nietzsche-Auseinandersetzung; damals war diese Philosophie nichts als Selbstrechtfertigung junger Gemüter, sagt Heinrich Mann, bedeutete sie Steigerung des Selbstbewußtseins, Bestätigung eines hypertrophen Individualismus. Damals lag über dieser Rezeption noch die Unschuld des Anfangs, war noch kein Weltkrieg in

---

125 Heinrich Mann: Brief an Thomas Mann, 22. 11. 1938. In: Thomas Mann – H. M. Briefwechsel, a.a.O., S. 173f.

126 H. M., Nietzsche, a.a.O., S. 291, 294, 277.

Sicht, war alles noch geistig gemeint, waren die Folgen und Konsequenzen noch nicht abzusehen.[127] 1945, am Ende der Geschichtskatastrophen, sagt Heinrich Mann dann, Nietzsche habe den Deutschen die Wahl freigestellt, aus seinem Werk zu nehmen, was ihnen beliebe. »Die Deutschen haben gewählt.«[128] Sie haben sich entschieden für die wörtliche Seite des Janusgesichtes, für die faktische Einlösung ohne Ironie. Immer erneut hatte gerade sein Bruder Thomas auch vor dieser Gefahr gewarnt.[129] Wer Nietzsche wörtlich nimmt, ist verloren – zu dieser Einsicht waren viele Nietzsche-Verehrer inzwischen gekommen.

Zu den bedeutenden Nietzsche-Rezipienten der neueren Literatur gehört nach Maßgabe der hier vorgelegten Texte ohne Frage auch Alfred Döblin.[130] Nicht, daß Döblin in einer hervortretenden Weise denkerisch und schöpferisch von Nietzsche beeinflußt sei – er ist aber derjenige von den hier behandelten Literaten, der sich auf philosophisch präziseste Weise mit Nietzsche auseinandergesetzt hat. Die genannten Dichter leisteten ihre Auseinandersetzung durchweg aphoristisch, essayistisch, intuitiv rezipierend – Döblin geht analytisch an Nietzsche heran, er nimmt dessen Denken als Denken, nicht als Anfeuerung oder Rahmen eigener Produktivität. Döblin sieht sowohl den philosophiegeschichtlichen Ort von Nietzsches Denken als auch den internen Zusammenhang der Denkakte innerhalb von dessen Philosophie. Nietzsche wird also von Döblin philosophisch und nicht künstlerisch rezipiert. Darum geht Nietzsche auch nicht nennenswert in das künstlerische Werk Döblins ein, wie das symptomatisch ist bei Heinrich und Thomas Mann, Musil und Benn.

Döblin ist ein außergewöhnlich kritischer Nietzsche-Leser – das zeigen die zwei Schriften aus dem Nachlaß (bisher unveröffentlicht) aus den Jahren 1902 und 1903: *Der Wille zur Macht als Erkenntnis bei Friedrich Nietzsche. – Zu Nietzsches Morallehre.*[131] Döblin stu-

---

127 H. M., Nietzsche, a.a.O., S. 277, 278.

128 Heinrich Mann: Ein Zeitalter wird besichtigt. Düsseldorf 1974, S. 170.

129 Zur Literatur ›Thomas Mann und Nietzsche‹, ›Heinrich Mann und Nietzsche‹ vgl. Bibliographie des Begleitbandes. Dort auch der Beitrag von Renate Werner zur Rezeption der Artisten-Metaphysik im Werk H. und Th. Manns.

130 Eine Untersuchung über das Verhältnis Döblin – Nietzsche liegt noch nicht vor.

131 Es handelt sich um zwei handgeschriebene Aufsätze, die sich im Deutschen Literaturarchiv in Marbach befinden. (Der erste Aufsatz: Oktav-

dierte damals Medizin, er brachte also neben seinen profunden philosophischen Kenntnissen eine naturwissenschaftliche Schulung mit. Er war damit in geeigneter Weise ausgerüstet, den biologischen Denkansatz Nietzsches zu reflektieren. Mit denselben Voraussetzungen hat das später auch Gottfried Benn getan, aber doch nicht so stringent, eben nicht philosophisch-analytisch wie Döblin. Hinzu kommt bei dem späteren Nervenarzt Döblin noch die psychologische Schulung.

Psychologische und erkenntnistheoretische Betrachtungen stehen im Mittelpunkt der Schrift *Der Wille zur Macht als Erkenntnis bei Friedrich Nietzsche*. Döblin zeigt sich in keiner Weise fasziniert von Nietzsches Denken, wie das bei anderen Dichtern zu beobachten ist. Im Gegenteil kritisiert er die Wort-, Bild- und Gleichnisverliebtheit des Philosophen, insgesamt dessen »Übertreibungs- und Verallgemeinerungssucht«, das Systemlose seines Denkansatzes. Er trifft damit genuine Momente von Nietzsches Philosophie, etwa auch das Prinzip des Widerspruchs, die »kampffrohe Lust an Paradoxen«.[132] Für die Zeit der Jahrhundertwende zeugt das von einem klaren Blick, ungetrübt von der Begeisterungswelle des damaligen Aposteltums (für oder gegen Nietzsche). Döblin seziert geradezu die Grundfrage der Erhaltungs- und Steigerungsbedingungen (als *die* bedingenden Werte des Lebens) im Hinblick auf die Rückführung in ein biologisches Prinzip. Er sieht das Problematische an Nietzsches Ideal der Einheitlichkeit, die ihr Fundament im lebenden Organismus hat. Dieser Lebensontologie seien schließlich so diverse Bereiche wie Moral, Ästhetik, Logik, Erkenntnistheorie und Metaphysik subsumiert. Döblin prüft diesen Ansatz von biologischer Warte her, etwa Logik als wichtigste menschliche Erfahrungsbedingung (Umweltorientierung durch Wiedererkennen, Einordnen), Ästhetik als Summe der Erhaltungsbedingungen in anschaulicher Form, Metaphysik als lebensbedingenden *Willen zur Macht*; als »essentielles Streben nach Akkumulation«.[133] Wie stark Nietzsche in der naturwissenschaftlichen Genealogie seines Jahrhunderts steht, wird hier von Döblin, vielleicht zum ersten Mal, ganz deutlich herausgestellt.

---

heft, 33 Blatt; der zweite Aufsatz: Oktavheft, 48 Blatt). Herrn Claude Doblin, Nizza, danke ich für die Zustimmung zur Veröffentlichung der Manuskripte.

132 Alfred Döblin: Der Wille zur Macht als Erkenntnis bei Friedrich Nietzsche. In diesem Band, S. 317.

133 Döblin, a.a.O., S. 321.

Hervorzuheben ist auch die Kritik der Metaphysik – Döblin rückt logisch-deduktiv dem Nietzsche-Axiom zu Leibe, daß unser metaphysisches Weltbild falsch sei, eben weil es nicht den organischen Erhaltungs- und Wachstumsbedingungen entspricht. Er verweist auf die innere Widersprüchlichkeit der logisch-metaphysischen Denkprozesse von Nietzsche. Döblin bemüht sich darüber hinaus aber auch um die Quelle des vermeintlichen Irrtums. Daß nämlich Nietzsche den »Geist aus der Natur konstruiert«.[134] Damit folge er der Vereinseitigung der naturwissenschaftlichen Philosophie; »das stupide Klammern an die Empirie in diesem Zeitalter verdirbt die Philosophie«.[135] Das ist eine beachtliche Kritik zu dieser Zeit – allerdings trifft sie Nietzsches Denkstruktur nur zum Teil. Agnostizismus, Skeptizismus und Nihilismus werden als Verfehlung des Denkens genommen, nicht als das, was sie in Nietzsches Augen darstellten: die Faktizität der geschichtsphilosophischen Situation. Aber das hat in der ganzen Tragweite damals ohnehin niemand erkannt – in diesem Punkte blieb Nietzsche noch lange unverstanden. Daß Döblin überhaupt die Kernproblematik aus Nietzsches Denken herausgriff und sich kritisch damit befaßte, ist das Hervortretende im Rahmen der damaligen Poeten-Rezeption.

In der Abhandlung *Zu Nietzsches Morallehre* formuliert Döblin treffend die Situation angemessener Rezeption: »Wir lassen hier möglichst die lyrischen Phantasien über unseren Philosophen, denn wir wollen mit dem Verständnisse seiner *Lehren* wachsen und uns in die Seele seiner *Philosophie* einwühlen und *sie* nicht lassen, es sei denn, sie gäbe sich uns ganz.«[136] Eine Flut von Worten wälze sich über Nietzsche, seine philosophischen Lyrismen würden breitgetreten, statt daß man sein Werk überdenke, »damit es nicht vergeblich bleibe und wir nun wissen, wie es mit uns stehe«. Das ist verantwortlich gedacht, ganz aus dem Geiste Nietzsches heraus. Neben dieser Verantwortung steht die profunde Erkenntnis, daß nämlich Nietzsches Denkansatz »ein subjektiver Idealismus auf biologisch sensualistischer Grundlage« sei. Hinzu kommen gründliche philosophiegeschichtliche Kenntnisse (Hume, Kant, Berkeley, Spinoza bis zu Stirner, Schopenhauer und dem Neukantianismus), die selten nur Voraussetzung der Poeten-Rezeption waren. In ihrer Zeit stehen sie einmalig da. Döblin kannte sich aus in Fragen des

---

134 Döblin, a.a.O., S. 326.
135 Döblin, a.a.O., S. 329.
136 Alfred Döblin: Zu Nietzsches Morallehre. In diesem Band, S. 334.

Empirismus, der Transzendentalphilosophie, der Morallehre, der Soziologie, der Naturwissenschaft, um nur die wichtigsten Punkte zu streifen. Das ermöglicht es ihm, den Umwertungsgedanken, den Übermenschen-Begriff, den Züchtungsgedanken in angemessener Dimension kritisch zu reflektieren.

Diese kritische Reflexion erkennt sowohl die Widersprüchlichkeit von Empirismus und Metaphysik in Nietzsches Denken als auch die Wurzel dieses Widerspruchs: das Postulat der Lebenssteigerung. Durch die Differenzierung des Denkansatzes tritt dieser Begriff aus der eindimensionalen Zone von Vitalismus heraus und gewinnt sein spezifisches Gewicht. Die Qualität von Döblins Denken zeigt sich auch in der fruchtbaren Dialektik, die deutlich am Schluß der zweiten Abhandlung zutage tritt.

Von dem Rezeptionshorizont der Jahrhundertwende hebt sich Döblin mit beiden Untersuchungen unvergleichlich ab. Der Döblin-Forschung bleibt es überlassen, dieser Tatsache auch werkimmanent nachzugehen. Hier kann neben der Erstveröffentlichung der Texte nicht mehr gegeben werden als ein erster Aufriß. Zugänglich waren bisher die Texte von 1931[137] und 1946,[138] die den gesellschaftskritischen Standpunkt Döblins klar profilieren. Seine kritische Projektion auf Nietzsche ist aber erst voll verständlich unter dem Gesichtspunkt der frühen Auseinandersetzung mit Nietzsche. Bei aller Kritik Döblins spricht immer die Akzeptation von Nietzsches utopischem Ansatz mit. Es zeugt von Döblins intellektueller Stärke und Integrität, daß er Nietzsche nicht emotionell einbindet in seine Lebensprozesse; daß er mit Souveränität das Erlebnis Nietzsche trennt von der kritischen Verarbeitung. Döblins Rückschau von 1949[139] bestätigt, wie stark ihn Nietzsche beschäftigt hatte in seiner Jugend und wie dieses Erlebnis untergründig in ihm virulent blieb.

Robert Musil hat Nietzsche zuerst mit 18 Jahren gelesen, also schon 1898, als die Nietzsche-Rezeption noch in ihrer ersten Phase steckte. Seit dieser Zeit finden sich kontinuierlich Äußerungen zu Nietzsche in den Tagebüchern und im Werk Musils. Er fühlt sich

---

[137] Alfred Döblin: Wissen und Verändern! Offene Briefe an einen jungen Menschen. Berlin 1931, S. 72f., 168f.

[138] Alfred Döblin: Die literarische Situation. Baden-Baden 1947, S. 7, 8, 9 u. ö. (Überarbeitete Fassung von: Die deutsche Utopie von 1933 und die Literatur, in: Das goldene Tor 1, 1946).

[139] Alfred Döblin: Schicksalsreise. Bericht und Bekenntnis. Frankfurt 1949, S. 159–162.

angesprochen von der Freiheit des Denkens, die zunächst Freisein von einem System bedeutet, er schätzt an Nietzsche und anderen Denkern die »Willkür des Weisen« – im Gegensatz etwa zu Kant.[140] Musil empfindet die Nietzsche-Lektüre als »Sammlung« und »Selbstprüfung«, notiert aber rund 20 Jahre später als Randbemerkung, wie leichtfertig diese Rezeption war.[141] Dennoch ergreift Musil in diesen frühen Jahren schon den für ihn zentralen Gedanken Nietzsches, er nennt ihn später im *Mann ohne Eigenschaften* den »Möglichkeitssinn«. Ein Hauptwesenszug der Ulrich-Gestalt ist damit schon gegeben. Nietzsche, so heißt es im frühen Tagebuch, werde von denjenigen geliebt, »denen neue Möglichkeiten Bedürfnis sind«.[142] 1905 wird Nietzsche u. a. im Zusammenhang mit Goethe genannt, für den »Lebenskunst« soviel bedeutet habe wie »Steigerung« – dieser Begriff ist für Goethe in der Tat so zentral wie für Nietzsche. Musil interpretiert kurz und treffend, daß »der Geist zielbewußt eine Steigerung« erfährt. Solche Steigerung als »Selbstvervollkommnung« finde sich schon bei Leibniz, Goethe nenne es »Selbstkultur«, Schleiermacher »Selbstdarstellung«, Nietzsche »Übermensch« – das alles seien nur verschiedene Worte für »das ethisch-ästhetische Selbst«.[143] Damit hat Musil sehr früh den Mittelpunkt von Nietzsches Denken getroffen, jene metaphysische Kraft, die menschliches Leben erst hinlänglich definiert. Diese von Heidegger erst sehr viel später herausgearbeitete Komponente von Nietzsches Denken hat neben Musil gleichrangig nur Benn zum Zentrum seiner Nietzsche-Auseinandersetzung erhoben.

Musil ist, bei allen späteren Zweifeln, von Anfang an ein sehr kritischer Leser Nietzsches. Er sieht die Forderungen des Geistes durchaus in ihrer problematischen Konfrontation zum Phänomen des Sozialismus; es sei eine »Bosheit des Schicksals, Nietzsche und den Sozialismus einem Zeitalter zu schenken«, notiert er um 1920.[144] Die Tagebuchnotizen umkreisen immer erneut diesen Zwiespalt von Kultur und Politik, die Entmündigung des individuellen Geistes durch die Politik. Musil interessiert das Phänomenale der geistigen

---

140 Robert Musil: Eintragung vom 20. 2. 1902. In: R. M., Tagebücher, Aphorismen, Essays und Reden. Hrsg. A. Frisé. Hamburg 1955, S. 32.

141 Musil, Eintragung vom 8. 5. 1902, a.a.O., S. 36.

142 Musil, Eintragung ›Etwas über Nietzsche‹, a.a.O., S. 42.

143 Musil, Eintragung vom 6. 7. 1905, a.a.O., S. 94.

144 Musil, Eintragung um 1920, a.a.O., S. 240.

Einzelleistung. Nietzsche, Marx oder auch Christus sieht er nicht so sehr als historische Tatsachen, sondern vielmehr als »individuelle Ausprägungen« der Möglichkeit Mensch.[145] Was Musil interessiert, ist die Möglichkeit ethischer Setzung – in diesem Zusammenhang nennt er dann auch Kung-fu-tse, Lao-tse oder die Mystiker.[146] 1938/39 notiert er unter dem Stichwort »Moralisches Genie«, die Deutschen hätten »den größten Moralisten« der zweiten Hälfte des abgelaufenen Jahrhunderts hervorgebracht und sie brächten zu dieser Zeit mit dem Hitler-Faschismus »die größte Aberration der Moral« hervor.[147] Einen schuldhaften Zusammenhang zwischen Nietzsche und den Ereignissen nach 1933, wie das die Brüder Mann tun, stellt Musil aber nicht her. Sein Verhältnis zu Nietzsche ist unemotionell, kühl, von betonter Distanz. Es ist weder exzessiv im Engagement noch ausgreifend in der Thematik, obwohl die Beschäftigung mit Nietzsche, ablesbar an der Vielzahl der Erwähnungen, zunimmt im Laufe der Jahre. Insgesamt zeichnet sich dieses Verhältnis aus durch intellektuelle Intensität und sachliche Kritik.

Musil selbst spricht rückblickend von einem entscheidenden Einfluß in jüngeren Jahren.[148] Die zunehmende Beschäftigung mit Nietzsche hat sich dann niedergeschlagen in den langwierigen Operationen des großen Romans. Musil hatte inzwischen die Hauptschriften Nietzsches nicht nur gelesen, sondern wohl auch im einzelnen gründlich studiert. Genauere Angaben dazu sind nicht auszumachen. Aber der ständige Hinweis auf den Moralisten und Ethiker Nietzsche läßt Rückschlüsse zu. Nietzsche wird in diesem Punkte eine außerordentliche Kompetenz und Zeitrepräsentanz zugebilligt. In dieser Funktion wird er im *Mann ohne Eigenschaften* thematisiert. Ausdrücklich wird er als »Lehrer« Ulrichs hervorgehoben;[149] dieser beschäftigt sich quasi hauptberuflich mit der Mo-

---

145 Musil, Eintragung [1920–1924], a.a.O., S. 263.

146 Musil, Eintragung 1921, a.a.O., S. 279.

147 Musil, Eintragung ›Moralisches Genie‹, a.a.O., S. 411.

148 Musil, Eintragung ›Nietzsche‹, a.a.O., S. 401.

149 Robert Musil: Der Mann ohne Eigenschaften. Hrsg. A. Frisé. Reinbek b. Hamburg 1960, S. 1344. Vgl. Renate von Heydebrand: Die Reflexionen Ulrichs in Robert Musils Roman ›Der Mann ohne Eigenschaften‹. Münster 1966, S. 11–72. – Die Rolle Nietzsches im Roman wird hier sehr viel gründlicher behandelt als in Ingo Seidlers Aufsatz ›Das Nietzschebild Robert Musils‹, der im Begleitband abgedruckt ist. –

ralfrage, wie er einmal zu seiner Schwester Agathe sagt: »es gibt einen Kreis von Fragen, der einen großen Umfang und keinen Mittelpunkt hat: und diese Fragen heißen alle ›*wie soll ich leben*?‹«[150] Im Gegensatz zu Nietzsche beschäftigt sich Ulrich mit dieser Generalfrage mehr pragmatisch als metaphysisch im Sinne des *Willens zur Macht* oder der *Ewigen Wiederkehr*. Zu fragen wäre allerdings auch hier nach übereinstimmenden Grundstrukturen, etwa Musils Zentralbegriffe des *Anderen Lebens* oder des *Anderen Zustandes* betreffend. Ulrich bewegt sich wie Nietzsche im immanenten Kreis der Steigerungsfähigkeit geistigen Erlebens. Ob etwas gut oder schön sei, sagt Ulrich, richte sich nach der Empfindung, »ob mich seine Nähe steigen oder sinken macht. Ob ich davon zum Leben geweckt werde oder nicht.«[151] Ulrichs Absicht im Zusammenhang mit Agathe ist es, die »Natur des Gesteigerten« zu ergründen,[152] das »Geheimnis der taghellen Mystik«[153] zu berühren.

Strukturanalytische Beobachtungen erlauben die Feststellung, daß bei Ulrichs geistigen Vornahmen latent immer dann Nietzsche zugegen ist, wenn es um das Phänomen der Grenzüberschreitung geht, um Erweiterung empirischer Realität in Richtung utopischer Vervollkommnung. Das Mögliche umfaßt im weitesten Sinne die »noch nicht erwachten Absichten Gottes«.[154] Die Gottesmetapher ist schon als poetisches Produkt des Möglichkeitssinnes zu verstehen. Im späteren Verlauf des Romans heißt es bezeichnenderweise einmal, Ulrich sei nicht gottlos, sondern »gottfrei« in seinem Denken.[155] Er nimmt sich die Freiheit, alles zu denken, was möglich ist. Damit schärft er den »Sinn für die mögliche Wirklichkeit«, tritt er den Versuch an, neue Wirklichkeit zu schaffen, und damit *denkt* er im Sinne Nietzsches. Musil stellt die Explikation des Generalthemas in kompakter Form dem Roman voran: Kapitel 4 (*Wenn es Wirklich-*

Das Thema Musil–Nietzsche bedarf noch einer gründlichen wissenschaftlichen Aufarbeitung.

150 Vgl. II. Buch, Kap. 24. Musil, a.a.O., S. 895. Zuvor sagt Ulrich schon einmal in apodiktischer Form, »Daß nur eine Frage das Denken wirklich lohne, und das sei die des rechten Lebens«. (I, Kap. 62. A.a.O., S. 255).

151 Musil, a.a.O., S. 770.

152 Vgl. II, Kap. 45. Musil, a.a.O., S. 1084.

153 Vgl. II, Kap. 46. Musil, a.a.O., S. 1089.

154 Musil, a.a.O., S. 16.

155 Musil, a.a.O., S. 1092.

keitssinn gibt, muß es auch Möglichkeitssinn geben) enthält das Kondensat von Ulrichs Lebenskonzept. Es ist die Rede von einem »Bauwillen und bewußten Utopismus, der die Wirklichkeit nicht scheut, wohl aber als Aufgabe und Erfindung behandelt«.[156] Das ist zugleich die Konzeption für die Bauform dieses Romans.[157] Ulrich ist der Protagonist eines Lebenskonzepts, dessen innerste Züge Musil von Nietzsche übernommen hat.

Der »Möglichkeitssinn« wird der »schöpferischen Anlage« gleichgesetzt; dem perspektivischen Vermögen, Wirklichkeit in einem ordnenden Sinne erst zu konstituieren. Sieht man den Roman unter solchen Gesichtspunkten, ist es berechtigt, ihn einen Nietzsche-Roman[158] zu nennen – ebenso wie Thomas Manns *Doktor Faustus.* Thomas Mann fasziniert die Psychologie (bis in die Dunkelzonen der Dämonologie), Musil interessiert der metaphysische Aspekt der Lebenssteigerung im Sinne der Erweiterung, Neusetzung von Lebenssinn. Damit berührt er den Zentralnerv von Nietzsches Denken. Daß Ulrich dieses Postulat nicht in die Praxis umsetzen kann, beeinträchtigt nicht die Tatsache des Denkansatzes.

Ulrich ist nicht als der Umwerter aller Werte konzipiert, er ist kein Zarathustra-Nachfolger, er ist weder Moralist noch Immoralist im strengen Sinne Nietzsches, neue Tugendkataloge sind nicht das Produkt seiner Anstrengung. Ulrich kann und will das alles nicht leisten. Seine Tugend manifestiert sich als Wagnis des Kalkulierens und Reflektierens. Damit stellt er sich gegen die institutionalisierten Verfestigungsformen von Leben. Nietzsches Perspekti-

---

156 Musil, a.a.O., S. 16.

157 Daß Ulrichs Denkkonzept als Struktur des Erzählens zutage tritt, verrät der Erzähler im I. Buch, Kapitel 122: dort heißt es, Ulrich sei »das ordentliche Nacheinander von Tatsachen ... dieses primitive Epische abhanden gekommen«. (Musil, a.a.O., S. 650).

158 Über die geistige Strukturhomologie (Nietzsches Denken – Struktur des Romans) hinaus gibt es auch handfeste Anhaltspunkte, wie Herbert W. Reichert aufzeigt (Nietzschean influence in Musil's ›Der Mann ohne Eigenschaften‹, in: GQ 39, 1966): »To begin with Ulrich then, he has been endowed with many traits of the Nietzschean superman.« (13) »Ulrich is a complete relativist ...« (14) Ulrichs Nihilismus gehe auf Nietzsche zurück (15), das Neinsagen usw. Allerdings: »the hero may be seen to have evolved from a Cesare Borgia type of ruthless superman to a mystical immoralist who ultimately rejects Nietzscheanism as a passing fad.« (25).

vismus, der »Hang zur Oberfläche«[159] tritt hier deutlich zutage, nicht jedoch das daraus resultierende Postulat der Neubesetzung, Neusetzung des entleerten Werthorizontes. Bei Ulrich bleibt alles Projektieren und Tun an das persönliche Erlebnis gebunden; der allgemeinverbindliche Anspruch fehlt. Ulrich geht es nicht um Prophetie, sondern um Essayismus, er will »hypothetisch leben«.[160] Ein innerer Lebensimpuls gibt die Hinweiszeichen solcher Lebensführung, die rationalen wie irrationalen Signale. Ulrich versucht diesen individuellen Lebensmaßstab zu kontrollieren und zu präzisieren. Das ist sein wissenschaftliches Engagement, der Versuch, Mathematik und Mystik einer ständigen Konvergenz zuzuführen. Das ist die Utopie vom exakten Leben.[161] Für Ulrich hat sie immer etwas Spielerisches – das zeigt schon das projektierte »Weltsekretariat der Genauigkeit und Seele«. Brücken zu Nietzsche lassen sich von hier aus nicht mehr schlagen. Die Unterscheidung liegt in der Beschaffenheit der von Nietzsche geforderten »Leidenschaft der Erkenntnis«. Nicht, daß sie Ulrich abginge, aber sie hat den geschichtsphilosophischen Habitus des absoluten Anspruchs verloren, hat sich privatisiert und damit entscheidend relativiert. Wie es zu Anfang des Romans schon heißt, kann Ulrich sich gegenüber festen Ansprüchen nie anders verhalten als: »Nun, es könnte wahrscheinlich auch anders sein.«[162] Aus solcher Haltung resultiert der Titel, ein Mann ohne Eigenschaften zu sein.

Gemessen an Ulrich kommt im Hinblick auf Nietzsche der Clarisse-Figur die Bedeutung einer Karikatur zu.[163] Es scheint so, als habe sich Ulrich einer bestimmten Seite des Nietzsche-Umgangs entledigt, als er Clarisse die Werke Nietzsches zur Hochzeit schenkte. Die lauten Bekenntnisse und Exaltationen, die Musil aus der jahrzehntelang beobachteten Nietzsche-Rezeption kannte, die Identifikationssucht, das Schwärmerische, kurz die Entstellung von Nietzsches Gedanken, das konnte er von seinem Helden fernhalten, indem er es einer hysterischen Frauengestalt übertrug. Von höchster Ironie des Erzählers zeugt die Formulierung: »Ulrich, der mit

159 Wörtliche Nietzsche-Zitate dieser Art gibt es vielfach im Roman (hier: II, Kap. 46. Musil, a.a.O., S. 1089).

160 Musil, a.a.O., S. 249.

161 Musil, a.a.O., S. 244.

162 Musil, a.a.O., S. 16.

163 »Wie sie als Karikatur wörtlich nach den persönlichen Erkenntnissen und Rezepten Nietzsches lebt.« (R. M., Tagebücher, a.a.O., S. 145).

Nietzsche dadurch zusammenhing, daß er ihr seine Werke zur Hochzeit geschenkt hatte . . .«[164]

Diese Ironie bestätigt sich durchgehend im Roman dadurch, daß Clarissens Nietzsche-Wahn nicht ironisiert wird. Wie mancher Nietzsche-Schwärmer vor ihr bezieht sie ihre Kenntnis aus der *Geburt der Tragödie* und aus dem *Zarathustra.* Sie interpretiert aber Kunst nicht im Sinne Nietzsches als Vermittlung und Möglichkeit bewußtseinsmäßiger Identität mit dem Wesenhaften von Welt, vielmehr wird Kunst hier benutzt als Verfestigung und damit Abgrenzung gegenüber allem Seienden, das man nicht selbst ist. Das Bewußtsein Zarathustras als geistesgeschichtlicher Vorausentwurf wird hier so wenig eingeholt wie von früheren Romanfiguren ähnlicher Konzeption. Der Übermensch als Sinn der Erde, als Metapher menschlicher Sinnfülle im metaphysischen Rahmen immanent akzeptierter Natur, diese Konzeption des Menschen, der die Erfahrung des Sinnmangels (Nihilismus) bewußt durchlebt hat, ist in Clarisse zur Karikatur geraten.[165] Der spezifische Kunstcharakter des schöpferischen Setzens, die utopische Komponente wird gar nicht erst verstanden. Das Mißverständnis und damit der Gegensatz zu Ulrichs d. i. Nietzsches Denken zeigt sich in der privategoistischen, utilitaristischen Intention: Clarisse möchte ihre Erfahrungen sogleich anwendbar machen.

Musil zeigt hier, wie sich geschichtsphilosophisch orientierte Utopie umbiegt in privatistische Ideologie. Ästhetischem Denken dagegen geht es um die Möglichkeit der Selbstverwirklichung im Rahmen des Gesamtseienden, um Selbstverantwortung, die im Sinne Nietzsches immer Weltverantwortung ist. Diesem Postulat genügt auch Ulrich nicht. Der Unterschied zu Clarisse liegt darin, daß er sich auf den *richtigen* Weg gemacht hat. Daß er sein Ziel nicht erreicht, liegt an seinem fanatischen Willen zur Genauigkeit, an seiner fehlenden Kompromißbereitschaft, an seiner »Bereitschaft zur Verneinung«, die das Ja zum Leben erzwingen will: »wer das Leben nicht bejahen will, sollte wenigstens das Nein des Heiligen sagen«.[166]

---

[164] I, Kap. 118. Musil, a.a.O., S. 609.

[165] Musil erweitert die oben zitierte Tagebuchstelle (13. 12. 1911): »Aber mit anderen Worten, wie in ihren Lächerlichkeiten vielleicht der gleiche Ernst steckt, für den Nietzsche bloß die nicht lächerlichen Ausdrücke fand.« (R. M., Tagebücher, a.a.O., S. 145).

[166] Musil, Mann ohne Eigenschaften, a.a.O., S. 153.

Solche Paradoxie ist aus der Schule Nietzsches übernommen. »Ulrich ist ein Mensch, der von irgend etwas gezwungen wird, gegen sich selbst zu leben ...«[167] In diesem Punkte ist er ein Verwandter des Adrian Leverkühn (*Doktor Faustus*), nur daß die Ecce-homo-Gebärde des Leidens von ihm genommen ist.[168]

Thomas Mann und Musil haben die Thematisierung Nietzsches im deutschen Roman aus den anfänglichen Niederungen – man denke an Conradis *Adam Mensch*, an Conrads *In purpurner Finsterniß*, an Wilbrandts *Osterinsel*, Heyses *Über allen Gipfeln* – in eine angemessene Höhe geführt. In der Lyrik und im Bereich des Essayistischen hat Gottfried Benn diese Leistung erbracht. Die nachweisbare Nietzsche-Auseinandersetzung Benns aber beginnt erst sehr viel später als etwa bei Musil oder bei Döblin oder bei Thomas und Heinrich Mann. Gottfried Benn ist bereits über 40 Jahre alt, als seine früh begonnene Nietzsche-Rezeption deutlich sichtbar in Erscheinung tritt.

Erst ab 1930 wird Nietzsche im Werk Gottfried Benns zunehmend thematisiert, zunächst in den Essays und Reden, dann auch in der Dichtung. Im Essay *Zur Problematik des Dichterischen* (1930) ist es nur eine Andeutung, ein Zitat aus Nietzsches Gedicht *Vereinsamt*;[169] in der *Rede auf Heinrich Mann*[170] (1931) ist dann schon der zentrale Anknüpfungspunkt voll entfaltet: Nietzsches Kunstdenken, das Prinzip des Formalen, in dem alle Erfahrungen der Tiefe erlöst sind, Nietzsches »Artistenevangelium«, in dem der Kunst die Funktion einer letzten metaphysischen Tätigkeit zugewiesen wird. Die intensive thematische Auseinandersetzung reißt jetzt nicht mehr ab. Im *Lebensweg eines Intellektualisten* (1934) wird Nietzsche zitiert im Rahmen des Kunst- und Nihilismusproblems: »Die Kunst als die letzte metaphysische Tätigkeit innerhalb des europäischen Nihilismus«[171] – so steht es nicht im *Willen*

---

167 I, Kap. 40. Musil, a.a.O., S. 151f.

168 Im Gegensatz zum ›Mann ohne Eigenschaften‹ ist die Nietzsche-Vorlage für den ›Doktor Faustus‹ verschiedentlich explizit herausgearbeitet worden. Vgl. Hubert Mainzer: Thomas Manns ›Doktor Faustus‹ – ein Nietzsche-Roman? In: Wirkendes Wort 21, 1971, S. 24–38.

169 Gottfried Benn: Zur Problematik des Dichterischen. In: G. B., Ges. Werke. Bd. 1, S. 83.

170 Benn: Rede auf Heinrich Mann. In: G. B., Ges. Werke. Bd. 1, S. 413–416.

171 Benn: Lebensweg eines Intellektualisten. In: G. B., Ges. Werke. Bd. 4. Autobiographische und vermischte Schriften. Wiesbaden 1961, S. 54.

zur Macht – Benn fügt den finalen Aspekt (»letzte«) hinzu und stellt das Phänomen des Kunstschaffens in einem von Nietzsche nicht beabsichtigten Sinne in den Traditionszusammenhang der abendländischen Metaphysik. »Es war Gesetz aus jenem Evangelium der Kunst, das im ›Willen zur Macht‹ verkündet war, dem Artistenevangelium von der Kunst als der letzten europäischen Metaphysik.«[172] Die Nietzsche-Stelle lautet: »die Kunst als die eigentliche Aufgabe des Lebens, die Kunst als dessen *metaphysische* Tätigkeit ...«[173]

Nietzsche sieht die Kunst als Steigerungsmöglichkeit rein immanenter Art, und damit *gegen* die Geschichte der Metaphysik gerichtet, gegen die christliche Jenseitsvorstellung. Benn sieht dagegen in der Kunst die letzte transzendente Auswirkung der metaphysischen Tradition. Wie er in der *Rede auf Heinrich Mann* sagt, sieht er die Kunst als »letzte Transzendenz innerhalb des großen europäischen Nichts«.[174] Hier treten fundamentale Probleme zutage, die nicht an dieser Stelle zu lösen sind.[175] Der Hinweis muß genügen, daß mit dem »Artistenevangelium« – von Nietzsche selbst so genannt – das Zentrum von Benns Nietzsche-Rezeption angesprochen ist. Nietzsche beruft sich zeit seines Schaffens verschiedentlich auf dieses in der *Geburt der Tragödie* eingeführte Wort. Benn wiederum greift es seit Beginn der dreißiger Jahre leitmotivisch immer erneut auf.[176] 1936 schreibt er an einen Briefpartner:[177] »Ich möchte aber doch noch einmal auf den Satz hinweisen, von dem ich glaube, daß er bis heute nicht überholt ist, und daß ihn auch das ganze Jahrhundert nicht überholen wird. Es ist der von mir oft zitierte Satz Nietzsches, daß die Kunst die letzte metaphysische Tätigkeit innerhalb des europäischen Nihilismus sei.«

---

172 Benn, a.a.O., S. 55.

173 Der Wille zur Macht. Abs. 853, IV. In dem Aufsatz ›Heinrich Mann zum 60. Geburtstag‹ zitiert Benn das Nietzsche-Wort genau; vgl. G. B., Ges. Werke. Bd. 1, S. 132.

174 Benn, Rede auf Heinrich Mann, a.a.O., S. 415.

175 Vgl. meine Darstellung der Nietzsche-Rezeption Benns im Begleitband.

176 Benn: Züchtung I (1933). In: G. B., Ges. Werke. Bd. 1, S. 216; Expressionismus (1933). In: G. B., Ges. Werke. Bd. 1, S. 249; Roman des Phänotyp (1949). In: G. B., Ges. Werke. Bd. 1, S. 169; Probleme der Lyrik (1951). In: G. B., Ges. Werke. Bd. 1, S. 500; Vortrag in Knokke (1952). In: G. B., Ges. Werke. Bd. 1, S. 543.

177 Gottfried Benn: Brief an Egon Vietta, 8. 11. 1936. In: G. B., Ausgewählte Briefe. Wiesbaden 1957, S. 75.

Es ist zu vermuten, daß Benn sich schon während der expressionistischen Phase mit Nietzsche beschäftigte; von einer nachweisbaren Nietzsche-Wirkung sind aber in der Frühphase keine Spuren auszumachen. Verfehlt wäre etwa die Rückführung von Benns poetischem Rauschkomplex auf Nietzsches Dionysos-Thematik. Dionysos hat bei Nietzsche nur im dialektischen Wechselspiel mit Apollon seinen Stellenwert. Sein Ort ist mythengeschichtlich spezifiziert. Für Benn ist Dionysos dagegen – wie der gesamte geographische und mythische Südkomplex – Symbol des zeitauflösenden, Geschichtlichkeit überwindenden Rausches. Benns Hauptthemen der Frühphase, die Regression ins Prälogische, die Auflösung des Raum-Zeit-Kategorialen, insgesamt die Frage des gestörten Wirklichkeitsbezugs, diese Verhaltensformen der Flucht (ins Imaginative) und der Negierung (von empirischer Realität und damit Geschichte) sind unvereinbar mit Nietzsches geschichtsphilosophischem Denken und dem daraus resultierenden wertkritischen Ansatz, der auf Neubegründung von Geschichte abzielt. Das mag die Erklärung dafür sein, daß Nietzsche in den ersten zwei Jahrzehnten in Benns Schaffen nicht vorkommt im Sinne thematischer Auseinandersetzung.

Als dann das Thema Nietzsche aufgegriffen wird Anfang der dreißiger Jahre, setzt sich Benn auch sogleich von Nietzsches Geschichtsdenken ab. In dem Essay *Nach dem Nihilismus* (1932) kritisiert Benn die Übermensch-Konzeption Nietzsches – diese sei ganz und gar 19. Jahrhundert, biologistisch, rassistisch, darwinistisch.[178] Daß er damit vorschnell urteilt, mag aus den Anmerkungen zum *Zarathustra* und zur Figur des Übermenschen zu Beginn dieser Einführung hervorgehen. Wichtig ist aber im Zuge unseres kurzen Überblicks die Feststellung, daß Benn den entscheidenden Unterschied zwischen seinem und Nietzsches Denken deutlich sieht: er setzt seine eigene pessimistische Geschichtsbetrachtung verschiedentlich von Nietzsches Geschichtsoptimismus, seiner »pathetischen Wirklichkeitszüchtung«[179] klar ab. Benn verstellt sich damit den Zugang zum Verständnis der historischen Nihilismus-Frage Nietzsches. Er sieht nur deren kulturkritischen Wert, nicht die utopische Ausrichtung. Daß Nietzsches antichristliche Moralkritik das Postulat der immanenten Umwertung einschließt, interessiert Benn nicht.

---

178 Benn: Nach dem Nihilismus. In: G. B., Ges. Werke. Bd. 1, S. 159.

179 Benn: Züchtung II. In: G. B., Ges. Werke, Bd. 1. Wiesbaden 1959, S. 297.

Die Moralfrage war ihm als Künstler überhaupt suspekt. In einem der frühesten Prosastücke heißt es bezeichnend: »Jenseits von Gut und Böse – dummes Literatenwort«.[180] Benn mißversteht hier aber nicht den Literaten Nietzsche, sondern den Philosophen. Bis zum Schluß hin hat Benn die Philosophie Nietzsches nicht verstanden, weil er dessen Wertdenken nicht begriffen hat. Dieses ist nur zu verstehen in seiner weitausgreifenden historischen Perspektive. Für Nietzsche bedeutet es in erster Linie Kritik des Christentums. Daß die obersten Werte sich entwertet haben, ist in ihrem Jenseitscharakter begründet. Sie wirken nicht mehr, weil der hypothetische Ansatz verbraucht ist. Die irdischen Wirkkräfte aber sind durch die zweitausendjährige metaphysische Verfehlung in die Latenz verdrängt. Sie müssen aktiviert werden. Benns gesamtpoetischer Themenkreis widersetzt sich gerade solcher geschichtlichen Sehweise.

Benn hat das Kunstdenken Nietzsches dennoch verstanden. Das klingt paradox, da der ästhetische Denkansatz Nietzsches die historische Neusetzung von Werten gerade erst ermöglicht. Ästhetisches Schaffen bedeutet für Nietzsche die Entfaltung von Steigerungsmöglichkeit in das je eigene Wesen hinein. Diesen Grundgedanken hat Benn als ästhetisches Postulat außerhalb der geschichtsphilosophischen Bezogenheit verstanden. Er hat es gegen Nietzsches Geschichtsintention aufgefaßt im Sinne letzter phänomenaler Steigerungsmöglichkeit in der Kunst. Er hat es vor allem artistisch begrenzt auf die Kunst der Kunstwerke und deren Herstellung, während Nietzsche insgesamt die Möglichkeit des Menschen zu perspektivischer Neusetzung von Wirklichkeit im Auge hat, wenn er von Kunst spricht.

Benns uneingeschränkte Verehrung, das zeigen die vorliegenden Dokumente, gilt in erster Linie dem Sprachschöpfer Nietzsche. Mehrfach betont er, daß er ihn nach Luther für das größte deutsche Sprachgenie hält. Nietzsche habe sein inneres Wesen mit Worten zerrissen, habe die Bruchstücke funkeln lassen, habe damit die Existenz des modernen Menschen zum Ausdruck gebracht. Diese Kunst der Formulierung hat Benn im wesentlichen fasziniert. Er sieht in Nietzsche den genialen Vertreter der poetischen Expressions- und Ausdruckswelt, damit den Protagonisten der modernen Kunstszene. Benns Radiovortrag von 1950 (*Nietzsche – nach fünfzig Jahren*)

---

180 Benn: Heinrich Mann. Ein Untergang (1913). In: G. B., Ges. Werke. Bd. 2. Prosa und Szenen. Wiesbaden 1958, S. 9.

faßt rückblickend die Grundzüge seines Nietzsche-Bildes zusammen. Fundamental in diesem Bild sind, wie in Heinrich und Thomas Manns Nietzsche-Sicht, die Züge des Leidens. Benn hebt dieses Leiden aus der Ebene des Privaten heraus in die Zone stellvertretender Schicksalhaftigkeit. Nietzsche durchleidet für ihn exemplarisch die Endstufe des abendländischen Geistes, und er trägt damit Züge des antiken tragischen Helden. Nietzsches Leiden sei gekennzeichnet durch das äußerste Zerbrechen des Bewußtseins von Identität. »Nietzsche ist der Verlust des Ichs im lebensbiographischen Sinne ...« Diese Deutung ist aber weder historisch kausal noch psychologisch, noch ökonomisch determiniert zu verstehen. Sie ist, gemäß der Denkweise Benns, überhaupt nicht materialistisch gedacht, sondern metaphysisch im Sinne des Verhängten. »Er selber«, sagt Benn von Nietzsche, »nennt sich ein Verhängnis und er war eins – aber wo kommen die Verhängnisse her?«[181] Wenn Benn Fragen dieser Art stellt, das zeigt sich durchgehend in der Lyrik, zielt er auf Wirklichkeiten ab, die sich als Aussage nicht mehr fassen lassen.

181 Benn, Nietzsche – nach fünfzig Jahren, a.a.O., S. 492.

1 Gottfried Keller

Brief an Emil Kuh vom 18. 11. 1873

[171 ...] Das knäbische Pamphlet des Herrn Nietzsche gegen Strauß habe ich auch zu lesen begonnen, bringe es aber kaum zu Ende wegen des gar zu monotonen Schimpfstiles ohne alle positiven Leistungen oder Oasen. Nietzsche soll ein junger Professor von kaum 26 Jahren sein, Schüler von Ritschl in Leipzig und Philologe, den aber eine gewisse Großmannssucht treibt, auf anderen Gebieten Aufsehen zu erregen. Sonst nicht unbegabt, sei er durch Wagner-Schopenhauerei verrannt und treibe in Basel mit ein paar Gleichverrannten einen eigenen Kultus. Mit der Straußbroschüre will er ohne Zweifel sich mit einem Coup ins allgemeine Gerede bringen, da ihm der stille Schulmeisterberuf zu langweilig und langsam ist. Es dürfte also zu erwägen sein, ob man einem Spekulierburschen dieser Art nicht noch einen Dienst leistet, wenn man sich stark mit ihm beschäftigt. Doch werden Sie wohl am besten selbst das Bedürfnis hiefür beurteilen. Ich halte den Mann für einen Erz- und Kardinalphilister; denn nur solche pflegen in der Jugend so mit den Hufen auszuschlagen und sich für etwas anderes als für Philister zu halten, gerade weil dieses Wähnen etwas so *Gewöhnliches* ist. [...]

2 Heinrich Hart

Brief an Nietzsche vom 4. 1. 1877

[384] Entschuldigen Sie die Kühnheit, mit der ein Unbekannter Sie durch folgende Zeilen überrascht oder noch mehr als überrascht. In den beiden letzten Tagen (: resp. Nächten:) habe ich zweimal nacheinander Ihr Werkchen »Die Wiedergeburt der Tragödie aus dem Geiste der Musik«, – soll ich sagen »durchgelesen« oder »durchgefiebert«, und gefunden, daß wol noch Keiner so tief in das Wesen der Kunst und künstlerischen Schöpfung jemals eingedrungen ist, wie Sie. Rückhaltslos stimm' ich all Ihren Entdeckungen und Ausführungen bei, rückhaltslos erkenn' ich die innere Wahrheit all Ihrer Prämissen an – und doch sagt mir mein »Dämon« in der Seele, daß Ihre Schlüsse falsch sind, falsch sein *müssen*. Ich bin Dichter, ich fühl', ich weiß es, und es ist mir unmöglich, meine Kunst, in der ich lebe, webe, mit der ich Eins und All bin, die mich trunken zugleich und frei macht, so herabzusetzen, wie es nach Ihnen als geboten er-

scheint. Noch hab' ich nichts gethan, einem Richard Wagner (dessen Genius, ich bitte das zu beachten, mein tiefstes Herz in Liebe zwingt) mich gegenüberstellen zu können – *aber es wird geschehen.* –

Sie stellen mit Recht die Gegensätze des Apollinischen und Dionysischen in der Kunst auf, Sie halten mit Recht die Versöhnung dieser beiden für das Ziel des Aesthetischen – aber machen Sie nicht einen Irrsprung, wenn Sie plötzlich diese Versöhnung in dem Musikdrama, in der Vereinigung der Musik und Poesie finden? Warum vereiniget sich nicht eher die *reinapollinische* Kunst der Plastik mit der Musik, warum ist nicht etwa die Tanzkunst die Kunst der Künste? – Warum nicht? Weil die Poesie allein schon die Harmonie des Apollinischen und Dionysischen repräsentirt. Ihr Material, die Sprache, ist nicht ein schwaches, kaltes Symbol des Urklanges, der in der Musik rauscht und wühlt, sondern ebenfalls dieser Urklang, aber als Licht, das aus dem Chaos emporgestiegen. Wenn das Drama ohne Musik nur Apollinisch wäre, woher erklärt sich der Dionysische Dämonische Zauber Shakspearscher Dramen oder des Faust. In der Poesie ist die Musik aufgegangen, in der Poësie rauscht und braust und klingt ⟨es⟩ wie in jener – und wenn dennoch die Musik die Lyrik des Dramas oder überhaupt der Poësie zu stärkerer Wirkung, zu tieferem [385] Anschlag bringt – so beruht das auf derselben Ursache, nach der das Licht durch den Schatten gehoben wird.

Sie haben Recht, wenn Sie sagen, daß die Poësie aus musikalischer Stimmung hervorgeht – ich selbst fühle mich in allen Stunden dichterischen Empfindens von Melodien und Harmonien begeistert und göttlich gestimmt – aber bezeugt dies Abhängigkeit oder wiederum Rang der Poësie! Warum bin ich mit all der dionysischen Trunkenheit in meiner Seele nicht im Stande, statt das Wort- das Musikdrama zu schaffen? Nein, und tausendmal nein; – Richard Wagner hat nicht Recht. – Das heutige Musikdrama enthält nicht implicite das Todesurtheil der Poësie. Die Musik hat ihrem Prinzipe nach nichts mit den bildenden Künsten zu thun, aber noch weniger die Poësie, die das ganze All, Kunst und Unkunst, Wille und Vorstellung, Apollo und Dionysos in sich vereint und – versöhnt.

Der Gegensatz zwischen Musik und Poësie ist derselbe, der zwischen dem Ausdruck des »Willens« im Rauschen des Sturmes, der Waldwipfel, und dem Ausdruck in der Sprache menschlichen Geistes besteht. Jenes begeistert vielleicht für den Moment mehr, – im Geiste aber liegt allein ewige Rettung und Heil. –

Mich auf Spezielles einzulassen ist hier nicht der Raum, ich würde sonst die Frage an Sie stellen, ob jener Mythos, den *Wagner* für seine Kunst erwählt, dem Mythos eines Aeschylos und Sophokles entspreche. Letzterer *lebte,* ersterer ist *todt.* Unsre Zeit entwickelt einen *anderen* Mythos, eine neue Religion – nur wer aus diesen herausschafft hat das Eine, das noth thut, gefunden. –
[...]

3 Josef Victor Widmann
Nietzsches gefährliches Buch (1886)

Jene Dynamitvorräthe, die beim Bau der Gotthardbahn verwendet wurden, führten die schwarze, auf Todesgefahr deutende Warnungsflagge.

Ganz nur in diesem Sinne sprechen wir von dem neuen Buche des Philosophen Nietzsche als von einem *gefährlichen* Buche. Wir legen in diese Bezeichnung keine Spur von Tadel gegen den Autor und sein Werk, so wenig als jene schwarze Flagge jenen Sprengstoff tadeln sollte. Noch weniger könnte es uns einfallen, den einsamen Denker durch den Hinweis auf die Gefährlichkeit seines Buches den Kanzelraben und den Altarkrähen auszuliefern. Der geistige Sprengstoff, wie der materielle, kann einem sehr nützlichen Werke dienen; es ist nicht nothwendig, daß er zu verbrecherischen Zwecken mißbraucht werde. Nur thut man gut, wo solcher Stoff lagert, es deutlich zu sagen: Hier liegt Dynamit. Das ist also die Meinung des Titels, den wir unserer Anzeige eines neuen Buches von Friedrich Nietzsche gegeben haben.

Das merkwürdige Buch heißt: »*Jenseits von Gut und Böse.* Vorspiel einer Philosophie der Zukunft«. Bei C. G. Naumann in Leipzig ist es vor wenigen Wochen erschienen.

Wie der Leser aus dem Titel schon ahnt, setzt sich der Verfasser in diesem Werke die Aufgabe, über den Moralbegriff hinauszuschreiten und eine Welt als vernünftige Welt zu konstruiren, in welcher Das, was bisher als festester Grund des Menschenlebens gegolten hat, das Bewußtsein von Gut und Böse, keine Geltung mehr haben soll. [...]
[...] Es handelt sich um nichts Geringeres, als um die Ueberwindung jenes klaffenden Abgrundes, der die naive Welt der Geschöpfe, Das, was wir schlechtweg die Natur nennen, von einer mit

den Begriffen »Gut und Böse« arbeitenden, reflektirenden Menschenwelt scheidet und der als quälender Dualismus von allen tiefern Denkern empfunden wird. [...]

Nietzsche nun ist der Erste, der einen neuen Ausweg weiß, aber einen so furchtbaren, daß man ordentlich erschrickt, wenn man ihn den einsamen, bisher unbetretenen Pfad wandeln sieht.

Wenn jene Erstgenannten [Religiösen] den Moralbegriff auf die Natur übertrugen, willkürlich, ohne andere Berechtigung als den frommen Wunsch, so schön möchte die Lösung sein, so überträgt Nietzsche umgekehrt den Machtbegriff der Natur auf die Menschheit und sagt: Schafft Euer moralisches Denken ab, seid, statt Sittlichkeitsmenschen, Machtmenschen, und aller Dualismus ist weg. Ihr braucht kein Mitleid mehr, keine Scham, keine Gerechtigkeit; dann fühlt Ihr auch nicht den Mangel solcher Ideen in der Natur. Dann seid Ihr wieder Eins mit der Welt, freie Göttersöhne.

Professor Nietzsche[1] sagt diese Dinge viel feiner, mit hundert geistreichen Wendungen und Blendungen; er muß entschuldigen, daß, wenn eine Tageszeitung von seinem Buche, das ihr zugeschickt worden, Notiz nehmen soll, die Sprache alltäglicher und plumper tönt, dafür deutlich für Jedermann.

»Aber das ist ja eine schreckliche Philosophie!«

Gewiß. Nietzsche gibt sich auch durchaus keiner Illusion über die Menschenart hin, die entstehen müßte, wenn diese Philosophie aus der Theorie in die Praxis sich übertragen sollte. So läßt er den Gott Dionysos in einer Art Vision zu ihm (Nietzsche) sprechen: »Der Mensch ist mir ein angenehmes, tapferes, erfinderisches Thier, das auf Erden nicht seines Gleichen hat; es findet sich in allen Labyrinthen noch zurecht. Ich bin ihm gut: ich denke oft darüber nach, wie ich ihn noch vorwärts bringe und ihn *stärker, böser* und *tiefer* mache, als er ist, auch *schöner*.« [...]

Wie sehr dieß letztere dem allgemeinen Denken und Trachten der Zeit zuwiderläuft, braucht nicht erst gesagt zu werden. Gerade darin aber liegt der Werth solcher origineller Gedanken. Ein so muthiger und kräftiger Schwimmer gegen den Strom ist an und für

1 Wir wissen es nicht bestimmt, glauben aber, es gehört zu haben, daß Professor Nietzsche ein körperlich schwer leidender Mann ist. Als solcher befindet er sich jedenfalls in der gegenwärtigen rücksichtsvollen Moralwelt besser, als in seiner Zukunftsgewaltwelt. In letzterer ist nur für robuste Naturen Platz. [...]

sich eine angenehme Erscheinung. In ihrem tiefsten Grunde verstehen wir sie jedoch aus dem durch und durch künstlerisch-dichterischen Naturell dieses einsamen Philosophen. Eigentlich ist ja auch diese ganze über die Begriffe von Gut und Böse hinausgehende Zukunftsphilosophie nichts anderes als der Versuch, die Welt, auch die Menschenwelt, rein ästhetisch zu nehmen und zu begreifen.

Uebrigens stellt dieses Buch, das der Verfasser selbst »Vorspiel einer Philosophie der Zukunft« zubenannt hat, nur ein freies Präludium vor; die große Fuge soll erst kommen. Wenigstens wird auf dem Umschlag des Buches als in Vorbereitung befindlich angekündigt: »Der Wille zur Macht. Versuch einer Umwerthung aller Werthe. (In vier Büchern.)« Auf dieses Werk wird man zu warten haben, ehe man über die originellen, mehr nur in aphoristischer Form gegebenen Einfälle des vorliegenden Buches ein endgültiges Urtheil fällt. Viele dieser Aphorismen haben mehr einen dichterischen als philosophischen Werth, was so weit wahr ist, daß man an ihnen, d.h. an ihrer lebhaften und schönen Form, noch Wohlgefallen empfindet, wenn man ihren Inhalt auch als grundfalsch erkennt. Was diese grundfalschen Aussprüche anbetrifft, so sind es namentlich Nietzsche's Ausfälle gegen Demokratie, Volksaufklärung und höhere Bildung des Weibes, die an einem so reifen Denker befremden. Wohl ist in allen diesen Ausfällen ein Körnchen berechtigter Polemik, aber noch viel mehr eingeschlossene Studierstubenluft, zu wenig Sonnenschein des wirklichen Taglebens.

Schließen wir diese unsere Anzeige mit der einigermaßen beruhigenden Mittheilung, daß Nietzsche, der von sich und Seinesgleichen bereits als »wir Immoralischen« spricht, Eine Tugend doch noch gelten läßt, als die Tugend, »von der auch wir freien Geister nicht loskönnen«: *die Redlichkeit.*

Diese Redlichkeit hat er wahrhaftig genugsam bewiesen durch dieses Buch, das noch vor zwei Jahrhunderten den Autor unfehlbar auf's Schaffot würde gebracht haben und das auch heute Vielen einen peinlichen Eindruck machen muß. Denn wie die Menschen essen und trinken, ohne sich darum zu kümmern, ob ihnen ein Philosoph beweist, Essen und Trinken seien keine Wirklichkeiten, so müssen die Menschen auch auf jene Frage, die wir als Motto dieser kleinen Abhandlung vorangestellt haben, eine bündige Antwort im Vorrath haben. Diese Antwort wurde bisher aus dem Moralkodex herbezogen und das wird noch lange so der Fall sein. Daher wird man Denjenigen, der »Gut und Böse« antastet, wie Einen ansehen, der das verschleierte Bild von Sais entweihend aufdeckt, auch wenn man logisch ihm Recht geben müßte.

4 Hermann Conradi
Triumpf des Uebermenschen (1887)

[195] Schaust du die Sterne, vergißt du der Wesen,
Die zu Füßen unzählig dir wimmeln:
Unter ewigen, ehernen Himmeln
Wirst du vom Reiche der Schatten genesen!

Schicksalgekrümmter
Staubbestimmter!

Raffe mit kühnen Freierhänden
Ihre Rätsel in deine Brust –
Und du wirst in stolzer Lust
Deines Wanderns Fragmente vollenden!

Sterblicher! Sprich mit der Ewigkeit!
Sterne geben dir ihr Geleit –
Brennen auf deinen Scheitel nieder –
Gießen Ströme des Segens aus:
Daseinsfreude hebt die Lider –
Türmet die Quadern des *neuen* Baus!

Siehe! Unter dem Baldachine
Ewiger Unermeßlichkeit
Heitert sich des Dulders Miene!
Golgathas blutrotes Schmerzenskleid
Färbt sich zu weißem, bläulichem Glanze –
Himmelsprache: köstlich Kristall,
Drin sich erklären die Stäubchen im Tanze –
Draus sich enthüllt das erlösende *All!*
[...]

5 Leo Berg
Friedrich Nietzsche (1889)

[148 ...] Was bei ihm so konsternierend wirkte, das war nicht sowohl die Neuheit und Kühnheit seiner Ideen – denn die begriff man wohl zunächst gar nicht – als vielmehr die litterarische Gewissenlosigkeit des Schriftstellers, in jedem folgenden Buche gleichsam über sich selbst hinauszuwachsen und sich selber zu widersprechen und zu widerlegen. Man darf vielleicht das Kühnste, man darf alles wagen, aber man muß – so will es das litterarische Gewissen – sich selber treu bleiben, d.h. das einmal Gesagte in tausend Variationen immer wieder sagen. So findet man sein Publikum, so bildet man sich eine Gemeinde, so hat man Glauben und Erfolg zu erwarten. Aber heute scheinbar das Paradoxeste zu wagen, und morgen, nachdem eben erst die vorgeschrittensten Leser einen mühsam begriffen, sich gleichsam selbst davonzufliegen und ganz Neues, ganz Entgegengesetztes zu behaupten, mit einem Wort: den freien und auch von sich selbst freien Schriftsteller, den will man schließlich nicht mehr begreifen, den darf man nicht gelten lassen! [...]

Abgesehen aber auch von der Originalität und Gedankenfülle dieser Schrift [Geburt der Tragödie], sie überrascht vor allem, ja sie fasciniert geradezu durch die Schönheit ihrer Diktion, die unwillkürlich den Vergleich mit derjenigen Platos wachruft. Eine so durchgeistigte, eine so bilderreiche und anschauliche und zugleich so abgerundete und klare Sprache findet man nicht bald wieder in irgend einem deutschen Buche; und in mancher Beziehung nimmt es auch eine ganz einzige Stellung unter den Nietzscheschen Schriften ein. Während in den späteren Werken oft eine gewisse Teufelei ihr Spiel treibt, und während vor allem die Vorliebe für einen konzisen, epigrammatischen Stil den Schriftsteller sich oft in lauter Aphorismen verlieren läßt: hier ist das Ganze noch einheitlich in der Form, wie eine schöne Blume aus einem einzigen Stengel, dem Grundgedanken, emporgeblüht. [...]

[149 ...] Das nächste, das in vier Bänden geplante, aber erst in dreien erschienene »*Also sprach Zarathustra. Ein Buch für alle und keinen*« (Chemnitz 1883–84) atmet eine Glut der Empfindungen, wie nur wenige Dichterwerke von heute.

Der Inhalt dieser drei Bände ist in *ein* Wort zusammenzudrängen: es ist »der *Über-Mensch*«, den Zarathustra lehrt: eine höhere Gattung von Mensch, die sich aus der gegenwärtigen Menschheit entwickeln soll. »Nicht fort sollst Du Dich pflanzen, sondern hinauf!« Der Mensch von heute, das ist nur der verkrüppelte Rest einer vergangenen Schöpfungs-Epoche, oder die Voraussetzung zu einer höheren Stufe der Menschheit, »eine Brücke zum Über-Menschen.« Dieser Gedanke ist in allen Variationen besungen; denn es sind in Wahrheit Gesänge, Hymnen auf den Über-Menschen, manchmal zu pomphaft und überschwenglich, aber meistens von einer blühenden Pracht, von einer Überfülle des Stils, auch von einer Rhythmik und Plastik der Sprache (oft sich widersprechend freilich und antagonistisch wirkend), aber auf jeden Fall so poetisch und von so eigenem Zauber, daß man von diesen Gesängen fast alles das sagen möchte, was Nietzsche später von Wagners Kunst gesagt hat: es ist eine überreife, überladene, es ist eine »*Decadence-Kunst.*« [...]

Gegen die Glut der Empfindungen, die sich in den Reden und Gesängen Zarathustras verrät, hat sich Nietzsche, wie gegen die schöne Leidenschaftlichkeit, mit der er sein erstes Buch von der Geburt der Tragödie geschrieben hat, seine Sentenzen über das Menschliche, Allzumenschliche: jetzt seine großen moral-philosophischen Werke »*Jenseits von gut und böse.* Vorspiel einer Philosophie der Zukunft« (1886) und »*Zur Genealogie der Moral.* Eine Streitschrift« (1887) als kühlende Eisumschläge verschrieben; Eisumschläge, die von der Glut des erhitzten Körpers allmählich selbst in Glut übergehen und wie fast alle Schriften Nietzsches am besten mit einer Flamme in einer Eisschale verglichen werden können.

Diese beiden Schriften sind jedenfalls die reifsten seiner Werke, ihr Stil der virtuoseste, den je ein deutscher Schriftsteller seit Heine und Schopenhauer geschrieben, und den beider hinter sich lassend: schärfer, durchgeistigter und schneidender als derjenige des ersteren, und schlanker, biegsamer, graziöser und elastischer als der des letzteren, fast auf alle Gedanken und Empfindungen gestimmt. Jedes Ding schimmert hier gleichsam in allen Farben des Regenbogens, zugleich bestrahlt von der siegreich wieder hindurchgedrungenen Sonne.

Man mag einst über Nietzsche denken, wie man will, über den Schriftsteller in ihm wird es bald keinen Zweifel mehr geben. Er ist der größte Virtuos der deutschen Sprache. Aber es hat auch noch niemand vor ihm sich mit solcher Souveränität über die Dinge hinweggeschwungen und sie immer aus der Vogelperspektive herab betrachtet, als er. Das eben ist seine Größe und sein Verhängnis. [...]

[170...] Aber daß die Zeit für Nietzsche noch nicht gekommen sei, das hat eben niemand besser gewußt als er selbst:

»Es ist hier noch eine Stunde zu früh für mich.
Mein eigener Vorläufer bin ich meinem Volke, mein
Eigener Hahnenruf durch dunkle Gassen.«

Denn das ist eben das Schicksal aller zu früh geborenen und zu hoch geflogenen Geister, deren Wesen er einmal an anderer Stelle so schön also formuliert hat:

»Wie die Wolken uns verraten, wohin hoch über uns die Winde laufen, so sind die leichtesten und freiesten Geister vorausverkündend für das Wetter, das kommen *wird*. Der Wind im Thale und die Meinungen des Marktes von heute bedeuten nichts für das, was kommt, sondern für das, was *war*.« –

Nietzsches Gedanken aber gleichen den Winden, die hoch über uns laufen. Hier oben ist die Luft kalt und schneidend, aber auch hell und rein, wie sonst nirgends. Sie wirkt nervenerfrischend und geiststärkend auf alle, die den Mut haben hinaufzusteigen in die Regionen dieses kühnen Philosophen.

6 Detlev von Liliencron
Brief an M. G. Conrad vom 15. 4. 1889

[196...] Das Neueste: Ich hörte, (relata refero!) daß Friedrich Nietzsche wahnsinnig geworden sei (natürlich Größenwahn). Er unterzeichnete zuletzt seine Briefe an seine Freunde: Caesar et Imperator. Wie schändlich doch; denn er war der geistig höchst stehende Deutsche. Aber der ausbrechende Wahnsinn war fast vorauszusehen. Man merkte ihn schon in seiner Antwort an Avenarius. Ich las eigentlich nur von ihm ganz: »Götzendämmerung«. Es war *vorzüglich*, was Sie, lieber Freund, damals über ihn (bei einer Anzeige und Besprechung der »Götzendämmerung«) sagten: »Nichts für Deutsche«. In keinem anderen Blatte (diese Feiglinge!) habe ich ihn je erwähnt gesehen. Wie unendlich mag Nietzsche das betrübt haben. [...]

7 Paul Ernst
Friedrich Nietzsche (1890)

[516] Die Persönlichkeit Nietzsche's ist wie geschaffen für seine historische Stellung.

Sein Publikum ist das Bürgerthum der Decadence, das einem strengen, philosophischen Geist wenig geneigt ist; man denke nur daran, wie spurlos das Hauptwerk von Ernst Laas vorüber gegangen ist. Nach Hegel hat es keinem ernsten Denker mehr goutiert.

Und Nietzsche! Von einem System im Denken keine Spur; nur lose zusammenhängende Aufsätze und Aphorismen, die mehr psychologischen als logischen Zusammenhang haben; also ohne eigentliches Zusammenraffen des Geistes zu verstehen. Ein energischer Hauptgedanke, der immer und immer wieder herausklingt; also sehr überzeugend wirkend auf denkschwache Gemüther. Geistreich; von jener Geistreichigkeit, welche schon der alte Lichtenberg in seiner »Eingabe aus Bedlam« so treffend »Bestreichen« nennt; nämlich man läßt ein Paar Glieder in der Gedankenkette aus, damit der Schluß frappierender wirkt, man übertreibt hier und da, setzt ein gewagtes Bild ein – und durch diese einfachen Manipulationen verwandelt man eine sehr gewöhnliche Gedankenreihe in eine geistreiche, wie man ein gewöhnliches Stück Eisen durch einfaches Bestreichen mit einem Magneten zu einem Magneten machen kann. Trivial; aber von jener versteckten, heimtückischen Trivialität, welche unter einem ungeheuren Bombast einen tiefen Sinn ahnen läßt. Und vor allen Dingen Phrase, Phrase, dicke, geschwollene Phrase! Die Phrase aber ist die Lust des Decadent; sie rasselt ihm vor den Ohren, blendet ihm die Augen, macht ihn wirr und dumm, daß er nur ja nicht etwas Vernünftiges denkt; denn davor hat er Angst.

Nietzsche ist ja jetzt auf dem besten Wege, Modephilosoph zu werden. Alle die unzähligen Männlein und Weiblein, die sich zu gut, zu »aristokratisch« dünken, um eine wirkliche Gedankenarbeit zu leisten, die heute Schopenhauer bewundern und morgen Hartmann ebenso anstaunen, diese belletristischen Geister, die nicht im Stande sind, eine Gleichung ersten Grades zu lösen, weil sie zu fahrig denken, und deshalb berufen sind zum Philosophieren, alle die werden in den nächsten Jahren Nietzsche lesen, und wie sie für das »Unbewußte« geschwärmt haben, als es Mode war, so werden sie jetzt für den Aristokratismus schwärmen, weil es Mode ist. Nietzsche ist zum

Modephilosophen prädestiniert; und gerade sein Aristokratismus macht ihn für diese Leute pikant.

Armer Nietzsche! Er hätte ein besseres Loos verdient. Denn neben jenen ge- [517] schilderten Eigenschaften besitzt er noch eine Reihe höchst bedeutender Vorzüge. Vor allem ist er ein feiner und scharfsinniger Psycholog, einer von jenen seltenen intellectuellen Hypochondern, deren Selbstbeobachtung wir die genauesten und wahrsten Aufschlüsse über das Seelenleben verdanken. Er ist, wie schon aus seinen Fehlern hervorgeht, ein kühner Combinator, der zwar oft schief verbindet, aber oft auch überraschend anregend wirkt. Besonders – das ist ein Lob seines Charakters – ist er einer von jenen, welche bis zu Ende denken; sie scheuen sich nicht, wenn ihre letzten Consequenzen allem Herkömmlichen in's Gesicht schlagen; das ist ihnen gerade lieb; sie sind »Liebhaber des Gefährlichen«. Freilich schmeckt diese Gemüthsstimmung wieder etwas nach Decadence.

Nietzsche hat seine Arbeit nicht zu Ende bringen können; allein bei seiner Eigenart, die Philosophie aus dem »Grundwillen« zu schöpfen, läßt sich das Fehlende entbehren ohne Beeinträchtigung des Sinnes. Seine Philosophie ist die Anwendung eines Grundprincips auf Alles, was ihm erscheint. [...]
[518 ...] Die Gedanken sind schief, von welcher Seite man sie auch betrachten mag. Ob die zu Grunde liegenden geschichtlichen Data richtig sind, scheint mir schon sehr zweifelhaft; indessen muß ich mich da als incompetent erklären. Völlig verkehrt ist jedenfalls der Vererbungsaberglaube; abstrus ist die Idee, eine neue Rasse zu züchten; unrichtig ist die Methode, die Dinge idealistisch auf den Kopf zu stellen und aus der christlichen Lehre etwa Schlüsse auf die materiellen Verhältnisse zu ziehen; und unrichtig ist es, in die geschichtliche Betrachtung den Werthbegriff einzuführen.

Der letzte Fehler ist der grundlegende bei Nietzsche. »Werth« drückt stets nur eine Beziehung aus, ist nichts absolutes; und wenn ich bei der geschichtlichen Betrachtung diese oder jene Dinge werthvoll finde, so bringe ich ganz willkürlich die betreffende Vergangenheit in Beziehung zu mir, mit dem sie garnichts zu thun hat.

Die Idee Nietzsche's, welche sich hinter dem Einschmuggeln des Werthbegriffs in die Geschichte erstreckt, ist: die Causalität in der Geschichte aufzuheben; mit andern Worten: auch Nietzsche ist ein Weltverbesserer von der Sorte, wie wir sie jetzt auf allen Straßen finden, und er unterscheidet sich etwa von Björnson nur dadurch, daß Björnson beträchtlich plumper ist und Nietzsche weniger Sophist. [...]

[519] Das ist der eine Theil von Nietzsche, der philosophische; kommt der psychologische. Erklärt ist: wie leitet er seinen Gedanken; zu erklären ist: wie kam er auf den Gedanken; erklärt ist: wie begründet er geschichtlich seine Herrenmoral und seine Forderung; zu erklären ist: weshalb findet er die Herrenmoral werthvoll.

Weshalb findet er die Herrenmoral werthvoll? Nothwendig eine psychologische Frage; denn es ist die Frage nach der Beziehung zwischen ihm und der Moral.

Aber auch diese psychologische Frage erledigt sich durch die Betrachtung seiner geschichtlichen Stellung.

Die nachhegelsche bürgerliche Philosophie und die bürgerliche Oeconomie nach Ricardo stehen unter der Herrschaft des Gefühls, daß sie für die Sache einer bedrohten Klasse kämpfen. Bei verschiedenen Individualitäten äußert sich das Gefühl verschieden. Ein Schopenhauer etwa denkt: was kümmere ich mich um die Klasse? Mag Jeder sehen, wo er bleibe! Er macht aus dem Pessimismus ein bequemes Ruhekissen für den Spießbürger. Eine energischere Natur, wie Nietzsche, kommt gerade zu der umgekehrten Anschauung: unsere Gesellschaft ist bedroht, der Zustand wird nicht mehr existiren, wo einige Wenige die Macht haben und die Menge unterworfen ist – er faßt die Begriffe fast stets politisch, während er sie social meint – nun wohl, stemmen wir uns dagegen! Betonen wir erst recht die Ideen der socialen und damit der politischen, physischen, moralischen, intellectuellen Ungleichheit! Die Moral des Bürgerthums der aufsteigenden Linie widerspricht uns; vernichten wir sie; setzen wir der Philosophie der Humanität die Philosophie der Brutalität gegenüber! Und allerdings entspricht die Philosophie Nietzsche's wohl eher den thatsächlichen Verhältnissen, als die Naivitäten und Phrasen des vorigen Jahrhunderts; gerade wie die Figur Bismarcks ihnen besser entspricht, als der »edle Menschenfreund« Joseph der Zweite. Sie sind realistischer und deshalb auch leichter zu verstehen, als die Anderen, bei denen man immer erst die Phrase abstrahiren muß, ehe man ihnen auf die Nieren kommt. [...]

8 Heinrich Hart
Am Ausgang des neunzehnten Jahrhunderts (1890)

[183...] Nietzsche jedoch knüpft gerade an die Geschichte an, sein wesentlicher Beruf ist es, das Gewordene zu kritisieren, aber er leugnet die Notwendigkeit des Werdens nicht. Was geschehen ist, war gut, denn es war notwendig, daß es so geschah, aber heute ist es ebenso notwendig geworden, zu begreifen, daß die Menschheit bisher nur Dummheiten gemacht hat. Auf dem Wege, den sie bisher gegangen, wird sie demnächst vor eine Wand rennen, und wenn sie sich den Kopf nicht einstoßen will, muß sie infolgedessen einen andern Weg einschlagen, einen ganz neuen Weg. Sie muß umlernen, umfühlen, alle Wahrheiten, die sie bisher für untrüglich angenommen, umwahrheiten, und alle Lebenswerte umwerten. [...]

9 Otto Erich Hartleben
Tagebuch (1890)

[117] Gestern war »Menschenclub« in den »Drei Kaisern«. [...]

Es wurde natürlich Nietzsche verhandelt. Wo würde jetzt nicht über Nietzsche gesprochen! Feustel wandte sich heftig gegen die »Verschraubtheit« und den »frivolen Atavismus« des »Zarathustra«. [...]

[118...] College Hans schloß sich mir an, als ich wieder einmal betonte, daß Nietzsche immer nur in erster Linie ästhetisch aufgefaßt, genossen – eben genossen! – werden wolle und müsse.

Ich sehe eine Zeit herankommen, in der man diesen graziösen »Tänzer« mit plumpen Händen greifen und auf das Prokustesbett der ernsthaftesten »Philosophie«, der grausamsten Systematisiererei zu fesseln versuchen wird. Man wird ihm seine »Widersprüche« nachweisen, ihm die »Unhaltbarkeit« [119] seiner »Ansichten« vordemonstrieren, und ein jeder wird ihn sich dann mitleidslos zurechtschneiden. Amer Kerl! [...]

10 Detlev von Liliencron
Brief an Karl Henckell vom 27. 5. 1890

[214] Lieber Freund Henckell. Wie danke ich Deiner Fräulein Braut und Dir für die gütige Sendung Haidekraut, die ihren er-

höhten Werth hat dadurch, wie sie gepflückt ist. Sie prangt, die liebe, bescheidene, von mir so unendlich geliebte Erica in meinem Zimmer. [...]

Deiner Fräulein Braut meine respectvollsten Empfehlungen und besten Dank für deren so gütigen Brief an mich, für den so gütigen wie interessanten. Ich ersah, daß das »Kußtempelchen« wirklich in Deiner Nähe ist, d.h. ein »Tempelchen«! Du wirst es vielleicht selbst nicht wissen: »Kußtempelchen« ist ja im Balladenton geschrieben. Und geradezu einzig, und nur von Dir möglich zu machen, ist eben, den Balladenton mit *diesem* Inhalt zu verbinden und mit einer Graziösität, wie ich kaum wüßte, je gelesen zu haben.

Nächsten Monat kommt Herm. Bahr einige Tage zu uns. Ich freue mich unendlich darauf. – Ich lese jetzt Nietzsche. Ich bin hingerissen von ihm. Es ist selbstverständlich, daß die guten Bier- und Skatdeutschen ihn nicht kennen. Zu empörend. [...]

11 Johannes Schlaf
Prüderie (1890)

[161 ...] Wir Deutschen sind zwar neuerdings in der Bildhauerkunst etwas zurückgeblieben; aber doch ist vor Kurzem gerade bei uns eine wunderbare Porträtstatue geformt worden. Es ist das Bild eines Menschen mit großem, weltklugem Auge, der aber auch frei und heiter beim Nächsten verweilt, das Bild einer in ihren Trieben gesunden, einer gefestigten, reifen Natur. Das Bild eines Wesens, verfeinert, complicirt in seinen Instinkten und inneren Kräften, modern und doch eines griechischen Namens würdig, den der Künstler ihm beigelegt. Diese Statue ist der »dionysische Mensch« Friedrich *Nietzsche's*. Unter einem wunderlich blumigen Arabeskengewinde von Akanthus, Rosen, Dorngerank und üppigen Räthselblumen, bisher noch unbekannt, geheimnißvoll in Farbe und Duft, anziehend den Ahnenden, wehrend dem Stumpfen, hat der Künstler ihre weißleuchtende, göttliche Nacktheit verborgen. Wer sich aber zu ihr durchfindet, dem schlägt das Herz höher. – Ist sie eine Wunschgestalt? Ist es eine Ahnung von dem Menschen, der da kommen soll? Ein Selbstporträt ist sie jedenfalls nicht. Friedrich Nietzsche war kein dionysischer Mensch. Sein Geschick beweist es. Auch ist es kaum das Porträt eines Zeitgenossen. Wer fühlt das nicht von uns, wenn er Angesicht zu Angesicht diesem Bildniß gegenübersteht?

Denn um uns steht es ziemlich verzweifelt. Wir können uns durchaus nicht der schönen Freiheit und Gesundheit des Wesens rühmen, das Friedrich Nietzsche ahnte. Dazu sind wir viel zu prüde.

Die Prüderie ist unsere Haupt- und Cardinalkunst. Aber sie ist eine Kunst der Schwachen. Sie riecht bedenklich nach der Krankenstube und Arzenei. Sie ist eine gegenseitige Uebereinkunft, Rücksicht zu nehmen auf die kranken Nerven und Instinkte oder den geistigen Nachmittagsschlaf seines liebsten Nächsten; die Kunst der Prüderie – das ist die Kunst der Sprödigkeit, der falschen Scham oder, wenn man will, der Schamlosigkeit ... [...]

12 Lou Andreas-Salomé
Zum Bilde Friedrich Nietzsches (1891)

[64 ...] Es ist die Gestalt aus der Mitte der letzten zehn Jahre, die vor mir steht, wenn ich an ihn zurückdenke. Und gewiß ist dies die Zeit gewesen, in welcher seine [65] Physiognomie, sein ganzes Aeußeres am charakteristischsten ausgeprägt erschien: die Zeit, in welcher der Gesammtausdruck seines Wesens bereits völlig vom tief bewegten Innenleben durchdrungen war, und selbst noch in dem bezeichnend blieb, was er zurückhielt und verbarg. Ich möchte sagen: dieses Verborgene, die Ahnung einer verschwiegenen Einsamkeit, – das war der erste, starke Eindruck, durch den Nietzsches Erscheinung fesselte. [...]

[...] Im gewöhnlichen Leben war er von großer Höflichkeit und Milde, von einem stetigen, wohlwollendem Gleichmuth, – er hatte Freude an der Form eines Umgangs und hielt auf sie. Immer aber lag eine Freude an der Verkleidung darin, – Mantel und Maske für ein nie entblößtes Innenleben. Und man legte sich unwillkürlich jene Frage dabei vor, die er selbst in den Worten zusammengefaßt hat: »Bei Allem, was ein Mensch *sichtbar werden* läßt, kann man fragen: was soll es verbergen? wovon soll es den Blick ablenken? welches Vorurtheil soll es erregen? Und dann noch: bis wie weit geht die Feinheit dieser Verstellung? und worin vergreift er sich dabei?«

Dieser Zug stellt nur die Kehrseite der Einsamkeit dar, aus welcher Nietzsches Innenleben ganz und gar herausbegriffen werden muß, – einer sich stetig steigernden Vereinsamung und grüblerischen Selbstbeziehung auf sich.

In dem Maße als sie zunimmt, wird alles nach Außen gewandte

Sein zum Schein, – zum bloßen täuschenden Schleier, den die Einsamkeitstiefe nur um sich webt, um zeitweilig für Menschenaugen erkennbare Oberfläche zu werden. Ja, man kann selbst Nietzsche's Gedanken, sofern sie sich theoretisch aussprechen, zu dieser Oberfläche rechnen, hinter der, abgründig tief und stumm, das innere Erleben ruht, dem sie entstiegen. »Alles was tief ist, liebt die Maske. Jeder tiefe Geist braucht eine Maske: mehr noch, um jeden tiefen Geist wächst fortwährend eine Maske.«

Und er findet eine schöne Bezeichnung für sich selbst, wenn er von den »*Verborgenen* in den *Mänteln des Lichts*« redet.

Diese Einsamkeit ist, in allen Wandlungen seines Geistes, der unveränderliche Rahmen, aus welchem Nietzsches Bild, mag es sich verkleiden wie es will, uns anschaut, überall trägt er »die Einöde und den heiligen unbetretbaren Grenzbezirk« immer mit sich, wohin er auch gehe, überall ist er, – wie er sich einmal in einem Briefe unterschreibt »der auf ewig Abhandengekommene«, der unter den Andern nur [66] wandelt »als ob ich als Längst-Gestorbener mir die Dinge und Menschen anschaute, – sie bewegen und erschrecken und entzücken mich, ich bin ihnen aber ganz ferne.« (Juli 1881, aus der Schweiz.) Und es drückt nur das Bedürfniß aus, daß sein äußeres Dasein der einsamen Selbstbeziehung seines Innenlebens entsprechen müsse, wenn er dann wieder einem Freunde schreibt: »Als Rezept sowie als natürliche Passion erscheint mir immer deutlicher die Einsamkeit und zwar die vollkommene, – und den Zustand, in dem wir unser Bestes schaffen können, muß man herstellen und viele Opfer dafür bringen können.« (31. Oktober 1880, aus Italien) Den zwingenden Anlaß aber, sein tiefinneres Alleinsein in ein äußeres so vollkommen wie möglich umzusetzen, bot ihm erst sein *körperliches Leiden*. Es war ein vom Vater ererbtes Kopfleiden, das ihn in den 70er Jahren ergriff und 1878 dazu zwang, seine Professur in Basel aufzugeben. Der Verkehr mit Menschen, selbst schon ein Gespräch mit Mehreren, war für ihn dadurch sehr erschwert, später nahezu ausgeschlossen. Aller nähere Umgang mit Nietzsche konnte, je länger desto mehr nur noch ein Umgang *zu Zweien* sein, und auch diesen durfte er sich nur vorsichtig und mit Unterbrechungen gestatten. Die ersten Jahre brachte sein Leiden ihn dem Tode nah, dann erholte er sich allmählich körperlich; die mit heftigsten Uebelkeiten verbundenen Schmerzens-Anfälle kehrten aber mit kurzen Pausen, immer wieder. »Ein paar Mal den Pforten des Todes entwischt, aber fürchterlich gequält, – so lebe ich von Tag zu Tage; jeder Tag hat seine Krankengeschichte.« So schildert er in einem Briefe den Zustand, in welchem er ungefähr 15 Jahre gelebt hat. [...]

Er schildert den Einfluß der Stimmungen des Kranken und des Genesenden auf das Denken, er begleitet die feinsten Uebergänge solcher Stimmungen bis in's Geistigste hinauf. Eine periodisch wiederkehrende Erkrankung, wie die seinige es war, scheidet beständig eine Lebensperiode, und damit auch eine Gedankenperiode, von der vorhergehenden. Sie giebt durch dieses Doppeldasein die Erfahrungen und das Bewußtsein zweier Wesenheiten. Sie läßt alle Dinge immer wieder auch dem Geiste neu werden, – »*neu schmecken*« nennt er es einmal höchst treffend, – und setzt ganz neue Augen auch noch für das Gewohnteste, Alltäglichste ein. Ein Jegliches erhält etwas von der Frische und dem lichten Thau der Morgenschönheit, weil *eine Nacht* es vom vorhergehenden Tage getrennt hat. So wird jede Genesung ihm zu einer Palingenesis seiner selbst und darin zugleich des Lebens um ihn, – und immer wieder ist der Schmerz »verschlungen in den Sieg«.

Deutet Nietzsche es schon selbst an, daß die Natur seines physischen Leidens sich gewissermaßen in seinen Gedanken und Werken widerspiegle, so springt der enge Zusammenhang von Denken und Leiden noch auffälliger hervor, wenn man sein [67] Schaffen und dessen Entwickelung als Ganzes betrachtet. Man steht nicht jenen allmählichen Veränderungen des Geisteslebens gegenüber, wie sie ein Jeder durchmacht, der seiner natürlichen Größe entgegenwächst, – nicht den Wandlungen des *Wachsthums*: sondern einem jähen Wandel und Wechsel, einem fast rhythmischen Auf und Nieder von Geisteszuständen, die selber nichts anderm zu entspringen scheinen, als einem *Erkranken an Gedanken und einem Genesen an Gedanken.*

Nur aus der innersten Bedürftigkeit seiner ganzen Natur, nur aus dem quälendsten Heilungsverlangen heraus erschließen sich ihm seine neuen Erkenntnisse; kaum aber ist er völlig in ihnen aufgegangen, kaum hat er in ihnen ausgeruht und sie seiner eigenen Kraft assimilirt, – da ergreift ihn auch schon wieder ein neues Fieber – etwas wie ein unruhig drängender Ueberschuß an Gesundheit, der sich gegen ihn selber kehrt, ihn selber aufreizt zu den Kämpfen, Erschütterungen und Qualen, an denen sein Geist fruchtbar geworden war.

Und immer wieder tritt zweierlei in diesem Vorgang auffällig hervor. Der enge Zusammenhang von Gedankenleben und Seelenleben in seinem Wesen, die Abhängigkeit seines Geistes von allen

Bedürfnissen und Erregungen seines Innern. Dann aber die Eigenthümlichkeit, daß aus einer so engen Zusammengehörigkeit sich stets auf's Neue ein Leiden ergeben muß, und die Bewahrheitung des Wortes: »Geist ist Leben, das sich selber in's Fleisch schneidet: an der eignen Qual mehrt er sich das eigne Wissen.« Es bedarf jedesmal einer hohen Gluth der Seele, wo es zu höchster Klarheit, zu hellem Licht der Erkenntniß kommen soll, – aber nicht in wohlthuender Wärme darf die Gluth sich ausströmen, sie muß vielmehr verwunden mit sengenden Feuern und brennenden Flammen: es gehört, wie es in dem Briefe ausgedrückt war, »das Leiden zur Sache«.

Wie Nietzsche's körperliches Leiden erst den zwingenden Anlaß zu seiner äußern Vereinsamung abgab, so muß in diesem psychischen Leiden der Grund gesucht werden zu seinem scharf zugespitzten Individualismus, zur strengen Betonung des »Einzelnen« als des »Einsamen«. Die Geschichte des »Einzelnen« ist durchaus eine *Leidensgeschichte,* und ihr Inhalt lautet viel weniger: »Selbstgenügsamkeit«, als: »Selbsterduldung«. Betrachtet man das leidensvolle Auf und Nieder seiner Geisteswandlungen, dann liest man die Geschichte ebensovieler Selbstverwundungen, und es verbirgt einen Heldenkampf mit sich selbst, wenn er über seine Philosophie die Worte schreiben durfte: »Dieser Denker braucht Niemanden, der ihn wiederlegt: er genügt sich dazu selber.« [...]
[110...] In den Erschütterungen der Seele, in denen er das heroische Ideal einer Selbsthingebung, Selbstpreisgebung zu verwirklichen meint, bringt er einen *religiösen Affekt an sich selbst* zum Ausbruch. Dies ist es, wonach er als nach dem natürlichen Ausdruck seiner Gesundheit, der vollen Auslebung seiner geheimsten Eigenart verlangt, und da er die Möglichkeit dazu außer sich nicht findet, kann er sein gesundes Verlangen nur krankhaft befriedigen: in sich, – d.h., im Gegensatz des Angestrebten; nicht in einer höhern Einheit, sondern in einer Zweitheilung – nicht darin, daß er sich als Individuum zusammenfaßt, sondern darin, daß er sich zum Dividuum spaltet. – Deshalb liegt in dem gewaltigen Affekt der die Erkenntniß begleitet, ganz unlöslich in Eins verschlungen *eigne Aufopferung mit eigner Apotheose, Grausamkeit der Selbstverwundung und Wollust der Selbstvergötterung,* leidvolles Siechen und siegende Genesung, glühender Rausch und kühle Bewußtheit. Und daher erscheint die Einsamkeit des Innenlebens, in welcher der Geist über sich selbst hinausgelangen will, nirgends tiefer und nirgends schmerzvoller als grade hier; man könnte sagen, die stärkste Mauer

in dieser verhängnißvollen Selbstvermaurung ist ein zarter, glänzender, göttlicher Schein, der sie umgaukelt, eine Luftspiegelung, die ihr die eignen Grenzen verwischt und verbirgt. Jeder Gang nach draußen führt hier immer wieder in die Tiefe dieses Selbst zurück, das sich zuletzt Gott und Welt, Himmel und Hölle werden muß – jeder Gang führt es einen Schritt weiter in seine *letzte Tiefe* und in seinen *Untergang*.

Geht man dieser Entwicklung in Nietzsches Werken nach, so lassen sich innerhalb derselben drei große Hauptphasen unterscheiden. Die erste umfaßt diejenige Geistesperiode, in welcher der Gegenstand seiner religiös empfundenen Hingebung noch nicht mit ihm selbst zusammenfiel: die Zeit seiner Jüngerschaft Richard Wagner gegenüber. Mochte die Wagner-Schopenhauersche Philosophie, ihrer ganzen Anschauungsweise nach, ihm noch so tiefe Befriedigung gewähren, – das Werthvollste erschloß sich ihm hier erst im persönlichen Verhältnis zu Wagner, im unbedingten Aufblick zu ihm. Seine Begeisterung entzündete sich damit an einer andern, außer ihm stehenden, Persönlichkeit: in ihr glaubte er gleichsam das Ideal seines eignen Wesens verkörpert. Das Glück eines solchen Glaubens breitet über die Gedanken der ersten philosophischen Schriften Nietzsches etwas Gesundes, Unmittelbares, beinah Naives, das von der Eigenart seiner spätern Werke scharf absticht. Aber auf der Höhe seiner Entwicklung stand er damals nicht: diese Gesundheit hätte er sich nur erhalten können um den Preis der Größe. Er mußte in sein Selbst einkehren, er mußte aus dem Jünger zum Meister werden, und, da seine Natur die Jüngerschaft in einem religiösen Sinn verlangte, so mußte er Jünger wie Meister in sich selbst vereinigen, – sei es auch, um daran zu leiden, sei es auch, um an einer krankhaften Verschmelzung Beider zu Grunde zu gehen. Von seinem Weg zur Größe gilt Zarathustra's Wort: »Gipfel und Abgrund – das ist jetzt in Eins beschlossen!«

Die zweite Geistesperiode Nietzsches beginnt deshalb mit einer rücksichtslosen Kritik seiner bisherigen Ideale. Hier gilt ihm nur noch ein Ideal: die Wahrheitserkenntniß selbst in ihrer ganzen Strenge und Schärfe, gleichviel ob sie in ihrer nüchternen Verstandesprüfung Heiliggehaltenes zerstört, Angebetetes vernichtet. Hier strebt er nur noch Einem nach: dem Typus des »affektlosen Rein-Erkennenden«, dessen intellektuelles Gewissen ihn gegen seine eignen Hoffnungen und Träume unbarmherzig macht. Aber dieses Ideal, dieser Typus, stellten zugleich eine freiwillige Selbst- [111] folterung Nietzsches dar: nur unter Schmerzen und Kämpfen beugte er sich einer Denkweise, der alle Instinkte seiner geistigen Natur widerstrebten. Grade der harte Zwang, dem er sich damit unterwarf, ermöglichte es ihm erst, auch der neuen Erkenntniß gegenüber zu den Exaltationen eines nahezu religiösen Verhaltens zu gelangen: sie wurde ihm darin gleichsam zu einer, von seinem eigenen Sein und Wesen unterschiedenen, höhern Macht. Je schwerer es ihm fiel, ihr zu gehorchen, desto stärker prägte die religiöse Wirkung des Verhältnisses sich aus, je vertrauter und gewohnter ihm der ganze Gedankenkreis wurde, je vollständiger er sich allmählich in ihn einlebte, desto mehr büßte derselbe an Anziehungskraft für ihn ein: als es ihm endlich gelungen war, selbst die nüchternsten Gedanken und Erkenntnisse mit der Kraft und Gluth seines schöpferischen Geistes zu durchdringen und seiner Eigenart einzuverleiben, da drängte es ihn auch schon *nach neuen Idealen.* Nun erst ergriff ihn ein heftiges Verlangen, über die bloße Verstandeskritik hinauszukommen, ein Haß gegen sie, die ihn so lange bezaubert hatte. Und wieder ändert sich damit die ganze Art, wie er seiner Natur zu religiöser Erhebung und Einigung verhilft. Es geschieht nicht mehr durch eine möglichst schroffe Spaltung zwischen dem kalten strengen Erkennen des Verstandes und seinem gesammten erregten Wollen und Fühlen. Vielmehr verschmelzen jetzt sein Gedankenleben und sein Innenleben vollständig, – die Gedanken werden ihm immer lebendiger, immer persönlicher, bis an die Grenze des Visionären hin. [...]

13 Richard Dehmel
An Friedrich Nietzsche (1891)

[132] Und es kam die Zeit,
daß Zarathustra abermals
aus seiner Höhle niederstieg vom Berge;
und viel Volkes küßte seine Spuren ...
Der Jünger aber, der ihn liebte,
stand von ferne,
und der Meister kannte ihn nicht.
Und der Jünger trat zu ihm und sprach:
Meister, was soll ich thun,
daß ich selig werde? –

Zarathustra aber wandte sich
und schaute hinter sich,
und seine Augen wurden weit,
und sagte Antwort:
Folge mir nach! –
Da ward der Jünger sehend
und verstand den Meister
und folgte ihm
und verließ ihn . . .
Da er aber seines Weges wanderte,
ward er traurig
und sprach also zu seiner Sehnsucht:
Wahrlich! viele sind,
deren Zunge trieft vom Namen Zarathustras,
und im Herzen beten sie zum Gotte Tamtam;
wahrlich, *allzu früh* erschien er diesem Volke!
Seinen Adler sahen sie fliegen,
welcher heißt – der Wille zur Macht
über die Kleinen;
und seine Schlange nährten sie an ihrer Brust,
die Schlange Klugheit.
Aber seiner Sonne ist ihr Auge blind,
[133] welche heißt – der Wille zur Macht
über den Einen:
den Gott Ich.
Wiedergeburten feiern sie
und Wiedertaufen ihrer Götzen,
aber Keiner wußte noch
sich selber zu befruchten
und seinem Samen jubelnd sich zu kreuzigen.
Der Du Deine neue Sünde lehrtest,
habe Dank! o dürft' ich dir
dein letztes Wort vom Munde küssen,
du lächelnder Priester des zeugenden Todes!
Aber wir *leben,*
und mancher Art
sind die Sonnenpfeile
und Blumengifte
des zeugenden Todes!
Ach, daß du Manchem auch *zu spät* erschienest! –

14 Curt Grottewitz

Der Kultus der Persönlichkeit (1891)

[233] Durch Ibsen ist jene seltsame Begeisterung zuerst verbreitet worden, die allmählich zur Religion zu werden scheint. Aber mächtiger als der Dichter war diesmal der Philosoph; freilich ein Philosoph, der zugleich alle Gaben des Dichters besaß, wenn er auch wenig gedichtet hat: Friedrich Nietzsche. Er weiß seine Leser – und von Tag zu Tag werden deren mehr – mit den feuersprühenden Schwerthieben seiner Aphorismen, mit des Wortes Regenbogenpracht, mit der niederzwingenden Gewalt seines Rednerblickes so zu beherschen, daß sie alle Kritik verlieren und ganz sein werden, ganz sein mit Leib und Geist. Und ob ihr Leib kränklich und ihr Geist schwach: sie beginnen sofort in Nietzsches Bahnen zu wandeln, werden kleine Uebermenschen, fangen an fürchterlich zu – geistreicheln und seinen Stil nachzuahmen und machen für ihn Propaganda und sich selbst lächerlich ...

Die Sache bleibt indessen trotzdem bestehen: der Kultus der Persönlichkeit wächst von Tag zu Tage. Individualismus, Charakter, Eigenart werden die schlagendsten Schlagwörter.

Nur seltsam: niemand kann leugnen, daß der Zug der Zeit ein *demokratischer* ist, – ein nivellirender, wie man zu sagen pflegt. Wie läßt sich dieser aristokratische, die Menge verachtende Persönlichkeitskultus mit dem demokratischen Zuge vereinen?

Hier liegt das Problem der Zeit, das erste und wichtigste. [...]

15 Hugo von Hofmannsthal

Brief an Arthur Schnitzler vom 13.7.1891

[7...] En attendant les' ich Nietzsche und freue mich wie in seiner kalten Klarheit, der »hellen Luft der Cordilleren«, meine eigenen Gedanken schön crystallisieren. Ich denke sehr viel, wie immer wenn mir nichts einfällt, und schlecke künftige Geburtstagstorten ab: das heißt, ich genieße in zahllosen Plänen das Beste von künftigen Arbeiten: das Grauen vor der tragischen Situation und die Freude am Combinieren. [...]

16 Hugo von Hofmannsthal

Entwurfsblätter zu »Der Tod des Tizian« (1891)

Stimmungen. (fröhl. Wissenschaft)

Zarathustra ging in das Gebirge u. genoss seines Geistes u. seiner Einsamkeit:
Zarathustra will wieder Mensch werden, der Becher überfließen;
die Sonne für Augen leuchten, die Blüthe geschaut werden. } Bigum

Die Welt, deren Gott gestorben ist, die abendlicher, unheimlicher wird
mit gewaltigen rätselhaften Schatten.

es ist, wie wenn man nachts aus einer engen finsteren Strasse heraus
einen Schrei hört
tiefer Sinn des christlichen Priesters = ein heiliges Ohr, ein verschwiegener Brunnen,
ein Grab für Geheimnisse zu sein } Bigum

Denn ihr wisst es doch, alle grossen modernen Künstler leiden am schlechten
Gewissen? } Dilett.

die monologische Kunst, die auf dem Vergessen ruht; Musik des
Vergessens } Bigum

der dionysische Pessimismus (376)

die ewige Unruhe, die rastlose Angst vor dem Etwas-versäumt-haben

Ich würde nicht wagen einen Menschen zu schildern, der die Thiere hasst

besoin d'embrasser toutes les sciences pour embrasser toutes les sensations
.. »das Kind des Zufall (sic!), Wirklichkeit, verachtend« .. } Dilett.

Säen von zukünftigen Erinnerungen Parteimenschen halbe Menschen
»und Unparteilichkeit ist uns Behagen«

Es ist eine Macht in dem vertrauend ausgespr. Wort (Gebet, Zauberformel) } Gianino

Rolle als Reaction gegen die Qualen der Analyse und die Schwindel der Erkenntniss } Bigum

[Blatt 2]

Stimmungen: das starke Stimulans, die dionysische Weihe, die ihnen die Freude am lebenden, soll ihnen auch die Angst um den todten Tizian sein.

die Schwüle dieses Todes ist wie die schwüle Stunde, in der die Blüthen jedes Baumes reifen. } Tizian

Vielleicht täglich gehen wir an der grossen Liebe vorbei, die alle Kelche unsrer Seele öffnen könnte, vielleicht auch täglich an dem grossen Hass oder Keim der Verzweiflung, an Saat, Gift, Reif, Leuchte Schlüssel.. wer will wägen wo Gewinn und wo Verlust ist } Dilett.

Kampf mit der Gegenwart, Überwindung des Lebens } Bigum

die schmutzige Stadt durch weise Entfernung bläulich duftig verklärt } Venedig

Die Festländer, die starren Inseln: die todten Dinge in der Seele

welche von dem Anschlagen der fragenden Wellen immer kleiner werden
Ideal: Wogen, Gleiten, Dämmern } Dilett.

die Seelen, die eine andere ganz für sich haben wollen
das ewige fruchtlose traurige Werben
.. qui toujours ne recoivent que le geste tandis qu'il(s) soupirent vers l'essence } Bigum

und kommen wird ein Auseinanderfallen
das werden (Theile) alle Theile leuchten wollen } nach dem Tode

und eigenmächtig alle Töne hallen
(zum Sabbath alles Hässlichen und Tollen)
(wie Gluthen eh sie sterben doppelt)

aufglühend (weil) ehe sie (ganz) erlöschen sollen
wir sind keine Maler, wir haben nie den Schauer der Weihe gespürt; wir

haben uns immer von aussen in die Dinge hineingelebt; es ist nichts *Nothwendiges* in unsrer Künstlerschaft – Gegenrede: schaffend erkennen wir unsere Kraft, gehend den Weg ..	Tizia-nello
les feuilles les fleurs les fruits reprennent la place que l'homme leur disputait	Tizians Grab
Es giebt Fragen in uns, auf die wir nie Antworten erhalten, weil sie bei geändertem Körper selbst nicht mehr kommen: Conflicte, die sterben, Abgründe, die sich an der Oberfläche schliessen.	Bigum? Dilet-tanten?

17 Gustav Landauer
Religiöse Erziehung (1891)

[135 ...] Schwanken wir doch von Zweifel zu Zweifel, von der Bangigkeit zur Hoffnung; und bestärkt sich doch immer mehr in uns das Gefühl, dem Nietzsche Ausdruck gibt: daß »der Mensch etwas sei, das überwunden werden müsse, daß der Mensch eine Brücke sei und kein Zweck: sich selig preisend ob seines Mittags und Abends als Weg zur neuen Morgenröthe«.

Mit diesem Citat aus dem Zarathustra des genialen Weisen, der sich mit keinem so wohl vergleichen läßt wie mit Johannes dem Täufer, dem Vorläufer des Jesus von Nazareth (er thut es übrigens selbst), habe ich aber schon das *religiöse Gebiet* betreten. [...]

18 Heinrich Mann
Bekehrungsgeschichte (1891)

Und wieder nach dem Zarathustra langt
Er nun, als ob es sich von selbst verstünde,
Daß dort gewißlich seine Sehnsucht fände,
Wonach sie, je erwacht, verlangend späht.

Je mehr er liest, die Träume flieh'n, ihm bangt
Vor Eises Hauch, der ihm entgegenweht --
Doch als ein neuer Tag durchs Fenster glühte,
Er fand gesundet ihn und hart zum Streit,
Fand einen Menschen – mehr noch: Männlichkeit –
Und alles Andre war verscholl'ne Mythe.

19 Arthur Schnitzler

Brief an Hugo von Hofmannsthal vom 27. 7. 1891

[9...] – Gelesen wird mancherlei Burckhardt, Cultur der Renaissance, Goethe, Annalen, Lessings dramat. Entwürfe, Jonas Lic etc. Besonders Nietzsche – zuletzt hat mich sein Schlußcapitel und das Schlußgedicht zu Jenseits von Gut u Böse ergriffen. – Erinnern Sie sich? Nietz'sche Sentimentalität! – Weinender Marmor! Stellen, die sogar auf Weiber wirken, ohne daß man den Stellen oder den Weibern bös werden müßte. [...]

20 Heinrich Hart

Ein Typus (1892)

[289...] Und doch ist Nietzsche ein Genie, nicht als Denker, sondern als Dichter, nicht durch das Was, sondern durch das Wie seiner Verkündigung; er ist zu groß, um ein Typus zu sein. Schlimm aber ist es, wenn die Philister selbst sich von ihm den Mut herholen, die »Werte umzuwerten«, d. h. ihrer innersten Natur rücksichtslos nachzuleben. Dann flattern die Papageien Nietzsches zuhauf, und es bilden sich die eigentlichen Typen des fin de siècle. Aus allen Winkeln schwirrt das dürre geistige Fledermausgezücht hervor. Ein Gezücht, das um des bloßen Aufsehens willen, um der biederen Kanzelmoral ein Schnippchen zu schlagen, die geschichtliche Entwickelung anrempelt, dessen Paradoxe keine Weltanschauung bedeuten, sondern eine kindische Spielerei, das auf Autoritäten und Vorurteile nicht mit dem Schwerte einhaut, sondern hinterrücks mit Schneebällen wirft, oder auch mit Schmutz. [...]

21 HUGO VON HOFMANNSTHAL
Notizen in »Zur Genealogie der Moral« 2. Aufl., Leipzig 1892 (1892ff.)

Atmosphäre: der deutsche Eigendünkel und die Leere nach 1870
Einflüsse: Stendhal
Erlebnis: Wagners künstlerische Entwicklung u. sein Ende der eigene Beruf als Philologe und die Kritik davon.
Besitz: ein reiner Begriff vom schaffenden Künstler und seinem geheimen Verhältnis zum Leben
Resultat: eine Kritik des ganzen Culturzustandes (er wird als dünn (arm, durchlässig) empfunden, hie und da
als verlogen, im ganzen als roh: Formlosigkeit, die sich für Form gibt.
es kommt bald zu diesem Problem: wer erfindet eigentlich die Werthe. Antwort: die, welche reden. Die Gesetzgeber,
die Priester, die Sophisten, die Dichter, die Zeitungen.
daneben gibt es dieses Problem: wen bekümmern die Werthe? und wie stark bekümmern sie jeden Einzelnen? –
im innersten: wen am meisten? wen fast gar nicht?
Ausgangspunkt: Als einem Künstler widerstrebte dem die ›vermoralisierte‹ Sprechweise.

22 STANISLAW PRZYBYSZEWSKI
Zur Psychologie des Individuums (1892)

[28] Zwischen Chopin und Nietzsche bestand eine Art Sternenfreundschaft zweier Kometen, von denen es in der »Morgenröte« geschrieben steht, daß ihre Bahnen sich einmal in der Unendlichkeit gekreuzt haben müssen; dann sind sie sich wieder fremd geworden, um nach unabsehbaren Zeiten sich wieder einmal zu nähern. –

Wo Chopin aufhört, setzt Nietzsche an. Jener bannte die feinste Regung in seinem Inneren fest, mit den Polypenarmen seines Gehörs erhaschte er die flüchtigste Stimmung und mit der naiven Unbefangenheit des aristokratischen Von-Ohngefährs in seinem Wesen, gab er uns Kunde von der geheimen Arbeit in den tiefsten Seelenschichten. [...]

[31 ...] Nietzsche war einer der seltenen Typen, die, gleich den Schütterlinien, – welche beim Erdbeben aufgerissen werden und die

Stellen bezeichnen, wo die Erde einen Versuch gemacht hatte, sich neu umzugestalten – das Trachten der Natur kundgaben, den Menschen über sich [32] selbst hinaus zu schaffen [...]

[41 ...] Herdeninstinkte, grünes Weide-Glück, Schmutz und erbärmliches Behagen, das war alles, was er an dem Menschen von heute sah – und daß das Größte gar so klein, das Feinste nicht fein genug war, um sich seiner zu schämen, und daß das Erhabenste nicht unbefangen genug war, daß es sich seiner nicht bewußt wäre, und daß das Herrliche, das Stolze und Herrische am Menschen mit schlechtem Gewissen im Schatten der Verlogenheit einherschleiche, das brach ihm das Herz.

Voll Ekel und Verachtung wandte er sich ab, und damals war es, wo er einen Blick in das Land seiner Kinder tat, und damals war es auch, wo er den Übermenschen vom Wege auflas. Und diesen Übermenschen, den er lehrte, hatte er mit der ganzen grandiosen Verschwendung seines überreichen Geistes ausgestattet, ihn mit den glänzendsten, sattesten, prächtigsten Farben ausgemalt, und ihn in ein Meer von Helligkeit und Freude getaucht, auf daß er von Licht und [42] Gold strotze. Unter seinen Händen wurde er zu einer anfangslosen, ungewordenen Macht, zu einem mysteriösen, dionysischen Rausch-Symbol. –

Er wurde ihm das jenseitige Ufer, zu dem wir nur Brücken und Pfeiler der Sehnsucht sind, das gelobte Land derer, die nach uns kommen, das ewig grünende Elyseum der in Kraft und Stolz wiedergeborenen Menschheit.

Doch dieser Übermensch ist zugleich ein salto-mortale der entfesselten, in Orgien schwelgenden Vernunft, ein Rausch-Delirium der aus den Fugen geratenen, in tausend Stücke zersplitterten Seele, ein überwältigendes Finale, in dem sich ein üppiges Leben in spasmatischen Zuckungen austobt. [...]

[43 ...] Wie bei Chopin das H-moll Scherzo, so spiegelt: Also sprach Zarathustra die innerste Seele Nietzsches in den wunderbarsten Farben, von denen sich der Menschensinn nicht träumen ließ, wieder.

Was Nietzsche hier liefert, ist ein Stück Autobiographie, in der er seine großen Freund- und Feindschaften, seine rastlosen Kämpfe, sein Hoffen und Sehnen, seine Krankheiten und Genesungen niederlegt.

Und das ist es eben, was das Werk der wenigen Anzahl von Intelligenzen, die es zu genießen verstehen, so unendlich teuer macht.

Für »uns« Spätgeborene, die wir an »Wahrheit« zu glauben aufgehört haben, für die der ganze Schluß unserer Weisheit in der totalen Bankerotterklärung unseres Wissens besteht, mag [44] wohl der erkenntnistheoretische Teil in Nietzsches Werken vom geringsten Werte sein. –

Was uns an ihm berauscht, das ist die Fähigkeit für seine überreiche Seele in der Sprache Symbole gefunden zu haben: seine Psychologie. [...]

23 Franz Servaes

Nietzsche und der Sozialismus (1892)

[86...] Nietzsche und der Sozialismus –? Der radikale Aristokrat und die radikale Demokratie –? Sind das nicht zwei Todfeinde, die sich in alle Ewigkeit heftig befehden müssen? Oder ist doch ein Gemeinsames zu finden? Nietzsche hat bei den jüngeren Sozialdemokraten manche Anhänger, wenn auch meist confuse. Aber irgend etwas muß da doch in der Luft flimmern, eine mittlere Materie, wo die feindlichen Stoffe einander berühren und durchdringen. Ist es der Radikalismus? Ist es das Revolutionäre? Ist es das Zukunftsträchtige und Siegeszuversichtliche?

Ja, ich glaube das ist es: eine Identität des Pathos und der Gesinnung, bei scheinbar gänzlich auseinanderweichenden Zielen. Aber die Ziele scheinen mir, wie gesagt, bei beiden das Unwichtigste und Problematischste zu sein. Denn an Nietzsches Uebermenschen glaube ich ebenso wenig wie an das Zukunftsparadies der Sozialdemokratie. [...]

[87...] Mit einer geistigen Schärfe ohne Gleichen und mit unerschrockener psychologischer Analyse dachte Nietzsche seine Gedanken durch – als Denker. Er blieb der Einsame, der Weltferne, ja er wurde es täglich mehr. Nur dadurch unterschied er sich von den Philosophen früherer Zeiten, daß er seine Probleme nicht in der Studierstube aufknackte, sondern unter freiem Himmel und in frischer Luft in sich hin- und herwälzte. Er wurde dadurch der *Freiluft-Philosoph*, und seine Ideen blitzten gleich Tautropfen in der Sonne. Aber gleich wie ihr Schöpfer von hohen Bergen auf das niedere Erdengetriebe mitleidig herablächelte und die Arme sehnsüchtig der Morgenröte entgegenbreitete, so schweben auch diese Ideen über den Fragen des Tages, Möven vergleichbar, die die brandende Meeresoberfläche nur einmal flüchtig berühren, und dann scharfen Fluges und schrillen Schreies weiterstreben. Während Nietzsche in reiner Luft dachte, plackte und rackerte sich die Menschheit in dem schwülen Dunst der Städte und kaute hartes Brot, dieweil jenen nach Ambrosia gelüstete. Es darf nicht verschwiegen werden: Nietzsche hatte Furcht vor der Wirklichkeit. Ein guter Teil seines Aristokratismus beruht darauf, also auf absichtlicher Blindheit. Der unvergleichlichste Wahrheitssucher der Neuzeit hatte doch eine zähe, hemmende Schranke seines Forschertriebes: den *ästhetischen Schauder*. Er mochte sich auch als Erkennender mit nichts befassen, was ihn in der Sensibilität seines Gefühls, und sei es auch aus bloßem Vorurteil, abstieß. So sah er zeitlebens im hungernden und darbenden Volk nur niedrigen, gierigen Pöbel, mit dem er nichts gemein haben wollte – ein Charakterzug, der sich bei ihm in erschreckendem Maße weiter entwickelte. Bald erblickte er in den meisten Menschen kaum etwas anderes als Pöbel; sie wurden ihm die leidigen »Vielzuvielen«, deren Berührung er floh, weil er von ihnen etwas Lähmendes auf seine Gedankenarbeit überströmen fühlte. Wäre dieses Verhalten auf gleichmütiger Verachtung und mitleidiger Erkenntnis basirt gewesen, so hätte es für Nietzsche selbst keine Gefahr enthalten. Leider aber gründete es sich immer mehr auf einem leidenschaftlichen, blinden und furchtsamen Haß, der bald den ganzen Menschen beherrschte. Er floh immer ängstlicher jede Berührung mit den Lebendigen und hielt nur mit Geistern Zwiesprach. Er wurde immer sehnsüchtiger und brünstiger nach dem Uebermenschen. Er lebte in völliger Einsamkeit, und in der Einsamkeit reifte sein Größenwahn.

»Alleinsein pflanzt Uebermut«. Er hat es selbst einmal bekannt.
[...]
[88 ...] Was bei Nietzsche als Bedeutsamstes bleibt, das ist die unendliche Anregung. Wer ihn aufmerksam durchliest, der sieht sich gezwungen, alle seine Gedanken noch einmal und manche neue hinzu zu denken. Er wird auf Gründe stoßen, die er noch nicht betreten hat, und er sieht Wände weichen, die ihm bis heran unerschütterlich in der Erde standen. Eine Revision der ganzen Weltanschauung, hervorgegangen aus der Systematik des Zweifels: das ist es, was jeder Nietzscheaner an sich erfährt. Gerade hier aber schlägt der Nietzscheanismus in den Sozialismus ein. Es ist das Zusammenfließen zweier junger Ströme, die von entgegengesetzten Seiten brausend herbeistürzen und sich mit widerwilligem Zischen ver-

einigen. Beide suchen sie den unendlichen Ozean, und ihr Weg geht durch neues, unentdecktes Land, durch blühende Gartengelände, die noch kein Auge sah. Nietzsche und der Sozialismus, beide sind sie revolutionär und beide zukunftsträchtig. Das Wort des Einen, es gilt auch für den Andern: »Mag doch alles zerbrechen, was an unseren Wahrheiten zerbrechen – kann! Manches Haus giebt es noch zu bauen«.

Weil sie aber von entgegengesetzten Weltgegenden kommen, so wird Nietzsche zu einer Kritik des Sozialismus, und der Sozialismus zu einer Kritik Nietzsches. [...]

24 Bruno Wille

Die Philosophie des reinen Mittels (1892)

[31...] Gerade wenn wir diesen Gedanken einer stufenweisen Emporentwickelung berücksichtigen, erscheint uns jenes Bedenken, mein Ziel sei unerreichbar, für unsere Mittelergreifung ziemlich bedeutungslos. Denn stufenweise kann der Mensch manche Höhe erklimmen, die ihm unerreichbar vorkommt, solange er ihre Totalität ermißt. Und was sollte die Entwickelung zum »freien Vernunftmenschen« denn völlig vereiteln? Die Anlagen dazu sind vorhanden; wenn sie gegenwärtig unzulänglich sind, so liegt das nur am Grade; der Grad aber läßt sich steigern. Uebrigens würde das Streben nach meinem Ziele selbst dann nicht unvernünftig sein, wenn ein Ende niemals abgesehen werden könnte; die bloße Annäherung kann ja eine Verbesserung bedeuten. Jedenfalls läßt sich das Streben nach »dem Glücke« vergleichen mit jener mathematischen Kurve, die sich einer andern Linie beständig nähert, ohne sie jemals zu treffen; und dennoch wird dieses Streben nicht für unvernünftig gehalten.

Gewaltig in der Kleinmütigkeit Ohr schallt der Prophetenruf Friedrich Nietzsches:

»*Ich lehre euch den Uebermenschen.* Der Mensch ist etwas, was überwunden werden soll. *Was habt ihr gethan, ihn zu überwinden?* –

Ihr habt den Weg vom Wurm zum Menschen gemacht, und vieles ist in euch noch Wurm. Einst waret ihr Affen, und auch jetzt noch ist der Mensch mehr Affe, als irgend ein Affe –

Seht, ich lehre euch den Uebermenschen! – Der Uebermensch ist der Sinn der Erde«.

Ja, was habt Ihr gethan, ihn zu überwinden? So frage auch ich mit skeptischem Tone. Ich leugne nicht, daß etwas gethan ist; indessen habe ich gegen die Taktik gerade der beruflich sanktionierten »Erzieher« des Menschengeschlechtes Einwände, die ich für gewichtig halte. Und diese Einwände bilden die »Philosophie des *reinen* Mittels«. [...]

25 Wilhelm Bölsche

Die Gefahren der Nietzscheschen Philosophie (1893)

[719] Im März- und Maiheft der »*Deutschen Rundschau*« veröffentlicht Professor *Ludwig Stein* in Bern einen langen Aufsatz über »Friedrich Nietzsches Weltanschauung und ihre Gefahren.« Durch die Spalten gerade dieser Zeitschrift verbreitet, ja in den betreffenden Heften auch noch in besonders vornehme Gesellschaft gebracht (die Reiseschilderungen Julius Rodenbergs aus Sicilien und Malta beispielsweise sind wahre Perlen feinsinnigster Beobachter- wie Darstellerkunst), dürften diese kritischen Betrachtungen einen besonderen Nachhall finden. Es wird nun unsere Leser amüsieren, zu erfahren, daß darin – als Beweis für die entsetzlichen Wirkungen der Nietzscheschen Gedankenwelt – auch der »*Freien Bühne*« mehrfach gedacht wird, die nach Herrn Steins Ansicht sich »in wahren Orgien des Nietzsche-Kultus gefällt« und aus ihm gleichsam einen »Sport« gemacht hat. Sie dürfte es eigentlich nicht, meint der Kritiker, da sie »das Organ des mit dem Socialismus liebäugelnden, aber in Wirklichkeit nur mit ihm spielenden jüngeren Berliner Litteratentums« ist. »Wer aber,« fährt er fort, »eine so ernste Erscheinung wie der Socialismus als neue politische Theorie zweifelsohne ist, auch nur einen Augenblick, und sei es auch nur von der Seite, tiefer erfaßt hat, der wird sich der Ueberzeugung kaum verschließen können, daß Nietzsches politische und Kultur-Ideale den genauen Gegenpol zu denen des Socialismus bilden. Ja, der Socialismus hat heute keinen radikaleren und eben wegen seiner unerbittlichen Konsequenz gefährlicheren theoretischen Gegner, als diese anarchisch-aristokratische Theorie Nietzsches. Welchen Grad muß nun die Begriffsverwirrung unserer Zeit erreicht haben, wenn socialistische Schriftsteller unter völliger Verkennung dieses unüberwindbaren Gegensatzes Nietzsche zu ihrem Leibphilosophen erheben!« [...]
[720...] Steins Darstellung und Polemik leidet, von den engeren

Angriffen abgesehen, neben manchem brauchbaren, aber keineswegs neuen Gedanken an dem Kardinalfehler einer individuellen Inkonsequenz und Verworrenheit, die auf Schritt und Tritt ihn bei Verteidigung seines eigenen angeblichen Standpunktes stolpern läßt. Unser Kritiker ist thatsächlich naiv genug, in einem Atem sich zum Verfechter einer wirklich kultur-freundlichen Weltanschauung, wie wir sie »jetzt zum Glück unter dem Banner von Naturforschern wie Helmholtz, du Bois-Reymond, Häckel, Huxley, Wallace« (du Bois, Häckel und Wallace als Einheit ist an sich schon köstlich!!) erhalten haben, gegenüber dem Kulturfeind Nietzsche aufzuwerfen, – und es doch unter die großen *Sünden* Nietzsches zu rechnen, daß er die »*Metaphysik*« verspottet habe, »wie es ja heute üblich ist.« Es ist naiv genug, behaglich in dem oben citierten Passus neben dem Glauben an die »Kultur« auch den an »*Gott*« einzuschmuggeln, als wenn die Weltanschauung etwa Häckels zusammenbräche, wenn an dem Wörtchen Gott eine recht derbe Kritik geübt wird! In der bekannten wohlfeilen Weise, die den Philosophen nach der Zahl seiner in Paragraphen schön systematisch eingeteilten Systembände mißt, wird Nietzsche als »philosophischer *Dilettant*« abgefertigt, der *»nicht den geringsten Anspruch auf ein auch nur bescheidenes Plätzchen in der Geschichte der Philosophie erworben hat,« da die Geschichte der Philosophie »alles greifbar Dilettantische mit Recht ignoriert.«* Von den *inneren* Entwickelungsstufen Nietzsches, die so viel bei ihm psychologisch erklären, weiß der Herr Professor wenig mehr als ein paar kurze Phrasen zu sagen: er vermerkt wohl, daß Nietzsche in Basel stets im Sommer weiße Cylinder und, wenn es das Wetter gestattete, helle Kleider getragen habe, – die einzige feinsinnige biographische Quelle für Nietzsches Innenleben, die vortrefflichen Aufsätze der *Lou-Andreas-Salomé*, aber scheint er *überhaupt nicht gelesen zu haben.* [...] Die »Freie Bühne« feiert nach Stein wahre Orgien des Nietzschekultus – nicht wahr? Ich schlage S. 87 des III. Jahrgangs auf und lese bei Franz Servaes: »Nietzsche ist kein Philosoph, mit dem man durch dick und dünn gehen darf. *Nur wer ihm widerstrebt, kann von ihm lernen.* Wer sich ihm gefangen giebt, der versinkt wie in einem [721] Meer. In seinem letzten Buch hat er aber einmal gesagt, die Menschheit habe es teuer bezahlen müssen, daß sie die Gehirnleiden kranker Spinneweber ernst genommen habe, und seiner eigentümlichen Individualität nach ist es keineswegs ausgeschlossen, daß er dabei in erster Linie an sich selbst gedacht habe. Jedenfalls hat er oft genug betont, daß er den Weg nicht bahnen, sondern bloß öffnen wolle. Dem Vademecum fügte er das Vedetecum bei, und Zarathustra mahnt: »Ihr hattet euch noch nicht gesucht: da fandet ihr mich .... Nun heiße ich euch, mich verlieren und euch finden.« Wir wollen's versuchen. Auch dies muß bei Nietzsche fort und fort bedacht werden: er ist ein verwegener geistiger Experimentator, der vor den waghalsigsten Hypothesen nicht zurückschreckt und, um neue Wahrheiten zu entdecken, die alten wohlgemut auf den Kopf stellt. Seine Erörterungen sind daher vielfach Glatteis für ungelenke Füße, und auch die kundigen Läufer müssen sich jederzeit vorsehen, daß sie nicht ausgleiten. Nietzsche macht aus seiner »Lust am Irrtum« keinen Hehl, und wenn wir vielleicht auch die gleiche Lust haben, so erfordert es doch der Anstand, daß wir allein uns auf eigene Faust irren, nicht aber in cumulo.« Wenig früher steht: »Es giebt nichts Lächerlicheres, als die von ihm inspirierten neugebakkenen »Aristokraten«, die mit schmutzigen Hemdkragen und unrasierten Gesichtern über die Leipziger Straße watscheln und die Allüren eines Uebermenschen zur Schau tragen. Aristokratische Schreihälse und Hanswürste: das sind allerdings neue Erscheinungen.« [...] »An Nietzsches Uebermenschen«, fügt der Kritiker bei, »glaube ich ebenso wenig wie an das Zukunftsparadies der Socialdemokratie.« Blättern wir jetzt zwei Bände zurück, so finden wir im ersten Jahrgang S. 516f. das Wort umgekehrt allerdings einem Socialisten vom reinsten Wasser erteilt, Paul Ernst: er verdammt Nietzsche vom engeren socialistischen Boden absolut, verspottet den »Dünkel, der die Philosophen ja von jeher ausgezeichnet« hat, und findet in Nietzsche den Denker der bankerotten, dekadenten Bourgeoisie. [...]

26 Hugo von Hofmannsthal

Notizen zu »Der Wille zur Macht« (1893)

I (das künstliche Leben geht aus der Resignation des Strebens zur Beherrschung und Erkenntnis hervor.)
Der Wille zur Macht.
überall Kampf sehen. Das Heranfluthen der nächsten Ereignisse éternelle débacle. Überwindung des Lebens u. *Durch*leben, Durchmachen, Durcharbeiten, Durchschauen, Austasten, Durchzweifeln. Ziel: Harmoniarchie
die elastischen *Feinde:* reiche Seelen, die ihre Formel wechseln;

Geister, die uns compliciert sehen machen und das problematische und incommensurable in uns rege machen;
Functionen: Kraft sich zu Begrenzen; Kunst alles als Waffe zu brauchen,
Kunst sich einen Hintergrund zu schaffen; Streben, zu classificieren, zu gruppieren, zu formulieren (wer übersieht, beherrscht);
Menschen auf ihre Formel (Grundstimmung) zurückzuführen – den Geist zwingen, seinen Namen zu nennen, durch dessen Aussprechen man ihn bannen kann.

Stufenleiter: Hamlet, die Helden Turgenjews,
Amiel
Claude Larcher
Philippe
Renan Nietzsche

jeder von ihnen stirbt und wird im nächsten wiedergeboren

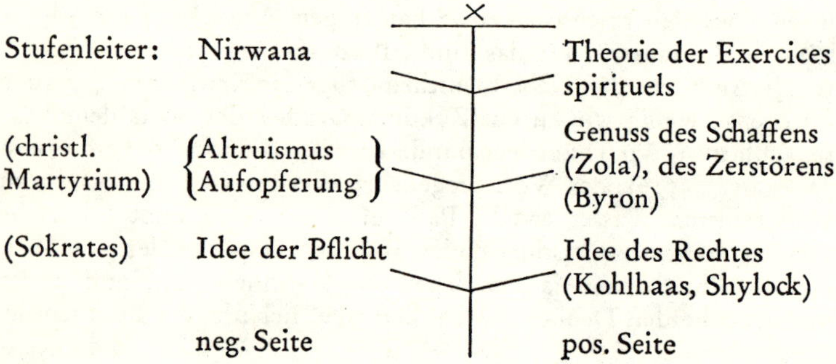

Der Wille zur Macht [Blatt 2]

zur Technik des Hintergrundes: »Ihm« ist der Hintergrund, was dem äusseren Menschen seine Accidenzen: Vermögen, Haus, Pferd, Waffe, Kleidung ...
Bestandtheile des Hintergrundes: a) das eigene Selbst mit falschen Beleuchtungen, verschoben (sic!) Perspectiven, unterstrichenen Stellen und übermalten Stellen. Ausnützung jeder Stärke und jeder Schwäche. jedes *Ding* muss zur Ausfallspforte werden, um die sich die ganze Mannschaft zusammendrängt.
Wenn eine Ungesetzlichkeit begangen worden ist, muß sie sogleich Gegenstand der Analyse werden.

b.) die anderen Menschen: construierte Feinde, construierte Bewunderer;
Accumulatoren für eigene Gedanken; Partner für erfundene Gespräche. Puppen zur Exposition von
Stimmungen.

27 Ricarda Huch
Brief an Josef Viktor Widmann vom 23. 9. 1893

[227...] Nun muß ich noch einmal auf die Ethik zurückkommen und einen teuren Eid leisten, daß ich bei Abfassung meines bedenklichen Romanes nie an Nietzsche gedacht habe, den ich überhaupt nur oberflächlich kenne, an dem ich allerdings das dichterische Talent und die stolze Wahrheitsliebe liebe. Außerdem darf ich behaupten, daß in meinem Roman alle Personen, die etwa als Vertreter einer Nietzscheanischen Weltanschauung angesehen werden könnten, durchaus zu Grunde gehen; was doch sogar ein Beweis sein könnte, daß ich diese Weltanschauung verurteilen wollte. Tatsächlich habe ich das allerdings nicht gewollt, überhaupt weder an diese noch eine andere Weltanschauung gedacht, sondern nur die Geschichte ohne Hintergedanken erzählen wollen. [...]

28 Gustav Landauer
Der Todesprediger (1893)

[189...] Sie ließ ihre Blicke im Zimmer schweifen. Auf einem kleinen Tischchen lagen Bücher und Zeitschriften ungeordnet durcheinander. Dicker Staub lag darauf. Sie trat näher und malte gedankenlos Zeichen und Buchstaben auf die Bände. Dann nahm sie eines der Bücher in die Hand und schaute nach dem Titel.
[190] »Ah!« sagte sie freudig.

»Was haben Sie Schönes?«

»›Also sprach Zarathustra‹ von Friedrich Nietzsche. Ich habe es nie in die Hand bekommen, aber viel davon gehört. Ich möchte es kennen lernen.«

»Sie kennen es nicht? Alle Achtung vor Ihnen. Lernen werden Sie nicht mehr viel von ihm können. Aber die Sprache! die Sprache. Es ist ein wundersames Buch. Geben Sie her. Ich will Ihnen einiges davon zeigen.«

Er nahm ihr das Buch aus der Hand, setzte sich, schlug aufs Gerathewohl auf und fing an vorzulesen. Nun las er einen Abschnitt nach dem andern, immer noch einen. So beruhigten sich ihre aufgeregten Sinne allmählich. Sie sprachen dann noch lange, Tiefes, auch Gleichgiltiges. Später gingen sie spazieren und setzten sich ins Grüne. Marguérite erzählte viel von ihrer Jugend, von den mancherlei Menschen, mit denen sie zusammengetroffen. Sie hatte viel zu erzählen und berichtete ohne Scheu. Von ihren letzten Lebensjahren schwieg sie indessen. [...]

29 HERMANN BAHR
Maurice Barrès (1894)

[170...]

[Bahr:] »Manche wollen auch Spuren von Nietzsche, der jetzt bei uns sehr modern ist, in Ihren Werken finden.«

[Barrès:] »Ich kenne von Nietzsche nichts als ein paar Seiten, die neulich in einer von unseren Revuen waren. Die haben nicht besonders auf mich gewirkt. Ich weiss nicht warum, aber sie sagten mir Nichts, sie gaben mir Nichts, es geschah Nichts in mir. Vielleicht wenn ich mehr von ihm lesen würde –«

[Bahr:] »Ich glaube nicht. Ich kenne so ziemlich den ganzen Nietzsche, aber ich kann auch die grosse Bewunderung nicht begreifen und nicht theilen. Man darf das ja jetzt in Deutschland nicht sagen, aber ich halte ihn auch nur für einen recht geschickten und amüsanten Feuilletonisten, der freilich, was bei uns sehr selten [171] und darum wirklich ein Verdienst ist, einen leserlichen Stil schreibt.« [...]

30 WILHELM BÖLSCHE
Das Geheimnis Friedrich Nietzsches[1] (1894)

[1026] »Durch alle Höllen ...« Dieser Titel eines alten Romans von Maurus Jokai kommt dem unwillkürlich in die Feder, der an

[1] Friedrich Nietzsche in seinen Werken, von *Lou Andreas-Salomé*. Mit 2 Bildern und 3 faksimilirten Briefen Nietzsches. Wien bei K. Konegen 1894.
Friedrich Nietzsche. Ein psychologischer Versuch von *Wilhelm Weigand*. Franz'sche Hofbuchhandlung in München.

das Schicksal Friedrich Nietzsches rührt. Und doch möchte man hinzufügen: auch »durch alle Himmel ...« Erst jetzt, wo in dem umfassenden Werke der Freundin des Philosophen, Lou Andreas-Salomé, der erste systematische Versuch vorliegt, von der Gesamtarbeit des »einsamen Menschen« Nietzsche ein greifbares Bild zu geben, lässt sich überblicken, welch königlicher Gast am reichen Tisch der Menschheit dieser Mann gewesen ist – was er, zu allem Leid, das ihm beschieden war, doch auch genossen hat an »allen Himmeln« edelster Geistesthat. Was in den Werken durch verwirrende Uebergänge und Rückschläge sich vermischte, was der konventionelle Leser und Nietzsche-Schreiber denn auch mit verschwindenden Ausnahmen bisher gründlich verworren und verkehrt aufgefangen und wiedergegeben hat: die Entwickelungsphasen des rastlosen Sonnenwanderers, dem ein Ziel immer nur Anfangspunkt eines Neuen war, – das liegt jetzt in einer Weise klar ausgebreitet da, die selbst höchste Bewunderung verdient. Bewunderung zumal, da die Arbeit, die subtilste philosophische Fachkenntnis ebenso erforderte wie eine weite und vorurteilsfreie Lebenserfahrung, ... [...]

Als ich mich anschickte, diesen Aufsatz über das schöne Buch der Frau Lou zu schreiben, war mir nahe gelegt worden, doch weiter zu greifen und die ganze neuere Nietzsche-Litteratur einer kritischen Musterung zu [1027] unterziehen. Ja Du lieber Gott! Was ist denn ausser ein paar Sachen bisher überhaupt an solcher »Litteratur« da? Dummheiten, wie sie schlimmer nicht gedacht werden können. [...]

Im Grunde ist es sehr leicht, zu sehen, warum grade über Nietzsche so viel Unsinn geschrieben wird. Nietzsche ist kein Philosoph gewesen, der seine Gedanken erst so denaturiert und sprachlich ungeniessbar gemacht hat, dass spätere Geistes-Chemiker mit heiliger Mühe die wahre Essenz wieder herstellen mussten. Er hat gewusst, wie man Geistreiches auch geistreich sagt und ist ein Künstler gewesen bis in jeden Punkt und Gedankenstrich, der trotz seines einsamen Lebens verstanden hatte, dass Ideen nicht dadurch besser werden, dass man sie in den Rauchfang hängt und dörrt. Der leidige Augenblickserfolg war denn nun allerdings, dass Jeder ihn *äusserlich* verstand, auch der, dem innerlich ganz und gar das Zeug dazu fehlte. Denn innerlich mangelt dem sogenannten »Gebildeten« von heute grade hier das Allernötigste, – ich will nicht einmal sagen, durch seine eigene Schuld, sondern durch Schuld der Durchschnittsbildung, deren Produkt und Typus er nun einmal ist. Zum wahren

Verständnis der Nietzsche'schen Gedankengänge thut vor allen not, dass man einen sicheren Boden an *historischen* Kenntnissen unter sich hat, – historischen Kenntnissen nicht im Sinne auswendig gelernter Daten von Schlachttagen und anderen Menschenschlächtereien, sondern einer Uebersicht über den Kulturgang und seine grosse Phasen, sein Auf und Ab, seine tausend Lösungen und Verwerfungen, vom Hellenentum zu Christus, von Christus zur Renaissance, von der Renaissance zum Frankreich vor der Revolution, zu den grossen Denkern Englands und so weiter bis auf unser rätselvolles, lösungsvolles und erlösungsarmes Jahrhundertende.

Man hat wohl gesagt, Nietzsche sei ein Jongleur. Das soll einmal wahr sein (man hat es ja auch von Schopenhauer gesagt und Schopenhauer selbst hat es von Hegel behauptet und so bringt es schliesslich noch immer in die beste Gesellschaft), – dann kann man doch aber mindestens vom Zuschauer verlangen, dass er im stande ist, dem Jongleur innerhalb seines [1028] Spieles zu folgen. Nietzsche ist aber vor allem, wenn das Wort gelten soll, ein Geschichts-Jongleur. Und zwar spielt er unausgesetzt mit dem feinsten, dem vergeistigsten Extrakt der Geschichte, auf Grund einer fundamentalen Geschichtskenntnis, für die ja auch wissenschaftliche Proben vorliegen und die ihm, je mehr der Epigrammatiker in seinen späteren rein philosophischen Jahren in ihm hervortrat, die Kraft verlieh, in ein einziges Bonmot wirklich Gedanken hineinzupressen, die wie ein Blitz über die halbe Weltgeschichte hinleuchteten und doch in den meisten Fällen, ich möchte sagen, sich etwas Solides bewahrten, etwas, was, selbst in der gewollten Uebertreibung, grade den Wissenden, den ganz fachgebildeten Detailkenner am allerstärksten zum Nachdenken mitzwang. Wenn Nietzsche (übrigens nur in einer ganz bestimmten Linie seiner späteren Gedankengänge) an Cäsar Borghia exemplifiziert, so ist es schlechterdings unmöglich, dass ihm in seinen Aphorismen irgend wer folge, der die Renaissance-Zeit nicht wirklich innerlich kennt, dem sie nicht ein eigenes Erlgebnis gleichsam einmal geworden ist im intimsten Sinne. Wer bloss auswendig gelernt hat: »§ 95, Cäsar Borghia, Scheusal, sittlich gänzlich zu verwerfen, Details für unschuldige Gemüter zu unanständig, um hier wiedergegeben zu werden«, der wird allerdings kein Sterbenswörtchen von Nietzsche fassen können und, einmal aufs »Ethische« durch seinen Paragraphen hingelenkt, gleich von den »Gefahren der Nietzsche'schen Philosophie« zu faseln beginnen, die aus dem »unsagbar« Gemeinen sogar eine Art Kultus machen wolle. Das

Beispiel ist deshalb reichhaltig und bezeichnend, weil wirklich grade die furchtbarste Lücke unserer modernen angeblichen Geistesbildung darin gestreift ist: die allgemeine Unkenntnis über die Renaissance-Zeit mit ihren riesigen Menschen, deren Gesundheit und (körperliche wie geistige) Leistungsfähigkeit, in Gestalten allerdings etwa wie Michel Angelo, uns wahrhaftig andere Schulmuster liefern könnte als das dekadente Römertum, mit dem wir unsere Schüler zum Ueberdruss füttern. Man muss die Lücke empfinden zwischen dem Tageslitteraten, der ein Feuilleton oder gar ein Buch über oder gegen Nietzsche schreibt und nichts mitbringt als sein Endchen Schülerweisheit modernen Zuschnitts, – und dem »Jongleur«, der ein Kollege und intimer Freund Jakob Burckhardts von Basel war, um eine Entschuldigung dafür zu finden, dass die Missverständnisse so ungeheuerlich gross sind. Nennt ihn in Gottes Namen einen Jongleur, – aber schafft Euch doch wenigstens innerhalb dieses Begriffs eine Ahnung davon, womit er spielt. Ihr haltet es für Billardkugeln und es sind vielleicht Eisenblöcke! Sobald man aber weiss, dass es Eisenblöcke sind, wird die Frage offen, ob solche Kraftleistung nicht weit über das »Spiel« hinausgehe und man nicht an die Stelle des Jongleur-Namens einen ganz anderen setzen müsse ... Es wird durch diese Worte nicht gestört, was Lou Andreas bei Gelegenheit des »Historikers« Nietzsche scharf betont: man solle doch nicht immer sich in das »Wissenschaftliche« bei ihm verbeissen, sondern verfolgen, wie er sein *inneres* Erleben in die Weltgeschichte hineinspiegele; auch dazu muss man den *Stoff* kennen, den er für sich knetet!

Die historische Lücke ist nicht die einzige, die das Bild Nietzsches im Tagesstreit so verdirbt. Ein zweiter, sehr wesentlicher Punkt trifft ein Symptom, das an sich wert ist, aufgespiesst und etikettiert zu werden, wo immer man gerade darauf stösst. Es ist echt modern, übermodern.

In die Kreise, die über Nietzsche schreiben, sind allenthalben socialistische Ideen eingedrungen. Aber – woran es liegt, weiss ich selbst nicht recht: es ist in relativ ganz kurzer Zeit allenthalben da auch eine Art socialistischer Verphilisterung eingetreten, die gerade in den Urteilen über Nietzsche wahre Orgien feiert. Man scheint schon vollständig zu vergessen, dass der Wert jener Ideen wesentlich in der Kritik bestehender Verkehrtheiten beruht, in dem Flüssigmachen gewisser Begriffe, die eine lange Tradition dadurch erstarrt hatte, dass sie sie heiligte, in dem Aufrütteln und Anspornen zum Neudenken, zum neuen Durchdenken der scheinbar selbst- [1029]

verständlichen Dinge in unserm Gesellschafts- und Moralleben. Statt dessen meint man in dem Anerkennen von ein paar engeren socialistischen Sätzen geradezu schon wieder eine Faullenzerbank gefunden zu haben, auf der man ins neue Jahrhundert behaglich hineinschlafen kann. Wer an dieser Bank rüttelt, der gilt als der ärgste Störenfried, nach dem man haut wie der Philister nach den Fliegen, ganz einerlei, ob nun der Betreffende in dem wirklichen grossen Aufrüttelungswerk seine Sache leistet oder nicht. So kommen denn jetzt die kleinen Socialphilister und zetern über Nietzsche, als sei dieser der ärgste Mann im ganzen Konflikt; ja er wird geradezu zum Schildträger der herrschenden schlechten Ordnung der Dinge erhoben. Man fordert die Gründung von Vereinen zur Abwehr *seiner* »verderblichen« Anschauungen – der Anschauungen eines einsamen Denkers von trotzigstem Individualgefühl inmitten einer Zeit der Knuten und Kanonen, inmitten einer Zeit, die uns gewaltsam wieder in die Kirche zurückpressen möchte, den freien Unterricht, die freie Wissenschaft allenthalben knebeln möchte – ist es nicht eine jammervolle Tragödie der Irrungen?

Dabei genügt *ein* Blick in die vorliegende Studie der Lou Andreas, um in Nietzsche den äussersten Gegner alles Zwanges, aller geistigen Knebelung erkennen zu lassen. Hat er doch in den verschiedenen Phasen seiner Denkerbahn an sich selbst in seiner Einsamkeit das schwerste aller Martyrien für die Gedankenfreiheit durchgemacht: zweimal den vollkommenen Zusammenbruch seiner eigenen Weltanschauung auf Grund einer gewollten, von der Ehrlichkeit des Denkens bestimmten Selbstzertrümmerung zu erleben. Erst war es die Wagner-Schopenhauersche Welt, die er sich zerschlug, dann die positivistisch-nüchterne; und an noch weiteren Wandlungen hat ihn vielleicht nur der Bankerott seines Denkens in der Nacht lähmender Krankheit verhindert.

Denn so viel wird aus der Analyse klarer als je: ein echter, ausgeklärter Abschluss war die letzte Epoche Nietzsche'schen Denkens am allerwenigsten, wenn auch gerade sie heute am meisten für den *ganzen* Nietzsche, das »System Nietzsche« gehalten wird.

Doch lassen wir die Nietzeischsten, sie sind des vielen Redens nicht wert. Tiefere und ernstere Probleme regt das Buch, dem diese Zeilen hauptsächlich gelten, an und einiges davon lässt sich auch in einem Feuilleton niederlegen. Frau Lou wird mir verzeihen, wenn ich mehr an ihr Buch anknüpfe, als direkt darüber rede. Noch einmal: es ist ein vorzügliches Buch. Auch die kleine Schrift von Weigand ist eine höchst anregende, obwohl selbst nur ein kleiner Essay, während Andreas-Salomé uns ein grosses abgeschlossenes Werk giebt, von dem die Beurteilung Nietzsches für die Folge stets ausgehen wird als der ersten grundlegenden Arbeit, die überhaupt erschienen ist.

Nietzsches Werke, alle wie sie da sind, vom ersten bis zum letzten, werden für spätere Zeit eine der wichtigsten Fundgruben für den Geist des letzten Drittels unseres Jahrhunderts sein. Und zwar wesentlich deshalb, weil sie nicht *eine* Strömung, *eine* Phase spiegeln, sondern eine ganze Anzahl, teils stufenweise, teils, besonders gegen Ende, ganz wirr durcheinander, aber stets treu dem wirklichen Auf-, Ab- und Durcheinanderwogen des geistigen Wellenschlags von einigen dreissig Jahren menschlicher Denkgeschichte. Es giebt, will man am Kontrast sich das klar machen, in dieser Hinsicht keinen schärferen Gegensatz zu Nietzsche als den Mann, von dem er so viel gelernt und so viel gesprochen hat: Schopenhauer. Schopenhauer ist in relativ ganz jungen Jahren zu einer festen Anschauung über die Welt gekommen und alles, was er in der Folge eines langen Menschenlebens hinzugethan hat, war Auswickeln, nicht Entwickeln. Auch solche Gestalten sind enorm wertvoll. Ein System solcher Art wie das Schopenhauersche kann die Zeit nachhaltig beeinflussen. Aber es wird sie in ihrem unruhigen Fortgang niemals für den späteren Betrachter abspiegeln. [...]
[1031] Nietzsche brachte als Kind seiner humanistischen Erziehung für den Positivismus kein genügendes Material mit, – weder zu seiner vollständigen Durchdringung, geschweige denn zu einer überstürzt eiligen Ueberwindung. Für den Schritt vom engen einseitigen Philologen der gangbaren Schule zum Umfassen wirklich philosophischer Problemstellung, wie er sie bei Schopenhauer gefunden und bei Wagner wenigstens gesucht hatte, reichte seine Bildung und in die Lücken durfte, wo immer sie noch klafften, die eigene hohe künstlerische Begabung als ein starker Helfer treten. Ganz anders bei dem Uebergang zum Positivismus. Hier trat eine neue, gewaltig fordernde Macht entgegen: die *Naturwissenschaft*. Sie fand Nietzsche ohne Wappnung. Es ist mir in höchstem Grade interessant gewesen, grade diesen Punkt, den ich öfter bei der Lektüre Nietzsche's erwogen, durch das Buch der Andreas ins klarste Licht gerückt zu sehen. Die wohlfeile Tageskritik hat da auch allerlei gesündigt. Man hat Worte Nietzsche's über Darwin beispielsweise grob aus dem Zusammenhang gerissen, (Worte allerdings, denen man den Vorwurf

der Oberflächlichkeit nicht ersparen kann), und man hat das mit Wohlbehagen ausgebeutet. Wer tiefer geht, [1032] der findet auch hier die alte Wahrheit bestätigt, dass der wirklich bedeutende Denker meist in der Erkenntnis seiner Schwächen dem vorlauten Kritiker selber weit überlegen ist, auch wenn er, was im Gewebe anderer Verhältnisse (die er auch durchweg allein überblicken kann) bedingt zu sein pflegt, nicht die Macht besitzt, sich ihrer zu entledigen. »Im Sommer 1882,« erzählt Frau Lou, »wurde Nietzsche zu dem Entschlusse geführt, sich während einer Reihe von Jahren demjenigen Studium zu widmen, das ihm für den systematischen Ausbau seiner »Zukunftsphilosophie« unentbehrlich zu sein schien, dem Studium der Naturwissenschaften. Er wollte zu diesem Zwecke sein Leben im Süden aufgeben, um in Paris, Wien oder München Vorlesungen zu hören. Zehn Jahre lang sollte jede schriftstellerische Thätigkeit eingestellt werden, bis das Neue in ihm nicht nur völlig ausgereift, sondern auch auf wissenschaftlichem Wege als richtig erwiesen wäre.« Nietzsche's bester Freund aus der betreffenden Epoche seines Lebens, der Verfasser der »Entstehung des Gewissens«, Rée, war, wenn auch auf anderer Grundlage, zu dem gleichen Entschluss gelangt. Rée hat ihn durchgeführt. Er hat noch einmal von Grund auf studiert, Medizin studiert, hat sein Staatsexamen als praktischer Arzt gemacht, ohne, wie Frau Lou hinzufügt, bis jetzt (es sind zehn Jahre hingegangen) den Punkt erreicht zu haben, »auf dem sein altes Schaffen und sein neues Wissen in Eins verschmelzen und ihn zu erhöhter Selbstthätigkeit anregen müssen.« Nietzsche kam nicht einmal zum ersten Anlauf einer Erfüllung seines Gelübdes. Die zehn Jahre, die er ruhen und forschen wollte, wurden die seiner wildesten, überhastetsten Produktion, in der er (wieder trifft der Feinsinn der Biographien das entscheidende Wort), die ihm fehlende theoretische Grundlage gewissermassen »hinzudichtete.« Was er in dieser letzten Epoche geleistet, ist allgemein bekannt. Die Grösse seiner Einzelgedanken, der Leidensweg, wie er seine furchtbaren inneren Kämpfe, seine Wünsche, seine Entsagungen vergeblich am Subjekt ertöten und zu einem fröhlichen Spiel machen wollte, indem er sie in das Objekt, die Welt draussen um ihn, vor ihm, nach ihm hineinpresste ... all' das steht in seinen letzten Werken und es steht als Extrakt daraus auf Lou Andreas' letzten Blättern. Was aber in dem oben bewährten Gedankengang wesentlich interessiert, das ist die unleugbare Thatsache, dass Nietzsche in seiner letzten Phase grade den Positivismus *nicht* auf seinem wahren

Kampfplatz überwunden hatte und dass alles, was er jenseits davon gesagt hat, im eigentlichen Sinne nicht *darüber* stand. [...]

31 Michael Georg Conrad
Jugend! (1895)

[1] Unsere Zeitschrift hat ihr zehntes Jahr vollendet. Und sie fühlt sich jung, heiß, zukunftsfroh wie am ersten Tag: sie glüht im Kampfe wie damals, als sie auf den Schauplatz trat, wie damals wehen heute die Fahnen, wirbeln die Trommeln, blasen die Trompeten, blinken und flammen Lanzen und Degen.

Mit uns ist die Jugend, mit uns ist die Kraft, mit uns Krieg und Sieg!

Das ist unser Geheimnis, das Geheimnis aller Lebendigen und Zukünftigen: Wir wollen vom *Leben* leben, und darum müssen wir in der Zukunft leben.

Und die Jugend ist mit uns nicht bloß als eigene, persönliche Verjüngung im nimmerrastenden Kampfe, sie ist mit uns in den Scharen jener, die, nach dem Gesetze ewiger Wiederkehr, täglich neu dem Leben und seinen hehren Idealen geboren werden, in den Scharen jener Herrlichen und Fröhlichen, auf deren Scheitel zwar die Reflexe der großen Vergangenheit glänzen, in deren Augen aber der Morgenschimmer der noch größeren Zukunft leuchtet und Sonnenaufgänge sich ankündigen, wie in solcher Kraft und Schönheit die Menschheit sie noch nicht gesehen.

»Es giebt noch viele Morgenröten, die noch nicht geleuchtet haben,« spricht Nietzsche.

Mit ihm stehen wir auf der Linie des aufsteigenden Lebens. Mit ihm haben wir uns in kein abstraktes Ideal, in kein papiernes Prinzip, in kein ertötendes Dogma, in keine heimlich mordende, vampyrartig blutaufsaugende Autorität eingesponnen und eingekapselt. [...]

32 Michael Georg Conrad
Der Übermensch in der Politik (1895)

[25 ...] Die jungen Dichter und Künstler von der neuen Observanz der Alleinherrlichkeit, die kaum ins Leben hineingeschmeckt, fühlten sich plötzlich unbeschreiblich *aristokratisch*. Und je fragwürdiger ihre Herkunft und Existenz, desto bestimmter war ihre über Nacht gewachsene Vornehmheit. *Absolutes* Künstlertum, das war ihre große, einzige Lebensparole für und für. Das war ihr Übermenschentum, ihr unermeßliches Anundfürsichsein. In Kleidung und Haltung, Mienen und Gebärden, Worten und Werken wähnten sie der dummen, gemeinen Welt nur einen Ausdruck zu schulden: Wir Erhabenen! [...]

[26...] Und damit war die ganze Selbstherrlichkeit und göttliche Ursprünglichkeit dieser nervösen Herrschaften verraten: ihre Herkunft aus schlecht empfundenem, unverstandenem Nietzscheismus – aus gigerlhaftem Zarathustra-Affentum. [...]

[29...] Der moderne Übermensch ist eben trotz der geistreichen Legitimation, die ihm *Nietzsche* ausstellt, doch nur eine Spottgeburt aus Dreck und Feuer, aus Fusel und schlechtem Blut. Und seine gewaltsamen historischen Allüren verleugnen die Herkunft aus dem Komödiantentum nicht. Die absolute Täuschungsfähigkeit mit zwingender suggestiver Kraft ist ihm versagt. Man sieht ihm hinter die Maske, so hoch er sich auch recke. Man riecht den Schweiß unter der Schminke, so viel Mühe und Anstrengung kostet ihm seine Rolle.

Und wenn er noch so schallend proklamiert, daß er von sich aus die Welt ordne und ihre Werte umwerte, daß er in sich selbst die höchsten Normen all seines Handelns finde, so wird ihm doch in schwachen Stunden vor seiner Gottähnlichkeit bange und er lauscht hinab auf die Stimmen aus der Tiefe, auf die Kritik des Publikums, das ihm so unbeschreiblich zuwider ist, aber in seiner ruhelosen, turbulenten Massenhaftigkeit doch Grauen einjagt.

Ja, wenn sich die Übermenschen-Gewalt so steigern ließe, daß man das ganze Volksgesindel in die Kirchen oder in die Zuchthäuser oder in die Kasernen sperren oder zu stummer Zwangsarbeit auf Lebensdauer verdammen könnte. –

So aber erwachsen dem Übermenschen-Herrschsuchtswahn immer neue, nicht zu fassende Gegner. [...]

33 Richard Dehmel
Liebe Freunde! (1895)

[21...] Von diesem Gesichtspunkt aus betrachtet, sind z. B. – um zwei Gegenwartserscheinungen von stärkster Sonderwirkung auch einmal kulturorganisch zu würdigen – Nietzsche und Lassalle, Herrenmoral und Emanzipation der Masse, garnicht so feindliche Geschwister, wie es auf den ersten Hinblick aussieht. Sie ergänzen sich vielmehr wie die beiden ungleichnamigen Elektrizitäten desselben galvanischen Stroms.

Dafür zeugt zunächst schon die gemeinsame Herkunft dieser beiden oratorischen Genies von der Dialektik Hegel's: Nietzsche über Stirner weg, Lassalle direkt und über Marx weg. Dafür auch die instinktive Angst, die Beide gleichermaßen dem besagten Bildungsplebejer, auch Bourgeois genannt, zu deutsch Fettbürger, einjagen, d.i. der wirklich entartenden Menschenklasse unsrer Zeit; und die rächt sich dann natürlich am bequemsten dadurch, daß sie ihre unerwünschten Aerzte als Entartete zu brandmarken sucht, wobei ihr sehr zustatten kommt, daß ein Stückchen [22] Bourgeois ja wirklich in den Aerzten selbst noch steckt. Und mehr noch zeugt für diese antipolare Einheit beider Tendenzen der Ausgleich, den sie in Eugen Dühring's genialer Lehre von der friedlichen Enteignung des »Gewalteigentums« thatsächlich schon gefunden haben, nur daß dieser spröde Denker noch von zu Wenigen begriffen ist. [...]
[26 ...] Seht die ethische Gärung der Gegenwart: ihr größter individualistischer wie ihr größter sozialistischer Agitator, Nietzsche wie Lassalle, Beide trugen stark ästhetische, fast künstlerische Persönlichkeiten in sich, und so werden sie als solche auch ins große Ganze wirken. Es ist sehr bezeichnend, daß Lassalle, dessen Publikum die Masse war, als dramatischer Dichter dilettirte, während Nietzsche, der zum Individuum spricht, über gewaltige lyrische Ausdrucksmittel gebot. Der große kommende Gesellschaftsreformator wird diese Nebenwerte *beide* haben müssen, ähnlich wie in ungewisserer Form einst Jesus, [27] der sein Leben zur Tragödie machte, seine Lehre zu Parabeln dichtete. [...]

34 Caesar Flaischlen
Zur modernen Dichtung (1895)

[240 ...] Aber man hatte von ihm gelernt. Wieder, und nicht weniger vielleicht, als von Zola. Nur nicht nach der äusseren Seite des breiten sozialen Lebens hin, sondern nach der inneren des einzelnen Menschen. Unsere Abhängigkeit von Frankreich jedoch war damit gebrochen und es vollzog sich so eine Art Ausgleichung, die eine gewisse Ruhe und Sammlung zur Folge hatte und uns zu uns selber führte. Man war ausserdem auch des ewigen Streitens und Theoretisierens endlich müde und sehnte sich darnach, zu schöpferischer That zu kommen.

Und hier tritt nun *Nietzsche* in die ganze Bewegung.

Man war reifer und ruhiger geworden und hatte sich durch all diese Wandlungen und Überwindungen hindurch allmählich auch ihm entgegengefunden, der da längst schon überwunden hatte. Anfänglich nur vereinzelt und widerstrebend, doch immer ergriffener und überwältigter. Man hatte draussen bei andern nach dem Befreier gesucht, der da stark und überlegen genug wäre, voranzugehen und in dessen Zeichen man siegen könne, und plötzlich erkannte man, dass man ihn gar nicht zu suchen brauchte, dass er längst da war, nur in ganz anderem Gewande.

Eine neuentdeckte Welt that ihre Thore auf, und wenn man ihre erhabene, fremde Grossartigkeit vorderhand auch nur mit dem Instinkt verstand – und wenn man sie auch auf langhinaus noch kaum anders verstehen wird und wenn es vielleicht auch noch Jahrzehnte dauern wird, ehe man ihre Abgründe und ihre Gipfel erstiegen haben wird, – so fühlte man überall doch den Herrn und Sieger, der in seiner gewaltigen Persönlichkeit einen Weg gefunden hatte aus dem wogenden Chaos der nach Klärung ringenden Zeitideen hinaus ... einen Herrn und Sieger, der wie Prometheus das Feuerlicht einer neuen Weltanschauung vom Himmel geholt und nun zur Strafe dafür sich an den Felsen schmieden und sein Herz den Geiern zum Frass lassen musste.

Die letzten Jahre der Entwicklung gehören fast ausschliesslich ihm. Sein Einfluss allerdings ist äusserlich in keiner Weise so bemerkbar und zu Tage tretend, wie der Zolas oder Ibsens. Er besteht hauptsächlich in einer im Stillen wirkenden philosophischen Konzentrirung des Einzelnen, in einem stillen inneren, festenden Ausbau und einer immer fruchtbarer werdenden Wertung seiner Anschauungen und Gedankenläufe. [...]

[241] So brach in unserer Dichtung gleich zu Anfang die Lyrik auch in dieser Beziehung mit Allem, was heilig war, und Roman und Drama folgte nach. Und wie Lessing einst mit dem alten Opitz'schen Alexandriner, so räumte man nun mit Lessings Jambenvers auf und damit allein fiel schon eine stark Stütze der alten klassischen Kunst. Der Mensch sprach in Prosa, nicht in fünffüssigen Jamben – also wurde Prosa die Sprache des Dramas. Doch man ging noch weiter. Man wollte noch naturunmittelbarer werden und verwarf auch die

aristokratische Prosa, wie sie Lessing und Goethe formuliert hatten. Der Mensch sprach nicht in so ruhigen, logischen und stilgerechten Sätzen. Er sprach nicht nach grammatikalischen Regeln, sondern wie ihm der Schnabel gewachsen, unruhig, abgerissen, in blossen Ausrufen und andeutungsweisen Bruchstücken. Und so suchte man seine Sprechsprache wiederzugeben, ja man griff ohne weiteres sogar zum Dialekt.

Ein ganz neuer Wortschatz arbeitete sich heraus und mit ihm, in befruchtendster Wechselwirkung, ein ganz neuer Geist wunderbarer Jugendkraft, alles neuprägend und umwertend.

Zola und Ibsen haben hiezu weniger gethan, wie auf der Hand liegt, um so mehr aber Nietzsche, dessen Sprache allein schon die ganze alte Philosophie allmählich unmöglich machen wird. Er führte uns auch hier zu uns selbst zurück und konzentrierte uns auch hier immer mehr auf die eigene schöpferische Individualität. [...]

35 THEODOR FONTANE
Brief an Otto Neumann-Hofer vom 1. 3. 1895

[339...] Den Artikel »Friedrich Nietzsche und Frau Lou Andreas-Salomé«[1] habe ich mit dem größten Interesse gelesen [340] und bezweifle keinen Augenblick, daß Herr Fritz Koegel recht hat. Wer aber (was ich auch nicht bezweifle) noch mehr recht hat, das ist Frau Lou Andreas-Salomé! Männer sind immer gewissenhafter und gerechter, aber ihre Gewissenhaftigkeit und Gerechtigkeit läuft auf Kleinkram oder, wenn dies zu hart ist, auf »Nummer für Nummer« hinaus. Kluge Frauen – wenn sie nicht einen *zu* schlechten Charakter haben, und die ganz klugen sind selten ganz schlecht – gehen immer aufs Ganze, irren im Einzelnen, aber treffen den Kern. Intuition geht über Studium. [...]

---

1 »Magazin für Literatur« Bd. 64 (1895) Nr. 8. Sp. 225f.

36 Christian Morgenstern

Brief an die Mutter Friedrich Nietzsches vom 6. 5. 1895

[65 ...] Der Augenblick, da ich diese Zeilen schreibe, ist einer der feierlichsten und bewegtesten meines Lebens.

Ich, ein junger Mensch von vierundzwanzig Jahren, wage es, meine erste Dichtung in die Hände *der* Mutter zu legen, der ehrwürdigen Mutter, die der Welt einen so großen Sohn geschenkt hat und mir im besonderen einen Befreier, ein Vorbild, einen Auferwecker zu den höchsten Kämpfen des Lebens. Jener Geist sieghafter, stolzer Lebensverklärung, jenes Königsgefühl über allen Dingen, von denen der geliebte Einsame so oft gesprochen hat, weht, glaube ich, auch durch die vor Ihnen liegenden Gedichte, welche ich deshalb humoristisch im verfeinertsten Sinne ihrer Mehrzahl nach mir zu nennen erlaubte.

Mein Buch ist dem Geiste Ihres edlen unglücklichen Sohnes in tiefer Dankbarkeit und Liebe gewidmet. [...]

37 Stefan George

Über Kraft (1896)

[31] Vor den zu lebhaften ausbrüchen der kraft im kunstwerk muss man auf der hut sein. hinter ihnen steht oft garnicht des empfindens wahrheit und tiefe, sondern nur schwärende unreife oder die anstrengung sich durch die eignen schreie in etwas einzureden was nicht vorhanden ist. durch bezwingen dieser ausbrüche zeigt sich wahre kraft. so wird Nietzsche's »schreibe mit blut« von vielen missverstanden: »zeige damit man dich für echt hält ohne scheu die flecke deiner wunden und die zuckungen deiner wollust«. diese mögen wir aber gar nicht sehen, denn kunst ist nicht schmerz und nicht wollust sondern der triumph über das eine und die verklärung des andern. tiefster schmerz deutet sich auch nicht an durch ausstossen von wehlauten auf offenem markt: der kenner der seele aber hört ihn unendlich rührend als seufzer aus einer scheuen einsamkeit. tiefste wollust giebt sich auch nicht zu erkennen durch anwendung heftiger worte und bilder sondern durch ein lächeln durch eine zerdrückte thräne und durch ein beben. aus der grösse des sieges und der verklärung fühle man grösse und echtheit der erregung. so dachte gewiss auch Nietzsche sonst hätte er nicht gesagt: »schreibe mit blut« sondern: »schreibe mit roter tinte«.

38 Stefan George
Vorrede zur III. Folge der Blätter für die Kunst (1896)

[1] Müssten wir beim beginn unseres fünften jahres nachdem werke von reicher mannigfaligkeit für uns gesprochen haben noch einmal mit dem bescheid vortreten *welche* kunst denn in diesen blättern dargestellt sei, wenn nicht einige der besseren schriftkundigen sich immer wieder gemüssigt sähen uns etwas wie eine scheu vor dem wirklichen und eine flucht in schönere vorzeiten als losung unterzuschieben! [...]

[...] wesentlich ist die künstlerische umformung eines lebens – welches lebens? ist vorerst belanglos. [...]

[2...] Einfach liegt was wir teils erstrebten teils verewigten: eine kunst frei von jedem dienst: über dem leben nachdem sie das leben durchdrungen hat: die nach dem Zarathustraweisen zur höchsten aufgabe des lebens werden kann: die nach dem unsterblichen Meister des Titan sogar im gewaltigen und schrecklichen »nicht umwölken und verdunkeln sondern erheitern und erhellen« soll: eine kunst aus der anschauungsfreude aus rausch und klang und sonne.

39 Hugo von Hofmannsthal
Notizen zu »Die Geburt der Tragödie aus dem Geiste der Musik« (ca. 1896)

jenes Sokratische: über Flötenspiel haben Musiker das
beste Urtheil, über Dichtwerke Dichter.

nur als aesthetisches Phaenomen ist das Dasein und
die Welt ewig gerechtfertigt
(Nietzsche Geb. der Trag.)

lyrische Dichtung die nachahmende Effulguration
der Musik in Bildern und Begriffen
(ebenda)

die warnende Stimme einer Traumerscheinung:
Sokrates treibe Musik.
ibidem

die Krämpfe und Kämpfe der Gegenwart:
Ach es ist der Zauber dieser Kämpfe, dass wer sie schaut, sie auch kämpfen muss!

ibidem

an dem Entschwinden des Geistes der Musik muss die Tragödie jedesmal zugrunde gehen. ib.

Anekdote von Hauptmann.

40 Arno Holz
Sozialaristokraten (1896)

[71 ...] [Gehrke:] Um aber, wie gesagt, nun endlich auf das für mich Eigentliche zu kommen. Ich gehöre nicht zu den verworrenen Jüngern eines Nietzsche. Leutchen, die ihre zufällige Individualität in Gänsefüßchen mit einer gewissen Naivität heute in den Vordergrund zu stellen belieben. Mein Ideal ist nicht, wie das jener Pseudogröße einer überwundenen Epoche, der bloße sogenannte *Übermensch*, sondern, wohlgemerkt, die *Übermenschheit*! Ein Ideal, dessen erstmalige Schöpfung mein geistiges Eigentum ist. Die gegenwärtige Gesellschaft bietet nicht das nötige Material für diesen Zweck. Es sind *neue* Menschen, welche die Zukunft braucht. Diese aber können nur durch die Erziehung geliefert werden. Daher die ausschlaggebende Stellung der Pädagogik in meinem System. [...]

41 Heinrich Mann
Zum Verständnisse Nietzsches (1896)

[245] *Nietzsche* ist noch zu sehr Modephilosoph, um ganz gerecht beurteilt und ohne Voreingenommenheit verstanden zu werden. Der Beifall derer, die ihn zu lieben vorgeben, die mit ihm prunken, sich auf ihn berufen, flößt uns leicht Mißtrauen ein. In dem dilettantischen, nach flüchtigen und möglichst künstlichen Reizungen girrenden Großstadtgeiste scheint sein Gedanke Triumphe zu feiern, von einer grundsatzlos ästhetisierenden, internationalen Litteratur wird er als Bannerträger ausgerufen. Welche Bedeutung darf man einem Philosophen, der sich ein so zweifelhaftes Gefolge erworben hat, für

die deutsche Kultur noch beimessen, in der jeder unserer großen Denker einen Abschnitt bezeichnet? Ist Nietzsche, mit seiner augenscheinlichen Vorliebe für das Romanische, nicht vielmehr ein Fremdling? Vertritt er nicht, als glänzendster Ausdruck einer Niedergangszeit, die absolute Skepsis? Mit dem politischen Ausdruck für Skeptiker nennt man ihn gern einen Anarchisten. Nun sind die zuerst erwähnten Vorwürfe wahrscheinlich nur bedingt richtig, der letztere sicherlich und unbedingt falsch. [...]
[246 ...] Er wäre wirklich nur ein Stilist im Dienste veralternder Ideen, wenn sein »Uebermensch«, wie behauptet worden ist, in dem rücksichtslosen, »jenseits von Gut und Böse« stehenden Ausbeuter verkörpert wäre. Nicht viel anders steht es, falls man in dem, in seiner Vollkommenheit, hart und mitleidslos jenseits des Menschlichen ruhenden »Uebermenschen« nur wieder einen metaphysischen Traum sieht, ein anderes »Ding an sich«, eine neue Umbildung oder Umschreibung des antropomorphen Gottesbegriffes. [...]
[247 ...] Der Mensch Nietzsche ist zu erklären aus einer milden und dabei zänkischen Verfallszeit, in der ein erquälter und dabei kleinlicher Individualismus an der Grenze angelangt ist, wo er nach Vernichtung des Selbst schreit. Nur daß in dem *genialen* Sohn dieser Zeitkrankheit schon die Blüte jener besseren Zukunft vorzeitig und wie im Traum aufgegangen ist, zu der der Keim doch bereits in der Luft von heute liegen muß. Gewiß ist er der Kranke, der in der Gesundheit beinahe schon die Vollendung erblickt. Sein »Uebermensch« ist in gewissem Sinne, wie wohl mit Berechtigung gesagt worden ist, einfach der gesunde Mensch. [...]
[248 ...] »Die Natur hat die *Kunst* als Kennzeichen für alles bestimmt, was sie hochhält und braucht – unbestreitbar sind die frühesten Künste, die der Konzeption des *Kunstwerks* und die der *edlen That*. Offenbar handelt es sich hier um eine Zeugung, um eine meditatio generis futuri.«
[249] Hierin ist ebenso das soziale Moment wie das volkstümliche enthalten. Zugleich liegt aber in der bestimmten Auffassung von der Höherentwicklung der Kulturrassen, wie sie der letzte Absatz andeutet – durch die *Kunst* nämlich – die Erklärung für die Härte und das scheinbare Uebelwollen, das des Philosophen Urteile über sein Volk besonders zuletzt annahmen. Sein Ideal einer Kultur ist dort verwirklicht, wo der »vernünftige« Mensch dem »intuitiven« unterliegt. [...]

Eine solche Kultur auf solcher Grundlage und an ihrer Spitze

den Philosophen, der »das Obertribunal einer künstlerischen Kultur werden, gleichsam die Sicherheitsbehörde gegen alle Ausschreitungen« vertreten muß, hatte er für das politisch wiedererstandene Deutschland erhofft, [...]
[250...] Dabei hat er sich keinen Augenblick über das, was er von den Romanen für sein Kulturideal zu erwarten habe, Illusionen hingegeben. Im Gegensatz zu dem griechischen Kunstbegriff als *Physis* bestimmt er den romanischen als *Konvention.* »Auch die hellenische Kunst wurde lange Zeit romanisch verstanden, ich meine so, wie sie die Römer verstanden haben: zum Schmucke, beliebig hineinzusetzen, Gewächshaus im Vergleich zum Walde.« – »Die Kunst hat bei uns die romanische Geltung *und nicht einmal.*«

Kann es noch deutlicher ausgesprochen werden als Nietzsche es hier selbst thut, daß er sich der romanischen Kultur nur in Ermangelung von etwas Besserem in die Arme geworfen hat, weil die moralische Wiedergeburt durch die Kunst, jener ersehnte Aufschwung, dessen er einzig die germanische Rasse für fähig hielt, ausblieb? [...] Wenn man in den zuletzt erschienenen beiden Bänden seiner Schriften alle die weitausschauenden Entwürfe zu vielfältigen Arbeiten [251] betrachtet, die Nietzsche in der ersten Begeisterung seiner Pläne für eine deutsche Kultur der Zukunft, gleich nach der Wiedererrichtung des Reiches niederschrieb, und wenn man sich weiter vergegenwärtigt wie wenig von alledem zur Ausführung gelangt ist und wie anders es aussieht, als es geplant war, so meint man das Schicksal dieses »unzeitgemäßen« Idealisten zu verstehen. Für seinen jähen Sturm auf jene schimmernde Höhe des Gedankens, die er wie in verzweifelter Wut erklommen und für seinen so plötzlichen Verfall wird es dann erlaubt sein, den in seiner Organisation liegenden Ursachen auch »zufällige« äußere beizugesellen, die sich in das *eine* Wort zusammenfassen lassen: Deutschland.

Alles in allem: Nietzsche war kein Anarchist oder Skeptiker, denn es ist nicht Skepsis, an die erlösende Kraft eines Kulturprinzips zu glauben, wie er es in der Kunst erfaßte, und es ist nicht Anarchismus, abgegriffene Werte umzumünzen und für eine alte und vielfach gefälschte Moral jenes neue Sittlichkeitsideal aufzustellen, das sich aus der Vervollkommnung der Rasse und der Gesellschaft ableitet. Und er war nicht ein fremddienerischer Verächter seines Stammes, denn es bekundet keine verwerfliche Gesinnung, sich im Zorn von dem abzuwenden, dem man zu viel zugetraut, weil man ihn zu sehr geliebt hat.

42 Christian Morgenstern
Nietzsche, der Erzieher (1896)

[709 ...] *Ein* Fest verbrüdert uns, *eine* Feier lässt uns in allen Schauern tragischen Glücks erzittern, dass wir die ganze Welt um uns verschenken –: der grosse Mensch.

Der schönste Mensch, den die Erde je trug, einen noch schöneren Menschen lehren wollend!

Wo ist ein Schauspiel, das diesem gleicht?

Lehrer- und führerlos wuchsen wir auf, und hätten, versprengte Stürmer, hierhin und dorthin die Kraft verschwendet. Nun erst dürften wir wissen, was Leben heisst; was Leben sein kann, wenn man es sinnvoll macht; was allein das Dasein heiligt –: ein grosser Zweck, ein »höchster Gedanke.«

Aber in meine Freude mischt sich bald wieder Schwermut und Scham.

»Das – ist nun mein Weg,« spricht Zarathustra »– wo ist der eure?«

»Dies nun waren die Wege des Werdenden« sagen uns heute die Dokumente seiner Entwickelungsjahre. »Wo sind die euren?« würde er wiederum fragen und fortfahren: »Wer ein Ich hat, der gehe in Sich.« [...]

Man muss ihn erleben, nicht erlesen wollen. Anders wird der gereifte Mann ihn lieben; anders das jung heraufkommende Geschlecht. Während jener vielleicht der feinen Blume dieses Genius mit immer höherem Entzücken inne werden mag, bedarf der Werdende derberer Wirklichkeiten. Sein Leben ist noch Kampf. Und man kämpft besser unter dem Ausrufungs- [710] zeichen als unter dem Fragezeichen. Ihm ist Nietzsche der *Erzieher*, das Ereignis, dessen er sich am allerersten bewusst wird, und von dem, wie von einer göttlichen Offenbarung, seine Seele glüht und zittert. Mit welchen Empfindungen wird er auf jene nachgelassenen Jugend-Dokumente des Meisters blicken, die von einer beispiellosen Selbsterziehung, von einem unerbittlichen Sich-selbst-Rechenschaft-Geben in jedem Sinne zeugen? [...]

43 Christian Morgenstern
Nietzsche (1896/1912)

[80] 1896

Es gibt kaum eine größere Gefahr für einen Menschen wie mich, als Nietzsche zu lesen. Es ist wie ein Wühlen im Schmerz meines eigenen Unwerts.

Nietzsches herrliche Natur, die in einer wahrhaft ehrwürdigen *Bescheidenheit* und einer Frömmigkeit zur Kultur anfänglich immer sagt: Möchten andere es besser machen als ich.

Ein ganzes Leben in Denken aufgelöst, im Wort sichtbar geworden, strömt vor unsern Augen, aus geheimnisvollen Gründen hervorbrechend, in undurchdringliches Dunkel sich verlierend.

»Also sprach Zarathustra!« – wie? wenn dieser Kehrreim mit einem gewissen Auguren-Lächeln gelesen und geschmeckt werden müßte. Wenn er eine feine Parodie [81] auf jene Schlußphrasen wäre, womit noch jeder ethische Neuerer bisher seine Sätze gesiegelt, ein anderes »Amen! Amen!«, eine Schluß- und Banngebärde, feierlicher Schauer voll für den Gläubigen, für den Auguren aber nur ein Lächeln mehr ... Wie beginnt doch die fröhliche Wissenschaft? ...

1897

Man sieht Nietzsche ins Auge und weiß, wo das Ziel der Menschheit liegt.

1905

Wer mit Nietzsche denkt, »widerspricht« sich auch mit Nietzsche. Wer sich an seinen »Widersprüchen« stößt, hat nie *mit* ihm *gedacht* (noch mehr: *gefühlt*) – ist nie mit ihm geflogen. [...]

[83 ...] 1906

Der Zarathustra ist bei allen Einzelheiten unbestreitbarer Größe eines der schlechtesten Bücher, die es gibt. Er ist weder ein Volksbuch noch ein Buch für Verwöhnte und Einsame, es ist ein Mischmasch von Grandiosem und Banalem, inhaltlich wie im Vortrag. Ein Vordrängen, ein Aufdrängen persönlicher Stimmungen, ein kategorisches Erledigen von Dingen, deren »kategorische Erledigung« immer nur eine »niaiserie« bleibt, ein Spiel mit dichterischen Bildern und Gleichnissen, das oft groß und tragisch, öfter noch fast unbeherrscht und geschwätzig wirkt. Ein Buch, das nur durch Reduktion seiner Reden auf etwa 12–20 zu dem klassischen zu machen wäre, was es zu sein wünscht.

Unglückselige kleine Zeit, du hast auch auf ihm, deinem Größten, gelastet.

1907

Nietzsches Lehre von der ewigen Wiederkunft: Man halte ihren biologisch-ethischen Grundgedanken sowie die Lehre vom Übermenschen gegen Kants kategorischen Imperativ, und sie werden ihm an ideeller Großartigkeit nichts nachgeben und als leidenschaftlicher Appell an die menschliche Armee in demselben Verhältnis zu ihm stehen, wie zum einfachen »ich erwarte, [84] daß heute jeder seine Pflicht tut«, das grandiose »Soldaten, vierzig Jahrhunderte blicken auf Euch herab!« [...]

Ich kann damit nichts anfangen, – Nietzsche sei vor allem ein großer Künstler, ein großer Stilist, Artist gewesen. Was heißt das, vor allem. Was macht denn den großen Stil, wenn nicht der Mensch von überragendem Rang, der geborene Führer und Schöpfer? Und wo Nietzsche das nicht war – und er vergaß manchmal seinen Rang und führte weder noch schuf – da taugte auch sein Stil nichts, da war er auch nur ein Manierist seiner selbst.

Nietzsche, die große Antithese seiner Zeit. [...]

[85 ...]

1912

Daß Künstlerschaft und Könnerschaft untrennbar sind, das versteht sich von selbst. Aber das, worauf es heute, wie immer, ankommt, ist, wer da spricht und was – nicht nur wie – gesprochen wird. Ist Nietzsche nicht einer unserer ersten Stilisten? Und dennoch blieb er in höherem Sinne unfruchtbar. Ich wäge meine Worte, denn wenn je einer, habe ich Nietzsche *erlebt.* Und nicht in mir war er unfruchtbar. Aber ich weiß auch, worin er lange Zeit mein Höchstes war: in seiner Größe als Mensch; nicht in der, ach nur allzu zeitgemäßen, Art seiner Philosophie. Die war Abendröte, nicht Morgenröte und wer von ihr aus weiterschreitet, der wandelt in die – Nacht.

44 Karl Bleibtreu

Byron der Uebermensch (1897)

[138 ...] Nietzsche nämlich lebt trotz all' seiner Betonung realistischer Lebensanschauung dennoch vollkommen im Wolkenkukuksheim, bleibt ein deutscher Metaphysiker und Romantiker, der nur ein Bürger derer, die da kommen werden. Das Jahrhundert ist seinem Ideal nicht reif und er nimmt Fragen vorweg, deren Lösung erst ferner Zukunft beschieden sein könnte, sowie auch seine lyrischen Formen nur in symbolistischer Allegorie stecken wie bei Shelley. Deshalb das komische Mißverständniß von sozialdemokratischer Seite, daß Nietzsche's Haß gegen die Masse, die Vielzuvielen, gleichsam das gemeine Recht des Stärkeren in Kapitalismus und Staatshierarchie stärken wolle. Weit gefehlt! Für Nietzsche ist im Gegentheil der Sieg der Demokratie bereits entschieden, was ja auch geistig zutrifft, und sein Uebermenschenthum, sein Recht des großen Individuums wendet sich schon gegen die bestehende äußere Herrschaft der demokratischen Massennivellirung. Seine »Philosophie,« wenn seine systemlosen Aphorismen überhaupt diesen Namen verdienen, könnte also höchstens im zwanzigsten Jahrhundert mal »actuell« werden. [...]

45 Curt Grottewitz

Nietzsches's Herrenmoral und die Naturwissenschaft (1897)

[1519] Nietzsche hat das Glück, sehr unbedeutende Gegner zu haben. Durch nichts wächst sein Ansehen mehr als durch ihre ungeschickten Angriffe. Der geniale Philosoph hat aber auch das Unglück, viel kritiklose Freunde zu haben, und die schaden ihm mehr als alle Feinde. Immerhin ist der erste Enthusiasmus vorüber, die Phase bedingungsloser Unterwerfung unter Nietzsches Gedankenherrschaft neigt ihrem Ende zu, und die Möglichkeit einer sachlichen Kritik ist näher gerückt.

Wer Nietzsche nie geliebt, nie für ihn geschwärmt hat, der ist überhaupt nicht der geeignete Kritiker seiner Lehren. Er wird uns nie von ihm befreien, uns nie über ihn hinausführen. Wer auf einem Seitenpfade den Berg hinauf oder an ihm vorüber gehen will, der kann uns nicht über die Stufen belehren oder die Steine entfernen, die auf unserem Wege liegen.

Aber auch die Freunde, die Nietzsche für den alleinigen und unfehlbaren Führer bei dem heute mehr wie sonst durch Gletscherspalten und schmale Grate gefährdeten [1520] Aufstieg auf den Berg der Kultur halten, auch diese bringen uns nicht weiter.

Ueberhaupt aber war die Kritik im Falle Nietzsche meist eine Aeußerung von Meinungen. In der Philosophie, der leider am wenigsten exakten aller Wissenschaften, gelten freilich Meinungen als Beweise. Mathematisch sichere Tatsachen, das Ideal aller Wissenschaftlichkeit, gibt es selten. Aber es ist doch ein ohne weiteres erkennbarer Unterschied zwischen Tatsache und Meinung. Philosophen und besonders philosophische Dilettanten stellten ihre Meinungen denjenigen Nietzsches gegenüber. Wichtiger wäre es, Fachleute, d. h. Historiker, Philologen, besonders aber Naturforscher führten Tatsachen an, die Nietzsches Lehre bestätigen, oder zu ihr nicht stimmen. [...]

[1523 ...] Wir haben auch das Christentum als echte Renegaten in Grund und Boden verdammt, aber ohne Zweifel hatte das Christentum eine ganz übergewaltige geschichtliche Bedeutung: es verfeinerte, ja es schuf das Menschheitsgefühl. Es ging dabei zu weit, es stellte nun den Altruismus als primäres Princip hin, den Egoismus als etwas gänzlich zu Unterdrückendes.

Und hier setzt Nietzsche ein, hier liegt der Kernpunkt seines Schaffens: er lehrte den Egoismus.

Aber Nietzsche war noch kein Reformator, sondern ein Revolutionär. Allerdings der bedeutendste. Er drehte die Sache um, wie denn überhaupt seine größte Stärke (und die aller Revolutionäre) darin bestand, das Gegenteil von dem Bisherigen, das andere Extrem zu verfechten. Das Christentum bis auf Schopenhauer und Wagner: Altruismus, nicht Egoismus. Nietzsche: Egoismus, nicht Altruismus. [...]

46 Samuel Lublinski

Die versunkene Glocke und der falsche Nietzsche (1897)

[1142 ...] Wie im weiteren Sinn der Individualismus eine Entlastung des Individuums vom Druck der Gesellschaft bedeutet, so bedeutet er im allerengsten Sinn eine Entfesselung des Gemütslebens und des Instinktes, einen erbitterten Kampf gegen die Schablone des Verstandes. Diesen Kampf hat Nietzsche geführt. Er entfesselte unser Gemüt, unsern Instinkt und unsere Nerven. Was rätselvoll und stumm in den dunkelsten Tiefen des Unterbewußtseins gährte, ließ er plötzlich ans Tageslicht treten und wie ein Lavastrom über das festgezirkelte Gebiet der menschlichen Sprache hereinbrechen. Trotz seiner übergroßen Klarheit und Verstandesschärfe haßte er grimmig den Zwang der Kausalität, das langsame Abschreiten auf der plumpen Leiter von Ursache und Wirkung – im Gegensatz zum reinen Verstandesmenschen, dem die logische Erkenntnis der Ursachen gleichbedeutend mit ewiger Seligkeit ist. So aber, wie Nietzsche, empfindet auch das Volk, diese dumpfe, dunkle Masse, die sich, schwankend wie das Meer, vom Sturm ihrer Gefühle bis ins Innerste durchwühlen läßt, und in welcher doch ein unersättlicher Durst nach dem Wunderbaren und Ueberlebensgroßen ewig lebendig ist. Ein Vorläufer Nietzsches in mancher Hinsicht, der citoyen de Genève, hat das auch sehr gut empfunden und ist darum zu einem weithin vernehmbaren Herold der Demokratie geworden. In Nietzsches Tagen hatte die Masse aber schon die sozialistische Parteiuniform angezogen und erschien wie die Verkörperung der Herde, des Banausentums. Der Zarathustrasänger warf sich ihr mit dem ganzen furchtbaren Pathos seiner Persönlichkeit entgegen und verkündete seinen Demokratenhaß, die Lehre vom Uebermenschen. Obgleich er gelegentlich ein unerhört hartes Verdammungsurteil über die Zwangsanstalt des Staates aussprach, so sah er doch im allgemeinen für seine höher gearteten Individuen kein anderes Heil, als eine hochpolitische, aristokratische Zwangs- und Kastenorganisation. Trotzdem bestehen viele Berührungspunkte zwischen Nietzsche und dem Begründer der Internationale. Karl Marx führt einen großen Teil des kapitalistischen Elends und überhaupt die Entwicklung der Bourgeoisie auf die *Teilung der Arbeit* zurück, auf jenes Spezialistentum, welches dem einzelnen Menschen eine volle Entfaltung seiner Gaben gar nicht gestattet, sondern ihn zum ganz mechanisch wirkenden Werkzeug eines bestimmten Berufes herabdrückt. Diesen Haß gegen das Spezialistentum trug auch Nietzsche mit sich herum, und wenn er einmal im Gegensatz zu Marx, die Behauptung aufstellte, daß Handarbeit schände, so bedeutete das weit mehr einen Unterschied in der Methode, als in der Weltanschauung. [...]

[1144 ...] Hier offenbart sich mit geradezu leuchtender Klarheit, wie Nietzsche mißverstanden wird, und wie jeder, der im engsten

Rahmen etwas Persönliches fühlt, sich schon für einen Jünger des gewaltigen Zarathustra hält. Am meisten Recht zu dieser Einbildung hätten noch jene jungen Schriftsteller und halben Poeten, die mit heißer Mühe nach neuen und individuellen Ausdrucksformen streben – die Symbolisten und Mystiker jeder Art. Hier sind in der Tat dunkle Kräfte entfesselt worden, die ungestüm ans Oberlicht drängen und einen Ausdruck für ihr innerstes Wesen fordern. Da beginnt denn ein wildes und wüstes, aber auch mühevolles und ehrliches Experimentieren, welches freilich erst nach langem Ringen und gar nicht in absehbarer Zeit die festen Formen und den umklammernden Rahmen finden wird. Aus dieser Erkenntnis heraus lehnten sich die Jungen zuerst sehr heftig gegen jede Art von Komposition und Formgebung auf. Sie verlangten den naturalistischen Lebensausschnitt, die impressionistische Skizze. [...]

47 Christian Morgenstern
Brief an Otto Julius Bierbaum vom 29. 11. 1897

[96 ...] soeben war Herr Dr. Abels bei mir, mich zur Mitarbeit an der neuen Zeitschrift aufzufordern. Nun *bitte* ich Sie, wenn Sie sich ein großes Verdienst um das moderne Berliner Gei- [97] stesleben erwerben wollen, so *inhibieren* Sie auf irgendeine Weise den unglücklichen Titel »Zarathustra«!!!

Es ist eine Stil- und Kultur-*Unmöglichkeit*, ein Berliner Wochenblatt im Stile der »Jugend« so zu nennen, und – bei aller Hochachtung vor den mir noch unbekannten Mitarbeitern – eine Blasphemie sondergleichen.

Einer, der Nietzsche wirklich kennt und liebt, *kann* damit nicht einverstanden sein. Wir müssen doch einigermaßen darauf halten, daß nicht gleich alles zu Kupfermünze entwertet wird, daß die junge Generation nicht so heillos geschmacklos alle Maßstäbe und Größenverhältnisse durcheinander wirft und den einsamen Bergprediger Zarathustra zum Gevatter des – wenn auch noch so ver-Edelten – Berliner Marktwitzes macht. [...]

48 Hugo von Hofmannsthal
Tagebuchnotizen zu »Also sprach Zarathustra« (1898)

Zarathustra
ital. Novellen.
Hehn über Goethe
Zarathustra von Nietzsche.
Wie entstanden?
aus dem Bedürfnis das Ereignis in
jeden Gedanken an sich zu gestalten.

ein Übergangsproduct zwischen Denken
und Bilden. Wirkt wie Embryonen.

49 Michael Georg Conrad
Der Kampf um Nietzsche (1899)

[812...] Selbst in den irrlichtelirenden Widersprüchen eines geborenen Denkers und Künstlers vom Schlage Nietzsche's steckt unermeßlich mehr Vernunft und Schönheit und tiefsinnigste Ahnung neuer Culturprobleme, als in aller Schulweisheit der auf die Bombenfestigkeit ihrer Systeme pochenden patentirten »compacten Majorität« und ihrer Großsprecher. Heldenhafte Wahrhaftigkeit ist Nietzsche's innerstes Wesen. Daher seine vollendete Natürlichkeit im Paradoxesten, seine bezaubernde Identität mit der Natur im Widerspruchvollsten, wenn er in der Fülle seiner Begabung alle Seiten seines eingeborenen Geistes ins hellste Licht setzt. Darum bleibt er in der zweiten Hälfte des neunzehnten Jahrhunderts der genialste und stärkste Gährungserreger, der kühnste Frager und Muthmacher im Moralischen, Intellectuellen und Künstlerischen, gleichgiltig, ob sich seine neuen Werthungen unseres ererbten Culturschatzes mit den herrschenden Anschauungen reimen oder nicht. Und ließen sich alle seine Behauptungen und Umwerthungen, alle seine »neuen Tafeln« als falsch erweisen, er bliebe doch das schönste und reichste Phänomen moderner Culturkritik. Der Zauber seiner genialen Persönlichkeit ist durch nichts zu brechen. Seine philosophisch-künstlerischen Schöpfungen sind unzerstörbar wie seine ästhetisch-psychologische Betrachtungsweise der Weltdinge, denn sie sind aus dem Grunde seiner Seele erwachsen in reiner Uebereinstimmung mit der Natur. Das Jahr seiner Seele hat seine verschiedenen Sonnenstände, seine wechselnden Beleuchtungen und Temperaturen. Sind das Widersprüche? Gibt der Herbst dem Frühling Unrecht? Widerlegt der Winter den Sommer? Ist es ein logischer Scandal, wenn die Welt in der Wintersonne ein anderes Bild gibt, als in der Beleuchtung des Hochsommers?

Der Anti-Zarathustra von Otto Henne am Rhyn ist eines der dümmsten Bücher, das uns seit Langem in die Hand gekommen. Wir legen es lachend bei Seite. Es hat uns gerade eine Minute amüsirt. Von allen lustigen Figuren sind die maskirten Nüchterlinge die langweiligsten und kurzlebigsten.

Professor Theobald Ziegler hat seine Vorlesungen, die er im Winter 1897/98 an der Straßburger Hochschule über Friedrich Nietzsche gehalten, als Buch erscheinen lassen. [...] Seine Einleitung, die den Gründen der plötzlichen und weiten Wirkung des Nietzsche'schen Geistes nachgeht, bespricht alles, was an der Oberfläche liegt und läßt alles unberührt, was in der Tiefe gesucht werden müßte. [...]
[813...] Erhebend ist zu beobachten, wie Ziegler selbst im Verlaufe seiner Darstellung immer mehr von der wunderbaren Schönheit und Fülle seines Gegenstandes in die Höhe edelster Geistigkeit getragen wird, so daß er selbst immer ergreifendere Worte und Formeln für alles findet, was ihn im Innersten bewegt. Und dankbar wird ihm jeder Freund Nietzsche's für die schlichten Zeilen sein, mit denen das Buch schließt: »Wer Nietzsche war, das können wir heute allenfalls bestimmen; was er der Welt sein wird und was von ihm bleiben wird, das wissen wir – oder sage ich bescheidener: das weiß jedenfalls ich heute noch nicht.«

Kein Mensch weiß das. Auch der Hauptpastor Eduard Grimm an der Nikolaikirche in Hamburg weiß es nicht. Grimm hat im Auftrage der Oberschulbehörde Vorträge über die Moralphilosophen des neunzehnten Jahrhunderts gehalten, dabei hat ihn offenbar das Studium Nietzsche's tiefer gepackt, als irgend eines. Was er in den Vorträgen nur anzudeuten vermochte, das hat er mit ernster Eindringlichkeit zu einem Buche ausgestaltet: »Das Problem Friedrich Nietzsche's«.

Hat Theobald Ziegler in Nietzsche's Leben drei Perioden unterschieden (1. Nietzsche im Banne Schopenhauer's und Wagner's, 2. Nietzsche als Positivist, 3. Zarathustra und seine Verkündigung), so construirt sich Eduard Grimm fünf Perioden: 1. Der Geniecultus,

2. das Vorherrschen der Erkenntnis, 3. Zarathustra und seine Lehre vom Uebermenschen, 4. die Herrennatur, 5. der Verfall als Problem und der eigene Verfall. In der Hauptsache decken sich, wie es nicht anders sein kann, beide Constructionen. [...]

Die Empfindung ist nicht abzuweisen, daß sich bei Professor Ziegler wie bei dem Hauptpastor Grimm das Wissen um und über Nietzsche nicht aus innerem Selbsterlebnis, sondern nur aus den Ergebnissen unpersönlichen Forschertriebes aufbaut; zu der genialsten Künstlernatur des Jahrhunderts, die wir in Nietzsche verehren, haben Beide offenbar kein intimeres Verhältnis gewonnen. Nietzsche ist ihnen im ersten und letzten Grunde ein theoretisches Problem. Damit haben sie aber weder den ganzen noch den eigentlichen Nietzsche in der Hand. Ihre Darstellung dieser so wundersam complicirten Erscheinung im Reiche des Geistes und der Kunst mußte deshalb trotz aller äußeren Vollständigkeit eine fragmentarische bleiben.

Auch das kommt noch hinzu, um ihr Werk zum Stückwerk zu verurtheilen: Ziegler und Grimm haben in der Eile des Schaffens die Geduld verloren, den definitiven Abschluß des Nietzsche'schen Lebenswerkes durch die vollständige Herausgabe der Nachlaßschriften abzuwarten. [...]

50 Michael Georg Conrad
Zarathustra (1899)

[95] O Karneval der Kunst,
o Mummenschanz des Wissens
an des Jahrhunderts Wende!

Wie zieht in goldnen Klängen
voll Purpurglut
durch der Zeiten wirren Narrenchor
seelenerschütternd,
götzenstürzend,
weltleidlösend,
du Unsterblicher,
dein medusisch Hohelied!

Und wie in Adlerfängen blutend,
gebrochen,
und doch voll Übermenschen-Schöne
und Heilands-Glorie,
schwebt dein prometheischer Heldenleib
majestätisch
im Sternenreigen
durch die blaue Nacht
empor –

Tief unter dir dein Golgatha –
umrauscht von Sphären-Harmonien,
umtost von olympischen Traumes-Hymnen,
umstürmt von Dithyramben.
O Dionysos – Evoë!

Empor, empor!

[96] Drängt dort nicht nach ein Christenchor?
Mit Kreuzesbannern, Kirchenfahnen?
Beschleicht ein Traum mein Auge?

Empor, empor!

Schon wälzt sichs nach:
Hosianna Zarathustra, reinster Thor!

O Karneval des Lebens,
Mummenschanz des Wahns,
ewiges Narrenfest für Götter –

51 Julius Hart
Der neue Gott (1899)

[79 ...] Den Mann, den Künstler, die schöpferische Kraft sah das Geistesleben dieses neunzehnten Jahrhunderts immer mehr dahinschwinden, – und so ging es zuletzt unter in den romantisch-dilettantisch-weibischen Empfindungen der Nietzscheschen Welt. Warnen Euch nicht die großen Eitelkeiten des Übermenschen, und die süßen Schmeicheleien, die er Euch vor die Füße streut? Warnt

Euch nicht die trunkene Verzückung, welche den Anempfinder verrät, – der Prunk und Glanz der Worte, die so dürftigen Inhalt verhüllen? Lächelt Ihr nicht [80] ironisch über den Geisteszukunfts- und Übermenschen, der von der Poesie des Vergangenheits- und Unmenschen phantasiert und durch sie Euch und sich erlösen will? Seht Ihr nicht, daß es ein naiver und roher Geist ist, der sich als überreifer gebärdet?

»Jenseits von Gut und Böse« versprach Nietzsche uns zu führen. Liest man den Titel und liest man das Buch, so hat man den feinen Täuscher und Betrüger nackt vor sich, den großen Romanisten, den Mann des blendenden Scheins, der schönen Form ohne Inhalt. Den genialen Büchertitelerfinder, den Schlagwort- und Etikettendichter. Aber wir müssen uns auch an dem Rausch des Wortes genügen lassen und sind übel daran, wenn wir hinter seinen prunkenden Schleier blicken. [...]

[88 ...] Aber Ihr guten deutschen Schwachköpfe, seht Ihr nicht, daß Ihr Eueren erbittertsten Feind in Euer Haus eingelassen habt? Wollt Ihr Euch ewig von den Fremden führen lassen, die Euer Eigenstes und Ursprünglichstes nicht verstehen können und stets suchen müssen, es zu zerstören und zu vernichten.

Seht Ihr nicht, daß der Individualismus, wie ihn Nietzsche verkündigt, ein durch und durch ausländisches Gewächs ist, daß Euer Übermensch durch seine ganze Bildung verwälscht wurde, [89] und als ein romanischer Geist und Denker unter Euch auftrat. [...] Blickt hinein in die Ruhmeshalle Nietzsches und Ihr werdet dort kaum einen Germanen erblicken, – aber viele viele Kulturträger des Romanismus. Als Bekenner und Jünger der noch rein aristokratischen Bildung des sechzehnten und siebzehnten Jahrhunderts wendet er sich gegen den Geist einer neuen Bildung, die alle – alle befreien und erlösen will. [...]

[110] Daß die Nietzscheschen Anschauungen romanische Rassenanschauungen sind, habe ich zu zeigen versucht. Und darum kann es uns nicht fremdartig berühren, sondern es ist etwas Selbstverständliches, wenn dieser nur deutsch Schreibende stets und unabwendlich eine höhnisch geringschätzige Miene aufsetzt, sobald er die Worte »deutsch« oder »englisch« in den Mund nimmt, daß sich aber sein Antlitz hell verklärt, wenn er voller Bewunderung uns das Große und Herrliche französischen, italienischen oder lateinischen Wesens auseinandersetzt. Die Bildungsquellen, aus denen er getrunken hat, entscheiden über das Wesen eines Schriftstellers.

[...] Wir dürfen das polnische Blut Nietzsches in Anschlag bringen. So wird er zum Sproß und echten Vertreter der westlich-slavischen Welt, die unterworfen worden und [111] dahingesunken ist, ohne daß sie überhaupt eine Kultur *aus sich heraus* hat erzeugen können. Die eunuchische Romantik des Übermenschen wäre der Ausdruck des unfruchtbaren polnischen Geistes. [...]

[116...] Denkt nur nicht zu harmlos von dem Arier des Nordens.

Wollt Ihr Euch losreißen von der alten Welt der Romanen, – sie sitzt Euch vielleicht tiefer in Fleisch und Blut, als Ihr, beherrscht von alten Rechten und Gewohnheiten, es ahnt. Erwartet Ihr eine neue Kultur germanischen Geistes – glaubt Ihr, eine neue Kultur kann kommen ohne große Revolutionen, gewaltige Erschütterungen, furchtbare Umwälzungen?

Kennt Ihr schon alle Geheimnisse und Rätsel der nordischen Seele?

Horcht auf.

Apokalyptische Reiter sind in der Luft.

52 Arno Holz
Evolution der Lyrik (1899/1918)

[533...] Mißtraue – wie Zarathustra, der neue philosophische Salontiroler, umflogen von seinem Adler und umzirkelt von seiner Schlange, hier bedeutsam den Finger heben würde – mißtraue dem Apostel, der »Bescheidenheit« predigt. Bescheidenheit ist die Tugend der Impotenten. [...]

[670...] In seinem »Jenseits von Gut und Böse«, Achtes Hauptstück, schrieb Friedrich Nietzsche:

»Wie wenig der deutsche Stil mit dem Klange und mit den Ohren zu tun hat, zeigt die Tatsache, daß gerade unsere guten Musiker schlecht schreiben. Der Deutsche liest nicht laut, nicht fürs Ohr, sondern bloß mit den Augen: er hat seine Ohren dabei ins Schubfach gelegt. Der antike Mensch las, wenn er las – es geschah selten genug – sich selbst etwas vor, und zwar mit lauter Stimme; man wunderte sich, wenn jemand leise las, und fragte sich insgeheim nach Gründen. Mit lauter Stimme: Das will sagen, mit all den Schwellungen, [671] Biegungen, Umschlägen des Tons und Wechseln des Tempos, an denen die antike öffentliche Welt ihre Freude hatte. Damals waren die Gesetze des Schriftstils die selben, wie die des Redestils; und dessen Gesetze hingen zum Teil von der erstaunlichen Ausbildung, den raffinierten Bedürfnissen des Ohrs und Kehlkopfs ab, zum anderen Teil von der Stärke, Dauer und Macht der antiken Lunge. Eine Periode ist im Sinne der Alten vor allem ein physiologisches Ganzes, insofern sie von einem Atem zusammengefaßt wird. [...] – wir haben eigentlich kein Recht auf die großen Perioden, wir Modernen, wir Kurzatmigen in jedem Sinne!«

Von solcher »Kurzatmigkeit« kann heute, nach dem »Phantasus«, nicht mehr die Rede sein. War je schon ein Wortstil auf Laut- und Klangwirkung gestellt, unter absoluter Verachtung der Blätter, in die er geritzt, des Steins, in den er gehauen, des Papiers, auf das er geschrieben und dann gedruckt wurde, so ist es, und zwar in denkbar allerhöchst gesteigertstem Maße, der Wortstil des »Phantasus«! [...]

53 Rudolf Huch
Mehr Goethe (1899)

[... 39] Zweierlei fällt an Nietzsche ins Auge: das Feminine und das Scholastische.

Feminin ist die Vorliebe des kränklichen Gelehrten für den robusten »Uebermenschen«, feminin seine Sucht, über alles und jedes mitzureden, auch wenn ihm der Gegenstand so fremd ist, wie der Frau Harun das ästhetische Grundgesetz des Maßhaltens, feminin endlich seine unglaubliche Selbstüberschätzung. [...]
[40 ...] Ueberall dieselbe schon halb verrückte Selbstüberhebung: ein Hammerschlag und in Scherben liegt der Staat, wie vorhin die Moral, zu den Füßen des Dr. phil. Friedrich Nietzsche. [...]
[52 ...] Zweimal hat sich das deutsche Publikum im Falle Nietzsche blamiert.

In der zweiten Blamage ist es gerade mitten drin.

Götz von Berlichingen und die Leiden des jungen Werther haben die Litteratur jener Zeit nicht annähernd so beeinflußt, wie der »Zarathustra« unsere moderne, wesentlich von Damen bereitete Lesekost. [...]

54 Gustav Landauer
Der neue Gott (1899)

[120...] Dieses Heraufkommen des höchsten Glückes aus den allertiefsten Leiden, diese Wonnefülle als Kind der kritischsten Zweifelsucht, das ist es, was Friedrich *Nietzsche* zu einer so prächtigen, so erquicklichen, so liebenswerten Erscheinung macht. Dieser Nietzsche hat ein sehr boshaftes Wort gesprochen, das er auf den Nebelschwulst und die Zerdrücktheit der Schumannschen Manfredmusik gemünzt hat, das aber leider auch auf Harts Buch[1] paßt: »Ein gefährlicher, unter Deutschen doppelt gefährlicher Hang zur stillen Lyrik und Trunkenboldigkeit des Gefühls.«

Gegen Nietzsche richtet sich ein ganzer Abschnitt des Buches, und auch sonst kommt Hart immer wieder mit heftigen Worten auf ihn zurück. Diese Seiten haben mich sehr unangenehm berührt, denn solche blind tappende Ungerechtigkeit paßt ebensowenig zur Weltanschauung Harts, der Allumfassung und der Alldurchdringung, wie der naive Chauvinismus, der manchmal durchbricht. Die Rache für diese Art, wie Julius Hart einem großen und feinen Geist begegnet, hat ihn schnell ereilt: in einem der philiströsesten und gedankenlosten Bücher, dem sogenannten Anti-Zarathustra des geschwätzigen Dr. Otto Henne am Rhyn, wird das Buch des »trefflichen Hart« gleich im Vorwort mit Auszeichnung genannt.

Wenn man sich auf Hart verlassen wollte, hätte Nietzsche nie etwas anderes gethan, als die Borgias und Napoleons verherrlicht; Hart spricht dabei aber mit der größten Verachtung über Nietzsche als Gesamterscheinung. Das ist nicht nur ungerecht, es ist auch unklug; denn es finden sich die besten Gedanken Harts in anmutiger Schärfe und erfreulicher Klarheit schon bei Nietzsche. [...]

55 Samuel Lublinski
Der Liberalismus und die moderne Litteratur (1899)

[86...] Was ist denn nun vorzugsweise Nietzscheanisch – ist es der heroisch-imperatorische Zug oder der jauchzend-lebensfreudige des freigewordenen Individuums? Etwa beides? Gut, schön, sehr schön.

---

1 Julius Hart, Zukunftsland. Erster Band: Der neue Gott. Verlegt bei E. Diederichs, Florenz und Leipzig. 1899.

Dann aber erheben sich sofort sehr gewichtige Rangstreitigkeiten über den Vortritt und die Erstberechtigung im Fall eines Konfliktes zwischen den beiden Empfindungen. Denn ein solcher Konflikt muß sich ganz unvermeidlich ergeben, weil der imperatorische Herrschtrieb sich immer gegen individuelle Triebe kehren wird, die ihm nicht passen und unbequem werden. [...]

[87...] Jedoch ist und bleibt der Nietzscheanismus, der im einzelnen immense Anregungen und Offenbarungen zu geben vermag, in seinen beiden Grundgedanken oder auch in der Einheit dieser beiden Gedanken unfruchtbar für eine idealistische Fortentwicklung der modernen Litteratur – weil er dazu viel zu naturalistisch ist! [...]

[88...] Darum wird die moderne Litteratur, wenn sie wieder zu einer Höhenkunst gelangen will, sich andere Ideale suchen müssen, und ich stehe nicht an, auszusprechen, daß mir eine Renaissance des Liberalismus als das einzige und schlechterdings entscheidende Mittel erscheint. [...]

56 Ferdinand Avenarius
Zu Friedrich Nietzsches Tod (1900)

[429] Mehr denn ein Jahrzehnt schon war sein Geist nicht mehr bei uns. Sein Leib ruhte hingestreckt, seine Seele war irgendwo in den Fernen. Zwar jetzt erst wallfahrtete man in seine Nähe, wallfahrtete fast wie zum Tempel eines Gottes, aber der gesprochen hatte, was sie herbeirief, den barg ein Allerheiligstes, und zeigte er sich doch, so zeigte sich ein erschütterndes schweigendes Bild. Er sah nicht mehr, er hörte nicht mehr die Staunenden, Bewundernden, Begeisterten, er träumte. Die Sterbeglocke von Weimar summt trotzdem ihre Klage über uns alle hin.

In diesen Blättern, an deren Begründung ja Nietzsche mit freundlicher Beihülfe auch selber teilnahm, ist viel über ihn gesprochen worden. Wo geschah das nicht, wo Geistiges rang und stritt? Mit keines Zeitgenossen Gedanken hat sich das feinste Leben des Jahrhundertendes mehr auseinanderzusetzen gehabt als mit den seinen. Seine Bücher wurden zur Macht, sein Name ward zum Schlagwort. Und noch Geschlechter werden darüber streiten, ob er uns zum Segen gelebt hat oder zum Fluche.

Was wird von Nietzsche bleiben?

Zunächst: ein Künstler. Denn was in ihm den Kunstfreund zu tiefstem inneren Mitleben und den Denker über Kunst mit leuchtenden Eingebungen befruchtete, das war der Empfindende und der Schauende, der Künstler. Zum Gestalter ward er in Tönen, vor allem aber in der Sprache des Worts. Nietzsches Sprache, die jedes Wort bald in diesem Schatten, bald in jenem Licht dämmern oder aufglänzen läßt, diese Sprache, die kaum je darauf ausgeht, eine Sache in nüchternen Grenzen fest zu umschreiben, Nietzsches Sprache, die nur angeregt ist vom Gegenstand, aber gesättigt vom Ich, ist gewiß ein unzweckmäßiges Werkzeug zu logischer Wissenschaft. Wer an abstrakte Denkarbeit gewöhnt war, den hat sie auch von je zur Skepsis gemahnt: Gerade die Gefühls- und Anschauungswerte der Wörter, die der Wahrheitsforscher nach aller Möglichkeit auszusondern strebt, um seinem Ideal mathematischer Klarheit [430] näherzukommen, Nietzsche pflegte sie und bildete sie zu einer an und für sich köstlichen, in der Wissenschaft aber verwirrenden Feinheit aus. Wohl – aber wer nicht wissenschaftlich, sondern künstlerisch empfand, den gewann er sich eben dadurch. Es ist ja niemals von Dingen der Erkenntnis *schöner* gesprochen worden. Und es wird eine Zeit kommen, da man einsehen wird, wie falsch es ist, vor seinen Aussprüchen in erster Reihe zu fragen: sind sie wahr? Eine Zeit, da man sie nehmen wird, wie ganz allein sie gegeben sind: als Symbole, als Ausdruck eines Seelenzustandes, dessen der Leser teilhaftig werden soll. Mit andern Worten: da man endlich, endlich allgemein lernen wird, diese Werke als Gedanken-*Dichtungen* zu genießen. Wer aus der Wirrsal der Erscheinungen heraus die Wahrheiten sondern will, wer nichts als lautere Erkenntnis erstrebt, der darf auch nichts zu sich sprechen lassen, als die Sache; sein eigenes Ich darf ihr gegenüber während der Arbeit des Denkens nichts sein als ein Arbeitsinstrument. Es erwächst nun einmal dem Menschenleben ein Stück Tragik auch daraus, daß wir nach einer Richtung nur weiterkommen können, während wir uns nach der andern zurückhalten.
[...]
[...] Und in einer großen Hauptsache stand unser Fühlen ja stets bei ihm: *vornehm* war er in allem. Wirkt nicht die Vorstellung schon wie eine Lächerlichkeit: Nietzsche hätte irgendwelchen äußerlichen Werten jemals den leisesten Einfluß auf seine Worte erlauben können? Was lag ihm am Aeußerlichen, am Draußen, ihm, der mit dem Engel so heiß um den Segen rang? Nietzsches Schlüsse vom Uebermenschentum, von Herren- und Sklavenmoral, vom Jenseits, von

Gut und Böse mögen fallen und zerschmelzen, sein Ringen aber entsprang nichts anderem, als dem Verantwortlichkeitsgefühl gegenüber dem Himmelslicht unter der Stirn. Es ist nichts anderes, es ist nur Tragik darin, daß er das Glück zu finden glaubte, indem er zu spielen, zu »tanzen« begann. Er war trotzdem ein Edelmensch, wenn einer. Und in einer Zeit der geistigen Nivelliererei hat er wie keiner dazu [431] gethan, die Bedeutung des Einzelnen, der Persönlichkeit klar zu machen. Das wollen denn doch auch wir bedenken, die wir das Genie nur als die Blüte des Ganzen auffassen, wir, denen deshalb das Volk keine verächtliche Masse ist, wir Aristokraten zwar, aber Sozialaristokraten. [...]

57 Otto Julius Bierbaum
Friedrich Nietzsche (1900)

[1] Deutschland hat seinen zweiten Grossen verloren, – nach Bismarck Nietzsche. Es wäre nicht in seinem Sinne, zu klagen. [...] Unser Kranz heisst lebendige, zu Früchten blühende Dankbarkeit. Denn Keinem verdanken wir so viel wie ihm, und Keinem schulden wir so wie ihm Früchte unsres Dankes. Er, der die schenkende Tugend hatte wie Keiner [2] unsrer Zeit, er, der weitaus Reichste von allen, hat uns so unendlich viel gegeben, dass wir niemals wieder arm werden können, es sei denn, unsere Schultern, die er von so vielem entlastete, das uns müde machte, würden wieder schwach. [...]

58 Paul Ernst
Friedrich Nietzsche (1900)

[36 ...] Immer wieder muß man es unterstreichen: die große That Nietzsches ist, daß er ein ethisches [37] Ziel aufgestellt hat, das mit dem Glück gar nichts zu thun hat, weder mit dem des Einzelnen, noch dem des Andern. Er ist durch ein furchtbares inneres Ringen zu dieser That gekommen; er mußte ein Ziel für sein eigenes Leben haben. Ob das Positive, was er lehrt, nämlich daß dieses Ziel der »Übermensch« sein müsse, die fortschreitende Veredelung des Menschengeschlechtes, Allen und immer als dieses Ziel erscheinen wird, ist ja nicht unbedingt zu behaupten. Noch fraglicher sind seine historischen und psychologischen Herleitungen, seine Annahme etwa, daß die Kraft für solche Zwecke von der »blonden Bestie« vererbt sein müsse, und so manches, was ihn als unwahr und unwahrhaftig erscheinen lassen mag, und als einen verzweifelnden Schauspieler. Das ist aber alles ganz gleich. Daß er es gewagt hat, uns überhaupt wieder ein höheres Ziel zu zeigen, das genügt, um ihn für immer unter die größten Wohlthäter der Menschheit zu reihen.

59 Stefan George
Nietzsche (1900)

[12] Schwergelbe wolken ziehen überm hügel
Und kühle stürme – halb des herbstes boten
Halb frühen frühlings ... Also diese mauer
Umschloss den Donnerer – ihn der einzig war
Von tausenden aus rauch und staub um ihn?
Hier sandte er auf flaches mittelland
Und tote stadt die letzten stumpfen blitze
Und ging aus langer nacht zur längsten nacht.

Blöd trabt die menge drunten, scheucht sie nicht!
Was wäre stich der qualle, schnitt dem kraut!
Noch eine weile walte fromme stille
Und das getier das ihn mit lob befleckt
Und sich im moderdunste weiter mästet
Der ihn erwürgen half sei erst verendet!
Dann aber stehst du strahlend vor den zeiten
Wie andre führer mit der blutigen krone.

[13] Erlöser du! selbst der unseligste –
Beladen mit der wucht von welchen losen
Hast du der sehnsucht land nie lächeln sehn?
Erschufst du götter nur um sie zu stürzen
Nie einer rast und eines baues froh?
Du hast das nächste in dir selbst getötet
Um neu begehrend dann ihm nachzuzittern
Und aufzuschrein im schmerz der einsamkeit.

Der kam zu spät der flehend zu dir sagte:
Dort ist kein weg mehr über eisige felsen
Und horste grauser vögel – nun ist not:
Sich bannen in den kreis den liebe schliesst...
Und wenn die strenge und gequälte stimme
Dann wie ein loblied tönt in blaue nacht
Und helle flut – so klagt: sie hätte singen
Nicht reden sollen diese neue seele!

60 Carl Hauptmann
Aus meinem Tagebuch (1900)

[141] Wir kamen auf *Nietzsche*. Ich ging davon aus, dass ich zwischen monumentalen und ornamentalen Geistern unterschiede, und dass ich in *Nietzsche* einen monumentalen Geist nicht finden könnte – und keinen Geist des produktiven Affektes, so sehr er Lachen und Tanz und Leichtigkeit gepriesen hat. Wenn ich ihn früher las, habe ich mir immer einen Mann vorstellen müssen, der mit erhitztem Kopfe zu mir redet, einen Mann in Erregung, nicht in Verzückung. [...] Aber in Nietzsche war allzeit einer, der neben seiner Ideen- und Formenwelt herlief, und manchmal mit den Fingern, wie ein Gassenbube, darauf wies, lachend und höhnend, manchmal wie ein müder Kranker sie verächtlich entwertend, [142] manchmal wie ein Wütender mit der geballten Faust dagegen rennend, wie gegen böse Schatten, oder auch wie ein Zauberkünstler mit ihnen mit mephistophelischer Miene jonglierend. Kein Zweifel, seine Ideen und Formen waren in einer grossangelegten Seele, aus flutendem Lebenskampfe geboren, es handelt sich bei ihm allzeit um köstliche Dinge. Man muss zugeben, dass es Brillanten waren, die er ausgestreut. Und man kann sich mit Brillanten schmücken. Er hat sie üppig ausgestreut, genug für viele Bettelleute, die plötzlich wieder Ideen haben in heller Menge. Ja, mit Brillanten kann man die Seele schmücken. Aber monumentale Geister sind Felsen, auf denen die Seele festen Fuss und festen Grund findet. Und das sind ornamentale Geister nie. Nietzsche hatte Fülle und Glanz und Schönheit, auch wahres und tiefes Erlebnis auf Schritt und Tritt, aber Ruhe, die *grosse* Ruhe und das schlichte, notwendige Wahre fehlten ihm – und *wahrhaft* überlegnes Schauen und Bauen mit dem freundlich lachenden Blick aus der Höhe auf die kleine Welt, und mit dem

weiten Auge des Schwärmers, wenn die Sonne sinkt. Denn Nietzsche's Schönheits- und Wahrheitswelt wurzelt nicht in den Lichtgründen der Menschenseele, wie bei Goethe, Beethoven, [143] Michelangelo, sie wurzelt in vergifteten, gewaltsamen und gespannten Affekten, die grotesk aufwuchsen und ein launisches Spiel trieben. Deswegen mag man ihn bewundern, wie man ein glänzendes Feuerwerk bewundert. Aber um unser Menschenleben zu erleuchten und zu erwärmen, wird nur ein Kind oder ein Narr nach Sprühsonnen und Leuchtkugeln greifen.

61 Karl Kraus

[Zu Friedrich Nietzsches Tod] (1900)

[19] Friedrich Nietzsche, der am »freiwilligen Leiden der Wahrhaftigkeit« so schwer getragen, ist erlöst. »Dieses Heraussagen der Wahrheit erscheint anderen Menschen als Ausfluss der Bosheit«, lautet einer seiner Sprüche. Aber die Viel zu Vielen haben es verstanden, sich gegen seine Bosheit und Wahrheit zu wappnen: durch Dickhäutigkeit. So haben seine Stachel sie nie geschmerzt; ihre Schärfe hat sie angenehm gekitzelt. Als einen Artisten betrachten sie denn den strengsten Geist des Jahrhunderts.
[20] Im Sommer sterben, welch' schöner Tod! Im Sommer wurden sogar Wilhelm Liebknecht, werden selbst Friedrich Nietzsche Leitartikel-Exequien erwiesen. Ein Hugo Ganz »fühlt bei der Kunde – von Nietzsches Tod – einen Ruck durch alle Nerven«, wenn's sechs Uhr abends ist und kein Stoff für den Leitartikel vorliegt. [...]

62 Karl Kraus

[Auseinandersetzung mit Würdigungen Nietzsches in der ›Neuen Freien Presse‹] (1900)

[14] In der ›Neuen Freien Presse‹ wird demnächst der Economist das endgiltige Urtheil über Friedrich *Nietzsche* verkünden. Schon haben die übrigen Mitglieder des Vierer-Senates gesprochen, der Nietzsche wegen Vergehens gegen die öffentliche Sittlichkeit – be-
[15] gangen durch die Umwertung aller sittlichen Werte und durch die das Schamgefühl gröblich verletzende Anpreisung des als Uebermenschen bezeichneten nackten Gewaltsmenschen – zu richten hat.

Leitartikler und Feuilletonist haben für Schuldig gestimmt, der »Localerer« für Unschuldig. Die Namen der drei Richter sind: Hugo Ganz, Ludwig Stein, Carl Bulcke. Herr Bulcke hatte den Thatbestand an Ort und Stelle untersucht, hatte der Leichenfeier für Nietzsche beigewohnt und theilte die Ergebnisse des Localaugenscheins in dithyrambischen Wippchen mit; er rühmte die Buschigkeit des Schnurbartes, den Nietzsche getragen, die Größe der Hände des Philosophen und die »unendliche« Schmalheit seines Sarges. Und wenn auch zu befürchten ist, dass der Uebermensch in einem »unendlich schmalen Sarg« schlecht liegen und sich unbehaglich fühlen wird, haben doch die Leser dem frommen Requiescat, mit dem Herr Bulcke schloss, sicherlich zugestimmt. [...]

63 Fritz Lienhard
Friedrich Nietzsche (1900)

[3...] Nietzsche, der seine meisten Bücher selber drucken lassen mußte, weil sich damals noch kein Verleger dafür fand, ist inzwischen bekannt genug geworden, sehr bekannt, ja er ist Mode geworden. Bekannt? Was man so »bekannt« nennt. Lediglich der *negativen* Seite seines Wesens hat sich der Zeitgeist und hat sich eine unreife Jüngerschaft bemächtigt. Nietzsches Feindschaft wider das Christentum kam einer Stimmung oder Verstimmung unter den Gebildeten und kam den Dutzend-Seelen der Gassen und Märkte sehr zu paß; [4] Nietzsches brutal klingende und auch thatsächlich überreizte Schlagworte und Wendungen wie »Herrenmoral«, »Sklavenmoral«, »Umwertung aller Werte«, »Uebermensch«, »Wille zur Macht«, »Jenseits von Gut und Böse« u.s.w. wurden im Laufe des letzten Jahrzehnts des verflossenen Jahrhunderts litterarische und ethische (besser: unethische) Schlagworte bei Gruppen, deren Menschentum alles andere eher war als stolzes und einsames Herrentum. So ist Nietzsche in Mißkredit gekommen; er ist vielfach, aber nicht immer dafür verantwortlich zu machen.

Es ist in erster Linie *Nietzsches Ton*, der so viel Unheil angerichtet hat und anrichtet; Nietzsches *Ton* ist es, der viele tüchtige und edle, aber auch innerlich beruhigte und geklärte Naturen auf zahllosen Seiten seiner Bücher vor den Kopf zu stoßen geeignet ist; Nietzsches Ton ist es, dessen lebhafte, sprühende Schärfe und Leidenschaftlichkeit die Großstädter und »Modernen«, die Menschlein mit den Nerven, fasciniert und zur Nachäffung reizt. Er, der in die Geheimnisse der schriftstellerischen Technik, in die Virtuositäten des Satzbaues, der Perioden, der Antithesen, des Abrundens u. s. w. aufs grellste hinabgeleuchtet hat, der auf ethischem und ästhetischem Gebiete so unbarmherzig und so scharfsichtig Lüge, Fälschung, Schauspielerei, Halbheiten u. dgl. gewittert und bloßgestellt hat: er selber schillert tausendfach in derlei Talenten und Tugenden oder Unfähigkeiten und Untugenden. [...]

64 Rainer Maria Rilke

Marginalien zu Friedrich Nietzsche. ›Die Geburt der Tragödie‹ (1900)

[1165] Das Dionysische Leben ist ein unbegrenztes In-Allem-Leben, zu dem der Alltag sich wie eine lächerliche kleine Verkleidung verhält. Aber da vermittelt die Kunst die Erfahrung, daß diese Verkleidung die einzige Möglichkeit bietet von Zeit zu Zeit in die großen Zusammenhänge einzutreten, die, über Momente und Metamorphosen hin, sich ausspannen.

[1167] Die schaffende That des Künstlers hat ein Gleichwertiges nur im duldenden Untergang des Nichtkünstlers: durch beides geschieht ein⟨e⟩ große Gewaltsamkeit an den Menschen, den schwersinnigen. Über dem Grab eines Heiligen werden ebensoviel neue Menschen wach, wie vor dem unsterblichen Werke eines Schaffenden.

*

Es thut noth, eine *solche* Handlung auf die Bühne zu stellen, durch die ein in der Erfahrung und im Gefühl jedes Einzelnen mögliches Erlebnis angeregt wird, das in seiner Gewaltsamkeit die Menge der Zuschauer wie ein großer Griff zusammenfaßt. Das anregende Ereignis muß unabhängig von dem Stand der dargestellten Personen, dem Milieu und der Zeit der Handlung auf einer zweiten idealen Bühne vor sich gehen, die sich als Schauplatz jenes Wiedersehens darstellt, welches die befreiten, in der Steigerung ähnlich gewordenen Seelen der Zuschauer miteinander feiern. Die Handlung, der Stoff muß auch beim Drama (ähnlich wie in der Malerei) wieder an die ihm gebührende *zweite* Stelle [1168] treten und Raum geben für ein wirklich künstlerisches Ereignis. Nicht *wirklicher*, wahrheitsnäher darf die Bühne werden, sondern scheinhafter und schöner. Etwas *den Menschen* (und nicht den Menschen eines Standes, einer

Zeit, einer Moral) *den Menschen überhaupt* Gemeinsames muß hinter der Handlung, wie eine verbindende Erinnerung, die sie alle einer gemeinsamen Kindheit sich besinnen heißt, aufstehen und *dort, nicht* innerhalb der verhältnismäßig zufälligen Szene, muß sich das Bedeutende, Erlösende ereignen. Nicht das Spiel, sondern die *Melodie* des Spieles muß das Zusammenfassende sein, weil jeder in sich Begebenheiten und Erfahrungen finden wird, welche im Takte *eben dieser* Melodie, (für welche das Stück nur *eine* von tausend Auslegungen ist,) sich abgespielt haben.

(Die Auferstehung des Dionysos.)

[1172] Zur Ste. 135. In der alten attischen Tragödie, da alles Erlebte noch an die bekannten Mythen angeknüpft wurde und diese die *einzigen* gleichnishaften Bilder waren, durch die immer neue Töne, wie verschiedene Kräfte und Farben hindurchströmten, konnte der »Stoff« nicht überschätzt werden. Erst mit der Vermehrung der Vorwände kam es in allen Künsten zur Überschätzung derselben, einfach deshalb, weil sie nicht mehr wie die Mythen ihrem Inhalte nach ver- [1173] traut und langbekannt waren, sondern durch ihr rein stoffliches Neusein interessierten. Immer mehr wurde so der Blick von dem einzig Wichtigen, dem Hintergrund abgelenkt, bis er endlich sich überhaupt in den Wirrnissen der Handlung verlor und sich darin erschöpfte. Zuerst hat die Malerei aus dieser Verirrung zurückgefunden, die sich immer wieder altbekannten biblischen Motiven mit besonderer Vorliebe zuwendet, wobei sie es naturgemäß als Vorzug empfindet, daß der inhaltliche Theil des Bildes nicht erst vom Zuschauer überwunden werden muß.

*

Hinter mir sind dunkle Chöre,
Wälder rühren sich und Meere;
und es nimmt mir alle Schwere,
daß ich hinter dem Geschehn
manchmal einen Athem höre
breiter als den meinen gehn.

Und dann weiß ich voll Vertraun,
daß die Hände mir nicht lügen
wenn sie neue Formen fügen, –
daß sie alle Last ertrügen
um zu diesen Athemzügen
eine tiefe Brust zu baun.

65 Friedrich Spielhagen
Freigeboren (1900)

[666 ...] Und so begnügen wir uns – was wir ja ohnehin müssen – mit dem, was wir sind. Geben wir das törichte Verlangen auf, mehr sein zu wollen; aber wollen wir, was wir sind, auch ganz sein: unser Sein zur höchstmöglichen Energie steigern! Nicht im Sinne Nietzsches, dessen »blonde Bestie« ernsthaft zu nehmen, ich mich nicht [667] entschließen kann, wohl aber in dem von Spinozas Suum esse conservare, dessen letztes feinstes Produkt »der freie Mensch« ist. [...]

66 Heinrich Mann
Die Göttinnen. Notizen aus dem »Minerva«-Manuskript (1901)

[96] Nietzsche: Das Rauschgefühl, thatsächlich einem Mehr von Kraft entsprechend, am stärksten in der Paarungszeit der Geschlechter: neue Organe, neue Fertigkeiten, Farben, Formen ... die Verschönerung ist eine Folge der erhöhten Kraft.

Der Lustzustand, den man Rausch nennt, ist exakt ein hohes Machtgefühl ... [...]

Die Raum- und Zeitempfindungen sind verändert; ungeheure Fernen werden überschaut und gleichsam erst wahrnehmbar.

Die Divination, die Kraft des Verstehens auf die leiseste Hülfe hin, auf jede Suggestion hin: die ›intelligente‹ Sinnlichkeit;

die Stärke als Herrschaftsgefühl in den Muskeln, als Geschmeidigkeit und Lust an der Bewegung, als Tanz, als Leichtigkeit und Presto;

die Stärke als Lust am Beweis der Stärke, als Bravourstück, Abentheuer, Furchtlosigkeit, gleichgültiges Wesen. – Die Künstler, wenn sie etwas taugen, sind (auch leiblich) stark angelegt, überschüssig, Kraftthiere, sensibel; ohne eine gewisse Überheizung des geschlechtlichen Systems ist kein Raffael zu denken. Musikmachen ist auch noch eine Art Kindermachen; Keuschheit ist bloß die Oekonomie eines Künstlers – und jedenfalls hört auch bei Künstlern die Fruchtbarkeit mit der Zeugungskraft auf.

Die Künstler sollen nichts so sehen wie es ist, sondern voller, sondern einfacher, sondern stärker u. dazu muß ihnen eine Art

Jugend und Frühling, eine Art habitueller Rausch im Leben eigen sein ... [...]
Talent = Vampyr

67 Michael Georg Conrad

Von Emile Zola bis Gerhart Hauptmann (1902)

[86 ...] Wir löschten das Licht und liessen die Sterne mit ihrem milden Glanz durch die offenen Fenster in die Stube leuchten. Ein langes Erzählen mit vielen Zwischenfragen hob an. Kein Laut von der Dorfstrasse störte uns. Es war wie ein Phantasieren auf dem Klavier der Erinnerungen. Alte Lebensmotive tauchten mit jugendlichem Gesicht aus langer Verschollenheit. Wundersame Landschaften hoben sich aus dem Dämmer ins Licht: die Orangenhaine von Sorrento, die Bergeinsamkeiten von Maria Sils im Engadin, die traumhaft beglänzten Höhen von Weimar. Dazwischen hinein die leuchtenden Tage am Vierwaldstättersee mit ihrem jähen Abbruch in Bayreuth. Des Deutschen Reiches Auferstehung mit den überschwänglichen Hoffnungen einer neuen Kultur, begründet auf Schopenhauers Philosophie und Wagners Kunst, strahlender als die Schönheitswelt von Althellas – ach, und der Zusammenbruch der dionysischen Herrlichkeit vor der Kritik des Bildungsphilisteriums! Und dann aus tiefsten Schmerzen unendlicher Selbstpeinigung und Zerstörung aller Idole die Aufrichtung des neuen Ideals in der Umwertung aller Werte, im heroischen Jasagen zu allem, was dem Willen zur Macht die Herrschaft verhiess über alles Morsche und Tote und die Instinkte gesund aufsteigenden Lebens adelte durch den Aufblick zu den höchsten Zielen, die jemals Philosophie und Kunst der Menschheit gewiesen, damit die Erde ihres Sinnes und ihrer Bestimmung froh werde! Und damit die Tragik alles Irdischen ihr vollgerüttelt Mass finde in diesem ungeheuren [87] Drama des heroisch um sein eigenes Gottsein ringenden Menschengeistes, öffnet sich am leuchtendsten Punkt der Siegesbahn der Abgrund und reisst mit schicksalsmächtiger Uebergewalt den Geisteshelden in die schauerliche Nacht der Geistverlassenheit und ewig mitternächtigen Schweigens. Fünfundvierzigjährig, der strahlendste Stern am Himmel europäischen Schrifttums, umtost von taumelnder Begeisterung der Einen, umdonnert von den Verwünschungen und dem Hohn der Anderen, bricht der Feuergeist Nietzsche-Zarathustras in sich zusammen.

Wer will heute im Chaos der Meinungen für und wider Nietzsche das letzte richtende und bindende Wort finden? Wer will die klare Linie der Wahrheit aufzeigen und festlegen in diesem Zickzack der Entwicklung einer so dämonisch verschlungenen Lebensbahn? Wer hätte den Mut, das geistige Erbe dieses ungeheuren rätselvollen Denkers und Künstlers und Propheten als eigenen Besitz auszurufen? Alle stehen wir noch im Banne des einzigen Schauspiels, das uns sein Denken und Dichten und Richten geboten und wie kein anderes am Ausgange des Jahrhunderts die deutsche Litteratur mit hehrem Glanz erfüllte.

Und als ich schwieg – Stunden waren verronnen – da erhob sich mein Kamerad und sprach voll inniger Ergriffenheit das »trunkene Lied« Nietzsche-Zarathustras:

O Mensch! Gieb acht!
Was spricht die tiefe Mitternacht?
»Ich schlief, ich schlief –
»Aus tiefem Traum bin ich erwacht: –
»Die Welt ist tief,
»Und tiefer als der Tag gedacht.
»Tief ist ihr Weh –
[88] »Lust tiefer noch als Herzeleid:
»Weh spricht: Vergeh!
»Doch alle Lust will Ewigkeit –
»Will tiefe, tiefe Ewigkeit!«

Als der Sonntagmorgen anbrach – alles ist sauber geputzt, der Blumenstrauss prangt auf dem blank gescheuerten Tisch – bringt mein Kamerad eine Depesche aus Weimar: Friedrich Nietzsche ist sanft entschlafen. – –

68 Richard Dehmel

Offener Brief an den Herausgeber der »Kultur« (1902)

[127 ...] Mit den Romantikern habe ich nun vollends nichts gemein als ihren Widerwillen gegen das Gemeine, will sagen Gewöhnliche, im geistigen Sinne; weder die älteren, noch die jüngeren, noch erst recht die allerjüngsten sind mir irgendwie wahlverwandt, sobald sich's um den Gestaltungstrieb handelt, nicht um den vagen »Willen zur Macht«. Das dürfen Sie mir schon aufs bloße Wort hin glauben; denn selbst »Novalis und Friedrich Schlegel«, bei allem Respekt vor ihrer rednerischen Sprachgewalt, sind mir im Grunde unausstehlich mit ihrer ewigen Schwarmgeisterei. *Nietzsche* war ihr geistiger Erbe und hat sie überboten, nicht ich. Mir kommt es immerfort aufs Zugreifen an, nicht wie ihnen aufs Übergreifen; man wird schon allmählich dahinterkommen.

Und somit: es ist einfach *unrichtig*, daß »kein anderer Denker und nur wenige Dichter mich so stark beeinflußt haben wie Nietzsche«. Die Ehrfurcht vor diesem aufrichtigsten aller Selbstbekenner erfordert ein volles Bekenntnis, auch *gegen* ihn; Verhimmelung macht nur Backfischen Ehre. Nietzsche hat mich einmal (kurz vor [128] der Drucklegung meines Jugendbuches »Erlösungen«) acht Tage lang völlig berauscht, ich war besinnungslos hingerissen in die großartige Kampflust der Zarathustra-Rhythmen; dann aber trat eine ebenso völlige Ernüchterung ein, die Kampflust hatte sich in lauter Lufthieben erschöpft. Ich sah mich vergebens nach seinen »neuen Tafeln« um; ich fand nur alte Gemeinplätze in neuen Übertreibungen, fast unwert eines so ungemein heftigen Kampfes. In dieser Ernüchterung, die einer Erschütterung glich, als wenn man im Traum aus dem Bett auf den Fußboden fällt, schrieb ich den »Nachruf« an ihn, in seiner biblisch-romantischen Sprache, und nahm ihn noch mit in mein Jugendbuch auf. Das einzige positive Täflein, das der »Jünger« vom »Meister« empfangen hatte, trug auf der Rückseite eine Negation: folge mir *nicht* nach, geh deinen eigenen Weg! Und ich »folgte ihm und – verließ ihn«; keinen anderen Denker oder Dichter habe [ich] so für immer verlassen. Schon der Wille zur Macht *»über den Einen, den Gott Ich«* war ein heroisches Opfergebot, das ich ihm *untergelegt* hatte; er selber hat sich in allen seinen »Überwindungen« nie unumwunden gestehen mögen, daß dies der eigentliche Inhalt seines Tichtens und Trachtens war. Für alle heldischen Naturen ist aber diese Opferwilligkeit das einfach Selbstverständliche, Notwendige, rein aus dämonischem Instinkt heraus (vergl. den Gesang der Mütter in meiner »Lebensmesse« – nur deshalb opfern sie auch Andre so skrupellos; verwandte Naturen werden daher in Nietzsche stets einen Bestätiger ihrer uneigennützigsten Triebe erblicken, einen getreuen [129] Ekkehart des *schöpferischen* Selbstgefühls, nicht mehr und nicht weniger. Er wird sie im Bewußtsein ihrer selbstsichersten Schaffenskräfte bestärken, dieser gefährliche Fallgrubengräber für alle Schwächlinge; und insofern sich ein Künstler heroischer Instinkte erfreut, wird er in Nietzsche einen

Ansporn finden, sie mit bestem Wissen und Gewissen in seiner *Kunst* zu bestätigen, zumal er da auch normaleren, ebenso lebenswerten Instinkten ihr Recht lassen kann. Das also, diese Selbstbekräftigung, habe ich mir aus Nietzsche geholt; was mir sonst noch von ihm zugeflossen sein soll, ist mir – trotzdem ich mich *sehr gern* »beeinflussen« lasse, denn ich habe eine gute Verdauung, im Hirn wie im Magen – unentdeckbar. Seine Psychologie ist von wesentlich anderer Art als die meine; er ist ein zweifelnder Zergliederer gewohnter Seelenregungen, ich bin ein gläubiger Zusammengliederer ungewohnter, und überhaupt ist Seelenkenntnis nicht lehrbar, man hat sie oder man kriegt sie nie. Seine kritische Methode der Dekadenzspürerei kommt mir direkt kritikwidrig vor; sie ist nichts weiter als rückständiger Pessimismus und genau so borniert wie der methodische Optimismus. Seine ethischen Maximen (die Herrenmoral und die Züchtung des Übermenschen) vertragen sich nicht mit seinem eigenen ästhetischen Postulat der »Lebensbejahung« und sind schon deshalb für den Künstler unbrauchbar; Kunst ist Lebensbejahung von vornherein, man braucht sie dem Künstler nicht erst beizubringen, er *schafft* ja lauter Lebensbilder, Abbilder wie Vorbilder, und auch die sogenannte Sklavenmoral des Durchschnittsmenschen gehört natürlich mit zum Leben, [130] und kein nur eingermaßen aufs Ganze gehender Künstler kann ihren Daseinswert leugnen wollen. Sich »jenseits von Gut und Böse« zu stellen, ist für den umfassenden Künstler ein Unding; er muß in jedem Augenblick genau so weit diesseits wie jenseits stehen – diesseits als rationaler, jenseits als transscendentaler Bildschöpfer – und weiß drum die Grenzen der Menschheit zu würdigen. Die Züchtung des Übermenschen ist metaphysisch ein Aberwitz: sie geht längst vor sich in jedem Genie von Gottes *un*erziehlichen Gnaden, z.B. auch in Nietzsche selbst, soweit er frei von künstlichen Dogmen war. Sie ist zugleich ein physiologischer Nonsens: man kann keine neue Abart züchten, wenn man nicht ihren normalen Typus fixieren kann. Der Züchter steht immer schon *über* dem, was gezüchtet werden soll. Ein Mensch kann eine neue Hundeart züchten, die er meinthalben »Überhund« taufen mag; aber es müßte schon wirklich ein Gott kommen, um festzustellen, wie der wahre Übermensch beschaffen sein und nach welchen »reinen Merkmalen« seine Fortpflanzung reguliert werden müsse. Diesen Gott aber hat Nietzsche bekanntlich »abgeschafft«, wie er auch jenes Christentum »überwunden« hat, dessen Aufopferungslehre die »dekadente« Menschenherde noch am ehesten bestimmen könnte, sich zu Zuchtschafen für den großen Überbock herzugeben; ich brauche mich über diese Tragikomödie der Widersprüche wohl nicht weiter zu verbreiten. Desgleichen nicht über die mit großem Gekrach erst zugeschlagenen Torflügel zu den »Hinterwelten« und das dann schleunigst aufgemachte Hintertürchen der »ewigen Wiederkehr«. Nur [131] will ich noch bemerken, daß Sie mir einen »Glauben an die Zukunft der Menschheit« wohl sicher nicht in die Schuhe geschoben hätten, wenn ich nicht eben als Nachfolger Nietzsches hätte auftreten sollen. [...]

[132 ...] Dies kann natürlich nicht durch Lehre oder Predigt, sondern nur durch künstlerische Darstellung überzeugend ausgedrückt werden, eben als Ausdruck leibhaftigen Erlebens in mannigfachsten Schicksalswandlungen; mit Nietzsches schemenhaftem Einsiedler und seinem übermenschlichen Sehnsuchtphantom, das sich beständig in verzückten Predigten entlädt, hat also mein Modell einer wirklich menschenmöglichen Lebensführung nicht das geringste zu schaffen. Bleibt demnach nur noch sein technologischer, will sagen sprachbildender Einfluß übrig. Aber da habe ich anderen, zum Teil sogar unbedeutenderen Geistern ungleich mehr Anregungen zu verdanken als grade ihm; und wenn Sie meinen »Nachruf«, worin ich absichtlich seine Diktion adoptiert habe, mit allen übrigen Experimenten, aus denen mein eigener Stil sich entwickelte, vergleichen, dann werden Sie das ohne weiteres selbst zugeben. Ein Künstler, der sich nicht auf irgend eine »spezifische Energie« versteift, sondern universale Tendenzen hat, nimmt eben seine technischen Ausdrucksmittel, woher er sie kriegen kann; da liegt der oft erörterte Berührungspunkt zwischen Genie und Dilettantismus. Nur Talente verrennen sich in »*ihre*« Technik. [...]

69 Christian Morgenstern

Brief an Frisch vom 24. 2. 1902

[137 ...] Vor allem hat mir dieser Winter Muße gebracht, wieder einmal intensiver zu lesen. Über Lagarde und Tolstoi kam ich im Dezember zu Nietzsches nachgelassenen Entwürfen zum »Willen zur Macht«. Du wirst sie inzwischen wohl auch kennen gelernt haben. Sie bedeuten für mich die gewaltigste Offenbarung menschlichen Geistes, die ich kenne. Ich glaube nicht, daß irgendein Mensch je tiefere Blicke tat als der Nietzsche dieses Buches. Sogar sein eigenes übriges Lebenswerk verschwindet für mich vor diesem seinem letzten Vermächtnis, das er am Vorabend seines geistigen Todes mit [138] einer Kraft und Klarheit niederlegte, vor der es nur schweigende Ehrfurcht gibt. [...]

70 Robert Musil

Tagebucheintragungen vom 8. 5., 13. 5. und 15. 5. 1902

[36] 8. V. Heute zwei große Bände Nietzsche aus dem Franzensmuseum entliehen. Unwillkürlich heilige Stimmung, denn wie las ich ihn einst!

Wie wird er wohl diesmal auf mich wirken?!

Jedenfalls bedeutet er Sammlung, Selbstprüfung und alles mögliche Gute.

Die Vorrede zur *fröhlichen Wissenschaft* las ich bereits. Sie ist von jener einräumenden Art, über die ich einmal etwas notierte.

13. V.

Das Charakteristische liegt darin, daß er sagt: Dies könnte so sein und jenes so. Und darauf könnte man dies und darauf jenes bauen.

Kurz: er spricht von lauter Möglichkeiten, lauter Kombinationen, ohne eine einzige uns wirklich ausgeführt zu zeigen.

Daß man aber nur dann den Wert einer Idee beurteilen kann, ja überhaupt dann erst sieht, mit wem man es zu tun hat, ist klar.

Es ist nichts Lebendiges in dieser Art – das Gehirn phantasiert.

Hier ist es ja allerdings noch das +++ Gehirn Nietzsches – aber es gibt Leute, bei denen diese Art ganz unerträglich wird.

Leute mit den geschäftigen Gehirnen, die ganz unerschöpflich an Kombinationen sind, und unerträglich in ihrer Eitelkeit darob.

An diesen sieht man erst recht, daß diese üppigen, quecksilbrigen Gehirne gar keinen Wert haben.

– Vielleicht ist dieses Urteil zu hart – insoweit es Nietzsche betrifft. Er zeigt uns alle Wege, auf denen unser Gehirn arbeiten kann, aber er betritt keinen. Vielleicht war dies schon ein sehr großes Verdienst und erscheint mir bloß heute nicht mehr als solches, weil es mir bereits gemein und alltäglich vorkommt und ich vergessen habe, wem ich diesen Reichtum eigentlich verdanke.

[Spätere Randbemerkung:] Wie drollig man als junger Mensch [37] ist! Nietzsche gerade gut genug, um einem Lausbuben als Stufe zu dienen! Wie man nur das sieht, was man unter sich sieht! Wie fern der Gedanke liegt, auf den Totalgedanken Nietzsche einzugehn (1923).

15. V. Schicksal: Daß ich Nietzsche gerade mit achtzehn Jahren zum ersten Male in die Hand bekam. Gerade nach meinem Austritt vom Militär. Gerade im soundsovielten Entwicklungsjahr.

71 Robert Musil

Tagebucheintragung ›Etwas über Nietzsche‹ (1899)

[42] Man nennt ihn unphilosophisch. Seine Werke lesen sich wie geistreiche Spielereien. Mir kommt er vor wie jemand, der hundert neue Möglichkeiten erschlossen hat und keine ausgeführt. Daher lieben ihn die Leute, denen neue Möglichkeiten Bedürfnis sind, und nennen ihn jene unphilosophisch, die das mathematisch berechnete Resultat [43] nicht missen können. Nietzsche an sich hat keinen zu großen Wert. ([Später angemerkt:] Jugendliche Anmaßung.) Nietzsche aber und zehn tüchtige geistige Arbeiter, die das tun was er nur zeigte, brächten uns einen Kulturfortschritt von tausend Jahren.

Nietzsche ist wie ein Park, der Benutzung des Publikums übergeben – aber es geht niemand hinein!

72 Ernst Stadler

Neuland (1902)

[70...] Und dies sei fortan das höchste Ziel des Künstlers, vom Bestehenden zu sagen: »Es *war*« und darüber hinwegzuschreiten zu dem Neuen. Und dies sei euer Gesetz, ihr Künstler und Dichter: Nicht länger »*rückwärts* schauende Propheten« zu sein. Seht vorwärts! Seht in Morgensonnen! Vorwärts sahen alle großen Geister der Weltgeschichte, Christus und Giordano Bruno, Luther und Nietzsche. Zerschmettert die alten Tafeln und schreibt euch euer eigen Gesetz aus euerem Eigen-Willen! Habt den Mut, *neu* zu sein! Laßt euch verhöhnen und verdammen von der urteilslosen Menge und wisset: Die Zukunft wird euch lohnen. Verlacht den eitlen Ruhm des Tages und habt den großen Ehrgeiz *künftiger* Unsterblichkeit! Denn der Zukunft dient alle wahre Kunst!

73 Hugo von Hofmannsthal

Brief an Raoul Richter vom 7. 7. 1903

[117...] nun habe ich Ihnen abermals zu danken: Ihr Buch hat sich mit meinem Brief gekreuzt. Sie werden mir wohl erlauben, nicht nur die bezeichneten Kapitel, sondern das ganze Buch vom Anfang bis zum Ende mit großer Aufmerksamkeit zu lesen, denn ich wüßte nichts, was mir nützlicher sein könnte als im Zusammenhang über eine [118] geistige Erscheinung belehrt zu werden, die mehrmals, besonders im frühen Entwicklungsalter, imponierend und aufregend in mein Leben getreten ist, ohne daß diese Eindrücke in mir eine rechte Kontinuität gefunden hätten. Da man ja nicht umhin kann, schon beim Aufschneiden da und dort hineinzusehen, so habe ich schon die Freude erlebt zu fühlen, wie Sie das Problem seines Verhältnisses zu Wagner so anfassen, daß sich einem an diesen Stellen das durch häßliche, mißwillige Hin- und Widerreden wirklich verletzte Mitgefühl wie unter der Berührung einer linden und kühlen ärztlichen Hand beruhigt. [...]

74 Gustav Landauer

Brief an Julius Bab vom 16. 6. 1903

[117...] Das ist mir viel zu wenig, bloß um des »Lebens« willen zu erkennen; ich will um des Gestaltens willen erkennen. Nietzsche hatte es Wille zur Macht, zur Macht über die Welt genannt. Das aber ist mir zu zweideutig [118] gesagt; ich nenne es Gestaltung, Kunst; Religion will ich's nicht nennen; das Wort ist für das, was ich meine, nicht mächtig genug. [...]

75 Heinrich Mann

Die Göttinnen oder Die drei Romane der Herzogin von Assy (1903)

[329...] [Violante:] ›Nicht wahr? Ihr habt meine Glieder ganz angefüllt mit eurem mächtigen Leben! Ich fühle ja, wie ich selbst unerschöpflich hinüberströme in alles, was ich sehe. Auf mein Geheiß steigen an diesem Strande, den Paläste säumen, die Brücken schimmernd auf und nieder. Jedes der reizenden Mädchen, deren grüner oder goldener Pantoffel über ihre Bogen hineilt, entsende ich von meinem Herzen. Mir scheint, ich habe ihre blumigen Mieder selber gewirkt; ihre schlanken und weichen und flaumigen Nacken hat mein Daumen modelliert, und das Blondhaar habe ich darüber hingestäubt und die Veilchensträuße befestigt an den blassen Hälsen der [330] Brünetten. Der gebrannte Ton der männlichen Gesichter ist mein Werk.

Hinter jener blendenden und grün überbuschten Gartenterrasse bewegt sich eine junge Dame; ihr Kleid prangt in allen Tinten des Sommermittags. Ihr weißer Tüllschal weht lind und duftend um ihre Schultern. Sie ist gewandt, leicht, weit ausschreitend, flüchtig und hinterläßt überall ein Lächeln und einen Gedanken an Glück. Ich habe sie dort hingestellt, an dieses strahlende Ufer, damit die Erde noch schöner werde, die reiche Erde, die aus mir jauchzt. [...]‹

76 Franziska Gräfin zu Reventlow

Ellen Olestjerne (1903)

[575 ...] Eines Abends kam Detlev mit einem Buch nach Hause. Die Eltern waren aus, und dann machten die beiden Jüngsten es sich in des Vaters Zimmer bequem. Sie holten sich ihren Tee herüber, vor dem Ofen schliefen die Hunde, Ellen lag auf dem Sofa, Detlev saß neben ihren Füßen und las vor – es war Nietzsches Zarathustra.

Sie bebten beide – der Himmel tat sich über ihnen auf in lichter blauer Ferne – jedes Wort löste einen Aufschrei aus tiefster Seele, band eine dumpfe, schwere Kette los, sagte etwas, was kein Mensch sagen konnte oder je gesagt hatte, wonach man im Dunkeln herumgetappt hatte und geglaubt, es nie zu finden. Das war nicht mehr Verstehen und Begreifen – es war Offenbarung, letzte äußerste Erkenntnis, die mit Posaunen schmetterte – brausend, berauschend, überwältigend. Und alles andere, der Alltag, das Alltagsleben und -Empfinden schrumpfte in eine öde, farblose Masse zusammen, verlor sein Dasein – nur das wahre, das heilige, große Leben leuchtete und lachte und tanzte.

Sie konnten sich nicht mehr zurückfinden – noch spät in der Nacht saß der Bruder an Ellens Bett und las immer weiter – wie aus einer andern Welt hörten sie Eltern und Schwester heimkommen, die Haustür zufallen und alles wieder ruhig werden.

Und von nun an lasen sie jeden Abend, der Zarathustra wurde ihre Bibel, die geweihte Quelle, aus der sie immer wieder tranken und die sie wie ein Heiligtum verehrten. Auch wenn sie mit ihren Freunden zusammen waren, – da gab es Gespräche, bei denen sie alle fieberten: die alte morsche Welt mit ihrer Gesellschaft und ihrem Christentum fiel in Trümmer, und die neue Welt, das waren sie selbst mit ihrer Jugend, ihrer Kraft, mit allem, was sie schaffen und ausrichten wollten. Es war wie ein gärender Früh- [576] lingssturm in ihnen, jeder träumte von einem ungeheuren Lebenswerk, und sie alle hätten sich jeden Tag für ihr Lebensrecht und ihre Überzeugung hinschlachten lassen, wenn es nötig gewesen wäre. [...]

77 MAX DAUTHENDEY

Bänkelsang vom Balzer auf der Balz (1904)

[... 8] »Ein Übermensch bist Du, ei was!
Ach sage mir, wie macht man das?« –

»Mein Lieber das ist gar nicht schwer,
Man ist einfach nicht menschlich mehr.

Bist Du von Dir steif überzeugt,
Es jedem Andern auch so deucht.

Nie danke, wenn man Dir was gibt,
Nimm einfach, weil es Dir beliebt;
[...]

[9] Mit Schulden sollst Du Alles zahlen,
Das wird Dir auch viel leichter fallen.

Man spreche immer nur von sich,
Und Alle denken dann an Dich,

Denn Du allein sollst weiterleben,
Weil das dem Übermenschen gegeben.« –
[...]

78 Hermann Hesse
Peter Camenzind (1904)

[383...]

[Camenzind:] »Ich habe zwar auf der Schule Verse gemacht, aber nun schon lang keine mehr.«

[Richard:] »Darf ich die einmal sehen?«

[Camenzind:] »Sie sind verbrannt. Aber Sie dürften sie doch nicht sehen, auch wenn ich sie noch hätte.«

[Richard:] »Es waren gewiß sehr moderne Sachen, mit viel Nietzsche drin?«

[Camenzind:] »Was ist das?«

[Richard:] »Nietzsche? Ja großer Gott, kennen Sie den nicht?«

[Camenzind:] »Nein. Woher soll ich den kennen?«

Nun war er entzückt, daß ich Nietzsche nicht kannte. [...]

79 Samuel Lublinski
Die Bilanz der Moderne (1904)

[161...] Der schon geschilderte impressionistische Stil, jene von fernher andeutende Farbennuance, die von den Klangwirkungen nur unterstrichen und gleichsam eingerahmt wurde, gelangte zu einer immer größeren Vollendung. Hier war Nietzsche ein gefeiertes und unübertroffenes Vorbild, und es läßt sich noch gar nicht abmessen, wie viel nicht zum [162] wenigsten gerade die Lyrik ihm zu verdanken hat. Von ihm stammen auch die modernen freien Rhythmen, die sich vom älteren Dithyrambus eben dadurch unterschieden, daß die einzelnen Zeilen und Worte viel energischer und auch farbiger stilisiert wurden. Vor allem aber muß er recht eigentlich als der Vater des modernen Naturgefühls bezeichnet werden. Er pflegte ganz wenige Einzelzüge der Landschaft auszuwählen: einen Felssteig, einen Baum, und dann diese Einzelheiten mit allem ihrem Duft und Hauch in seinen Zarathustra-Hymnus derartig hineinzustellen, daß sie wie von selbst zu wundervollen Symbolen wurden. Der ganze lyrische Nachwuchs hat da von ihm gelernt, und man brauchte nun noch, was Nietzsche selbst zumeist verschmäht hat, die trüben Mächte des Unbewußten, die Empfindungen einer dunklen Angst und dumpfen Verzweiflung in diesen neugeschaffenen Stil einzufangen, um die symbolistische Lyrik nach allen Seiten hin zu entfalten. [...]

[189 ...] Er rief seinen Jüngern zu, als starke Schwimmer auf dem Meer ihrer Triebe zu treiben, ohne sich von den Wellen verschlingen zu lassen und ohne an diesen Klippen zu zerschellen. Aber viele zerschellten daran, weil Kraft und Kühnheit sich nicht immer die Wage hielten, und weil die Bepackung mit Physiologie, Mystizismus und Sozialismus jeder Art die ungeheure Last in oft furchtbarer Weise erschwerte. Das liebe Publikum hatte von diesen Kämpfen und erschütternden Konflikten keine Ahnung, und es sah nur, wie immerfort seiner geliebten Zivilisation in das Gesicht geschlagen und Hohn geboten wurde. [...]

80 Johannes Schlaf
Walt Whitman (1904)

[12 ...] Und doch: schon begannen die beiden Typen und Charaktere in diesen neuesten Zeiten, an der Wende dieses 19. und 20. Jahrhunderts in Klarheit hervorzutreten; und nebeneinander habe ich die Vision zweier Brudergesichter; zweier grossen Eigenen und Einzigen: hier bei uns *Friedrich Nietzsche,* und da drüben ein erster Reintyp des Yankee: *Walt Whitman.* [...]

81 Rudolf Borchardt
Das Gespräch über Formen und Platons Lysis (1905)

[14 ...] Die Philologie gehört nicht mehr zu den Gegenständen, die um ihrer selbst willen öffentlich zu erörtern in einem öffentlichen Interesse liegt. Der letzte, der sie der Kritik noch für wert gehalten hat, ist Friedrich Nietzsche gewesen. Tief verwundete und enttäuschte Liebe, die ergreifendste Gestalt der sittlichen Weltbühne, hat nie ergreifender gesprochen. Aber die Philologie nennt ihn einen unglückseligen Irren, und während sie seine Gedanken, etwa seine Auffassung des Sokrates, in ihre ungebildeten Schwarten hinüberzupaschen beginnt, gibt sie sich den Anschein, ihn zu bedauern. Nein, lachen Sie nicht, nehmen Sie die Tatsache mit ihrer vollen Wucht, daß die klassische Philologie, wie sie heute ist, Friedrich Nietzsche bedauert. Nun, seitdem ist sie aus der Reihe der Objekte ausgeschieden, die durch die stumme oder laute Kritik der Zeit Form behalten, gewinnen oder zurückgewinnen. [...]

82 Heinrich Hart
Wir Westfalen (1905)

[87...] Über Nacht war der Philosoph der schrankenlosen Ichsetzung aus dem Dunkel ins hellste Licht getreten. Alle individualistisch-anarchistischen Bestrebungen empfingen durch ihn eine Art religiöser Weihe. Mit einer Begeisterung, die vorderhand allen Widerspruch niederwarf, wurde er zum Führer der neuen Generation proklamiert, er oder vielmehr sein Werk, denn er selbst war ein lebendig Begrabener.

Wie immer hatte auch diesmal das Ausland die Entwickelung mit beeinflußt. Freilich fast ausschließlich in artistischer Beziehung. Die Namen Ibsen, Zola, Tolstoi verloren ein wenig von dem alten Zauber, und neue Namen wie Baudelaire, Mallarmé, Verlaine, d'Annunzio kamen zur Geltung. Immerhin blieb die Wirkung, welche diese Formalisten und Dekadenten ausübten, eine engbegrenzte und einseitige. Die Kraft, mit der in dieser Zeit das Deutschland Richard Wagners und Nietzsches das Ausland beeinflußte, war unbedingt weit höher einzuschätzen. [...]

[92...] Und durch die Symposien, die wir bei Dehmels feierten, wehte in der Tat etwas von jenem Geiste, der einst in Attika und einst in Florenz lebendig war. Freilich ging es zumeist nichts weniger als zahm her, der gärende Most mußte ausschäumen, aber doch hatten die Grazien nie Anlaß, sich hinauszuschleichen. Unter denen, die immer wieder kamen, waren außer meinem Bruder und mir: Liliencron, Otto Julius Bierbaum, Hanns von Gumppenberg, Hedwig Lachmanu, Doktor Schleich, der bekannte Mediziner, Przybyszewski und Franz Oppenheimer, Dehmels Schwager. In diesem Kreise regten sich zuerst oder doch wenigstens am stärksten und nachhaltigsten jene Stimmungen, welche über die Epoche des Naturalismus, Pessimismus und Sozialismus hinausstrebten. Man hatte sie satt, übersatt, die graue Nüchternheit der Elendsliteratur, die engbrüstige Moral der Massenprediger, den herrschenden Rationalismus und die herrschende Politisiererei. Man träumte von einer neuen Renaissance, einem neuen, sinnen- und kunstfreudigen Heidentum. Die Worte Lebensfreude, Ausleben, Sinnlichkeit, Freiheit gewannen neuen Inhalt. Die Werte, die Nietzsche geahnt, sollten sich in Leben und Tat umsetzen. Ein neues Weltempfinden, heller, sonniger, weitherziger als das alte, eine neue Weltanschauung war im Keimen. – [...]

83 Georg Heym
Erstes Tagebuch (1906)

[44] Und dennoch. Seine Lehre ist groß. Was man dagegen sagen mag, sie giebt unserm Leben einen neuen Sinn, daß wir Pfeile der Sehnsucht seien nach dem Übermenschen, daß wir alles Große und Erhabne in uns nach unsern besten Kräften ausgestalten und so Sprossen werden auf der Leiter zum Übermenschen. War nicht Goethe ein solcher? O ein schwerer Tropfen zu sein, in der dunklen Wolke, die den Blitzstrahl birgt, der den Übermenschen auf die Erde schleudert. Ferner und ferner sehen lernen, sich wegwenden vom Augenblick und dem Übermenschen zu leben, lehrt uns Zarathustra. Und diese Lehre kann uns auf uns allein stellen.

Ich las ihn und wurde gefangen, ich, der ich früher Angst vor diesem Buche hatte. Und eine Stelle ist mir die liebste geworden und eine große Tafel an meinem Wege, der sich verlor in das Niedere. O daß es mir gelingen möchte, mein Leben nun umzugestalten, um ein Pfeil zum Übermenschen zu werden. [...]

84 Carl Sternheim
Brief vom November 1906

[847...] Das Chaos des Don Juan erschreckt mich und tut mir wehe, in mir ist schon sein Ende (wo er aus Feuer in Glut gerät) als ein schöner Anfang.

Ein Anfang.

Eine Milde. Etwa mit Nietzsche zu sagen: Es wäre entsetzlich, wenn wir noch an die Sünde glaubten, sondern, was wir auch tun werden, – es ist unschuldig.

Ich weiss wohl, dass der Don Juan Kraft ist vom Anfang bis zum Ende, und dass mein augenblicklicher Zustand vielleicht Schwäche bedeutet. Aber der Weise erkennt, dass kein Beharren [848] ist, πάντα ῥεῖ alles fliesst und freut sich auch seiner Schwäche, weil er an ihr seine Kraft erkennt. Die wiederkommen wird. [...]

Mit anderen Worten: Er [Nietzsche] verwirft jede Ethik. Und will nur eine Aesthetik kennen. Der Mensch soll nicht gut, er soll nur ganz sein. Ganz er selbst. Dann ist er schön.

Es leuchtet nebenbei aus seinem Werk als die Hauptsache heraus. Dass das *Starke* für ihn das *Schönste* ist. Es ist eine überraschende

Entdeckung. Der Don Juan der ersten Szene des zweiten Teils wäre Nietzsche als der schönste Mensch erschienen.

All das ist sehr sympathisch. Und steht hoch über all dem ethischen Gefasel von Tausend und Abertausenden. Es ist jedenfalls sehr viel schönheitstrunken zu sein wie er. Ohne Maass.

Denn er ist schönheitstrunken ohne Maass. Das höchste erscheint mir in diesem Augenblick. Ein Schönheitsmaassbewusstsein, Tasso, Iphigenie. Du siehst wieder den Wertunterschied.
Für die Menschheit Nietzsche.
Für den Menschen Goethe. [...]

85 Jakob van Hoddis
Umschwung (1907/1909)

[17...] Nietzsche werde überwunden,
Wir beginnen auszumisten
Aus der Welt die ungesunden
Schrankenlosen Egoisten.
[...]

86 Johannes Schlaf
Der »Fall« Nietzsche (1907)

[4...] Sicher und gewiß hat uns Nietzsche zwei große Blicke enthüllt und zwei Leitsterne gezeigt, die über der Gegenwart und Zukunft Europas und der Menschheit stehen; oder vielmehr, ich will sagen: er hat zwei große Namen genannt und ausgesprochen: den des »*Europäers*« und den des »*Übermenschen*«. Das wird sein Verdienst bleiben. – Denn, erhebt sich die Gestalt des Europäers und auch bereits die des Übermenschen auch schon in deutlich erkennbaren Umrissen im Bereich unserer Frühromantik, insbesondere in den genialen »Fragmenten« des Novalis: so blieb sie dennoch gerade in unserer Zeit zu bestätigen. Und das hat Nietzsche getan. –

Indessen: nichts weniger als klar, schlicht und lauter ist Nietzsches Verkündigung des Europäers sowohl wie die des Übermenschen! Und bereits unsere nächste Generation wird ihn als einen Afterpropheten von der Hand weisen.

Ich sage also, daß wir Nietzsche, wennschon als einen sehr wich-

tigen und interessanten Anreger, so doch keineswegs als den Schöpfer und ersten vollkommenen Vertreter einer modernen deutschen oder europäischen Kultur betrachten und werten dürfen! Keine verhängnisvollere und kostspieligere Kurzsichtigkeit läßt man sich heute zuschulden kommen, als diese! – [...]
[10...] Mir ist die erste Periode Nietzsches die weitaus erfreulichste.

Gewiß haben wir zwar seiner zweiten und dritten Periode die Ideen des Europäers und des Übermenschen zu verdanken: aber im übrigen war Nietzsche von demselben Augenblick an in der Irre, von dem ab er sich in den Philosophen – die endgültigst hoffnungslose und ausgespielteste europäische Intellektualspezies! – verwandelte, auf daß er endlich in die so unglückliche Höheneinsamkeit eines prophetischen Zarathustra sich versteige, und vom ödesten Gestein in den dunkelsten Abgrund abstürze. – Mögen seine beiden letzten Perioden immerhin die seiner Größe gewesen sein; aber hätte er nicht auf natürlicherem Wege zu ihr gelangen können, und zwar von jener ersten Periode aus als *Dichter*? – [...]
[12...] Und, sagen wir's nur gleich: was von Nietzsche Dauer haben wird, das sind die beiden letzten Teile seines »Also sprach Zarathustra«, das sind seine »Lieder des Prinzen Vogelfrei«, seine herrlichen Dionysosdithyramben, und das sind seine Gedichte! – Seine philosophischen Werke dagegen werden in 50 Jahren unzulänglich geworden sein; sie werden kaum noch so besonders viel mehr als Kuriosa sein. Denn die europäische Entwicklung wird und muß über den Denker und Philosophen Nietzsche zu ihrer Tagesordnung übergehen. Ich meine, sie ist bereits heute dazu im Begriff, wo Nietzsche angefangen hat der Modephilosoph der »oberen Zehntausend« zu werden. [...]

Jedenfalls ist seine erste Periode die erfreulichste. Seine Sprache hat hier noch die Geduld und Ruhe in prächtigem und tadellosem Aufbau einen größeren Zusammenhang ununterbrochen und nacheinander durchzuführen. Sie ist frisch, belebt, gesund, beweglich, vielseitig, schmuckreich ohne Überladenheit, aber noch nicht nervös, unruhig, spielerisch, um nicht zu sagen in allzu freigelassener Wort- und Begriffsgourmanderei narzisselnd, geschweige gar pathologisch, wie in seinen späteren Schriften. Sein geistiges Charakterbild ist noch aus einem Guß; und es ist sicherlich nicht ohne tieferen religiösen Instinkt; wenn schon die Nuance des Artisten die des Religiösen bereits zu überwiegen sich geneigt zeigt. [...]

[17...] Rein als Buch genommen gehört die »Geburt der Tragödie« zu dem Besten, was Nietzsche geschrieben hat. Es ist ein von warmer und begeisterter Jugendlichkeit erfülltes Buch, das einen unmittelbar anziehen wird, wenigstens wenn man selbst noch jung ist. Aber auch im gereiften Alter wird man sie wohl gern noch einmal lesen. [...]

[71...] Wir gelangen jetzt zu den »*Unzeitgemäßen Betrachtungen*«.

Der Humanist Nietzsche verwandelt sich hier in den Publizisten. Und zwar in einen Publizisten, der sicherlich einer der glänzendsten ist, die wir etwa seit Lessing erlebt haben sollten; besonders auch, was hier und heute gewiß nicht unwichtig ist, in der Handhabung des sprachlichen Stils der Polemik.

Die »Unzeitgemäßen Betrachtungen« sind wohl das erfreulichste Buch, das Nietzsche uns gegeben hat, wie dieser ganze erste Zeitraum in Nietzsches Entwicklung alles in allem der erfreulichste und verheißungsvollste ist.

In diesen Aufsätzen hat Nietzsche die aufstrebende Generation gut und fruchtbar angerufen. Hier war er wirklich noch ein »guter Rufer im Streit«. – Wie haben sie bei uns eingeschlagen! Wie haben sie uns gefesselt und begeistert!

Die beiden herzhaften, kühnen und genialen Griffe und Begriffe »Bildungsphilister« und »Unzeitgemäß«, sie rissen die Schleier von der Jämmerlichkeit gewisser aktueller Kulturzustände und schienen uns zugleich ein Ziel und eine Überwindung zu zeigen. [...]

[176...] Diese »ewige Wiederkunft« ist eins der erstaunlichsten und [177] wunderbarsten Erlebnisse und seelischen Ereignisse, die man sich vorstellen kann!

Bezeichnen wir es als eine metaphysische Reaktion im Seelenleben Nietzsches, und eine, gottlob, wenigstens vorderhand siegreiche!

Wie wohl ist sie zustande gekommen?

Nun, der wahre Nietzsche ist aller »Menschlich-Allzumenschlichkeiten« und aller ihrer Morgenröten-Maulwurfs-Wühlereien endlich satt geworden, und der *alte* Nietzsche, vor allem der *Dichter* Nietzsche, fängt an, übermächtig zu werden und zum machtvollen Durchbruch zu gelangen. [...]

[244...] Wir haben noch einiges über die Form des »Zarathustra« zu sagen, und von Nietzsches dithyrambischer Lyrik überhaupt.

Man rühmt an Nietzsche den großen Sprachschöpfer. Es ist keine Frage: man tut es mit Recht. Wir haben seit unsren Klassikern keinen größeren Sprachmeister gehabt als ihn; und es verhält sich so, daß er der deutschen Sprache neue Offenbarungen abgerungen hat. Es ist auch gern wahr, daß die Formklarheit der romanischen Sprachen bei diesen Offenbarungen mitgeholfen hat. Indessen nicht überall, wo dieser Einfluß derselben in Nietzsches Sprache zutage tritt, wird man ihn gutheißen dürfen; vor allem vom Französischen her hat er Nietzsche zu allzuviel Spielereien verleidet; zu einer artistischen Lust an der Frivolität, der man trotzdem, gottlob! anmerkt, wie sie ihm innerlichst gar nicht liegt. Nietzsche muß uns hier geradezu unleidlich sein. Leider, leider wird ihm hier am meisten nachgeahmt, in all diesen Jonglierereien und Kapriolen, die er der deutschen Sprache aufgenötigt und aufdressiert hat.

Nietzsches eigentlichste, ganz und gar nicht artistisch sprachschöpferische Gewalt wird erst da offenbar, wo er all die Bravourmätzchen, all seine Larven und Posen fallen läßt, und wo er hinter ihnen, so deutsch in seinem innersten Wesen wie nur je ein großer deutscher Dichter auch mit seinem eigensten *Schicksal* hervortritt: in seinen herrlichen Dionysos-Dithyramben, in den Liedern des »Zarathustra« und in den beiden letzten Teilen desselben überhaupt.

Ich will hier nicht wiederholen, wie unerträglich geradezu der parodierte Bibelstil der ersten beiden Teile ist, trotz ihrer äußerlich formalen Glätte und dem Glanz dieser Sprache, den man gelten lassen und unverkümmert haben würde, wenn die sprachliche Parodie nicht als prophetischer Ernst und prophetische Wahrheit genommen sein wollte. Die beiden ersten Teile des »Zarathustra« [245] sind gespreizt, geziert, gewunden, posiert, bis ins innerste unnatürlich, ja wohl gar gelegentlich bis zum unfreiwillig komischen und widerwärtigen; eine Leichtfertigkeit und eine *Sünde* gegen den Geist der deutschen Sprache.

Was ich schon früher von dem Melos von Nietzsches Sprache ausführte, darin will ich mich nicht erst noch einmal wiederholen.

Mit ihm hat Nietzsche unsere Sprache bereichert und der *modernen* deutschen Seele als der erste die Zunge gelöst. Es ist unmöglich, nach Nietzsche noch zu dichten wie vor ihm! Möchten unsre »Neo-Romantiker« und »Neu-Klassiker« das doch endlich begreifen! – Ich halte hier auch George für Rückschritt, den ich sonst sehr gern von den übrigen ausnehme. – Dehmel, Mombert: so ungefähr kann einzig *nach* Nietzsche noch deutsche Lyrik aussehen. (Soll ich vielleicht auch Carl Spitteler erwähnen?) – Das heißt: wenigstens sprachlich-formal! Und – *ungefähr!* –

Ich will aber mit alledem nicht gesagt haben, daß Nietzsche uns wirklich ganz und gar eine Sprache geschaffen habe. Er ist durchaus kein Sprachschöpfer im Sinne Luthers oder Goethes. Und es ist auch völlig und ganz und gar unmöglich, daß er das sein kann. Er ist nur ein Übergang und ein Hauptton in einem Vorspiel neuer sprachlicher Symphonie und Verwandlung. – Er hat noch viel zu viel romantische und vor allem humanistische Elemente, wie es nicht anders sein kann. Er »dichtet« noch zu viel, hat noch viel zu viel »Festtagsgeberde«. Nie hat Goethe Festtagsgeberde; nie »dichtet« er. Sein Wort ist durchaus real, prosaisch, *notwendig*! Er gibt sich durchaus und ganz, wie er ist. [...]

87 ARTHUR SCHNITZLER
Der Weg ins Freie (1908)

[203 ...] [Stauber:] ›Aber glauben Sie mir, es gibt auch heutzutage, selbst unter den jungen Leuten, die bei Nietzsche und Ibsen aufgewachsen sind, geradesoviel Philister als es vor dreißig Jahren gegeben hat; sie geben sich nur nicht zu erkennen, außer es geht ihnen selbst an den Kragen, zum Beispiel, wenn man ihnen die Schwester verführt oder wenn ihre Frau Gemahlin ihnen plötzlich mit der Idee kommt, sie will sich ausleben ... Manche sind natürlich konsequent und spielen ihre Rolle weiter ... das ist aber mehr eine Frage der Selbstbeherrschung als der Weltanschauung. Und früher wieder, wissen Sie, in der Epoche, aus der ich eben komme, wo die Begriffe so unwiderruflich festgestanden sind, wo jeder zum Beispiel genau gewußt hat: man hat seine Eltern zu verehren, sonst ist man ein Schuft ... oder: eine wahre Liebe gibt es nur einmal im Leben ... oder: es ist ein Vergnügen für das Vaterland zu sterben ... wissen Sie, in der Epoche, wo jeder anständige Mensch irgendeine Fahne hochgehalten, oder wenigstens irgendwas auf sein Banner geschrieben hat ... glauben Sie mir, schon damals haben die sogenannten modernen Ideen mehr Anhänger gehabt, als man ahnt. Nur, daß es diese Anhänger selbst manchmal nicht recht gewußt, daß sie selber ihren Ideen nicht getraut, daß sie sich gewissermaßen wie Auswürflinge oder gar wie Verbrecher vorgekommen sind. Soll ich Ihnen was sagen, Herr Baron! Es gibt überhaupt keine neuen Ideen. Neue Gedankenintensi- [204] täten – das ja. Aber meinen Sie im Ernst, daß Nietzsche den Übermenschen, Ibsen die Lebenslüge erfunden hat, und Anzengruber die Wahrheit, daß die Eltern selber »danach sein sollen«, die von ihren Kindern Verehrung und Liebe wünschen? Keine Spur. Alle ethischen Ideen sind immer dagewesen, und staunen würde man, wenn man wüßte, was für Flachköpfe die sogenannten neuen, großen Wahrheiten gedacht, vielleicht sogar manchmal ausgesprochen haben, lang vor den Genies, denen wir diese Wahrheiten verdanken, oder vielmehr den Mut, diese Wahrheiten für wahr zu halten. [...]‹

88 Carl Spitteler
Meine Beziehungen zu Nietzsche (1907)

[...42] Wie man sieht, war es ein magerer und geistig wenig ergiebiger Briefwechsel, welchen ich mit Nietzsche pflog; drehte er sich doch hauptsächlich um das leidige Thema, ob es gelingen werde, einem vergessenen und verlassenen Schriftsteller, der keinen Verleger mehr hatte finden können, einen Verleger zu verschaffen.

Und dennoch ist mir der Briefwechsel teuer, weil er mir einen anderen Nietzsche offenbarte, als den Nietzsche meiner Vorurteile, auch einen anderen Nietzsche, als den Nietzsche seiner Werke und Taten, einen privaten Nietzsche, den Nietzsche als Menschen, und zwar als wohlwollenden, gutartigen, gewinnenden Menschen. Ich habe ihn in diesen Briefen als feinfühlig, warmherzig, ja sogar weichherzig kennen gelernt. Von seiner Feinfühligkeit ein Beispiel: Nie, selbst nicht im Zustande der Gereiztheit, hat er mir mit einem Wörtlein verraten, dass ich die Mitarbeiterschaft am Kunstwart ihm verdanke. Von seiner Warmherzigkeit zeugen die unermüdlichen, nie erlahmenden Bemühungen, einem ihm wildfremden Menschen behilflich zu sein, Bemühungen, welche sich durch ihre mutige frische Gebärde auszeichneten. Seine Weich- [43] herzigkeit lernte ich kennen, wenn er protestierte und spektakelte. Nie entschlüpfte ihm dabei ein verletzendes Wort, immer bekundete er das Bedürfnis, den Einspruch freundschaftlich abzutönen, sein Herz ertrug es nicht, einem wehe zu tun. Ich habe ihn nie lieber gehabt, als wenn er mich bekriegte oder tadelte. Einmal schrieb er mir: »Das nimmt mich ein wenig gegen Sie ein, verzeihen Sie.« Das ist ja inhaltlich nichts Liebenswürdiges, im Gegenteil, allein die Unliebenswürdigkeit ist so ausgedrückt, wie sich eben nur ein liebenswürdiger Mensch ausdrückt. [...]

[45 ...] Nun noch zu der Legende, also zu dem immer von neuem herumspuckenden Gerüchten über ein rätselhaftes, noch unbekanntes näheres Verhältnis zwischen Nietzsche und mir. [...]

[46 ...] Die einfachste und nächstliegende Auskunft, sich dieses Phänomen zurechtzulegen, war, meinen Prometheus als eine Nachahmung des Zarathustra zu erklären; und das geschah denn auch, so dass ich kurzer Hand in das Gefolge Nietzsches verwiesen wurde. Diese Annahme, weil ihr von niemand widersprochen wurde, pflanzte sich dann immer weiter fort, und wurde schliesslich so allgemein, dass einer meiner Freunde, der es besser wusste (nicht Widmann, sondern ein anderer), mich um die Erlaubnis ersuchte, einschreiten zu dürfen, indem er nachweise, dass mein Prometheus zwei Jahre früher im Druck erschien als Nietzsches Zarathustra, folglich unmöglich eine Nachahmung des Zarathustra sein könnte. [...]

89 Hermann Hesse
Faust und Zarathustra (1909)

[17 ...] Wenn dem so ist, wenn wir uns einer neuen schönen Gegenwart erfreuen und einer besseren, schöneren Zukunft entgegenhoffen, so verdanken wir das dem befreienden Gedanken der Entwicklung und des Monismus und seinen großen Trägern und Pionieren. Und zu diesen gehört neben Darwin, neben Haeckel vor allem auch Friedrich Nietzsche. Man hat ihn wohl einen Philosophen genannt; aber vielleicht ist er in erster Linie Psychologe. Seine große, unsterbliche Lebensarbeit gipfelt jedenfalls darin, den feinsten Regungen des menschlichen Seelenlebens bis auf ihren Grund nachzugehen, die Geschichte dieses Seelenlebens vom gleichen Standpunkte aus und in gleicher Weise zu erforschen, wie Darwin und Haeckel der Entstehung des organischen Lebens nachgingen und schließlich auf Grund der so gewonnenen Einsicht und Erfahrung alle sittlichen Werte, alle Moralbegriffe, einer ernsten Kritik und wo nötig einer Umwertung zu unterziehen. Man vermag die Bedeutung Nietzsche's und seines Schaffens zu würdigen, wenn man bedenkt, daß er sich einer Jahrtausende alten Kulter entgegenstemmte, daß er die Grundfesten einer Jahrtausende alten, durch Gesetz und Tradition geheiligten Moralanschauung ins Wanken brachte. Lange Zeit verhallte seine Stimme ungehört, und er selber hat, zwölf Jahre geistig umnachtet, die mehr und mehr erwachsende

Erkenntnis seiner Bedeutung nicht er- [18] fahren. Um sein Schaffen eingehend verständlich zu machen, würde es einer großen, umfassenden Darlegung bedürfen, die wir uns vielleicht für später einmal aufschieben. Heute sei es uns vergönnt, ernsten Sinnes den Tempel zu betreten, den dieser große Baumeister neuer Ideale, neuer Werte einem kommenden Geschlechte in herrlicher, unvergleichlicher und unvergänglicher Schönheit errichtet hat. Der Name dieses Tempels lautet: »*Zarathustra*«! [...]

[30...] Aber wir sehen, daß Zarathustra auf dem uns gemeinsamen Boden der Einheit und der Entwicklung steht, daß er uns frei macht von dem Zwiespalt, den die Gewöhnung an das alte, dualistische, faustische Weltbild immer wieder in unserer Seele entfacht. Wir werden uns daher, wenn wir es ernst meinen und wenn wir unsere Weltanschauung konsequent auf alle Gebiete, auch auf unser Gefühlsleben, übertragen, zu entscheiden haben! – Dort steht der heilige Tempel »Faust«! [...]

Hier aber schaust du den neuen Tempel: Zarathustra. Weder durch Alter, noch durch Tradition, noch durch Gesetz ist er geheiligt. In ihm weht nicht der Hauch vergangener Jahrtausende; er predigt nichts von Schuld und Sünde, von Vergebung, Erlösung, Unsterblichkeit; doch siehe, seine weiten Hallen sind durchflutet von der Morgenröte eines anbrechenden, neuen Tages. An umgestürzten Altären schreitest du vorbei und an zerbrochenen Tafeln; aber neue [31] Altäre und neue Tafeln siehst du errichtet, und du selber bist berufen, dir deinen eigenen Altar zu suchen und auf leere Tafeln deine eigenen Werte zu schreiben. Einheit des Seins – Monismus – und Entwicklung, das sind die mächtigen Säulen, die das Gewölbe dieses Tempels tragen. Edeltum und Überwindung des Niederen zum Höheren, des Menschen zum Übermenschen ist das Gesetz, das er dir auferlegt. [...]

[...] Nietzsche – Zarathustra selber hegte hohe Ehrfurcht vor dem größten Deutschen, wie er ihn nannte, vor Goethe, dem Schöpfer des »Faust«. Ihm, Nietzsche, dem Erbauer des Tempels Zarathustra, ist die ehrfürchtige Anerkennung nur von Wenigen zu Teil geworden. Er war der Verkanntesten, Einsamsten einer, dessen Herz überfloß von Liebe zum Menschengeschlechte und der von sich das Bekenntnis ablegte: »Meine Seele ist das Lied eines Liebenden«. – Er selber hat sein Werk, seinen »Zarathustra« wohl mit »Faust« verglichen. Beide sind sie Evangelien, in beiden rauscht das Lied der Menschheit, rauschen Klänge und Ströme der Ewigkeit. [...]

90 Samuel Lublinski
Friedrich Nietzsche (1909)

[72...] Jedenfalls legte er alle diese Erlebnisse in das Wort »Leben« hinein, das von Schopenhauer ausgeleert und beinah schon beschimpft worden war, und dem nun Friedrich Nietzsche vom Darwinismus her und aus seiner Seele heraus einen neuen und überflutenden Inhalt verlieh. Hier war seine Religion, hier seine Metaphysik, die aber deshalb nicht zu einer synthetischen Kultur wurde, weil er hartnäckig verschmähte, seine Fülle mit der wirklichen Realität der Zeiten, mit der Zivilisation auf technischer und demokratischer Grundlage, zu einer Einheit organisch zu vermählen. So erklärt sich der Zwiespalt in seiner Ausdrucksweise. In besonnenen Zeiten sagte er Kultur, und dann ahnte er eine künftige Zusammenfassung, während er, wenn seine Subjektivität gewaltig durchbrach, das hohe Lied vom Leben anstimmte, so dass dieses Wort in seinem Mund ein Gleiches bedeutete, wie dem Frommen Gott und dem Mystiker sein Allgefühl. Dabei war dieser Lebensbegriff Nietzsches im Übermass mit Physiologie und mit Kulturelementen belastet, ohne dass eine wirkliche Kultur voll runder und allseitiger Plastik herauswuchs. Alles blieb bei ihm allerwege Stimmung, eine sehr machtvolle mitunter, und so gab auch er zuletzt statt der Kultur doch nur die Verzierung, nur die Fläche, nur die Linie, und die Neuromantiker unserer Tage können sich für ihre schlimmen Taten allerdings auf diesen Ahnherrn berufen. Überdies ist er selbstverständlich auch noch der Stammvater jener mythisch-symbolischen Seelenstimmung, die er mit einem Rhythmus erlebt und erlitten hat, wie bisher wirklich nur Religionsstifter und Heilige, und in ihm ist Prometheus Fleisch und Wirklichkeit geworden, und künftige Jahrhunderte werden seine Zeitgenossen um dieses gewaltige Erlebnis beneiden. Aber jene wichtigste Aufgabe, Kultur zu erzeugen, hat er nicht gelöst und nicht lösen können, weil er Einzelheiten, den »Übermenschen« und das »Leben«, mit unbesonnener [73] Gewaltsamkeit zu einer Allheit zu steigern versuchte. Seine wahren Erben sind noch nicht aufgetreten und vielleicht noch nicht geboren. Vorläufig füllen seine Bastarde den Vordergrund aus, diese Neuromantiker, die Schädlinge sind und sterben müssen, damit die gebührende und legitime Nachkommenschaft den Platz an der Sonne gewinnt. Darum, im Namen Nietzsches, gegen Nietzsche und gegen die Neuromantik!

91 Thomas Mann

Notizen zu ›Geist und Kunst‹, Nr. 103 (1909)

[86...] Wir um 70 geboren stehen Nietzsche zu nahe, wir nehmen zu unmittelbar an seiner Tragödie, seinem persönlichen Schicksal teil – vielleicht dem furchtbarsten, am meisten Ehrfurcht gebietenden Schicksal der Geistesgeschichte. Unser Nietzsche ist der Nietzsche militans. Und Nietzsche triumphans gehört den 15 Jahre nach uns Geborenen. Wir haben von ihm die psychologische Reizbarkeit, den lyrischen Kritizismus, das Erlebnis Wagners, das Erlebnis des Christentums, das Erlebnis der Modernität, – Erlebnisse, von denen wir uns [87] niemals vollkommen trennen werden, sowenig, wie er selbst sich je davon getrennt hat. Dazu sind sie zu teuer, zu tief, zu fruchtbar. Aber die Zwanzigjährigen haben das von ihm, was übrig bleiben wird, sein Zukünftiges, seine gereinigte Nachwirkung. Für sie ist er ein Prophet, den man nicht sehr genau kennt, den man kaum gelesen zu haben braucht und dessen gereinigte Resultate man doch instinktweise in sich hat. Sie haben von ihm die Bejahung der Erde, des Leibes, den antichristlichen und antispirituellen Begriff der Vornehmheit, der Gesundheit und Heiterkeit, Schönheit in sich schliesst...

92 Theodor Däubler

Hymne an Friedrich Nietzsche (1910)

[572] Am Strande aber steht bewegt ein andrer Sänger,
Der zusieht, wie sich haschhaft Wellen überhetzen.
Zuerst hält Orpheus ihn für seinen Doppelgänger,
Denn oft schon sah er sich zugleich an vielen Plätzen.

Doch späht er scharf, vom andern sich zu unterscheiden:
Ja, während jener heiter und alleinsam schreitet,
Wird er, der Dichter unterweltlich-tiefer Leiden,
Von Tauben und von Rehen, wo er geht, begleitet.

Doch sieht er jetzt: steil kreist auch überm andern Seher
Ein Adler hoch und herrlich, ohne leuchtend zu erlahmen.
Wie stolz er fliegt! Er kommt der Erde selten näher
Und scheint Planetenbahnen sicher nachzuahmen.

Von seiner Seelenhöhe frei, beim Flug, getragen,
Läßt er uns fast sein keusches Wesensrätsel deuten,
Doch niemand mag ihn wohl nach Sein und Herkunft fragen,
Denn schon genügt, was selbstverständlich ist, den Leuten.

Das Ungefüge will, daß man es sich erkläre,
Und du erkennst an stummer Ruhe leicht das Tiefe:
Zwar zischelt und verrät sich uns die Wut der Meere,
Doch tuts der Sturm, und nicht die See, die lieber schliefe!

So wird auch Orpheus stolz vom andern angesprochen,
Wer weiß, ob seinem Wandlertum darnach verlangte?
[573] Wohl fügte sichs, daß ihm, in stummen Trauerwochen,
Nach frohem Wort aus kühnem Munde bangte.

Der Fremde spricht: »Allmächtig ist des Menschen Freude,
Und bloß an ihr kannst du die eigne Höhe messen,
Drum bleibe unbedacht, frohlocke und vergeude
Das innre Glück, das wir ureinzig nie vergessen!
[...]«

93 Stefan George

An Gundolf. Brief vom 11. 6. 1910

[202 ...] Den mittag bin ich allein und lese oder wandre im wald. So fand ich dass Eyck doch recht hat – denn Nietzsche sagt: »Ist nicht das XIXte Jahrhundert zumal in seinem ausgange bloss ein verstärktes verrohtes achtzehntes Jahrhundert?« und »Wie kommt es dass das gesamtergebnis kein Goethe sondern ein Chaos ist, ein nihilistisches Seufzen, ein nicht-wissen-wo-aus-wo-ein, ein instinkt von ermüdung der in praxi immer dazu treibt zum achtzehnten JAHRHUNDERT ZURÜCKZUGREIFEN.« In Nietzsche steht doch ziemlich alles. Er hat die wesentlichen grossen dinge verstanden: nur hatte er den PLASTISCHEN GOTT nicht (daher sein missverstehen der Griechen besonders Platons).

94 Emil Gött

An Nietzsche (1897/1900)

[188] *Nietzsche* ist für mich in einer, in *seiner* besondern Art der Typus des ewigen, wie des modernen Menschengeistes. Als dieser

rastlose Geist, ausgerüstet mit den verhängnisvollen Gaben eines überaus hellen, immer wachen Verstandes, einer unbeirr- [189]
baren, durch nichts, auch durch keine Seligkeit käuflichen Redlichkeit vor sich selbst und eines leidenschaftlich fordernden Hungers nach Schönheit, muß er bei seinem Eintritt in die Welt zunächst zerstörend wirken, auf die Welt und sich selbst:

›Ja, ich weiß, woher ich stamme . . .‹

Aber es sind nicht nur verzehrende Kräfte in ihm tätig, sondern auch bauende, und er kann sich ihnen so wenig entziehen wie jenen; sie schützen ihn davor, in Ekel und Verzweiflung zu enden, und er hebt mit feurigen Armen das tausendfach verlorene Leben in ein schöneres, höheres, helleres, heißeres Dasein empor – etwas zu hoch und hell und heiß, als daß es dem gewöhnlichen Sterblichen erreichbar und begehrlich schiene.

Sein Hochflug wird ihm selber verhängnisvoll. Und es ist so: Alles, was er geschaut, gesagt und gesungen hat, ist vernünftig, wahr und gut – aber er hat nicht alles geschaut, gesagt und gesungen, was vernünftig, wahr und gut ist, und dadurch wird das Seinige aphoristisch, brüchig, chaotisch. Es bedarf der Ergänzung, Erfüllung. Seiner Höhe bewußt und der Niedrigkeit ansichtig, entfernte er sich mehr und mehr in seine lichten Wolken und verlor den Zusammenhang mit dem Volke, mit *seinem* Volke, mit dem Weibe, mit *seinem* Weibe (das er nicht fand) und mit der Erde, *seiner* Erde, die er doch so sehr liebte, über alle Himmel setzte, alle Himmel in *sie* setzte.

Er lehrte den Übermenschen, für den der Mensch sein soll, was der Affe für den Menschen: ein Gelächter oder eine schmerzliche Scham, er lehrte ihn in den feinsten und geheimsten Zügen, aber – er vergaß dem Übermanne das Überweib zu gesellen, und ohne die Erhebung des Weibes wird auch der *Mensch* sich nicht erheben; er wird nur aus dem Leben herausfallen.

Und er rief den Menschen zu, die er erziehen wollte: ›*Was, Vaterland – Kinderland!*‹ aber er vergaß, daß, damit Kinderland werde, Vaterland sein oder gewesen sein muß. So fiel er aus seinem Volke heraus, dessen Kraft- und Größentrieb er verkannte. Und er, der durch Schopenhauer gegangen war und das principium individuationis, das Gewebe der Vielspältelung der Dinge, durchschaut haben mußte, *vereinzelte* sich und übersah, daß – gleich wie die Biene kein lebendiges Wesen ist, sondern der ganze Bien, ohne den sie in wenigen Tagen verloren wäre – daß so auch der einzelne Mensch nur eine ephemere Scheinexistenz hat, und sie, selbst in seiner höchsten Vereinzelung (wie er sie als Erbe einer unendlichen Generation erworben hätte), nur durch die tatsächliche, ob auch geleugnete Zusammengehörigkeit, durch die *unlösbare* Verknüpfung mit der Gesamtheit behauptet; er kann höchstens sie wegwerfen, freiwillig ihr entsterben, aber nicht leben ohne sie.

95 Gustav Landauer

Brief an Rafael Seligmann vom 17. 9. 1910

[325 ...] Nietzsche ist eine durchaus rührende Gestalt, aber wenn wir vor diesem ehernen Menschen, Spinoza, stehen, geht uns dieser moderne, haltlose Unglücksmensch, der lediglich eine Verkörperung dessen ist, was er selbst Dekadenz genannt hat, nichts mehr an; er versinkt einfach. [...]

96 Samuel Lublinski

Zehn Jahre nach Nietzsche (1910)

[354] Man muss wirklich nachrechnen, um sich zu überzeugen, dass Friedrich Nietzsche, der Freund und Führer unserer entscheidenden Jugendjahre, schon zehn Jahre unter der Erde liegt. Er kommt uns noch heute so lebendig vor, man begegnet seinen Wirkungen immer noch, und seine Probleme haben bisher nichts von ihrer Aktualität verloren. Aber trotzdem spüren wir bei genauerem Hinblick, dass ein Jahrzehnt verflossen ist, in dem sich mancherlei geändert hat. Die Fragen, die Nietzsche aufwarf und in unser Bewusstsein hob, bestehen nach wie vor und erheischen eine Antwort. Aber in der Art, wie wir sie beantworten werden und beantworten müssen, hat sich eine Loslösung von dem Führer vollzogen und wird sich weiter vollziehen. [...]
[359 ...] Hier setzt Nietzsches Bedeutung für unsere Zeiten ein. Er hat zuerst unter den Menschen des neunzehnten Jahrhunderts erkannt, dass eine neue Stunde geschlagen habe, und dass ein neues Moralsystem, eine Kultursynthese grössten Stiles, zur Notwendigkeit geworden war. Er wusste, wie sonst keiner, dass eine ungeheure Lücke in der Welt klaffte, weil Europa seit der Entstehung des Christentums keinen »Gott« mehr erzeugt hatte, kein allumspan-

nendes Moralsystem von formender und schöpferischer Kulturkraft. Zwar empfanden schon vor ihm zu Anfang des Jahrhunderts die Romantiker den Mangel und versuchten ihm abzuhelfen. Aber sie wussten sich noch [360] keinen anderen Rat, als die Rückkehr zur Vergangenheit und die Erneuerung des Christentums. [...]

Er brachte zu der Aufgabe, die er sich selbst stellte, jene Hochspannung der Seele mit, die zu allen Zeiten das Wesen des grossen Religiösen ausgemacht hat, und jene heldenhafte Herrscher- und Willenskraft, wie sie die grossen Aufbauer moralischer Systeme auszuzeichnen pflegt. Er wusste, dass seine wesentlichste Arbeit darin zu bestehen hätte, eine neue Rangordnung der moralischen [361] Werte festzusetzen, wobei ihm zunächst nicht die Wissenschaft und nicht die Logik helfen konnten, sondern nur die Dämonie seines Willens und die strömende Kraft seiner Seele. Endlich fehlte ihm nicht das hohe Bewusstsein seines Berufes, der Mut und das Pathos der Einsamkeit, die Fähigkeit zum Märtyrertum des Verlassenen. Von seiner Wissenskunde, seiner hohen Kultur und seiner psychologischen Erkenntnis braucht man nicht zu sprechen, da jede Seite seiner Werke Zeugnis davon ablegt. So brachte er ein gewaltiges Rüstzeug mit, und er hat dennoch das ihm vorschwebende Ziel nicht zu erreichen vermocht. Wir wissen, was wir ihm verdanken, und darum ist es an der Zeit, zu erkennen, was er uns zu tun noch übrigliess. [...]

[367...] Die Lehren vom Uebermenschen, von der ewigen Wiederkunft und von der Herren- und Sklavenmoral sind die drei grundlegenden Sätze seiner Lehre, die wir überwunden haben müssen, bevor wir ihn als Bestandteil in unsere Zukunft aufnehmen. [...]

[369...] Für Nietzsche kam es in Frage, ein neues System und einen neuen Kulturträger für kommende Jahrhunderte formen zu helfen, und es war in der Ordnung, dass er die Rechte des bewussten Willens geltend machte. Weiter gehen durfte er nicht, durfte vor allem mit dem naturalistischen Gedanken, das Genie auf körperlichem Wege zu erzeugen, nicht einmal spielen. Mit diesem Einwand fällt auch seine Herren- und Sklavenmoral, wie sie gemeinhin verstanden wird. [...]

Es kann in der Tat keine zugleich phantastischere und dürrere Vorstellung geben als die ewige Wiederkunft. Wir sollen nach einer unendlichen Zeit genau so wiederkehren, wie wir schon einmal dagewesen sind, weil die Atome sozusagen nur in bestimmter Anzahl vorhanden sind und sich also ihre Verbindungsverhältnisse stets wieder erneuern müssen. Das sind verfehlte und noch dazu dürr verstandesmässige Spekulationen. In Wahrheit hat Nietzsche auch hier nur in einem geheimnisvollen [370] Zeichen eines seiner tiefsten Lebensgefühle zum Ausdruck gebracht. Er wehrte sich gegen jenen flachen Glauben, der durch den »Fortschritt« alle dämonischen und tragischen Urbestandteile aus dem Leben ausgemerzt sehen wollte, während gerade die Furchtbarkeit unseres Lebens für den starken Geist seinen grössten Reiz ausmacht, dem er sich mit schrankenloser Leidenschaft hingibt. Keiner hat einen solchen Hochgesang auf die Dämonie des Lebens gesungen, wie Friedrich Nietzsche. Nur ist nicht einzusehen, warum dieses Gefühl durchaus mit einer fragwürdigen und unmöglichen Lehre wie der ewigen Wiederkunft verknüpft sein soll, da in Wahrheit diese Dinge nichts miteinander zu tun haben. [...]

97 ERICH UNGER
Nietzsche (1910)

[381 ...] Und in gerader Bahn aus diesem Unbekannten brechen bei Nietzsche die Kräfte des Geistes in die Bewusstheit, aus diesem Wesen, in dem die Ungreifbarkeit von Leben und Sein selbst beginnt. So hat er die tiefste Unmittelbarkeit des Denkens und jede Erkenntnis ist eine Entladung von unterirdischer Gewalt.

Ein solcher Machtausbruch des Geistes ohne Gleichen ist der »Zarathustra«.

So tiefher kam die Kraft, dass er näher drang an alles Unaussprechbare als ein anderer.

In heimlichste Dunkelheiten wurde er getragen im Sturm des Erlebens ergriff er ihre unfassbaren Formen und liess die Gestaltungen überfluten, voll von den Schauern der Wirklichkeit.

In je zehn Tagen stürzen die Rhythmen Zarathustras hervor – dreimal ein unvergleichbarer Torso – eine so rasende Verschwendung, dass der überströmende Reichtum in zehn Tagen nicht erzeugt, nicht geschaffen, sondern nur gerade *ausgeschüttet* werden konnte, der lange auf dem Grunde zusammengetragen war. Ihn selber, in seinem bewussten Empfinden, ergriff jedesmal ein fassungsloses Ueberschüttetsein bei diesem Schauspiel des vulkanischen Werdens. Und er wusste, dass dies seine Einzigkeit und sein Geschick war. Er wusste, dass all sein Wert an diese Zeit gebunden war, da ihm ein Unterbewusstsein sein tiefes Schauen in das Denken warf. Und er fühlte: Sein Leben hing daran, dass er es ergriff, sonst sank es wieder erbarmungslos in das Dunkel zurück und wurde leer und farblos. Nur diese kurze Spanne war ihm gegeben, die Empfindungen zu gestalten, während sie oberhalb der Tore des Bewusstseins dahinflogen, ehe sie rettungslos versanken.

So griff er in fiebernder Hast nach Bildern und Gleichnissen, zu halten, was zu halten war, wenn der Strom des Erlebens heraufschwoll.

In diesem Schweben, in diesem stillen traumhohen Sich-Halten wird das Denken sich voll Entzücken unerhörter Fähigkeiten inne, ein auf- und niederjagender lautloser Jubel zittert in ihm, da er sieht, dass es alle Sehnsüchte in Wirklichkeit zu wandeln vermag. Und ein schmerzhafter Ton des vergangenen Scheins entzündet die stille Lust noch tiefer. [...]

98 Erich Unger
Vom Pathos. Die um George (1910)

[316...] Eine Gruppe will ich von den Menschen trennen, die die großartige Stille aufhorchen machte, die durch die *Erstarrung*, die George über ein wahnwitziges Chaos goß, eintrat:

Die Eine, die glaubte, Georges Erleben sei »*die*« Art, zu den Dingen zu stehen, die absolute.

Gegen diese richte ich mich.

Eine absolute Betrachtungsweise – also eine, außer der es keine andere geben darf – müßte entweder alle andern Perspektiven in sich verschmelzen oder die, welche sich nicht vereinen lassen, ausschließen, aufheben, vernichten.

Es ist nicht zu leugnen, daß in der Musik Georges ein Ton fehlt – ein Ton, aus dem ein Ja zu dem hastigen, verzerrten, geschmacklos schreienden, sich bizarr überbietenden Kräfte-Durcheinander herausklingt, das als Hintergrund unserer überaus wunderbaren Zeit erscheint. Die Eindruckslosigkeit, ins Immense getrieben, hat für uns den Schein der Groteske angenommen – wir haben inzwischen die ästhetischen Qualitäten des phantastischen Gemenges von Bewegungen sehen gelernt, zu dessen Ueberwindung George gesandt war.

Daß Stefan George selbst kein Organ für die Dämonie dieses Chaos hatte, kompensiert sich durch die Intensität, mit der sein

Blick auf Entgegengesetztes gerichtet war. Aber dieses Nichtwahrnehmen, dieses Nichtsehen eines Aspekts zum Prinzip zu machen, zur Moral zu erheben, einen Mangel als Forderung proklamieren, erachte ich als verlogen und lehne es ab.

Es begab sich nämlich, daß die Fehler Georges sich objektivierten und Menschen wurden. Als solche aber gaben sie Jahrbücher heraus.

Ebenso wie ihnen die Macht eines ästhetischen Ja zu dieser ehernwirklichen, jagenden Monotonie fehlte – und aller Blick für das Diesseitige, So-Seiende ist nach Nietzsche eine Frage der eigenen Macht – steht es im innersten Zusammenhang damit, daß sie das fröhliche, tötende Gelächter, mit dem das seiner eigenen Existenz Gewisse die Gegenkräfte vernichtet, nicht ertragen.

Ein widerlicheres Zeichen der Schwäche ist nicht leicht zu denken.

»Würde« proklamieren sie in ihren Jahrbüchern – und wissen nicht, daß bewußt erstrebte Würde ein psychologisches Monstrum ist.

Aber diese Furcht vor dem Gelächter ist nicht nur das Symptom totaler Existenzunfähigkeit, es ist das schlimmste Zeichen der inneren Verlogenheit, der Unanständigkeit vor sich selber.

Nietzsche hat uns dieses Kriterium des Wertes im Zarathustra gegeben:

»Ihr höheren Menschen, euer Schlimmstes ist: ihr lerntet alle nicht tanzen, wie man tanzen muß – über euch hinweg tanzen! Was liegt daran, daß ihr mißrietet!

Wie vieles ist noch möglich! So lernt doch über euch hinweg lachen! Erhebt eure Herzen, ihr guten Tänzer, hoch! höher! Und vergeßt mir auch das gute Lachen nicht!

Diese Krone des Lachenden, diese Rosenkranz-Krone: euch, meinen Brüdern, werfe ich diese Krone zu! Das Lachen sprach ich heilig; ihr höheren Menschen, *lernt* mir – lachen!«

Der um George darf nicht lachen. So leicht »lacht er sich – tot«.

Denn das Gelächter ist darum ein Zeichen der Macht, die Wirklichkeit zu ertragen, wie sie ist, weil es als unmittelbarste, unkorrumpierteste Aeußerung unseres Bewußtseins die vollkommenste, redlichste Gleichgültigkeit gegen jede Perspektive ausdrückt.

Zwischen jeder Auslegung des Geschehens, das ist: zwischen jeder pathetischen Umspannung, die das Denken selbst ist, und dem Aspekt des Alltags klaffte bisher eine Lücke, ein Unüberbrückbares.

Unvermittelt standen sich Alltag und Pathos gegenüber. Und jedes Pathos zerbrach bisher an der Gewalt des Alltags. Nur *das*

Pathos, das diese Lücke ausfüllt, ist so sicher vor dem Umfallen als alles Alltägliche.

Jedes andere ist verlogen.

Wir ersehnen ein Pathos, das dem Alltag ebenbürtig ist.

99 Karl Wolfskehl

Die Blätter für die Kunst und die neuste Literatur (1910)

[...] Der lezte unvereinbare widerstreit der beiden mächte die unser leben geschaffen haben wird durch Nietzsche eine öffentliche angelegenheit, unwiderruflich und sichtbar auch durch die naturwissenschaftlichen hüllen hindurch mit denen er seine visionär gewonnenen einsichten der welt darzustellen [5] liebte. Aus der tiefe unserer zustände holte seine seherische seele die beiden grundantriebe hervor, den nordisch-musikhaften, der zur entkörperung, asketischen mystik und zu allem hinzieht was verschwebt und entsäuselt, und den plastisch-rhythmisch gebärdenhaften bildnerischen Grenze und Leib und Endlichkeit in sich verewigenden form-drang, dessen herren, herrscher und statthalter die Griechen, Shakespeare und zwischen den zeiten selbst der römisch-katholische Dante gewesen sind. Nietzsche fand das ringende Europa – vor einem menschenalter schon! – in der gefahr vom *Geist* entweder erstickt zu werden, oder überflutet von den Scheingebilden des Geistes, die mit allen mitteln der verführung die mannhaft-erotische auf sonderung und ehrfurcht und leib und wirken gegründete menschlichkeit in den auflösenden tonwellen ihrer weib-sexualen un- oder überwelt zu zerstäuben sich mühten. Und als ein verzweifelter schaute er nach einem weg aus der aus diesem chaos rück zum kosmos führe. Was er fand oder zu finden vorgab, ist mehr eine hoffnung denn ein mittel, mehr eine forderung als eine führung. Aber unvergänglich bleibt der ruhm dessen der die götter als erster wiedergesehen hat.

Und nicht nur die götter. Schier ein jahrzehnt vor dem auftreten von Stefan George hat er die gestalt und art des *Dichters* in ihrer reinheit und selbstgerechtigkeit so erlebt, dass seine sätze wie umbildungen dessen klingen was in den Blättern seit dem tage ihres bestehens gefordert und in ihren vollkommensten schöpfungen geleistet wurde. [...]

100 Salomo Friedlaender

Friedrich Nietzsche (1911)

[7...] Die kritische sowie die vor- und nachkritische dogmatisch-metaphysische Methode werden bei Nietzsche abgelöst durch die *historische* und zwar ausgezeichneterweise ohne die geringste Rücksicht auf irgendwelche Festgestelltheiten, mit einer vernichtenden Kraft also, die mit der gleichen Energie zur schöpferischen Bereitschaft stand und offenbar naiv aus dem Vollen, aus dem Unendlichen schöpft. Nietzsches historisches Philosophieren ist wie das Heraklits original und exzellent durch den Lebensiktus, der es mit aller Schicksalsschwere durchwuchtet: es ist *göttlich*; lange nicht mehr im hergebrachten dogmatischen Sinne, den die Kritik nicht etwa beseitigt, sondern bloß behutsamer artikuliert hatte: Nietzsches Gott ist der Gott, [8] welcher sich selber *probiert*, das Wagnis der Wagnisse, das Abenteuer des Lebens, die Gefahr in Person, ein Blitz, mit dem der Mensch geimpft werden soll. Statt aller intelligibeln Garantien Kants ist nur noch diejenige durch das Experiment übrig geblieben. Folglich mußte der accent grave des Wertes auf alles gesetzt werden, was von Güte boshaft genannt wird, auf den Willen zur Überwältigung, zur Macht; zum Gegenteil der Verneinung des Lebens: wodurch diese nicht abgeschafft, aber »umgewertet« wurde, das contra des positiven Wortes darstellte –: Nietzsches Umwertung! [...]

Durch ein Schirm-, Sperr- und Schleusensystem von kompliziertester Retardation hatte Kant Idee und Realität kritisch besonnen distanziert, welche Distanz bei Schopenhauer in eine Alternative zerbricht. Nietzsche läßt diese Distanz, diese Alternative nicht bloß bestehen, sondern macht sie geradezu exorbitant: aber den Wertakzent verlegt er von der Idee auf die Realität, so daß die gesamte Wertperspektive, wie sie namentlich seit Platon dem Auge eingewöhnt war, sich völlig herumdreht. Es ist der umgekehrte Idealismus in dem Grade, daß das Kantische Noumenon jetzt beschämt, geschändet und verlogen vor dem göttlichen Phänomenon vergeht. Zufälle z.B. erhalten die ganze Würde und Gewalt der divinen Prädestination, so daß auch die Teleologie sich in ihr Gegenteil umkehrt. Geschätzt also wird hier immer noch mit der uralten idealistischen Energie das »*nächste*« Ding statt der [9] »letzten«. Die Wertung hat ihr Objekt gewechselt, umgekehrt, nicht aber ihre Intensität eingebüßt – im Gegenteil war diese noch niemals dermaßen angespannt worden. Man erinnert sich, welche sonnenhafte Gewalt des Austrocknens, Ausdörrens, Abbleichens aller Realien bei Platon die Idee vollzieht. Umgekehrt saugt bei Nietzsche auch das geringfügigste Sinnending, das Zittern eines Blumenblattes, das volle Sonnenbrennen der Idee in sich ein, bis von der Idee keine »Idee« mehr übrig bleibt; wie sehr meint dieses Kant, der Theoretiker – und wie sehr scheut eben dieses der Kant der praktischen Vernunft! Hier eben legt Nietzsche die höhere Moralität der ehrlichen Skepsis auch gegen die Moral an den Tag. Er er- und verlangt von der Moral die Ehrfurcht vor der nackten Wirklichkeit – und sei dieses die Ehrfurcht Gottes vor dem Teufel.

Der Wert aller Werte, die Idee aller Ideen, Gott, wenn man will, ist von Nietzsche nicht entwertet, entgottet, desidealisiert; sondern verweltlicht worden – es ist das Gegenstück zum Pantheismus. Ja, diese Idee dringt nun endlich – als amor nicht mehr dei, sondern fati – in das Leben, in die Physis ein, und nun kommt hierdurch erst unsere Natur zum echten Vorschein, da diese Sonne, keinen weltfremden Thron mehr einnehmend, ihr selbst innewohnt. Sonst war es immer mit der Gefahr der Plattheit verbunden gewesen, *profan* zu werden. Und so hat auch Kant seine theoretische Profanierung praktisch wieder sakrosankt machen zu müssen geglaubt. Auch Kant hat nicht vermocht, ohne Rückhalt *allen Wert* auf Erden recht heimisch zu machen. Denn bloß darum kann es sich bei Profanationen handeln! Denn der Wert gehört nun einmal mitten in die Realität hinein. [...]

[45 ...] Nietzsche ist der erste *hohe* Mensch, d.h. der mit der höchsten Macht zu werten Erfüllte, dessen Verehrung [46] das Menschliche, Allzumenschliche anstrahlt. Positivisten gibt es die Menge, aber die meisten wissenschaftlichen Menschen sind als Personen ordinär oder Idealisten mit und ohne Enttäuschung. Nietzsche zum erstenmal – das vorliegende Werk, trägt noch die blassen Farben dieser Rekonvaleszenz – profanisiert mit aller Pietät des Frömmsten – hierin liegt seine Auszeichnung. Feuerbach z.B. profanisiert als ein recht sympathischer Mensch; Nietzsche als ein göttliches Wesen von einer Höhe und aus einer Tiefe, daß auch das Profanste, das es berührt, zum Stern in seinem Himmel wird. So ist es nicht gemeint, die Ideale unter das Pack zu stoßen: sie behalten die ganze Idealität ihres *Wertes* bei, während sie allerdings diejenige ihres *Wesens* durchaus den wirklichen Wesen aufzuopfern genötigt werden; es liegt hierin eine Verwandtschaft mit der Kantischen Philosophie, wie sie Enkelinnen mit ihren Großmüttern zu haben pflegen. Das Ideal, Gott, Freiheit, Unsterblichkeit, das Wesen der Dinge an sich ist auch bei Kant bereits bloß ein finstres Reservoir von Kraft, aus dem die Wesen dieser Welt gespeist werden; allein diese Speisung geschieht hier mit einer an Geiz grenzenden Sparsamkeit, und es kommt schließlich eine recht ausgehungerte, nach Leben dürstende Realität zustande. Dem ganzen Akte fehlt die Unmittelbarkeit. Wenn das Ideal sich der Realität nähert, entsteht eine Beschämung für beide. Schopenhauer empfand diese Beschämung mit solcher Wut, daß er beide wieder auseinanderriß und die Realität zum Teufel warf. Aber Nietzsche schleuderte auch die Idealität nach in diese Hölle, und im selben Augenblicke, in dem Gott und Teufel in einem Menschen einander küßten, entstand jenes weltgeschichtliche Erlebnis, das Zug um Zug in den Schriften Nietzsches an Sichtbarkeit gewinnt. Gewiß war dieses Erleben wie jedes von langer Hand her vorbereitet. Seit Hegel und Darwin ist die historische Methode mehr und mehr in Anwendung gekommen, um die verschiedensten Wesen ineinander umdeklinierbar zu machen, [47] wie sich Metamorphosenlehren schon bei Goethe und Lamarck finden. Allein dieses sind nur heitre Vorspiele und Harmlosigkeiten unfruchtbarer, abhängiger Geister in Vergleichung mit jener Tat von schauerlicher Seltsamkeit und urschöpferischer Gewalt, mit welcher der Mensch Nietzsche es unternimmt, alle *Werte* des Lebens in Fluß zu bringen, bis der Wertende selbst chaotisch geworden war, alle Schauer der Allmacht ihn durchdrangen. [...]

[48 ...] Zum erstenmal wird hier die gesamte Moralität nicht, wie dieses oft und gern geschehen war, verdächtigt, geleugnet, karikiert, abgeschafft: sondern alle Zartheit und Kraft verwandt, sie zu desidealisieren, zu entgöttlichen, zu vermenschlichen, zu realisieren. Aber hierzu mußte vor allen Dingen dem Unmoralischen die natürliche Unschuld wiedergegeben werden. Das Schlechte, das Böse die Sünde und deren Verwandtschaft in andern Lebensgebieten, das Häß- [49] liche, der Irrtum, das Falsche, Kranke, die ganze Kehr-, Schatten- und Nachtseite der gepriesenen Dinge war als deren Wurzel und Ursprung, als deren niedriger Grad und Bedingung zu versuchen. [...]

[50 ...] Wer wie Nietzsche zuerst im »Menschlichen Allzumenschlichen« es unternimmt, allen Dualismus, auch denjenigen von Moral und Natur, durch Einführung von Graden und Überbrückungen zwischen den Extremen übergänglich und milde zu machen; aber trotzdem eine Ordnung und Kultur zu gestalten, welche die ganze Feierlichkeit, Erhabenheit, Furchtbarkeit und sittliche Reinheit jener Extreme entfaltet; der muß es verstehen, durch ein wunderbares Taktgefühl, Bogenspannungen, Gewölbe, Distanzen anzustrengen, die sich gegen den Zusammenbruch der Kultur stemmen. [...] [51...] Mit *einem* Worte, das Leben selber, der irdische Alltag, die nächsten Dinge sollen alle ihre Furchtbarkeit und himmlische Wonne, welche der Vampyr des Idealismus ihnen ausgesogen hatte, zurückerhalten – das bedeutet Nietzsches erstes Eigenwerk. [...] [53...] Die Kunst soll nun versuchen, dem wissenschaftlichen Menschen ihre Art Lebensfreudigkeit einzuflößen. Der Akzent des ganzen Buches liegt auf der Wissenschaft als einer Lebens- und Sterbensweisheit, welche in ein mutiges »Friede auf Erden« stark und entschieden, aber mit einem ernsten und bedenklichen Unterton ausklingt.

101 Robert Musil

Tagebucheintragung vom 13. 12. 1911

[145] *Ecce homo* ([Später angemerkt:] Nietzsche): In die Augen springend die Parallele mit Alice. Wie sie als Karikatur wörtlich nach den persönlichen Erkenntnissen und Rezepten Nietzsches lebt. Aber mit anderen Worten, wie in ihren Lächerlichkeiten vielleicht der gleiche Ernst steckt, für den Nietzsche bloß die nicht lächerlichen Ausdrücke fand. Der Ansatz der Gedanken ist überall der gleiche, auch ihr Herkommen aus den körperlichen Bedingungen [vgl. *Der Mann o. E.* II, Kap. 112, 113, 123: der Wahnsinnsausbruch Clarisses].

Ich notiere einiges: Wunderbar beschreibt Nietzsche Momente (Ansätze zu Sthenisch-Manischem) der Inspiration (Insel-Ausgabe S. 91ff.): [folgen mehrere Seiten Zitate].

102 Franz Pfemfert

Detlev von Liliencron (1911)

[724] Mitte der achtziger Jahre war's. Von dem Gewittersturm der Ideen eines Nietzsche aufgerüttelt, hatte eben das »grüne Deutschland« seine ersten Barrikaden des Geistes errichtet und stand nun gerade drin in seiner »Revolution der Literatur«. Nach heißem

Kampfe hatten die Stürmer und Dränger einige gute Positionen erobert. Manch Götze war bereits von dem Thron gestoßen, auf den ihn eine kritiklose Zeit gesetzt. Die Brüder Hart, Michael Georg Conrad, Bleibtreu und andere, junge geist- und temperamentfrische Draufgänger entfalteten die Banner der neuen Kunst. Zarathustra erhob seine Donnerstimme. In der Welt der verlogenen Salonliteratur erzitterten und zersplitterten die Butzenscheiben. [...]

103 Reinhard Johannes Sorge

Brief an Reinhold Straßmann zu Pfingsten 1911

[406] Der Fantasie zugrunde liegt ein großes geistiges Erlebnis: Nietzsches ›Ewige Wiederkehr‹! Der geniale Gedanke – jetzt ganz abgesehen von seiner Wahrheit – warf mich als solcher nieder, seine ungeheure Kühnheit, sein Mut ... Seine Einzigkeit, noch niemals gedacht, wenn man sich ihm auch schon angenähert (Babylonier, Pythagoräer, Goethe usw.). Aus diesem geistigen Erlebnis schuf ich den Odysseus. Das Drama ist ein geschlossener Ring, davon nur ein Teil sichtbar, das übrige wird angedeutet, aber der Kreislauf ist vorhanden, das Gefüge klar.

104 Paul Ssymank

Leben Hermann Conradis (1911)

[CLX...] Hatten sich in den Sünderliedern Conradis Nietzschesche Gedanken erst schüchtern gezeigt, so traten sie in den »Phrasen« deutlicher hervor. Offen bekennt sich Conradi als Jünger Nietzsches, und in vielen Worten, Wendungen und Aeußerungen gemahnt er an seinen Meister, und der ganze Roman wird so zu einem wertvollen Zeitdokument, an dem man das Eindringen der Nietzscheschen Ideenwelt in das deutsche Schrifttum gut verfolgen kann. Von irgendwelcher gedanklichen Selbständigkeit gegenüber Nietzsche war damals bei Conradi noch keine Rede, noch verehrte er ihn völlig kritiklos und meinte: »Der Keim zum Uebermenschen liegt in jedem. Nur *einem* gelang die *Tat*: *Nietzsche*. – Er hat das *dritte* Testament geschrieben. Geht und lest seinen Zarathustra –!« (an Blume, 14. Juli 1886). Und voller Zorn war er, als Johannes *Schlaf* in einer Kritik der Allgemeinen Deutschen Universitätszeitung (8. Januar 1887) Nietzsche als Parasiten bezeichnete; er erklärte, er werde seinen alten Jugendfreund deswegen ohrfeigen, wenn er ihn träfe. [...]

105 Karl Kraus
Razzia auf Literarhistoriker (1912)

[37...] Eine gewisse Kennerschaft sollte den, der sie zum Besten gibt, ehrlos machen. Und den Kennern wäre ich, der Nietzsche nicht kennt, und schon deshalb nicht zu leugnen vermöchte, daß er ihm manches verdankt, recht dankbar, wenn sie mir einmal durch Beispiele erweisen könnten, daß er der richtige Aphorist war. Ich habe aus allem, was ich über ihn und aus ihm gelesen habe, das Gefühl, daß er den Aphorismus besser geschmeckt als gekonnt hat, und keiner seiner oft zitierten Prägungen kann ich mehr abgewinnen als den Eindruck von einer Erregung, die ohne die Brücke des Humors zu einem gegebenen Pathos hinüberlangt, und keinem seiner geflügelten Worte mehr als den Eindruck von einer schwerfälligen Zeit, die witzlos genug war, über den »Moraltrompeter von Säkkingen« zu lachen, wiewohl Schillers Bezeichnung der Frauenbrüste als der »Halbkugeln einer bessern Welt« die Moral durch einen pathetischen Witz besser erledigt, als jenes Nietzschewort. Ich darf nur davon sprechen, daß ich stets die humorlosesten Pedanten auf Nietzsches Sprengkraft des Wortes sich berufen hörte; ich vermesse mich nicht, mein kleines Ganzes – klein, wenn man vom Erkenntniswert die Satire, also das Verdienst der Umwelt, der erkannten, abzieht – mit einem größeren Ganzen zu vergleichen: aber da jene an Zitaten die Persönlichkeit messen [38] und auf die äußersten Beweise der Sprachleistung dringen, so wäre es endlich eine heilsame Abfuhr für mich, wenn einer die besten von den richtigen Aphorismen Nietzsches neben die besten von meinen falschen stellen wollte. Ich bitte darum. [...]

106 AUFRUF! (1913)

[1002] Am 27. dieses Monats wird Herr Otto Ernst = Appellschnut = semper idem aus Hamburg im Choralionsaal zu Berlin gegen Nietzsche sabbern.

Die noch nicht hirnverkalkte Jugend hat zur Stelle zu sein!

Es gilt dem Ernst des Lebens mit dionysischer Heiterkeit zu begegnen.

Die AKTION bittet, fordert, beschwört:

Während des Vortrages Lachsalven abzugeben.

Klägliches Stöhnen ist gleichfalls Ehrenpflicht.

Sollte es bedauerlicherweise im Saale noch nicht zu Zwischenfällen kommen, so wolle man sich nach der Vorstellung vor dem Saal zusammenrotten.

Das Weitere wird sich von selbst ergeben.

An die Gewehre!

Fallobst zur Hand!

107 Paul Boldt

Lyrik (1913)

[862] Wie Wellen fallen, wollen wir es halten,
Die ewig springen mit Elan ans Land.
Zwecklos. So sollen immer überrannt
Die dumpfen Dinge sich nach uns gestalten.

[863] Hasse die Unkunst aller Atemalten!
Gebäre Verse – Schreie, nervgespannt!
Lass Worte anglühn in der Reime Brand
Und dunkeln von Gefühl, wenn sie erkalten.

Schreib kräftig, grade; gib dem Worte viel,
Dem Vers die Worte wie der Brücke Joche.
Die runde Zahl der Tage ist die Woche!

Arbeite und forciere deinen Stil!
Bete zu Nietzsche! Spanne dich mit Verven
Des Croisset-Christus, Jesus unsrer Nerven.

108 Max Dauthendey

Gedankengut aus meinen Wanderjahren (1913)

[399 ...] In Deutschland konnten darum damals gute Bürger Zola auf offener Straße ein Schwein nennen! Auch Gerhart Hauptmann und Holz und Schlaf, die drei ersten deutschen Verkünder des Wirklichkeitslebens in Dramen und Romanen, waren von der sogenannten guten Gesellschaft noch geächtet, als könnten sie mit ihren Büchern die Leprakrankheit in Haus und Theater verbreiten.

Außerdem war da noch der Philosoph Nietzsche aufgetaucht. Ich sah zum erstenmal in der »Gesellschaft« – die M. G. Conrad mit mächtigem Sturm und Drang stark und mutig begründet hatte – das Bild Nietzsches, des Dichterphilosophen, im Lesesaal der Würzburger »Harmonie« im Jahre 1891, und zugleich war da ein begeisterter Aufsatz mit einer kurzen Angabe aller seiner Werke und mit der Nachricht, daß der große Mann geistig umnachtet bei seiner Mutter in Naumburg lebe und wahrscheinlich nie mehr die Klarheit seiner Gedanken zurückerhalten werde.

Ich eilte vom Lesesaal sogleich zur Stubertschen Buchhandlung und verlangte dort Nietzsches Werk »Also sprach Zarathustra«. Niemand in der Universitätsbuchhandlung kannte den Namen des deutschen Philosophen. Man bestritt sogar, daß ein Philosoph [400] dieses Namens in Deutschland lebe oder gelebt habe. Man behauptete, ich müßte mich im Namen geirrt haben. Man lächelte und schrieb den Namen, den der Universitätsbuchhändler und die ihn umgebenden Herren noch nie gehört hatten, nur ungern auf.

Man wird sich das heute kaum vorstellen können, heute, wo jeder einigermaßen gebildete Student Nietzsches Namen so gut kennt, wie ein Musiker Richard Wagner kennt.

»Den Philosophen Nietzsche, den Sie verlangen, kennen wir nicht. Nehmen Sie doch die Werke eines anderen,« so riet man mir in jener Buchhandlung. »Einen Philosophen Nietzsche gibt es gar nicht, und wir werden uns nur lächerlich machen, wenn wir nach Leipzig schreiben. Bestellen Sie doch ein Werk von Kant oder Spinoza. Bei diesen Namen sind wir sicher, daß wir Ihnen die Werke verschaffen können.«

Ich dankte für den billigen Rat und wollte gehen. Da ersuchte man mich gnädigst, den Namen noch einmal aufzuschreiben. Drei Tage später bekam ich aus Leipzig das Buch.

Nietzsche war bereits geistig gestorben, aber sein Werk stand vollendet da. Ist es dann nicht erstaunlich, daß damals bloß die geistigen oberen Zehn, die sich um M. G. Conrads »Gesellschaft« sammelten, den Namen Nietzsche kannten und im Besitz seiner Werke waren? Während fünfzig Millionen Deutsche, die ahnungslos das Kommen und Gehen eines deutschen Geisteszyklopen miterlebt hatten, so wenig von ihrem großen Zeitgenossen wußten und so wenig an seiner Arbeit beteiligt waren, wie wenn ein fernes Sonnensystem im Weltall untergegangen wäre, von dessen Glanz und dessen Erlöschen nur einige Sternwarten der Erde Kunde hatten. [...]

109 Stefan Zweig
Das neue Pathos (1909)

[4...] Wieder wie einst scheint heute der lyrische Dichter befähigt, wenn nicht der geistige Führer der Zeit, so doch der Bändiger und Erreger ihrer Leidenschaften zu werden, der Rhapsode, der Anrufende, Befeuernde, der Entfachende des heiligen Feuers: der Energie. Ein Warten scheint für ihn zu sein, der das ganze Leben im Blitze zusammenfaßt und über die Dunkelheiten sprühen läßt. Freilich, anders muß das Gedicht sein, das zur Menge sprechen will. Es muß vor allem selbst ein Wille, selbst eine Absicht, eine Energie, eine Evokation sein. Was die Zeiten der Absonderung erzeugt haben an technischen Fähigkeiten und Werten, an süßer Musik, an schwingender Rhythmik, an Geschmeidigkeit und Biegsamkeit der Sprache, darf hier nicht mehr Selbstzweck sein, sondern nur Mittel zur Erregung von Enthusiasmus. Ein solches Gedicht darf nicht mehr sentimentaler Dialog des Einsamen mit irgend einem unbekannten Einsamen irgendwo in der [5] Ferne sein, darf nicht die kurze, flüchtig zitternde Stimme sein, die schon verlischt, ehe die Flamme des Wortes in ihr emporgeschlagen hat, dieses neue Gedicht muß stark, jubelnd und beseelt sein, weit ausholend und hinstürmend in raschem Schwung. Nicht für leise Stimmen ist es geschrieben, sondern für laute, hallende Worte. Wer die Menge zwingen will, muß den Rhythmus ihres neuen und unruhigen Lebens in sich haben, wer zu ihr spricht, muß beseelt sein von neuem Pathos. Und dieses neue Pathos, das »ja sagende Pathos par excellence« im Sinne Nietzsches, ist vor allem Lust, Kraft und Wille, Ekstase zu erzeugen. Nicht sensitiv und wehleidig darf dieses Gedicht sein, nicht ein persönliches Leid ausdrücken, damit ein anderer sich darin einfühle, sondern beseelt von Freude und Ueberschwang, von dem Willen, aus Freude wieder Schwung und Leidenschaft erzeugen. Nur große Gefühle tragen das Wort zur Menge hin, kleine, die nur im Schweigen wie in unbewegter Luft auffliegen können, stürzen hin. *Das neue Pathos muß den Willen nicht zu einer seelischen Vibration, zu einem feinen ästhetischen Wohlgefühl enthalten, sondern zu einer Tat.* Es muß mitreißen, muß die zersprengten Kräfte des Dichters von einst wieder in sich versammeln, muß im Dichter den Demagogen, den Musiker, den Schauspieler, den Redner für eine Stunde wiedererschaffen, muß das Wort vom Papier wieder aufreißen in die Luft, das Gefühl nicht sorgfältig als eine Heimlichkeit dem Einzelnen anvertrauen, sondern in die Gischt einer Masse schleudern. Gedichte von solchem neuen Pathos können nicht schwache, passive Menschen schaffen, deren Stimmung von der Unwelt in jeder Minute gewandelt wird, sondern nur Kampfnaturen, die beherrscht sind von einer Idee, vom Gedanken einer Pflicht, die ihre Empfindung aufzwingen [6] wollen, ihre Begeisterung zur Begeisterung der ganzen Welt erheben. [...]

110 Hermann Broch
Ethik (1914)

[686...] Es mag hier darauf hingewiesen werden, daß der von Kant in den Kritiken in Anwendung gebrachte große und subtile Apparat von Unterscheidungen, Bezeichnungen u. s. f. ein Apparat ist, der zur Demonstration der *Denkform* und ihrer Gesetze aufgestellt ist, der aber nicht funktioniert, sowie seine Teile herausgenommen werden, um, nach bewährtem Muster, zur Ausfüllung von Unbekannten zu die- [687] nen. Niemandem ist es in dieser Hinsicht schlechter gegangen als dem »Ding an sich«, das für Kant etwas vollständig Außenstehendes, Unwirkendes ist, ein »transzendentales Ideal«, *ein Zielpunkt des Gedankens,* wie sein Ausgangspunkt das mathematische Ich; zwei Spiegel, die einander das Bild unendlich und stets in weitere Ferne zuwerfen (Vergl. Kritik der reinen Vernunft, 2. Buch II/3). Was machte Schopenhauer aus dem Ding? Den Willen! Und seine Kritik der Kant'schen Philosophie beginnt mit den Worten »Kants größtes Verdienst ist die Unterscheidung der Erscheinung vom Ding an sich«.

Nietzsche, der erkenntniskritisch zu ungleich tieferen Einsichten als Schopenhauer gelangt, hat aber die Kantauffassung augenscheinlich von ihm übernommen, denn es wäre nicht möglich, daß er, der bloß Schopenhauer überflügelnd Kant erreicht, sonst glauben konnte, er hätte mit solch vertiefter Einsicht Kant überflügelt und ihn widerlegt; er könnte sonst in Spruch 552 des Willens zur Macht (des Werkes seiner reifsten metaphysischen Erkenntnisse) nicht entdecken: »... es fällt endlich auch das ›Ding an sich‹: weil das im

Grunde eine Konzeption eines ›Subjektes an sich‹ ist. Aber wir begreifen, daß das Subjekt fingiert ist. Der Gegensatz ›Ding an sich‹ und ›Erscheinung‹ ist unhaltbar; damit aber fällt der Begriff ›Erscheinung‹ dahin!« – Und es mag daher auch nicht verwundern, daß er mit dem wundervollen Anfang des dritten Buches, in dem er die Unsicherheit, das Ungesicherte alles Denkens und aller kritischen Spekulation ausspricht – wie darf ich Umschau halten im eigenen Denken, diesem Spiel von Verzerrungen und Schematisierungen? – die Kantsche Lehre zu treffen vermeint, um schließlich über den dogmenlosesten Philosophen, vorsichtigsten und skeptischesten Zweifler zu resumieren: »Kant: ein geringer Philosoph und Menschenkenner; grob fehlgreifend in Hinsicht auf große historische Werke (französische Revolution); Moral-Fanatiker à la Rousseau mit unterirdischer Christlichkeit der Werte; *Dogmatiker* durch und durch, aber mit einem schwerfälligen Ueberdruß an diesem Hang, ... aber auch der Skepsis sofort müde ... ein *Verzögerer* und *Vermittler*, nichts Originelles.« (Spruch 101.)

[688] Staunend aber müssen wir erkennen, daß dieser »Dogmatiker«, dessen Philosophie in den, man könnte sagen »zynischen« Antinomien liegt, damit wohl einen gründlicheren Nihilismus vorweggenommen und eine gründlichere Umwertung geschaffen hat, als eine, der die Skepsis der Erkenntnis, jener Nullpunkt und Ursprung des Philosophischen, bloß zum *Dreh*punkt eines Wertsystems wurde, das in seiner neuen Lage doch nur wieder die Dogmen der früheren isomorph abbildet. – Und gerade in dem von Nietzsche vertieften Sinn des Wortes »Skepsis«, kann man jene Arbeit, die Kant selbst seine »Doktrinen« nannte, die Entwicklung des Wahrheitsbegriffes und seine ethischen Folgerungen der Freiheit als die gewaltigste Skepsis aller Zeiten ansehen. [...]

111 Stefan George

Einer stand auf der scharf wie blitz und stahl (1914)

[34] Einer stand auf der scharf wie blitz und stahl
Die klüfte aufriss und die lager schied
Ein Drüben schuf durch umkehr eures Hier ..
Der euren wahnsinn so lang in euch schrie
Mit solcher wucht dass ihm die kehle barst.
Und ihr? ob dumpf ob klug ob falsch ob echt

Vernahmt und saht als wäre nichts geschehn . .
Ihr handelt weiter sprecht und lacht und heckt.
Der warner ging . . dem rad das niederrollt
Zur leere greift kein arm mehr in die speiche.

112 Hugo Ball

Eintragung vom 20. 6. 1915

[29] Nietzsche griff die Kirche an und ließ den Staat auf sich beruhen. Das war ein ungeheurer Mißgriff. Schließlich war er eben doch ein preußischer Pastorensohn, der seine royalistischen Vornamen nicht ohne Sinn und Bedeutung trug. Er selber sagt es, »Ecce homo«, gleich auf den ersten Seiten. Bei so viel Finesse im Detail geht in den Prinzipien von Deutschland eine verwirrende Wirkung aus. Man muß sich hüten, die Anzahl der geistigen Devastateure zu vermehren. Vierzigstündiges Gebet zu Goethe um die Gnade der Liebkosung aller kleinen Dinge.

113 Karl Kraus

Aphorismus aus »Nachts« (1915)

[375] Für die Kultur eines Volkes dürfte die Anzahl der Zarathustra-Exemplare, die seine Soldaten im Tornister führen, schwerlich ein verläßlicher Maßstab sein. Eher schon der Umstand, daß den Soldaten mehr Zarathustra-Exemplare nachgerühmt werden, als im Felddienst tatsächlich zur Verwendung gelangen, und daß es jene hören wollen, die daheim ihren Zarathustra lesen und ihre Zeitung.

114 Franz Pfemfert

Die Deutschsprechung Friedrich Nietzsches (1915)

[320 . . .] In den ersten Tagen des August lasen wir, daß jeder Soldat seinen Zarathustra im Tornister trage. Sombart trat vor, Professor, der ihn doch wohl mal gelesen haben kann, und garantierte uns, Nietzsche sei »bestes Potsdam«, »echtes, bestes Preußentum«. (Berliner Tageblatt.) Von diesem Stichwort gerufen, unterstreicht Frau Elisabeth solche Behauptung (B. T. 16. 9. 14) und entreißt, energisch wie Sombart, den Bruder den verlumpten Caféhausliteraten. Mauthner, Fritz, Inhaber eines Rufes, raunt (B. T. 11. 10. 14) uns ins Ohr, Nietzsche sei heimlicher Bismarckianer und heimlicher deutscher Patriot gewesen. Ein Professor, Jesinghaus (aus Friedenau), dessen Nietzsche-Kenntnis nicht nachgeprüft werden soll, versichert (natürlich im B. T.) stürmisch, Nietzsche wäre »mit der Glut heiliger Begeisterung erfüllt worden, wenn er hätte erleben dürfen, was uns in den ersten Tagen des August und weiter bis in diese Zeit hinein beschieden war,« und beichtet außerdem: »Seine Schwester schrieb mir am 9. Oktober des vergangenen Jahres: ›Wie stolz und glücklich würde mein Bruder über *dieses* Deutschland sein.‹« Da man das Eisen usw., so verging in den letzten Monaten kaum ein Tag, [321] der einer deutschen Menschheit nicht neue deutsche Züge an Nietzsche gezeigt hätte. Frau Elisabeth ging derartig nah an die Rampe, daß sie des Bruders Meinung zum Kriege 1870 deutete, wir erlebten Festessen für den toten guten Deutschen Nietzsche – und jetzt, soeben, erscheint eine Auswahl aus Nietzsche eigens für die im Felde Stehenden. [...]

Wie konnte Solches ungehindert geschehen? Hat denn kein Deutscher diesen Nietzsche gelesen? [...] Nietzsche, dessen Preußen- und Deutschenhaß heute kein Ausländer übertreffen kann? Nietzsche laßt ihr euch nachsagen? Ihn, der diesen Satz niederschrieb: »Es gehört zu meinem Ehrgeiz, als Verächter der Deutschen par excellence zu gelten.« Den? Das könnt ihr nicht dulden wollen! [...] [322 ...] Die Deutschsprechung Nietzsches ist ein ungeheuerlicher Vorgang! Wie ungeheuerlich, das zeigen schon einige wenige Auszüge, die ich geben *darf* (manche andere Proben, etwa die Seiten 109 bis 111 des Ecce homo, würden, hier zitiert, die AKTION in Konflikte bringen).

Also. Den Autor der nachfolgenden Sätze wollen aktuelle Professoren guten, braven, einwandsfreien deutschen Patrioten aufnötigen?

»Ich glaube nur an französische Bildung und halte Alles, was sich sonst in Europa »Bildung« nennt, für Mißverständniß, nicht zu reden von der deutschen Bildung ... Die wenigen Fälle hoher Bildung, die ich in Deutschland vorfand, waren alle französischer Herkunft.« (Ecce homo, S. 34.)

Nach Werner Sombart soll ein deutscher Patriot sich Dem verwandt fühlen, der in seinem Testament (S. 37/38) gegen Deutsche aufschreit:

»So wie ich bin, in meinen tiefsten Instinkten Allem, was deutsch ist, fremd, so daß schon die Nähe eines Deutschen meine Verdauung verzögert, war die erste Berührung mit Wagner auch das erste Aufatmen in meinem Leben: ich empfand, ich verehrte ihn als Ausland, als Gegensatz, als leibhaftigen Protest gegen alle ›deutschen Tugenden‹.« [...]

[323] Wo, um Gottes willen, fand Fritz Mauthner seinen Mut, deutschen Patrioten den Schleuderer dieses Angriffes als deutschfühlend zu präsentieren? (Ecce homo, S. 113):

»Es gehört zu meinem Ehrgeiz, als Verächter der Deutschen par excellence zu gelten. Mein Mißtrauen gegen den deutschen Charakter habe ich schon mit sechsundzwanzig Jahren ausgedrückt (dritte Unzeitgemäße S. 71) – die Deutschen sind für mich unmöglich. Wenn ich mir eine Art Mensch ausdenke, die allen meinen Instinkten zuwiderläuft, so wird immer ein Deutscher daraus.« Wo, Herrschaften, ist heute ein Feind, der sich euch gegenüber zu dem Ausruf Nietzsches hinreißen ließe (Ecce homo, S. 114):

»Ich halte diese Rasse nicht aus.« [...]

115 Hugo Ball
Eintragung vom 28. 11. 1916

[132] ›Man kommt beim Deutschen‹, sagt Nietzsche, ›beinahe wie beim Weibe niemals auf dem Grund, er hat keinen: das ist alles. Aber damit ist man noch nicht einmal flach.‹

Ich habe über dies Wort oft und lange nachgedacht.

Des Rätsels Lösung scheint mir diese zu sein: daß natürliche, naturhafte Menschen und Nationen überhaupt kein Gesicht haben. Daß ihnen der Geist und die Form erst ein Gesicht verleihen, und daß in Deutschland dieses Gesicht mit dem Ablauf der Reformation mehr und mehr zur Maske wird. Nietzsche, der das natürliche Gesicht der Nation entdeckte, war notwendig ein großer Psychologe, und er konnte keinen Grund des Deutschtums finden, weil die Natur als solche eben keinen Grund hat.

116 Hugo Ball
Eintragung vom 18. 12. 1916

[135] Negiert das Christentum die ästhetischen Werte? Nietzsche sagt es (zur »Geburt der Tragödie«): ›Tiefes feindseliges Schweigen

gegen das Christentum im ganzen Buch. Es ist weder apollinisch noch dionysisch; es negiert alle ästhetischen Werte; es ist im tiefsten Sinne nihilistisch.‹ Ist das richtig? Franz von Baader bezeichnet sehr gegensätzlich im Anschlusse an Baco die Religion, und also das Christentum als die höhere Dichtkunst. Es gibt bei Baader Stellen – ich habe sie nur in Erinnerung –, wo von fiktiven Wahrheiten die Rede ist; so wie ein Gedicht wahr ist, ohne daß man es in der Wirklichkeit nachweisen kann. Auch Wildes Aufsatz über die Kunst des Fingierens und was er darüber in bezug auf den Orient in der Kirche sagt, fällt mir wieder ein. Aber es könnte sein, daß das Christentum die Kunst mehr in die Persönlichkeit, als in die Werke verlegt, und daß es einen besonderen Weg zur Unsterblichkeit kennt, einen Weg, den der Ästhetizismus nicht gelten läßt.

117 Edith Landmann
Gespräche mit Stefan George (1916/1920)

[54] Er las mir Stellen aus Nietzsche vor über das fehlende Maass im Christentum – das sei im Ganzen richtig – und von der psychologischen Auffassung der Inspiration – das sei grundfalsch. Er läse Nietzsche manchmal zur Anregung, manchmal aber auch zum Ärger, um das nötige Gift zu haben. Sein Sich-Sträuben gegen die Ekstase rühre von Wagner her. Weil er mit Wagner einmal hereingefallen war, sollen nun alle Ekstasen nichts taugen. Aber dafür können doch andre nichts. Ich meinte, Nietzsche musste sich sagen: wenn sogar er, der Gescheitesten einer, so reinfallen konnte, wer könnte dann noch [55] hoffen, nicht hereinzufallen. Er antwortete: »Richtig, richtig, aber wenn er zu mir damit gekommen wäre, ich hätte ihm die Antwort schon gegeben.« [...]
[100] Über Nietzsche: Dass auf ihn Nietzsche nie im aufbauenden Sinne gewirkt habe. Er hätte Ausschau gehalten immer nur nach Leben und Gebild. Hätte er etwas Eindrucksvolles von seinem Leben gehört, dass er Schüler hätte, so wäre ihm das näher gegangen. Der Zarathustra wäre ihm peinlich, ein Zwischen- und Mittelding. Nachher, 1892 schon, hätte er Nietzsche geschätzt als Orator, als Kämpfer, den man brauchen konnte. Aber ihn interessierte einer nicht, der noch gegen das Christentum kämpfte. »Wogegen man kämpft, da steckt man noch drin. Nicht Nietzsche war jenseits von Gut und Böse, sondern Algabal.« Ursprünglich vertraten auch die

Blätter diesen Standpunkt: erst musste einmal eine künstlerische Höhe in Deutschland erreicht sein, eine abgesonderte Höhe. Die erleuchtetsten Geister damals waren grad so weit, diese künstlerische Ferne zu lieben. Weiter gingen sie nicht. Da blieben sie hängen. Die Blätter gingen weiter. Nur was aus dem Leben kommt, ist Kunst, die wieder aufs Leben wirkt.

[115] Über Nietzsche: Er hat weder Persönlichkeit, noch Lehre, noch Richtung. [...] Die Substanz, die er suchte, war in ihm selbst nicht mehr. Die Macht, die er verkündet, ist dieselbe mechanisierte Geistigkeit wie die Deutschlands von 1870. [...]

118 Hugo Ball

Eintragung vom 21. 5. 1917

[162] Wenn unsere abstrakten Bilder in einer Kirche hingen: man brauchte sie am Karfreitag nicht zu verhängen. Die Verlassenheit selber ist Bild geworden. Kein Gott, keine Menschen mehr sind zu sehen. Und wir können noch lachen, statt vor Bestürzung in den Boden zu sinken? Was bedeutet das alles? Vielleicht nur das eine, daß die Welt im Zeichen der Generalpause steht und am Nullpunkt angelangt ist. Daß ein universaler Karfreitag angebrochen ist, der außerhalb der Kirche in diesem besonderen Falle stärker empfunden wird als in ihr selbst; daß der Kirchenkalender durchbrochen und Gott auch zu Ostern am Kreuze gestorben bleibt. Das bekannte Philosophenwort ›Gott ist tot‹ beginnt ringsum Gestalt anzunehmen. Wo aber Gott tot ist, dort wird der Dämon allmächtig sein. Es wäre denkbar, daß es, so wie ein Kirchenjahr, auch ein Kirchenjahrhundert gibt und daß auf das unsere der Karfreitag und genauer die Todesstunde am Kreuze fällt.

119 Frantz Clement

Die Dichtung der neuen Generation (1918)

[3...] Der Symbolismus war tatenfremde Kunst; diesem Verzicht auf die Tat sagt die junge Generation Urfehde an. Die Freude am Leben soll vor allem eine Freude am tätigen Leben sein; der Mensch soll nicht mehr der Suchende, Erkennende, Ordnende sein, sondern der Erlebende, Schaffende, dessen innere Strebungen sich in schöpfe-

rische Akte [4] umsetzen wollen. Die Dichtung ist für diese jungen Menschen – ob sie Aktivisten oder Expressionisten heißen – eine leidenschaftliche Besitzergreifung, eine seelische Entladung, eine Verwirklichung von mehr Sein, mehr Wandlung. [...]
[5 ...] Der Realismus war seinerseits das pathosfeindliche Prinzip par excellence. Der erste Pathetiker der Moderne, ihr größter und bezauberndster ist Friedrich Nietzsche; er ist für die Jugend der Helfer zur neuen Hymnik, zur Überwindung der seelischen Kleingewerbekunst. Und wie sie von ihm zur kosmischen Dichtung, zum Jasagergestus getrieben wurde, so hetzte er sie auch in eine Pathetik hinein, die sich allmählich als wirkliche Verzückung über die Schauspiele der Welt und die sie bewegenden Kräfte äußerte. [...]

120 Kasimir Edschmid

Über die dichterische deutsche Jugend (1918)

[18 ...] Gibt es Literatur, wo die Besten, so viele der Auserwählten im Wahnsinn erst, im Tod Erlösung fanden? Gibt es nicht die unsterblichen Namen, den unsterblichsten Namen: Hölderlin?

Ging darum nicht Georg Büchner in so frühen Tod, weil sein ungeheurer Ausbruch vorbeizuckte an der Zeit?

Verkam darum nicht Grabbe, verreckte nicht Lenz?

Stand nicht Hebbel wüst kämpfend gegen die Epoche, schoß Kleist die Kugel nicht durch sein unauslöschliches Leben?

Ist nicht solches Schicksal, das ich anrufe, das Tragischste und Panische, die Tragik, die ich beschwöre, wenn ich Nietzsches heiligen Namen nenne? [...]

121 Thomas Mann

Betrachtungen eines Unpolitischen (1918)

[86 ...] Es ist nicht zu bezweifeln: Nietzsche hat, unbeschadet der tiefen Deutschheit seines Geistes, durch seinen Europäismus zur kritizistischen Erziehung, zur Intellektualisierung, Psychologisierung, Literarisierung, Radikalisierung oder, um das politische Wort nicht zu scheuen, zur *Demokratisierung* Deutschlands stärker beigetragen als irgend jemand. Ich stelle fest, daß unser gesamtes Zivilisationsliteratentum bei ihm schreiben gelernt hat, – worin ein Widerspruch liegt, der letzten Endes keiner ist. Nietzsche, meine Herren Voluntaristen, ist das schlagendste Beispiel dafür, daß in Hinsicht auf die Entwicklung, den schicksalsmäßigen ›Fortschritt‹ alles entscheidende Gewicht auf der Frage liegt, was einer ist (oder was aus einem wird und gemacht wird), nicht auf jener, was [87] einer will und meint. Er war als Mann deutschen Schicksals der gute Bruder seines großen Gegenspielers Bismarck, dessen letzte, unwillkürliche, eigentliche Wirkungen ebenfalls in demokratischer Richtung verlaufen. [...]

Nietzsche's *Lehre* also war für Deutschland weniger neu und revolutionierend, sie war für die deutsche Entwicklung weniger wichtig – ›wichtig‹ im guten oder schlimmen Sinne, wie man nun will –, als *die Art, in der er lehrte.* Mindestens, allermindestens ebenso stark wie durch seinen ›Militarismus‹ und sein Macht-Philosophem hat er durch seine äußerst westliche Methode, als europäisierender Prosaist die deutsche Geistigkeit beeinflußt, und seine ›fortschrittliche‹, zivilisatorische Wirkung besteht in einer ungeheueren Verstärkung, Ermutigung und Schärfung des Schriftstellertums, des literarischen Kritizismus und Radikalismus in Deutschland. Es geschah in seiner Schule, daß man sich gewöhnte, den Begriff des Künstlers mit dem des Erkennenden zusammenfließen zu lassen, so daß die Grenzen von Kunst und Kritik sich verwischten. Er brachte den Bogen neben der Leier als apollinisches Werkzeug in Erinnerung, er lehrte zu treffen, und zwar [88] tödlich zu treffen. Er verlieh der deutschen Prosa eine Sensitivität, Kunstleichtigkeit, Schönheit, Schärfe, Musikalität, Akzentuiertheit und Leidenschaft – ganz unerhört bis dahin und von unentrinnbarem Einfluß auf jeden, der nach ihm deutsch zu schreiben sich erkühnte. [...]
[539...] Es ist der Augenblick, bekennend festzustellen, daß ich mit diesem unzweifelhaft auf Nietzsche's ›Lebens‹-Romantik zurückgehenden Ästhetizismus, welcher zur Zeit meiner Anfänge in Blüte stand, niemals, mit zwanzig Jahren sowenig wie mit vierzig, das Geringste zu schaffen gehabt habe, – womit nicht gesagt ist, daß er mir nicht ›zu schaffen gemacht‹ hätte. [...]

Ja, in Jahren, die zur Verachtung sonst wenig geschickt machen, hatte ich den ästhetizistischen Renaissance-Nietzscheanismus rings um mich her zu verachten, der mir als eine knabenhaft mißverständliche Nachfolge Nietzsche's erschien. Sie nahmen Nietzsche beim Wort, nahmen ihn wörtlich. Nicht er war es, was sie geschaut und erlebt hatten, sondern das Wunsch- [540] bild seiner Selbstverneinung, und mechanisch kultivierten sie dieses. Sie glaubten ihm einfältig den Namen des ›Immoralisten‹, den er sich beigelegt; sie sahen nicht, daß dieser Abkömmling protestantischer Geistlicher der reizbarste Moralist, der je lebte, ein Moralbesessener, der Bruder Pascals gewesen war. Aber was sahen sie denn überhaupt! Sie versäumten kein Mißverständnis, zu dem sein Wesen nur immer Gelegenheit bot. Das Element romantischer *Ironie* in seinem Eros, – weit gefehlt, daß sie ein Organ dafür gehabt hätten. Und wozu sein Philosophieren sie denn also begeisterte, das waren recht nüchterne Schönheits-Festivitäten, Romane voll aphrodisischer Pennälerphantasie, Kataloge des Lasters, in denen keine Nummer vergessen war. [...]

[541 ...] Ich wiederhole, daß ich mit dem Renaissance-Ästhetizismus gewisser ›Nietzscheaner‹ innerlich nie irgend etwas zu schaffen gehabt habe. Was mich ihm aber fernhielt, das mochte, es ahnte mir früh, mein Deutschtum sein; die ›Schönheit‹, wie jene Dionysier sie meinten und mit steiler Gebärde verherrlichten, erschien mir von jeher als ein Ding für Romanen und Romanisten, als ein ›Stück Süden‹ ziemlich verdächtiger, verächtlicher Art; und wenn ich Nietzsche als Prosaisten und Psychologen auf allen Stufen seines Lebens grenzenlos bewunderte: der Nietzsche, der mir eigentlich galt und meiner Natur nach erzieherisch am tiefsten auf mich wirken mußte, war der Wagnern und Schopenhauern noch ganz Nahe oder immer Nahegebliebene, der, welcher in aller bildenden Kunst *ein* Bild mit dauernder Liebe ausgezeichnet hatte, – das Dürer'sche ›Ritter, Tod und Teufel‹; der, welcher gegen Rhode seinem natürlichen Behagen Ausdruck gegeben hatte an aller Kunst und Philosophie, worin »die ethische Luft, der faustische Duft, Kreuz, Tod und Gruft« zu verspüren sei: ein Wort, das ich sofort als Symbol für eine ganze Welt, *meine Welt,* eine nordisch-moralistisch-protestantische, id est *deutsche* und jenem Ruchlosigkeits-Ästhetizismus strikt entgegengesetzte Welt erfaßte. [...]

122 Thomas Mann

Brief an Ernst Bertram vom 21. 9. 1918

[150 ...] Und nun denn, lieber Freund, ich habe Ihren »Nietzsche« zu Ende gelesen, schon vor drei Tagen. [...]

[151 ...] Aber es waren tiefere Empfindungen als Eitelkeit und Genugthuung, die mich beim Lesen bewegten: es war die ernsteste

Rührung und Dankbarkeit, die Empfindung wahrhaft tröstlichen, freundschaftlich wissenden Zuspruchs, eine Rückblick-Ergriffenheit beim Betrachten dieser geistigen Landschaft, Übersicht des eigenen Lebens, Einsicht in seine Notwendigkeit, ein Verständnis meiner selbst, so intensiv, wie meine eigene tastende Schreiberei es mir nicht hatte gewähren können, etwas wie Todeswehmut und doch auch wieder ein starker Antrieb und Auftrieb des Selbstbewußtseins, neue Lust, mich zu Ende zu führen, weiter auszuführen, Einblick in die thematischen Zusammenhänge der zukünftigen Arbeiten mit der Sphäre, die mich beim Lesen umgab: Todesromantik plus Lebensja im Zauberberg, Protestantismus plus »Griechentum« im Hochstapler... Welches Stück dieses Variationen-Reigens über das Thema der »Wage« (ein *großes* Thema! Das Bild der Welt und des Lebens, so darf man sagen!) – welches liebe ich am meisten? »Ritter, Tod und Teufel«? »Arion«? »Venedig«? »Ahnentafel«? Aber so könnte ich fortfahren, zu fragen, bis das Kapitel-Verzeichnis erschöpft wäre. Ich weiß es nicht. [...]
[152...] Nie ist eine wesentlich philologische Technik mit so vibrierendem Gefühl gehandhabt worden! [...]
[153...] Hält man den »Nietzsche« mit Gundolfs »Goethe« zusammen, so kann man nicht umhin zu denken, auf welcher Stufe hoher Kultur, Intuition und Geistigkeit unsere Literarhistorie doch angekommen ist. [...]

123 Hugo Ball
Zur Kritik der deutschen Intelligenz (1919)

[224...] Man muss die Jugendschriften Nietzsches lesen, um zu ermessen, welch Pandämonium grosser und fruchtbarer Gedanken diese drei Männer verband. »Der Schopenhauer'sche Wille zum Leben«, schreibt Nietzsche, »bekommt [225] hier (bei Wagner) seinen Kunstausdruck: dieses dumpfe Treiben ohne Zweck, diese Extase, diese Verzweiflung, dieser Ton des Leidens und Begehrens, dieser Akzent der Liebe und der Inbrunst«. Und in das Studium Schopenhauers versunken: »Seine (Schopenhauers) Grösse ist ausserordentlich, wieder dem Dasein ins Herz gesehen zu haben, ohne gelehrtenhafte Abziehungen, ohne ermüdendes Verweilen und Abgesponnenwerden in der philosophischen Scholastik. Er *zertrümmert die Verweltlichung*, aber ebenso die barbarisierende Kraft der Wissenschaften, er erweckt das ungeheuerste Bedürfnis, wie Sokrates der Erwecker eines solchen Bedürfnisses war. *Was die Religion war, ist vergessen gewesen,* ebenso welche Bedeutung die Kunst für das Leben hat. Schopenhauer steht zu allem im Widerspruche, was jetzt als Kultur gilt«.

Die Anwendung des Erlösungsgedankens auf die »Kultur«: das war die Aufgabe, die einem redlichen Geiste gestellt war. Doch Nietzsche war Protestant, auch er; von der Selbstsucht seiner Nation und der Zeit tiefer erfasst, als er wähnte. Unter dem Einflusse Jakob Burckhardts und der Renaissance regen sich bald Bedenken bei ihm, sowohl gegen Schopenhauer wie gegen Wagner, und ach, gerade gegen dasjenige Band zwischen beiden, das er hätte stärken müssen, und das er löste; den Geist der Schuld und des Verzichts, den Geist der Demut und Schwäche, den Geist der Verfehlung und Abirrung.

Der Kompromiss, den Wagner seit der Reichsgründung mit Rom und Bayreuth einging, mit den Kommerzienräten und Beichtvätern seiner Majestät, die hysterische Materialisation der Erlösungsmusik, – Nietzsche leitete sie vom Pesthauche einer »absterbenden Religion« her, statt von dem Mangel an Widerstand gegen ein prostituierendes Zwangssystem. Statt seine Verneinung gegen den *Staat* zu richten, der Religion und Gewissen entehrte, wendet sich Nietzsche, ganz im Sinne des Staates, gegen die vermeintlichen »Ueber- [226] reste« der *Religion,* die er für die Schwenkung des Meisters verantwortlich macht und von denen er behauptet, sie seien dem »germanischen Wesen« fremd und zuwider. Ja, er bezeichnet die christliche Moral als das eigentliche Verderben, statt eben diese Moral zum Ausgangspunkt einer Kritik der Staatsidee zu nehmen.

Jetzt findet er: »Die Verneinung des Lebens ist nicht mehr so leicht zu erreichen: man mag Einsiedler oder Mönch sein – was ist da verneint?« Und: »Es gibt soviele Arten angenehmer Empfindung, dass ich verzweifle, das höchste Gut zu bestimmen«. Statt in die Schule des frühen Mittelalters, begibt er sich in die der französischen Moralisten des ancien régime, und in die Schule der Feuerbach, Bauer und Stirner. Den germanischen »Urtext« sucht er wiederherzustellen, den »eigentlichen« Naturzustand des Germanen, die vorchristliche Wildheit, um, wie er glaubt, eine reine Nation nach Ausscheidung orientalischer, jüdischer Moralismen zu erreichen; und sucht das kommende Genie vor jener Ideenverwirrung und Stagnation zu retten, der er Wagner verfallen sah. Das gewitzigte Individuum wird ihm mit Luther, Kant und Stirner Garant des Gewissens, und so gerät er, wenn auch aus Geschmacksgründen gegen die Reformation, doch in ihre Bahn und in eine Position, die dem seit 1789 neu erwachten Kollektivbewusstsein der Völker widerspricht.

Noch in der unter Wagners Einfluss geschriebenen »Geburt der Tragödie« hatte er eine tragische Kultur prophezeit und die Auflösung des Individuums in der Tragödie befürwortet. Jetzt glaubte er radikaler zu sein, wenn er den Kampf gegen die Kirche zum Kampf gegen das Christentum als gegen die Philister- und Herdensanktion, ja gegen die Moral selbst ausdehnte. Gerade die christlichsten, menschlichsten Tugenden greift er an: Nächstenliebe, Mitleid, Charität. Der Pastorensohn regt sich in ihm. Hochmut und Selbstüberschätzung des Protestanten aus [227] altem Priestergeschlecht, geboren auf dem Schlachtfelde zu Lützen.

Er wird »originell«, er verfällt der Erbsünde des Protestantismus. Und er gerät in immer engere Sympathieallianz mit dem preussisch-protestantischen Pflicht- und Soldatengeist. Statt die mittelalterliche Weisheit zu exaltieren, wie Schopenhauer es tat, hält er ihre Ideen für erschöpft und verbraucht, wirft er wie Marx sie beiseite, und kann doch keinen Ersatz dafür finden. Er statuiert eine Herren- und Sklavenmoral und rechnet zur letzteren die Freiheitsideale der grossen französischen Revolution und der Evangelien, zur ersteren aber die Selbstvergötterung der Renaissance und des vorsokratischen Hellenentums. Er hofft, die Instinktkonfusion, den Mangel an Distanzgefühl, die deutsche Bassesse zu treffen und zieht in seiner Verblendung vor, es eher mit der Arroganz preussischer Zucht- und Disziplinarvorschriften, als mit der hierarchischen Rangordnung der katholischen Kirche und der geistigen Disziplin der Mönche zu halten. Er glaubt, den Todesschlaf der Welt zu erschüttern, indem er dem Teutonentum seine letzten Gewissensketten abnimmt, und er wird wider Willen der Herold und Totengräber jener rastaquierenden Hyänen mit hellblauen Augen und einer Sadistenfalte um den verzerrten Mund, die nun aus Gründen der Philosophie die nationalen Leidenschaften aufpeitschen und hetzen.

Bei vollem Bewusstsein und im Gefühle seiner Verantwortung untergräbt er Schritt für Schritt und immer prinzipieller seine eigene Basis, gegen sein Gefühl, gegen seine Nerven, ja gegen seine Einsicht, und je mehr er sich isoliert, desto lauter nennt er diese Isolation seinen neuen Heroismus, seine bessere Geistigkeit, seine Tapferkeit. Bis er zuletzt, ohnmächtig zu fesseln, was er selbst entbunden hat, jene höchste Gewalt verliert, die Gewalt über sich selbst, die persönliche Schlüsselgewalt, und in dem Augenblick zusammenbricht, wo er mit dem grössten Satanisten der [228] neueren Geschichte, mit Napoleon Bonaparte, zusammentrifft, und sich gezwungen sieht, die strengste Despotie, die Züchtung, die Dressur zu fordern. [...]

124 Arthur Drey

Nietzsche (1919)

[35] Was will die Zeit der aufgestürmten Tage,
Daß aus den Werken ihrer Söhne werde?!
Wenn sie ersticken in der eigenen Klage,
Im Elend der Unendlichkeit und Erde.

Ein Dichter sang! Und wie aus Orgelkehlen
Erströmten Gärten blühender Musik –
Doch heimlich schwoll der Neid der düster Scheelen,
Die ihn solange höhnten, bis er schwieg.

Und immer schwerer ward die Nacht der Tücke.
Wo blieb der Jubel von den treuesten Jüngern?
Er fühlt jetzt um sich her zu weiter Lücke
Die Menschen, die ihn liebten, sich verringern.

So steht der Gott-Mensch in der Welt umher,
Ein Schöpfer, den die Schöpfermacht enttäuscht.
Was soll er schaffen, wenn das Erdenheer
Doch jeden Helfer wütend blind zerfleischt?

Schon wirft das Volk ihm Steine ins Gesicht,
Volk eines Lands, dem seine Größe gilt.
Und jedes Wort, das sein Gedanke spricht,
Verstummt im Sturm, der heulend ihn erfüllt.

Er eilt, und flieht das lebende Gewimmel,
In fernes Felsgebirg, sein eigner Feind.
Da stößt er Tränentöne in den Himmel,
Ein Kind, das nichts mehr weiß, als daß es weint.

125 Hermann Hesse
Zarathustras Wiederkehr (1919)

[472 ...] [Zarathustra:] »Zarathustra ist der Mensch, er ist Ich und Du. Zarathustra ist der Mensch, nach dem ihr in euch selber auf der Suche seid, der Aufrichtige, der Unverführte – wie sollte er an euch zum Verführer werden wollen? Vieles hat Zarathustra gesehen, vieles hat er gelitten, an vielen Nüssen hat er geknackt und ist von vielen Schlangen gebissen worden. Aber nur eines hat er gelernt, nur eines ist seine Weisheit, nur eines ist sein Stolz. Er hat gelernt, Zarathustra zu sein. Das ist es, was auch ihr von ihm lernen wollet, und wozu doch so oft euch der Mut gebricht. Ihr sollet lernen, ihr selbst zu sein, so wie ich Zarathustra zu sein gelernt habe. Ihr sollet verlernen, andere zu sein, gar nichts zu sein, fremde Stimmen nachzuahmen und fremde Gesichter für die euern zu halten. – Und darum, ihr Freunde, wenn Zarathustra zu euch spricht, so suchet in seinen Worten keine Weisheit, keine Künste, keine Rezepte und Rattenfängerkniffe, sondern sucht ihn selbst! Vom Stein könnet ihr lernen, was Härte ist, und vom Vogel, was Singen ist. Von mir aber könnet ihr lernen, was Mensch und Schicksal ist.« [...]
[474 ...] »Auch höre ich euch, Freunde, immerzu so laut über böse Schmerzen und böse Schicksale klagen, die euer Volk [475] und euer Land betroffen haben. Verzeihet, junge Freunde, wenn ich auch gegen diese Schmerzen ein wenig mißtrauisch, ein wenig langsam und unwillig im Glauben bin! Du und du, und du dort, ihr alle, leidet ihr denn nur Schmerzen um euer Volk? Leidet ihr nur um euer Vaterland? Wo ist denn dies Vaterland, wo ist sein Haupt, wo sein Herz, wo wollt ihr die Kur und Pflege an ihm beginnen? Wie? Gestern war es noch der Kaiser, und war es das Weltreich, um das ihr bangtet, auf das ihr stolz waret, das ihr heilighieltet. Wo ist das alles heute hin? Es war nicht der Kaiser, von dem die Schmerzen kamen – wären sie sonst noch da und wären so bitter, da doch kein Kaiser mehr da ist? Es war nicht das Heer und nicht die Flotte, und nicht die und die Provinzen und Beutestücke, das sehet ihr jetzt. [...]

Sehet, es ist schwierig, einander zu verstehen, und gar sich selbst zu verstehen, wenn man immer so große Worte braucht. Wenn ihr nun, du und du dort, Schmerzen fühlet, wenn euch nicht wohl im Leibe oder in der Seele ist, wenn ihr Angst empfindet, Gefahr ahnet – warum wollet ihr nicht, und sei es nur zum Spaß und aus

Neugierde, aus guter gesunder Neugierde, einmal den Versuch machen, die Frage anders zu stellen? Warum wollet ihr nicht einmal suchen, ob der Schmerz nicht in euch selber sitzt?« [...]
[488...] »Ein Wort gibt es, ihr Jünglinge, das in eurem Munde mich leicht verdrießlich macht – wenn es mich nicht eher lachen macht! Es ist das Wort von der Weltverbesserung. [...]
[489...] Die Welt ist nicht da, um verbessert zu werden. Auch ihr seid nicht da, um verbessert zu werden. Ihr seid aber da, um ihr selbst zu sein. Ihr seid da, damit die Welt um diesen Klang, um diesen Ton, um diesen Schatten reicher sei. Sei du selbst, so ist die Welt reich und schön!« [...]

126 Ricarda Huch
Der Sinn der Heiligen Schrift (1919)

[...28] Einer der wenigen originalen Gedanken Nietzsches ist der, daß das Erscheinen des Genies bisher immer vom Zufall abgehangen habe, daß man es aber züchten müsse, daß es sich also willkürlich erzeugen lasse. Es ist ein Gedanke, der menschlichem Größenwahn entspringt und menschlichem Hochmut schmeichelt, und der freilich, wenn er auf Wahrheit beruhte, die Heilige Schrift und unsere Religion mit eins zunichte machte. [...] War es Nietzsche überhaupt Ernst mit seinen Gedanken? Er betonte ja selbst an anderer Stelle, daß das Unbewußte das Wichtigste im Menschen sei. [...]
[196...] Allen geistig Kranken ist ein Grundmangel gemeinsam, der mit dem Größenwahn zusammenhängt, der Mangel an Liebe. Der Geisteskranke ist der Liebeskranke in dem Sinne, daß ihm die Kraft der Liebe, das Band der Vollkommenheit, fehlt, weil er auf sich selbst beschränkt ist. Die Unfähigkeit, etwas außer sich selbst zu lieben, ist Abtrennung von der Welt, der anderen, schöneren Hälfte des Ich. Die [197] Selbstliebe zeigt sich darin, daß nur solche Personen des anderen Geschlechts mit ausschließender Leidenschaft geliebt werden, die dem eigenen Selbst nahverwandt und von ihm abhängig sind. So hatten Nietzsche und C. F. Meyer eine Anhänglichkeit an ihre treuen, unbedingt ergebenen Schwestern, die hindernd zwischen ihnen und anderen Frauen stand; im Grunde ist eine Ehescheu vorhanden, weil der Wille nicht imstande ist, ein anderes Ideal zu ergreifen, das vom Throne und zugleich Marterpfahl des eigenen Ich ablenkte. Die Zeugungskraft, die den natürlichen Mann zur

Liebe und zum Opfer erzieht, ist bei dem Sohne des schwachen Vaters schwach und nicht durch göttliche Liebe ersetzt; er will nicht durch die Familie, womöglich auch nicht durch einen Beruf gebunden sein und schließlich auch nicht durch Gott, sondern nur durch sich selbst und Aufgaben, die er sich selbst gesetzt hat. Burckhardt schrieb einmal an Nietzsche über eins von dessen Büchern, es vermehre die Unabhängigkeit in der Welt, und der selbst sehr unabhängigkeitsliebende Burckhardt hatte dies jedenfalls als Lob gemeint, das er augenscheinlich froh war, ehrlicherweise äußern zu können. Man sieht aber den Unterschied zwischen den beiden Männern an der Art, wie Burckhardt sich durch den Beruf, durch die Liebe zu seinen, ihm durch den Beruf gegebenen Schülern binden ließ. [...]

[198 ...] Nietzsche hat geradezu gesagt, daß er im Verkehre mit Menschen beständig Komödie spiele. Ein starkes, unbewußtes Ich, das sich schlechtweg äußert, wie es muß, hatte er nicht; was er aber in seiner Vorstellung war, der Herrscher, das wagte er nicht zu zeigen, weil er im Grunde wußte, daß diese Vorstellung nicht mit seiner Natur übereinstimmte, also Lüge war.

Dieselbe Schattenhaftigkeit mutet in den Briefen Meyers, Hölderlins, Nietzsches, Lenaus so fadenscheinig an. Wahr und ergreifend ist nur die Klage des Einsamseins und die Sehnsucht nach Liebe. [...]

[203 ...] Nietzsche ist der Versuchung [der Einsamkeit] erlegen, und es ist sehr belehrend, zu verfolgen, wie er an diesem Problem sich wundringt und endlich daran zugrunde geht. Schneidend dringt die Klage über sein Einsamsein aus allen seinen Briefen; gleichzeitig aber wehrt er sich leidenschaftlich gegen das Aufgeben dieser Einsamkeit, die allein ihm ermöglicht, den Wahn seiner Größe zu bewahren. Der Gedanke, daß das Genie notwendig einsam sei und daß Sicheinsamfühlen Beweis von Genie sei, wird ihm zum Rauschgift, das ihn über die Unerträglichkeit seines unnatürlichen Zustandes wegträgt.

Im Zusammensein mit anderen Menschen verdroß ihn, wie seine Schwester erzählt, weniger ihr Nichtverstehen, als wenn sie gleicher Ansicht mit ihm zu sein behaupteten; er wollte keine Menschen, die den Anspruch erhoben, etwas von ihm zu verstehen, weil sie dadurch bis zu einem gewissen Grade seinesgleichen geworden wären. Er erklärte sich für unbesiegbar, so wie er keinen Feind als sich selber oder unpersönliche Feinde habe. »Meine Feinde«, schreibt er stolz, »sind das Christentum, die Moral, die ›Wahrheit‹ ... Habe ich kein Recht, stolz auf diese Feinde zu sein?« Was aber sind Christentum und Moral, wenn es [204] nicht durch Personen vertreten wird? Bequeme Feinde allerdings. Einem persönlichen Gegner gegenüber hatte Nietzsche so wenig Mut, daß er, als Richard Wagner ihm zutraulich von seinen Parsifalplänen erzählte, seinen Widerspruch verschluckte, nichts entgegnete, sich schweigend von dem einst Verehrten zurückzog, um seine Entgegnung in einem Buche zu veröffentlichen, das er am liebsten anonym herausgegeben hätte. [...]

[205 ...] Fast alle, die mit Nietzsche in persönliche Berührung kamen, schildern ihn wie einen Heiligen. Vergleicht man damit die Äußerungen von Selbstvergötterung, die ihm oft schriftlich entschlüpften, die sich zuweilen bis zum Fratzenhaften, Widerwärtigen und Lächerlichen steigerten, seine unwillkürliche Abneigung gegen alle Menschen, die er als selbständige Individualitäten empfand, so stößt man auf einen inneren Widerspruch in seiner Person. Offenbar hatte er einen außergewöhnlich starken Machttrieb, war aber nicht imstande, ihn zu äußern, außer dadurch, daß er sich versteckte. Nicht umsonst erzählt seine Schwester, Nietzsche habe so besonders gut nach Basel gepaßt, der Stadt, wo niemand zu äußern wagt, was nicht mit einer bestimmten moralischen Konvention übereinstimmt. Er klagte selbst, daß alles, was er äußere, bei ihm nur Vordergrund sei, daß sein Eigenstes, sein Allerinnerstes niemandem bekannt sei.

[206] Welches war denn nun das Allerinnerste? War es die hingebende Liebe, der Drang, sich aufzuopfern, diese an Heiligkeit streifende Selbstlosigkeit, die Erwin Rhode an ihm hervorhob und die er selbst von sich betonte, sowie jemand ihn als egoistisch bezeichnen wollte? Oder war es der Machtwille, der unleugbar in ihm versteckt war? Sein *letztes* Wort war, daß er sich selbst den Gekreuzigten nannte; seltsam verrät sich darin, daß er sich selbst als den Gottmenschen bezeichnete, seine *Herrsch*sucht; und doch, kann man im Namen des Gekreuzigten etwas anderes tun als kämpfen und sterben aus Liebe? Gerade alles das, was Nietzsche durchaus teils nicht konnte, teils nicht wollte? [...]

127 Rudolf Kayser

Der Weg der neuen Dichtung (1919)

[112 ...] Und noch ein drittes Ereignis geschah in diesen Rüsttagen zum neuen Menschen: man begriff Nietzsche. Er hatte als erster das nihilistische Schicksal verkündet, aber auch den Untergang als Uebergang und das Heraufsteigen des »großen Mittags«. Nietzsches Einfluß auf die Dichtung ist deshalb viel mehr als ein sprachlicher, so viel mehr als sein Denken bloße Zerstörung übertrifft. Seine Philosophie ist Plan und Vorläufer des nach-nihilistischen Menschen; erst heute ist es unsere Aufgabe, seine Konsequenzen zu ziehen, die neuen Werte zu setzen, den neuen Geistestypus zu beginnen. [...]

128 Oscar Levy
Nietzsche im Krieg (1919)

[277 ...] Es war in England – ganz am Anfange des Krieges, am 18. August 1914, wenn ich nicht irre – als ich des Morgens im Briefkasten meines Londoner Hauses eine Nummer der Edinburger Zeitung »The Scotsman« entdeckte, in der mit blauem Stifte ein Artikel angestrichen war. Er handelte über »Nietzsche und der Krieg« und hatte einen schottischen Geistlichen zum Verfasser, der zu beweisen versuchte, daß die heidnische, antichristliche Gesinnung Nietzsches, seine Verachtung aller landläufigen Moral, seine Predigt des Willens zur Macht und seine Verherrlichung des Übermenschen den Deutschen den Kopf verdreht und sie zum Überfall des kleinen Belgien und zur Aussendung von vier Kriegserklärungen in einer Woche veranlaßt habe. Auf dem Rande der Zeitung stand geschrieben: »*You* have brought this poison to England« (»*Sie* haben dieses Gift nach England gebracht«).

Es braucht deutschen Lesern nicht erst versichert zu werden, daß diese Beschuldigungen aus der Luft gegriffen waren: es ist bei uns nicht unbekannt, daß der Philosoph Nietzsche auf die amtliche Politik der Wilhelmstraße von Bismarck bis Bethmann keinen nennenswerten Einfluß ausübte, daß er vielmehr wegen seiner Angriffe auf die Religion von den führenden deutschen Kreisen abgelehnt wurde, und daß er auch – trotz der Feldausgaben des »Zarathustra« – zu den seltneren Bildungsgepäckstücken der deutschen Feldsoldaten gehört. Aber so falsch wie der übrige Inhalt des Artikels war, so richtig war die Randbemerkung des anonymen Absenders: ich war in der Tat der Herausgeber der autorisierten englischen Übersetzung von Friedrich Nietzsches gesammelten Werken.

Es war dies eine Würde, auf die ich in gewöhnlichen Zeiten ziemlich stolz gewesen war, aber die Zeiten waren eben nicht mehr [278] gewöhnlich und die Würde wurde zur Bürde. Denn es dauerte nicht lange, so brach in den Zeitungen ein furchtbarer Sturm gegen Nietzsche los. Die Intellektuellen Englands, Irlands und Schottlands, zu denen ein gut Teil Fromme gehören, aber auch eine große Anzahl jener sogenannten Freidenker, die Nietzsches Weltanschauung ebenfalls verletzt, hatten schon lange mit einer Art verwunderten Unbehagens auf die kleine kecke Schar derer gesehen, die da in ihrer Mitte eine neue Bewegung hervorgerufen, andere Maßstäbe angelegt und altes Überkommenes zu kritisieren und zu ridikulisieren versucht hatte – und das in einer Art und Weise, die von der Würde (und Langeweile) der landesüblichen Gelehrsamkeit bedenklich abstach. Jetzt war die Zeit der Revanche gekommen für manches, das man hätte herunterschlucken müssen, ohne sich öffentlich verteidigen zu können, denn der öffentlichen Diskussion unserer Ansichten war man möglichst ausgewichen, um nicht die Aufmerksamkeit der stets gafflustigen Menge noch mehr auf uns zu lenken. Nun aber fühlte man plötzlich den Wind in den Segeln, und der langaufgestapelte Groll konnte direkt auf sein Ziel losgelassen werden. [...]

129 Heinrich Mann
Kaiserreich und Republik (1919)

[46 ...] Wie jeder dichtende Geist sich allein fühlte! Stand im Wesen jenseits dieses ungünstigen Augenblicks und kämpfte um seine Beachtung mit nicht ganz gutem Gewissen und einem Wozu? Drang einer durch? Dann war er mißverstanden, ward Zwecken angepaßt, die unter ihm waren. Das Schicksal Nietzsches.

Nietzsche hat, wie jedes große Talent, einen Zeitgeist um mindestens zehn Jahre vorweggenommen. Seine Amoralistik wie sein Aristokratismus sind Gewächse des Jahrganges 1870. Sie reiften früher bei ihm als im Lande; aber hinter Borgia handelte Bismarck, und seinen philosophischen Willen zur Macht beflügelte das Deutsche Reich. Der Gegenstand seines Machtwillens freilich war größer als diese: es war der Geist. Irdisch würde er, wie Flaubert, die Herrschaft einer Akademie verlangt haben, anstatt eines Klüngels von Waffenfabrikanten und Generalen. Moralfrei hieß für ihn: wissend, nicht: tierisch. Wenn im Jahre 1914 viele der Unseligen, die hinausgetrieben waren gegen eine mißverstandene Welt, in ihren Tornistern den »Zarathustra« getragen hätten, dann ist aus ihren Tornistern Lachen erschallt. Mit ihnen kämpfte, leider, kein Nietzsche. Er hat sie weder für wissend noch für adelig gehalten; ja, über die aufgeopferten Geschlechter des Reiches hinaus hat er, höchst ungerecht, Deutschland verworfen, von je und für immer verworfen. Mögen Künftige es ihm verzeihen. Auch er stammte, woher das Reich stammte; die Zerrüttung des Zeitalters forderte auch ihn. Er sah nicht mehr klar, nicht hinweg, und hatte vergessen, daß das wahre [47] Deutschland aller Zeiten ein geduldiges, einsichtsvolles, der Gerechtigkeit ergebenes Volk ist. [...]

130 Rudolf Pannwitz

Maßstäbe und Beispiele lyrischer Synthese. IV. Stefan Georges Stern des Bundes (1919)

[240...] Es ist George ein einziger großer Vorwurf zu machen: er, der überall die Einreihung fordert, hat gegen Nietzsche genau so gesündigt, wie überall gegen ihn selbst jetzt gesündigt wird. Er war geistig nicht stark, sittlich nicht schlicht genug, hier – alle einzelnen Ueberlegenheiten hinnehmend – sich unterzuordnen, anerkennend, daß die neue Welt, die als ganze auch nur zu erleben seiner tragischen Natur mehr als eine Seite abgeht, schon geschaffen war und daß ihm keine Urschöpfung, sondern ein oberster Dienst zustand. So hat George einen Bruchteil des Nietzscheschen Erlebnisses selbst erlebt, aber ohne auch nur diesem gewachsen zu sein, und hat doch die Pflicht gefühlt, das Ganze, was Nietzsche schon vollbracht hatte, selbst anzubahnen und in genauer Linie eigner geistiger Zöglinge fortzupflanzen. Dadurch ist in seiner eigenen Seele und in seinem Verhältnis zum Zeitalter ein unheilbarer Bruch entstanden, der umso schmerzhafter ist, als George keinen Nachfolger hat noch haben wird, noch haben kann, sondern sein Weg wohl von Jüngeren, aber nicht von Jüngern, wohl von Dankenden, aber nicht von Getreuen wohl als sein Weg, aber auch als Weg Gleichgroßer und Größerer Anderer (Nietzsche, zur Linde) fortgeführt werden wird. Er, der der Ursprung zu sein wähnte, unter diesem Wahne sein Größtes schuf und litt, muß doch in die Mischung eingehen, und bleibt nur einzig als Verewiger seiner selbst und als Ursprung der neuen Dichtung, nicht des neuen Geistes. [...]

131 Eckart von Sydow

Das religiöse Bewußtsein des Expressionismus (1919)

[194 ...] Die Ruhe ist gründlich verscheucht aus unserer modernen Welt: äußerlich durch den Kapitalismus, innerlich durch die aufpeitschende Dogmatik Nietzsches. Ihn, den Leitstern unserer jüngsten Vergangenheit, hat man in sehr unkluger Weise als den »Mörder Gottes« bezeichnet. Sehr unklug –: denn er trat dem Gotte mit offenem Visier und vor allen Völkern Europas entgegen; und sehr falsch –: weil er in Wirklichkeit gar nicht das Göttliche Wesen in seiner Totalität tötete, sondern nur sozusagen die eine seiner beiden Hälften niederschlug, um in die andere Hälfte alle Macht und Lebendigkeit hineinzupressen. Diese zweite, unendlich kräftige Hälfte der Göttlichkeit nannte er das »Leben«. Diese mythologische Gestaltung des »Lebens« gewann die wundervolle Gewalt und das unheimlich Unbezwingbare der Reden Zarathustras: den allmächtigen Überschwang der Lebendigkeit und des Willens zur Macht. Seit Nietzsche beherrscht unsere Bewußtheit immer stärker der Trieb: immer weiter um uns zu greifen, immer intensiver und extensiver zu erleben. Die Beweglichkeit und Bewegtheit faszinierte unsäglich. Die Ausströmung des göttlichen Wesens usurpierte alle Energie: im Hochdruck sprühte die innerste Kraft der Welt ins Grenzenlose!

Die Tat des Kapitalismus und des Nietzschetums wirkt auch heute noch weiter. Ganz unbegreiflich wäre es ja, wie eine solche tiefstgreifende Umwälzung aller Wertungen nun etwa sich sogleich ganz anders wenden lassen sollte. [...]

132 Eckart von Sydow

Der doppelte Ursprung des deutschen Expressionismus (1919)

[228 ...] Man kann freilich nicht sagen, daß Deutschland jedes großen Temperamentes völlig bar gewesen wäre. Die Stimme *Nietzsches* war allerdings nicht mehr in ihrer mündlichen Beredsamkeit lebendig. Aber ihr Pathos schwebte noch fordernd in der Luft, wie die dunkle Gewitterwolke unübersehbar am allzu klaren Himmel steht. Sie hatte sich nicht ausgegeben, nicht sich ermattet und nicht sich ermüdet, – aber ein Echo der Tat war ihren Forderungen nicht zuteil geworden. Anregungen aller Orten und Enden war ihr Erfolg, große Bereitschaft der Geister auf das kommende Große, – Entschlossenheit und Willensbereitschaft, aber auf wirkliches Tun blieb sie einflußlos. – Diese Einflußlosigkeit hatte ihren zwiefachen Grund.

Die Lehre Nietzsches war letzten Endes doch abstrakt geblieben, rein auf das innerliche Selbst-Gefühl in ihrer Wirkung beschränkt deshalb, auch in ihrer Lebens-Anweisung nicht so ins Anschaubare hinausgreifend, hineingreifend wie die Vorschriften der altdeutschen Idealistik Fichtes. So zeigten Nietzsche und seine Anhänger kein eigentliches Werk als Vorbild, ja kaum einmal deutlich den Weg zum Werke, so blieben sie nur Atemholen der großen Stimme des Weltgeistes vor dem Ausspruch des konkret-schöpferischen Wortes.

Und dann blieb die Lehre vom Übermenschen wirkungslos aus einem viel wesentlicheren Grunde: sie war zu individualistisch eingestellt; zum mindesten wurden ihre Thesen historisch wirksam interpretiert in allzu schroff individualistischem Sinne, als daß sie sich nicht hätten überschlagen sollen. Denn allen Einseitigkeiten ist es eigentümlich, daß sie sich in ihrer lehrhaften Reinheit nicht erhalten können, sondern mit fast unausweichlicher Folgerichtigkeit des Paradoxes in ihren Gegensatz sich verwandeln. Dem radikalen Individualismus Nietzsches ist dieses Schicksal nicht erspart geblieben.

Nietzsche war ja der große Prophet des Individualismus in Deutschland. Er ist der gewaltigste Befreier gewesen, den die deutschen Seelen seit Luther erlebt haben. Aber sein großer und so unendlich willkommener Aufschwung zur geistigen Freiheit wurde von dem allzu Enthusiastischen in eine Sackgasse geleitet. [...]

133 Hugo Ball
Eintragung vom 3. 6. 1920

[260] Goethe und Nietzsche haben am Bilde der Nation so bewußt gearbeitet wie nur ein Töpfer an einer Form, die er hundertmal läßt durch die wägenden, prägsamen Hände laufen. Die Entscheidungen dieser beiden Geister sind mit der größten Ehrfurcht aufzunehmen und dürfen nur nach sorgfältigster Prüfung verworfen werden. Beide erklären sich immer wieder für eine aufhellende Durchdringung der Wirklichkeit. Beide erklären sich gegen die Abstraktionen,

gegen die Transzendenz, gegen den Rausch der Musik. Und sie erklären sich selber für Aristokraten und Psychologen. Das deutet auf schlimme Mächte gegenteiliger Art, auf einen plebejischen, unwirklichen, menschenscheuen Zug der Nation. Beide befürworten hiergegen die schwebend schöne Gestalt und ein weltmännisch Wesen.

134 Theodor Däubler

Brief an Rudolf Pannwitz v. 17. 10. 1920

[102] Im Anschluß an den Nietzsche-Essay von Pannwitz nennt Däubler Nietzsche den »bedeutenden Menschen, den auch ich liebe, ohne ihm folgen zu können« und fährt dann fort:

Er hängt mir doch zu sehr von seinen zwei letzten Jahrhunderten ab, hängt an sich selbst: Ihm folgt der große Zustrom. Die in die Natur eingeborene Naivität. Er denkt keine andern Geister, (alle in seiner Nähe), weiter, sondern um ... Was er am meisten fordert, daß man an ihm bewundre (übrigens wie Schopenhauer) ist sein Stil! Er terrorisiert, (wie Schopenhauer das Lesen) macht ihn eitel, um ihn zu zwingen! ... Freilich, verehrter Herr Pannwitz, was wären wir ohne Nietzsche! Das Stromnetz, das von ihm ausgeht ist bereit unter uns, um uns ... in uns! Er hofft nichts so wie Undankbarkeit, er hat recht ... aber Freundschaft kann auch eine Form von Dankbarkeit sein, schließlich können wir doch auch von ihm erfahren! Daß Deutschland das Land der Mitte ist, heißt: [103] es ist auch das Land der Entscheidungen. Nun aber ist Deutschland eigentlich seinen Entscheidungen bisher ausgewichen. Möglicherweise seiner Tragik. Auch heute wird es sich entscheiden müssen: Die Volkesstimme drängt nach Osten ...

135 Richard Huelsenbeck

Einleitung zum Dada-Almanach (1920)

[... 7] »Aber der »Geist«, insbesondere der »historische Geist« ersieht sich auch noch an dieser Verzweiflung seinen Vorteil: immer wieder wird ein neues Stück Vorzeit und Ausland versucht, umgelegt, abgelegt, eingepackt, vor allem studiert: – wir sind das erste studierte Zeitalter in puncto der »Kostüme«, ich meine der Moralen, Glaubensartikel, Kunstgeschmäcker und Religionen, vorbereitet, wie noch keine Zeit es war, zum Carneval großen Stils, zum geistigsten Faschingsgelächter und Uebermut, zur transcendentalen Höhe des höchsten Blödsinns und der aristophanischen Weltverspottung. Vielleicht, daß wir hier gerade das Reich unserer Erfindung noch entdecken, jenes Reich, wo auch wir noch Original sein können, etwa als Parodisten der Weltgeschichte und Hanswürste Gottes – vielleicht, daß, wenn auch nichts von heute sonst Zukunft hat, doch gerade unser Lachen noch Zukunft hat!«

Nietzsche, Jenseits von Gut und Böse.

»Na also« höre ich den Mann sagen, der gesichert im Sessel irgend einer Weltanschauung sitzt, »Dada ist also nur destruktiv. Bolchevism in art. Wozu das in einer Zeit, wo Ruhe und Ordnung notwendig ist?« Oder »Was gibt Dada denn eigentlich Positives – wo ist die Leistung?« Oder »Dada ist gegen den Geist«? Das ist leicht gesagt, wenn man keinen Geist hat. »Wofür ist Dada denn eigentlich?« Wer so fragt, ist vom Dadaismus weiter entfernt als irgend ein Tier von erkenntnistheoretischen Grundsätzen. Dada hat das Bedürfnis nach Ruhe und Ordnung längst als eine Eigenschaft von Menschen erkannt, die ein Erleben durch eine Moral bewiesen haben wollen. Dada läßt sich nicht durch ein System rechtfertigen, das mit einem »Du sollst« an die Menschen heranträte. [...]
[8 ...] Dada hat das Reich der Erfindung entdeckt, von dem Friedrich Nietzsche in jenen oben angeführten Zeilen spricht, es hat sich zum Parodisten der Weltgeschichte und zum Hanswurst Gottes gemacht – aber es ist nicht an sich gescheitert. Dada stirbt nicht an Dada. Sein Lachen hat Zukunft. [...]

136 RUDOLF PANNWITZ
Einführung in Nietzsche (1920)

[1] Der name nietzsche ist der höchste begriff des deutschen namens das heiligtum des deutschen geistes und die schuld und das böse gewissen aller deutschen menschen.

Nietzsche gehört nicht den deutschen weder mit seinem eigentlichen blute noch mit seinem eigentlichen geiste. [...]

Nietzsches werk sind nicht seine werke sondern ist eine tat sein wahres dasein ist auf keine weise das eines schreibenden sondern auf jede weise die laufbahn eines halbgöttlichen helden. am nächsten zu vergleichen ist jener grözste könig babylonischer ursage gilgamesch von dem heute wieder gesungen ist:

Ich zieh zu dem ahn ›ersahdasleben‹
Der das ewige leben hat gefunden
Ich will wissen. – Um sie zu erlösen
Heisst es schuf allein der gott die menschen
[2] Und es wird der grosze könig leiden
Um das leben um das ewig leben
Ewge wiederkehr der segens zeit.
Darum jag ich durch die steppe darum
Setz ich über alle flüss und meere
Zieh ich über alle berg und höhn
Frag ich alle menschen aus und götter
Lauf ich alle pfade aus und bahnen
Kämpf ich alle mühsal durch und kriege
Duld ich alle schmerzen durch und jammer
Geh ich in der elenden gestalt.

Nietzsche hat in europa kein gleichnis und also hat europa keinen maszstab für nietzsche. nicht weil nietzsche uneuropäisch wäre er ist vielmehr übereuropäisch: europa tritt mit ihm erst doch ohne sich selbst zu verlieren in eine reihe mit asien nach dem grade seiner eignen entwicklung-zersetzung und nach der grösze dieses seines sohns.

Als menschen geistes welt zweitausend jahre alt sein das heisst etwa als lebewesen in der pubertät stehn. zu dieser periode europas und zumal in deutschland das nietzsche werk schaffen das heisst etwa als ein früh gereifter knabe aus verrotteter barbarenschaft mit einem aufgelesenen söldnerheere die welt erobern vom nördlichen bis zum südlichen pol und vom östlichen bis zum westlichen meere.

Hieraus ist alles unzulängliche in seinem werke zu verstehn und unter tränen und lächeln zu verehren. nicht dass nur ihm kenntnis bildung geschmack und gleichgewicht vielfach fehlten – vielmehr hatte davon niemand genug oder aber wer des einen hatte dem fehlte des andern und so fehlte einem jeden mehr denn er hatte er allein hatte noch mehr als ihm fehlte. [...]

[3 ...] Nietzsches werke – als neudeutsche neueuropäische eine literarische literatur – sind ihrer hülle entkleidet und im geiste begriffen auch da wo worte und formen einzelheit und augenblick dem gröszten sinn und sein nicht gewachsen sind allein und durchaus zeugnisse unsterblicher taten des geistes urzeugung aus dem logos unmittelbare wissenschaft prophetische weisheit schöpferische welterneuerung-menschverwandelung kosmische wiedergeburt des göttlichen äons. [...]

[4...] er ist kein prophet fürs volk sondern ein prophet für die propheten. wenn irgend eine heilige lehre dann musste seine geheimnis der wissenden und verwandelten bleiben. der zug der zeit auch in ihm selbst verbreitete und verbreiterte sie. das kann nur zurück gegangen werden indem es zu ende gegangen wird. tatsächlich ist nietzsches wirkliche welt geheimnis der wissenden und verwandelten geblieben und wirds bleiben. [...]

137 Carl Sternheim
Berlin oder Juste milieu (1920)

[125...] Ja, Rummel war in Berlin vom Morgen bis spät in die Nacht los, nur daß das scharfe Ohr Mißtöne, klägliches Katzenjammern hörte. An sich hätte man sich denken können, die auf der Linie von Hegel zu Haeckel gewachsene radikale Unverantwortlichkeit des Menschen vor Naturnotwendigkeiten sei bei dem Berliner und seinem ursprünglich unbekümmerten und selbstbewußten Charakter in rechte Hände gekommen, er hätte, da er nichts mehr besorgen mußte, sich auf Grund der neuen Lehre wirklich grenzenloser Ausgelassenheit, jauchzender Lebenslust, etwa so prachtvoll und unvergleichlich hingegeben, wie ein einziger freier Deutscher, Nietzsche, es in diesem Augenblick zu fordern begann.

Es wäre denkbar gewesen, die in Deutschland am meisten verhätschelte Rasse der Berliner hätte sich solchen durch Philosophen rückversicherten Mut genommen, daß sie jenseits von Gut und Böse auf Grund großer Bankguthaben dionysische Laune, ein reines Lachen ausgetollt, ihre Landsleute, ganz Deutschland und schließlich abendländische Welt mit Lust angesteckt hätte.

Alle Umstände waren vollendet da. Nietzsche gab geistiges Geländer. [...]

138 Hermann Bahr
Tagebucheintragung vom 25.7.1921

[250...] Einsicht in den Schein des Irdischen und die Grenzen unserer Erkenntnis läßt uns zuletzt keine Wahl als zwischen völligem Verzicht auf Wahrheit überhaupt und dem Glauben an das eucharistische Wunder. Niemand kam in unserer Zeit vielleicht dieser Entscheidung näher als Nietzsche, nur daß ihn seine Marotte, von Dionysos zu fordern, was bloß Christus selber geben kann, zum Wahnsinn trieb. Verehrungswürdig bleibt er dennoch durch den ungeheuren Mut, mit dem er jede Ruhebank verschmäht hat, auch die der Wissenschaft, auch die der Kunst. Er hat erkannt, daß uns die ewige Wahrheit nur durch Religion erreichbar ist. Sein ungeheurer Irrtum war nur, daß er dem unschöpferischen Abendland die Kraft zutraute, Religion zu schaffen. »Das alte Wahre, faß es an!«, diesen weisesten Goethe-Spruch hat er vergessen. Ein reinster Religiosus, doch von der teuflischen Hybris, sich seine Religion selber stiften zu müssen verführt: das etwa wäre die Formel für ihn. Hellingraths herrliche Hölderlin-Schrift war mir ein Anlaß, wieder einmal eine Reihe von Tagen in Nietzsche zu verbringen; Hölderlin und Nietzsche gehen ja eine weite Strecke Weges miteinander. [...] [254] Wenn des Deutschen höchste Leidenschaft immer die Sehnsucht nach Erlösung ist, so muß man Nietzsche den umgekehrten Deutschen nennen: er hat jene Sehnsucht nämlich in einem so hohen Grad, daß er sich durchaus nicht von ihr trennen will und daß ihm deshalb vor ihrer Erfüllung bangt. Er schwelgt in seiner Sehnsucht so sehr, daß er durchaus unerlöst bleiben will, denn mit der Erlösung erlösche ja die Sehnsucht: so wird ihm schließlich eine Sehnsucht nach Unerlösung daraus. Als hätt ihn Hölderlins Seherauge vorgeschaut, heißt's im Empedokles:

> Es haben ihn die Götter sehr geliebt,
> Und nicht ist er der erste, den sie drauf
> hinab in sinnenlose Nacht verstoßen
> Vom Gipfel ihres gütigen Vertrauens,
> Weil er des Unterschieds zu sehr vergaß.

139 Salomo Friedlaender
Der Antichrist (1921)

[370 ...] Nietzsche hat die christliche Seele mit aller Gewalt zur Welt herumgedreht; es ist dies eine Revolution sondergleichen. Denn diese Seele ist hier nicht etwa, wie flacher oder böswilliger Mißverstand glauben machen möchte, in ihrer Erhabenheit gekränkt worden: sondern sie wird gezwungen, mit ihr die Welt und nicht mehr einen erflunkerten Himmel zu verklären. Ihr Wille zur Macht ist nicht etwa parteilich brutal, sondern göttlich universal: z. B. würde er die europäischen Nationen vereinigen, und man soll hoffen und dahin wirken, daß dieses Ziel trotz allem erreicht werde. Auch Nietzsche also ist so gütig und liebend wie nur je ein Jude oder Christ: er ist es aber nicht um Gottes oder Himmels, sondern um der Welt willen. Er ist der weltliche Heiland, und natürlich muß er, mit dem christlichen verglichen, Teufel scheinen und nimmt diesen Schein lachend auf sich, weil er weiß, daß vielmehr jede Weltflucht der kranke Teufel des gesunden Lebens ist. Aber vergessen wir nicht, daß, so kräftig auch *das Ziel* Nietzsches die Welt ist, sein *Ausgangspunkt* eben nicht der ordinäre menschliche Interessen-Egoismus, sondern das geheimnisvoll göttlich-künstlerische Innere ist, so daß er wie ein selig erlauchter Geist über diese Welt schöpferisch verfügt und sie mit seinem herrlichen Innern durch und durch verklärt, wie z. B. den Geschlechtstrieb, den der Heide naiv, der Jude und Christ *nach* dem Sündenfall, der Katholik nur duldsam, der Protestant rigoros gelten läßt. Welche Unsumme von Unlust und Heuchelei verschwindet schon hierdurch allein aus der Welt, daß nicht nur alles Weltliche wieder zu göttlichen Ehren kommt; sondern [371] daß auch der einzige Gott, den es gibt, im echten eignen Innern wohnt: so, daß *objektiv* die Welt entgöttert ist! Reinheit und Redlichkeit spricht aus den stolzen Zügen Nietzsches inmitten einer absurden Welt voller Mißverständnisse. [...] Es *kann* aber über diese Welt garnichts andres siegen als ganz allein die eigne innerste Göttlichkeit: und wenn diese sich nicht zu sich absolut entschließt, so ist die Welt noch gar nicht Welt, sondern erst

»Ein unermeßner Bau im schwarzen Flor der Nacht...
ein streitendes Gestaltenheer«. [...]

[373 ...] Ein solcher Idealist, der das göttliche Feuer der Idee rücksichtslos, ohne alle Superstition, auf diese unsre reale Welt verwendet, ist *Nietzsche*: er selbst, in eigner Person, empfindet sich so himmlisch, daß er allem, was er berührt, seine Vornehmheit mitteilt. In seiner Moral kommt es nicht mehr darauf an, was wir tun oder wie wir es tun, sondern ganz allein darauf, wer es tut; und nur das allerbeste Gewissen stößt auf kein Verbot mehr. [...] Dieses sogenannte Übermenschentum Nietzsches ist bescheidner als jede kleine Menschheit, die sich zu Gott aufrecken möchte; oder wie der Idealismus, den die Welt [374] anekelt; oder gar wie die pure Weltlichkeit, in der das Geschöpf den eignen Schöpfer hochmütig verleugnet, welche pures Außen ohne *Innen* ist. [...]

[376 ...] Nietzsche gibt uns den echten Begriff der schöpferischen Lebendigkeit, des Willens, der weltmächtig, weltwirksam, erdgewaltig sein will. Er kommt von der selbsteigenen Göttlichkeit *her*, zu der alle *hin* wollen, und er lehrt, daß diese populäre, eingefleischte Richtung vom Tierisch-Menschlichen weg zum Engelhaft-Göttlichen hin eine Verdrehung der echten Richtung in ihr Gegenteil, eine Perversion ist. [...]

140 Karl Kraus

Der Antichrist (1921)

[65] Wie heiter und listig und insgeheim,
wie viel verheißend und frustra!
Und das Ergebnis ist dieser Reim,
denn also versprach Zarathustra.

Welch weise wissender Arzt der Zeit;
es war ihrer Krankheit Wesen,
daß sie seit damals und bis heut
von ihm nicht konnte genesen.

Welch fröhliche Philosophenart!
Sie spielte mit einer Feder;
ging irre, noch ehe sie irre ward,
und tanzte auf dem Katheder.

Und lachte ohne jeden Humor
ein dionysisches Lachen.
Da konnte der Kant als ein unreiner Tor
sich stumm aus dem Staube machen.

Man lachte sich über den Herrgott schief,
metaphysische Sehnsucht zu stillen.
Ein kategorischer Diminutiv
verlieh uns zur Macht den Willen.

Die Heiligen wurden ausgelacht,
und was sie auch litten und lehrten.
Er hat es dem Unwert leicht gemacht,
die Werte umzuwerten.

[66] An diesem halkyonischen Fest
wird die Welt noch lange kranken.
Die deutsche Literatenpest
hat sie dem Arzt zu verdanken.

Der christliche Gott ist gut genug,
daß er uns von dem Übel erlöse.
Es verhieß uns ein anderer Pfaffenbetrug
ein Jenseits von Gut und Böse.

141 MAX KRELL

Vorbemerkung zu ›Die Entfaltung. Novellen an die Zeit‹ (1921)

[VI...] Eigenwillig? Die deutsche Sprache ist nicht wie die französische, in akademischer Fertigkeit gelandet; hat nicht in jenem klassischen Sinne: Stil, nach dem Rousseau und France und Claudel sich als die Organe eines Sprachgeistes darstellen. Sie lebt, vibriert stündlich, bildet täglich neue Formen, schleift sich ab, kristallisiert abermals andere Arten. Saugen wir nur mit dem Gefühl in uns, was die drei deutschen Sprachschöpfer – Luther, Goethe, Nietzsche – als sichtbare Etappen andeuten, so werden wir die außerordentliche Wandlungsfähigkeit unseres Idioms ohne große [VII] Zerlegungsarbeit begreifen. Seit Nietzsche aber hat sich das Strombett der Entwicklung in Breite und Tiefe gedehnt. Jeder leidlich Gebildete vermag heute ein leidlich wohlklingendes Buch zu schreiben und findet dafür Wort- und Sinn-Kombinationen, die noch zur Frühzeit Nietzsches als gewagt eine besondere Bewunderung hervorgerufen hätten. Man hat, gerade seit Nietzsche, gelernt, sich um die Grundbegriffe eines Wortes zu bemühen. Dieses, neben anderem, macht die Sprache im »Zarathustra« so groß, so besonders, so neu, so eigentümlich, sie ist wieder ursprünglich, indem sie das auf Geleisen der Konvention festgefahrene Deutsch auflockert. Seither will der junge Dichter sich nicht weiter mit phraseologisch festgelegtem Begriff begnügen. Er hört in sich hinein, wie in seiner visionären Anschauung die Worte anklingen, wie nach seinem eigensten Organ diese Worte »schmekken«. Er strahlt sie ebenso zurück. [...]
[X...] Nie bisher wurde so knapp, konzentriert geschrieben, nie ein Begriff so sehr bis ins Letzte gesättigt mit der Fülle der Möglichkeiten. Das ist ein Nachhall Nietzsches, von dem aus die tiefste

Urbarmachung des Wortes begann. Der gesamte Umkreis eines Lebens, Wurzel, Wirkung, Atem, Liebe, Schmerzverströmen sind zusammengeballt, um die Atmosphäre des Wesens zu geben; um: nach dem Hindurchgang durch dieses Wesen es mit der weitesten Welt zu verbinden. [...]

142 Rudolf Paulsen

Ewige Wiederkunft des Gleichen oder Aufwärts-Entwickelung? (1921)

[22...] Freilich darf man Nietzsche nur als heroisch-tragische Gestalt nehmen. Seine Lehre ist implizite in seiner Dichtung und nicht paragraphisch mit Maß und Elle zu messen. Ich kann mich zwar nicht entschließen, Nietzsches Wahnsinn als [23] rein äußerliches Schicksal anzusehen, vielmehr ist sein Ausgang die Konsequenz seines Weges von Anbeginn und so lasse ich auch dahingestellt, wieweit ein solcher Mann Vorbild für viele sein kann. Sein Weg erscheint zuletzt doch mehr als Schicksal noch denn als allerdings ungeheure Leistung. Solcher Weg ist unwiederholbar für andere. Aber als Gestalt steht Nietzsche unmeßbar hoch, und wenn man ihn als Künstler sieht, erfaßt man, daß er als solcher sozusagen jenseits von Diesseits und Jenseits steht, nämlich jenseits des Diesseits Wissenschaft und jenseits des Jenseits Religion, in der prophetischen Kunst, mit der er das Furchtbare in tragischer Dichtung schön machte. [...]

143 Carl Sternheim

Tasso oder Kunst des Juste milieu (1921)

[... 199] Einen Augenblick schien es um des neunzehnten Jahrhunderts Ende, als könne das Goethesche »Leben und Lebenlassen« durch Friedrich Nietzsche bedroht, an des gemütlichen Tasso Stelle in deutscher Sehnsucht der rauhere Zarathustra treten. Als könne aus seiner Lehre statt sich entwickelnder besinnungsloser Hingabe an alle Welt der Deutsche einen brutalen Egoismus in vernünftiger Schöpfung entdecken, und ihn statt wie bisher verbrecherisch geradezu sittlich nennen.

Aber die wesentliche Kraft, die nach Nietzsches schnellem geistigem Erlöschen deutsches Geist- und Kunstleben in Ermanglung bedeutender deutscher Nachfolge am stärksten beeinflussen sollte, Henrik Ibsen, mußte beim Versuch, das robuste Nietzschesche Gewissen in seinen Dramenhelden und -heldinnen durchzusetzen, alsbald einsehen, er habe sich in solchem Ziel übernommen und Männer wie Solneß schließlich an ihrem Versagen zugrunde gehen lassen, gerade so wie andere, die ein Aufbäumen des Einzelnen gegen alle als »über unsere Kraft« erkannten, wofür sie von Juste milieu in die Reihe der großen Künstler einbezogen wurden, wie vor allem ihre Nachfolger, die Naturalisten, die, wie der Name sagt, nicht einmal mehr gleich Goethe aus vorhandener Natur des Erfreulicheren Auswahl trafen, sondern niederste, bedrückendste Zustände als plausibel und sogar im Kunstwerk genußreich zeigten. »Naturlaute bis zum Rülpsen kommen hinzu.« Warum nicht? Ist Rülpsen nicht vernünftig? [...]

144 GEORG KAISER

Formung von Drama (1922)

[572] An allem Anfang war Energie. Sie wird sich auch ins unendliche Ende durchsetzen.

Träger von Energie ist Mensch. Von ihr aufgewühlt, durchwühlt er sich selbst. Die sonderbarste Verquickung besteht hier: Effekt macht Substanz mobil – und die Bewegtheit rollt aus sich selbst. Andere Deutungen – Zuspruch von außen, Inspiration von jenseits – sind abgetan, wie schon vorher tausend Stadien überschritten.

Darstellung von Energie ist dem Menschen aufgegeben – mit dem natürlichen Gebot seiner Vitalität. Die befiehlt allein und einzig. So gelingt endlich die Sichtung von Zweck des [573] Seins, der von düstern Mutmaßungen noch mannigfach umschwärmt und geschwärzt. Zweck ist Energie – von Ursprung bis in die Vollendung. Energie um der Energie willen – da fällt Tun und Sein des Tuns ineins; die Ergebnisse sind nebensächlich. [...]

145 GEORG KAISER

Der kommende Mensch oder Dichtung und Energie (1922)

[569...] Durch den Menschen dringt die Idee zur Darstellung – der Mensch ist ihr Schöpfer, der sie zur Figur bildet – da erst letzte

Deutlichkeit durch Gestalt erreicht werden kann (ich erinnere an Platon, der sein Ideenwerk in von Menschen gesprochenen Dialogen Gestalt werden läßt! – an Nietzsche, der die scharf plastische Figur Zarathustra gesprächig macht! – an Jesus als Mensch!). –

Das Mittel der Energie verbindet Idee und Vitalität zur Einheit. Vitalität und Idee sind die von den Zweifeln des Dualismus alten Kalenders für unbezwingbar vorgegebenen ganz heterogenen Stoffe. Das ist falsch. Ohne den Menschen ist nichts: weil der Mensch ist – ist alles von Menschen für den Menschen. Die Leistung der dem Menschen einzig eigentümlichen Energie zur Höchstleistung zu steigern: nämlich die reine und gleiche Bindung von Vitalität und Idee zu erreichen – das ist die Aufgabe von Menschen, die nach uns kommen und deren Vorgänger wir mit Fleiß und Demut sein sollen. – [...]

146 Hermann Sudermann

Das Bilderbuch meiner Jugend (1922)

[244 ...] Daß wir es mit Utopien zu tun hatten, die sich, wenn überhaupt jemals, doch nur in Jahrhunderten oder Jahrtausenden in Wirklichkeit umsetzen lassen könnten, darüber hegten wir keinen Zweifel. Aber wann hat ein Zwanzigjähriger die Eintagsfrist, die ihm auf Erden gegeben ist, nicht mit Jahrtausenden verwechselt? Wann hat er sich nicht als Bürger künftiger Welten gefühlt? Und *den* Jüngling möchte ich kennenlernen, der, als zehn Jahre später Nietzsches Gedanken in ihm wiedergeboren wurden, sich selber nicht für eine zeitliche Vorwegnahme des Übermenschentums gehalten hat! [...]

147 Heinrich Eduard Jacob

Einleitung zu ›Verse der Lebenden. Deutsche Lyrik seit 1910‹ (1924)

[9 ...] Die Jahre 1900 bis 1910 sehen Deutschland auf der Höhe einer dichterischen Kultur, die man kaum vergleichen kann, ohne ein Jahrhundert zurückzugehen. [...]
[11 ...] Woher solche Fruchtbarkeit auf der sonst kargen deutschen Erde? Eine neue kraftvolle Lebenssonne ist ihr angenähert: *Friedrich*

Nietzsche. Die Jahre 1900 bis 1907 bedeuten für Deutschland endgültig den geistigen Sieg Nietzsches und in nicht geringerem Maße den thematischen Sieg Jakob Burckhardts. Ein Philosoph und ein Historiker, eine Kraft und ein Stoff, beginnen – fünfundzwanzig Jahre nach ihrem eigenen Blühen! – auf einmal unumschränkt zu herrschen. *Ihr* Glaube ist es, der, nach einer so langen Inkubationszeit, in [12] zauberhaften Orgien des Wortes jetzt immer wieder ausgedrückt wird: der Glaube an die Superiorität des Tat- und Kraftmenschen über das Leben – der Glaube an eine rechtmäßige Spaltung der Welt in Übermensch und Untermensch. [...]

148 THOMAS MANN
Vorspruch zu einer musikalischen Nietzsche-Feier (1925)

[181 ...] Er [Nietzsche] hat die Musik geliebt wie keiner: wir sagen es zur Rechtfertigung unseres Beschlusses. Er war ein Musiker. Keine andere Kunst stand seinem Herzen nahe wie diese: jede andere trat weit zurück in seiner wissenden Teilnahme hinter dieser. Er unterschied zwischen Augenmenschen und Ohrenmenschen und rechnete sich zu den letzteren. Über bildende Kunst hat er sich kaum geäußert und offenbar keine seiner großen Stunden mit ihr gefeiert. Sprache und Musik waren das Feld seiner Erlebnisse, seiner Liebes- und Erkenntnisabenteuer und seiner Produktivität. Seine Sprache selbst ist Musik und bekundet eine Feinheit des inneren Gehörs, eine Meisterschaft des Sinnes für Fall, Tempo, Rhythmus der scheinbar ungebundenen Rede, wie er in deutscher Prosa, und wahrscheinlich in europäischer überhaupt, bisher ohne Beispiel war. Nicht nur die Verwandtschaft und innere Zusammengehörigkeit von Kritik und Lyrik ist es, was das Phänomen Nietzsche, dies Phänomen des Erkenntnislyrikers erweist; es zeigt zugleich auf eine genial-persönliche und schöpferisch fortwirkende Weise die eigentümlichste Zusammengehörigkeit und innere Einheit von Kritik und *Musik*. Kritik aber heißt Scheidung und Entscheidung, und die Musik war es, an die die höchsten Entscheidungen seines Geistes und seiner Seele, seines prophetisch regierenden Gewissens sich knüpften. [...]
[182 ...] Dies ist er uns: ein Freund des Lebens, ein Seher höheren Menschentums, ein Führer in die Zukunft, ein Lehrer der Überwindung all dessen in uns, was dem Leben und der Zukunft entgegensteht, das heißt des Romantischen. Denn das Romantische ist das

Lied des Heimwehs nach dem Vergangenen, das Zauberlied des Todes, und das Phänomen Richard Wagner, das Nietzsche so unendlich geliebt hat und das sein regierender Geist überwinden mußte, war kein anderes als das paradoxe und ewig interessante Phänomen welterobernder Todestrunkenheit. [...]

149 Reinhard Johannes Sorge
Antichrist (1921)

[328] Christus und Nietzsche

Den beiden Brüdern
Geist in Geist
Neigt der Jünger fromm das Knie.

Eines Vaters,
Einer Sehnsucht,
Werbende gleich und Süchtige nach dem erlösenden Reich.

Nennt ihr ihn Antichrist?
Nietzsche?
Den Auferstandenen,
Niedergefahrenen
Nenne ich ihn.

O heilig, heilig der Schmerz,
Mit dem der Erstandene
An dem Gekreuzigten litt.

Mit welchen Wunden
Löste er ihn vom Kreuz?
Begrub ihn qualvoll
In eigen Blut und Wunden!

O heilig, heilig die Tat,
Mit der der Erstandene
Erneuerte
Des Gekreuzigten Vermächtnis!

Träumten nicht beide das Paradies?
Beiden Gekreuzigten,
Gen Himmel gefahrenen,

Geistgeborenen,
Schmerzreichen Kindern,
Beiden
Gilt dieser schauernde Kuß.

[329]
DER MEISTER *(Jesus Christus).*
SEIN LIEBLINGSJÜNGER JOHANNES.
DER JÜNGER JUDAS *(Nietzsche-Zarathustra).*
SEIN LIEBLINGSJÜNGER.
DIE FOLGER DES MEISTERS UND IHRE ZWEI SPRECHER.
DIE FOLGER DES JÜNGERS UND IHRE ZWEI SPRECHER.
ZWEI BLINDE.
EIN LAHMER.
ZWEI VERWUNDETE.
DER HAUPTMANN UND DIE KRIEGSKNECHTE.
EINE BÄUERIN.
EIN HANDWERKER.

Schaubild:

Höhenstreifen gegen blauen Nachthimmel. Das Sternbild des großen Bären. Rechts im Vordergrund Zypresse. Links ein Steinbruch, in ihm eine grottenähnliche Einsenkung, die durch Felsblock verschlossen ist. Auch das übrige Gelände ist steinig.

Der Meister kniend unter der Zypresse.

Der Jünger nur wie ein Schatten sichtbar, nahe der Grotte, zusammengekauert. [...]

[332]
JÜNGER: Du lehrtest das Leben fliehen. Verderbnis war Dir alles Lebendige, und Du wiesest Dein Reich, unirdisch, als eine Zuflucht vor allem Lebendigen. Da hingen Dir die Siechen und Krüppel an, alle die lebendigen Krankheiten, weil Du aus dem Leben eine Krankheit machtest und einen Aussatz, von dem wir uns reinigen müssen. Aber in mir erwachte die Liebe zu allem Lebendigen und das Mitleben alles Lebendigen. Und Haß auf Pestkranke, die das Lebendige schänden mit bösen Schwären.
(Der Meister verhüllt sein Haupt. Stille.)
JÜNGER: Meister, tat ich Dir wehe? Ach, es mußte sein!
MEISTER *(wieder freien Antlitzes)*: Mein Freund und Jünger im

Geist – so nenne ich dich auch jetzt –, wie sehr wandelst du im Irrtum! Alle meine Worte und alle [333] Feierstunden wurden in dir zu Irrtum. Wir sind ja eines Geistes! Wann lehrte ich je das Leben und heiliges Dasein fliehen? Die Laster lehrte ich fliehen, den verkrüppelten Unverstand, die aussätzige Verleumdung, alle Unsauberkeit und Beule des Menschen. Ach, ich war wie du. Ich hatte Haß auf Siechtum, darum lehrte ich es fliehen und alle Moräste der Reichen; darum kamen zu mir die Armen, verstoßen, gestoßen, gepeinigt und zertreten, aber mir galten ihre Wunden nichts, wenn jene Krüppel nur reines Herzens waren.

JÜNGER: Meister! ...

MEISTER: Mein Freund, mein Jünger, erblassest auch du jetzt vor deiner Torheit, und wie groß und verirrt ist doch deine Torheit! Erinnere dich an unseren heiligsten Abend. Wir schritten durch die blühenden Felder, unsere Hände streiften in Gedanken und Traum die gelben Ähren, und über Feldern und Ähren atmete der rote, warme Abend und klang zitternd das Gezirpe der Grillen. Unser Weg führte einen Hügel an, Pappeln bestanden ihn, wir aber erblickten ohne zu ahnen das sinkende Gestirn. Ach, ich sehe am Beben deiner Lider, am Schimmer deiner Augen, daß du es noch weißt. Noch weißt, wie da der Geist über mich kam und mich knien hieß und die Hände gegen die Sonne recken, als wollte ich sie fangen, und die Lippen gegen die Sonne heben, als wollte ich sie küssen. Aber dann küßte ich die Blumen, den roten Mohn und die schüchternen weißen Wiesenblumen, aber dann küßte ich die Erde und weinte vor Jubel. War das Fluch und Haß auf Lebendiges? Und wie ich die Wolken haschte! Mein Freund, mein Jünger im Geist, beide liebten wir gleich das große Lebendige, und beide flohen wir gleich Aussatz und Krankheit. Jeden Morgen – Geliebter, du weißt noch die Morgen und ihre selige, kühle Keuschheit – badeten wir im Fluß, weil wir beide die Welle liebten und das reinende Wasser und die reine Gesundheit. *(Stille.)*

JÜNGER: Meister, was tust Du in mir? Mein Hirn schmerzt und mein Blut schwindelt, aber die Erleuchtung ist noch [334] fern. Ich bin mir wie ein Stern aus der Bahn gerissen, und ich falle im Dunkeln. Meister, laß mich mehr noch reden!

MEISTER: Rede!

JÜNGER: Du lehrtest aller Orten: Die segnet, die euch fluchen, für die bittet, die euch beleidigen und verfolgen, liebet, liebet, liebet eure Feinde, so wird das Reich euer. Der Geist in mir stand auf und sagte: Fluchet den Fluchern, beleidigt die Beleidiger, befeindet eure Feinde, denn Kampf will das Leben und Erneuerung durch Kampf, das Schwache und alles Ohnmächtige soll sterben – so lehrte es in mir – und ihr geht durch Kampf und Erneuerung ein in das einzige Reich.

[...]

[341 ...]

MEISTER und JÜNGER *(reden mit eins, ein jeder zu seiner Schar)*: Das himmlische Reich, das ich euch verhieß, ich verhieß es euch im Geiste. Es sollte euch Erlösung werden von Irrmacht dieses Lebens, Erlösung durch Begriff und Einung mit dem Geist, dessen das Reich ist. Diesem Geiste, der in mir ist, und den ich euch lehrte, legte ich euch ans Herz; in diesem Geist solltet ihr wachsen mit Mühe und Ringen, mit Wachen und Harren und ein Teil werden dieses Geistes, seines Reiches und seines Friedens. Ihr solltet mehr als Menschen sein mit ihren Plagen und kleinen Nöten, mit ihren armen Lügen und Halbheiten; über des Menschen Not habe ich euch das Reich gesetzt und Übermenschentum. Und ein Wort sagte ich euch, erlösend für alle Zeiten, stärkend, heilend, heiligend, ein Wort zur Geburt aller künftigen Geschlechter, zur Höhergeburt, zur Wiedergeburt, ein Wort aus alles Daseins tiefstem Sinn:

[342]

MEISTER: Dieses, dieses: Das Ewige Leben.

JÜNGER: Dieses, dieses: Die Ewige Wiederkehr.

(Der Jünger hört des Meistes letztes Wort und wendet sich; der Meister blickt ihn an. Da durchzuckt Erleuchtung den Jünger; er bäumt sich wie unter einem inneren Gesicht, dann kniet er tief und küßt dem Meister den Saum des Gewandes. Der Meister beugt sich über das Haupt des Knienden und küßt den Scheitel. Die Menge bleibt noch kniend, und sie weiß nicht, was vorgeht.)

MEISTER *(im Kusse)*: Bruder, Bruder im Geist ...

(Stimmen werden laut; aus dem Hintergrund treten die Kriegsknechte und ihr Hauptmann näher und schauen suchend um. Die Menge erhebt sich, blickt unruhig und mustert mißtrauisch das Kriegsvolk.)

[...]

150 STEFAN ZWEIG

Friedrich Nietzsche (1925)

[309...] Der dürftige Speiseraum einer Sechs-Franken-Pension in einem Alpenhotel oder am ligurischen Strand. Gleichgültige Gäste, zumeist ältere Damen im »small talk«, im kleinen Gespräch. Die Glocke hat dreimal zu Tisch gerufen. Über die Schwelle tritt mit gedrückter Schulter eine leicht gebückte unsichere Gestalt: wie aus einer Höhle heraus tappt immer der »Sechs-Siebentel-Blinde« in fremdes Gelaß. Dunkles, sauber gebürstetes Kleid, dunkel auch das Antlitz mit dem buschigen, braunen, gewellten Haar. Dunkel auch die Augen hinter der fast rundgeschliffenen dicken Krankenbrille. Leise, ja sogar schüchtern tritt er heran, eine ungemeine Lautlosigkeit um sein Wesen. Man fühlt einen Menschen, der im Schatten lebt, jenseits jeder gesprächigen Geselligkeit, der alles Laute, allen Lärm mit fast neurasthenischer Ängstlichkeit fürchtet: höflich, mit ausgesucht vornehmer Artigkeit grüßt er die Gäste, höflich, mit liebenswürdiger Gleich- [310] gültigkeit grüßen die andern den deutschen Professor zurück. Vorsichtig rückt sich der Kurzsichtige an den Tisch, vorsichtig prüft der Magenempfindliche jedes Gericht: ob der Tee nicht zu stark sei, die Speisen nicht übermäßig gewürzt, denn jeder Irrtum in der Kost reizt seine empfindlichen Gedärme, jeder Verstoß in der Nahrung wühlt die zitternden Nerven für Tage gewaltsam um. Kein Glas Wein, kein Glas Bier, kein Alkohol, kein Kaffee vor seinem Platz, keine Zigarre, keine Zigarette nach der Mahlzeit, nichts, was aufmuntert, erfrischt oder ausruhen macht: nur die kurze magere Mahlzeit und ein kleines, urbanes, untiefes Gespräch mit leiser Stimme zum gelegentlichen Nachbar (wie einer spricht, der des Redens seit Jahren entwöhnt ist und sich fürchtet, zuviel gefragt zu werden).

Und wieder hinauf in das schmale, enge, dürftige, kalt möblierte Chambre garnie, der Tisch vollgehäuft mit unzähligen Blättern, Notizen, Schriften und Korrekturen, aber keine Blume, kein Schmuck, kaum ein Buch und selten ein Brief. Rückwärts in der Ecke ein schwerer klotziger Holzkoffer, seine einzige Habe, mit den zwei Hemden und dem zweiten vertragenen Anzug. Sonst nur Bücher und Manuskripte, auf einem Tablett unzählige Flaschen und Fläschchen und Tinkturen: gegen die Kopfschmerzen, die ihn oft für Stunden sinnlos machen, gegen die Magenkrämpfe, gegen das spasmische Erbrechen, gegen die Trägheit der Eingeweide und vor allem die fürchterlichen Mittel gegen die Schlaflosigkeit, Chloral und Veronal. Ein entsetzliches Arsenal von Giften und Drogen, und doch die einzigen Helfer in dieser leeren Stille des fremden Raums, in dem er niemals anders ruht als in kurzem, künstlich erzwungenem Schlaf. In den Mantel verpackt, mit einem Wollschal umhüllt (denn der elende Ofen raucht bloß und wärmt nicht), mit frierenden Fingern, die doppelte Brille hart ans Papier gedrückt, schreibt die hastende Hand stundenlang Worte, die das trübe Auge dann kaum selbst entziffern kann. Stundenlang sitzt er so und schreibt, bis die Augen brennen und tränen: es sind die seltenen Glücksfälle seines Lebens, wenn sich irgendein Helfer seiner erbarmt und ihm seine Schreibhand borgt für eine Stunde oder zwei. Bei schönem Wetter geht der Einsame aus, immer allein, immer mit seinen Gedanken: nie ein Gruß unterwegs, nie ein Gefährte, nie eine Begegnung. Dunkles Wetter, das er haßt, Regen und Schnee, der seinen Augen weh [311] tut, halten ihn unbarmherzig im Gefängnis seines Zimmers: nie geht er zu den andern, zu den Menschen hinab. Nur abends noch ein paar Kekse, eine Tasse dünnen Tee, und sofort wieder die lange, die unendliche Einsamkeit mit den Gedanken. Stunden und Stunden wacht er noch bei der zuckenden, qualmenden Lampe, ohne daß die Nerven, die heißgestrafften, sich lockerten zu einer sanften Müdigkeit. Dann ein Griff nach dem Chloral, nach irgendeinem Schlafmittel, und dann endlich, mit Gewalt erzwungen, der Schlaf der andern, der gedankenfreien, nicht vom Dämon gejagten Menschen.

Manchmal bleibt er tagelang im Bett. Erbrechen und Krämpfe bis zur Bewußtlosigkeit, sägende Schmerzen in den Schläfen, fast vollkommene Blindheit. Aber niemand kommt zu ihm, niemand für eine kleine Handreichung, für einen Umschlag auf die brennende Stirn, niemand, der ihm vorliest, mit ihm plaudert, mit ihm lacht.

Und dieses Chambre garnie ist überall dasselbe. Die Städte wechseln oft die Namen, sie heißen bald Sorrent, bald Turin, bald Venedig, bald Nizza, bald Marienbad, aber das Chambre garnie bleibt immer dasselbe, immer das fremde, gemietete Zimmer mit kalten, alten, abgenutzten Möbeln, dem Arbeitstisch, dem Schmerzensbett und der unendlichen Einsamkeit. Niemals in all den langen Nomadenjahren heiteres Ruhn in freundschaftlich-munterm Kreise, nie nachts der warme nackte Leib einer Frau an dem seinen, nie ein Morgenrot von Ruhm nach den tausend durchschwiegenen schwarzen Nächten der Arbeit! Oh, wieviel weiter, wie unendlich viel weiter ist Nietzsches Einsamkeit als das pittoreske Höhenplateau von Sils-Maria, wo jetzt die Touristen zwischen Lunch und Dinner seine Sphäre aufzusuchen pflegen: seine Einsamkeit reicht über die ganze Welt, über sein ganzes Leben von einem bis zum andern Ende.

Hin und wieder ein Gast, ein fremder Mensch, ein Besucher. Aber die Kruste ist schon zu hart, zu stark um den sehnsüchtigen, den menschenwilligen Kern: der Einsame atmet erleichtert auf, wenn der Fremde ihn wieder seiner Einsamkeit läßt. Die »Vielsamkeit« ist in fünfzehn Jahren endgültig verloren, Gespräch ermüdet, erschöpft, erbittert den an sich selbst Zehrenden und doch nur auf sich selbst Hungernden. Manchmal glänzt ganz kurz ein kleiner Strahl von Glück: er heißt Musik. Eine Aufführung von »Carmen« in einem schlechten [312] Theater in Nizza, ein paar Arien in einem Konzert, eine Stunde am Klavier. Aber auch dieses Glück wird gewaltsam, es »rührt ihn zu Tränen«. Das Entbehrte ist schon dermaßen verloren, daß es sich als Schmerz anfühlt und weh tut.

Fünfzehn Jahre weit reicht dieser Höhlenweg von Chambre garnie zu Chambre garnie, unbekannt, unerkannt, nur ihm selbst bekannt, dieser grausige Gang im Schatten der Großstädte, durch schlecht möblierte Zimmer, arm gedeckte Pensionen, schmierige Eisenbahnwagen und viele Krankenstuben, indes draußen an der Oberfläche der Zeit das bunte Jahrmarkttreiben der Künste und Wisenschaften sich heiser schreit: nur Dostojewskis Flucht in den fast gleichen Jahren durch gleiche Armut, gleiche Vergessenheit hat dieses graue kalte Gespensterlicht. Hier wie dort verbirgt das Werk des Titanen die hagere Gestalt des armen Lazarus, der täglich hinstirbt an seiner Not und seinem Gebrest und den nur wieder täglich das Erlöserwunder des gestaltenden Willens aus seiner Tiefe weckt. Fünfzehn Jahre lang steigt Nietzsche so aus dem Sarg seines Zimmers empor und wieder hinab, von Leiden zu Leiden, von Tod zu Tod, von Auferstehung zu Auferstehung, bis dann endlich das mit allen Energien überhitzte Gehirn zerklirrt. Auf der Straße hingestürzt, finden fremde Menschen den fremdesten Menschen der Zeit. Fremde bringen ihn hinauf in das fremde Zimmer der Via Carlo Alberto in Turin. Niemand ist Zeuge seines geistigen Todes, so wenig einer Zeuge seines geistigen Lebens war. Um seinen Untergang ist Dunkel und heilige Einsamkeit. Unbegleitet und unerkannt stürzt der hellste Genius des Geistes in seine eigene Nacht. [...]
[325 ...] Solche Schreie von innen, solch urmächtiges Aufstöhnen aus der letzten Tiefe des Leidens vermißt man vollkommen in alldem, was sich vor Nietzsche in Deutschland Philosophie genannt

hat: bei den mittelalterlichen Mystikern vielleicht, bei den Häretikern und Heiligen der Gotik bricht manchmal ähnliche Schmerzensinbrunst durch dunkelgewandetes Wort. Pascal, auch einer, der mit der ganzen Seele im Fegefeuer des Zweifels steht, kennt diese Aufgewühltheit, diese Zernichtung der suchenden Seele, niemals aber, weder bei Leibniz, noch bei Kant, Hegel und Schopenhauer, erschüttert uns dieser elementare Ton. Denn so rechtlich diese wissenschaftlichen Naturen auch sind, so tapfer, so entschlossen ihre Anspannung auf das Ganze wirkt – sie werfen sich doch nicht dermaßen mit ihrem ganzen ungeteilten Wesen, mit Herz und Eingeweiden und Nerven und Fleisch, mit ihrem ganzen Schicksal in das heroische Spiel um die Erkenntnis. Sie brennen immer nur so, wie Kerzen brennen, nur oben, nur zu Häupten, nur mit dem Geist. Ein Teil, der weltliche, der private und damit auch das Persönlichste ihrer Existenz, bleibt immer schicksalsgesichert, indes Nietzsche sich voll und ganz riskiert, er, der sich unaufhörlich nicht »bloß mit den Fühlhörnern des kalten neugierigen Gedankens«, sondern mit der ganzen Wucht seines Schicksals in die Gefahr wirft. Seine Gedanken kommen nicht bloß von oben, aus dem Gehirn, sondern sind herausgefiebert aus einem gehetzten, aufgestachelten Blute, aus zitternd gereizten Nerven, aus unersättlichen Sinnen, aus dem ganzen Zusammen- [326] fassen des Lebensgefühls: darum ballen seine Erkenntnisse wie jene Pascals sich »zu einer leidenschaftlichen Seelengeschichte« tragisch auf, sie werden eine gesteigerte Folge gefährlicher und fast tödlicher Abenteuer, ein Lebensdrama, das wir erschüttert miterleben (indes jene andern Philosophen-Biographien nicht um einen Zoll das geistige Bild erweitern). Und doch, selbst in bitterster Not möchte er sein Leben, sein »gefährliches Leben« nicht mit ihrem geordneten vertauschen, denn gerade, was die andern in ihrer Erkenntnis suchen, eine Aequitas animae, eine gesicherte Seelenrast, einen Schutzwall gegen das überströmende Gefühl, das *haßt* Nietzsche als Minderung der Vitalität. Ihm, dem Tragiker, dem heldischen Menschen, geht es nicht um das »elende Ringen um das Dasein«, um erhöhte Sicherheit, um eine Brustwehr gegen das Erleben. Nur keine Sicherheit, nur nie ein Befriedigtsein, ein Sich-Genügen! »Wie kann man in der ganzen wundervollen Ungewißheit und Vieldeutigkeit des Daseins stehen und nicht fragen, nicht zittern vor Begierde und Lust des Fragens«, so höhnt er den Häuslichen, den rasch Zufriedenen hochmütig entgegen. Mögen sie erfrosten in ihren Gewißheiten, ruhig sich einkapseln in die Muschelschalen ihrer Systeme: ihn lockt nur die gefährliche Flut, das Abenteuer, das ewige Entzücken und die ewige Enttäuschung. Mögen sie weiter ihre Philosophie treiben im gewärmten Haus ihres Systems wie ein Geschäft, ehrlich und sparsam ihren Besitz zum Reichtum mehrend: ihn lockt nur das Spiel, der Einsatz des Letzten, der eigenen Existenz. Denn nicht einmal sein eigenes Leben lüstet es ihn, den Abenteurer, zu besitzen: auch hier will er noch ein heroisches Mehr: »Auf die ewige Lebendigkeit kommt es an, nicht auf das ewige Leben.« [...]

[336...] Aber Nietzsche ist nicht zu bannen in eine Lehre, nicht festzunageln an eine Überzeugung – nie ist auch auf diesen Blättern das Schulmeisterkunststück versucht, aus einer erschütternden Tragödie des Geistes eine kalte »Erkenntnistheorie« zu exzerpieren – denn nie hat sich der leidenschaftliche Relativist aller Werte an irgendein Wort seiner Lippe, an eine Überzeugung seines Gewissens, an eine Leidenschaft seiner Seele dauernd gebunden oder gar verpflichtet erachtet. »Ein Philosoph braucht und verbraucht Überzeugungen«, antwortet er überlegen den Seßhaften, die stolz sich ihres Charakters und ihrer Überzeugungen rühmen. Jede seiner Meinungen hat er nur als Durchgang, ja sogar sein eigenes Ich, seine Haut, seinen Leib, sein geistiges Gebilde hat er immer nur als Vielzahl, als »Gesellschaftsbau vieler Seelen« empfunden: wörtlich sagt er einmal das allerkühnste Wort: »Es ist nachteilig für den Denker, an eine einzige Person gebunden zu sein. Wenn man sich selbst gefunden hat, muß man versuchen, sich von Zeit zu Zeit zu verlieren – und dann wieder zu finden.« Sein Wesen ist fortwährende Verwandlung, Selbsterkennen durch Selbstverlust, also ewiges Werden, und niemals ein starres, ruhendes Sein: »Werde, der du bist« darum der einzige Lebensimperativ, der sich in seinen ganzen Schriften findet. Nun hat ja auch Goethe ähnlich gespottet, er sei immer schon in Jena, wenn man ihn in Weimar suche, und Nietzsches Lieb- [337] lingsbild von der abgestreiften Schlangenhaut steht hundert Jahre früher in einem Goethe-Brief, aber doch, wie kontradiktorisch sind Goethes besonnene Entwicklung und Nietzsches eruptive Verwandlung! Denn Goethe verbreitert sein Leben um ein fixes Zentrum, so wie ein Baum um einen verborgenen innern Schaft jährlich Ring an Ring setzt und, während er die äußere Rinde sprengt, immer fester, wuchtender, höher und weitausschauender wird. Seine Entwicklung geschieht durch Geduld, durch eine stetige zähe, aufnehmende Kraft, und bei allem Fortwachsen gleichzeitig durch Resistenz der Selbst-

verteidigung – die Nietzsches aber immer durch Gewalt, durch stoßhafte Vehemenz des Willens. Goethe erweitert sich, ohne je einen Teil seines Selbst preiszugeben, er braucht sich nie zu verleugnen, um sich zu steigern; Nietzsche dagegen, der Wandelhafte, muß immer sich ganz zerstören, um sich ganz wieder aufzubauen. Alle seine Selbstgewinnungen und Neuentdeckungen resultieren aus mörderischen Selbstzerätzungen und Glaubensverlusten, aus Dekomposition – um höher zu kommen, muß er immer einen Teil seines Ichs wegwerfen (indes Goethe nichts preisgibt und nur chemisch verwandelt und destilliert). Nichts bleibt in seinem wandelhaften Weltbild vom Früheren, vom Vergangenen gültig und unwidersprochen: darum sind auch seine einzelnen Phasen gar nicht brüderhaft, sondern feindselig gegeneinandergestellt. Immer ist er auf dem Wege nach Damaskus; nicht bloß eine einmalige Umwendung seines Glaubens, seines Gefühls wird ihm zuteil, sondern unzählige, denn jedes neue geistige Element dringt bei ihm nicht bloß ins Geistige ein, sondern bis ins Eingeweide: moralische und intellektuelle Erkenntnisse formen sich bei ihm chemisch in andern Blutlauf, anderes Gefühl, anderes Denken um. Als verwegener Spieler setzt Nietzsche (wie Hölderlin einmal von sich fordert) »die *ganze Seele* der zerstörenden Macht der Wirklichkeit aus«, und von allem Anfang an haben Erfahrung und Eindrücke auf ihn diese Form vehementer und völlig vulkanischer Einbrüche. [...]
[338...] Immer stürzt wie bei einem Erdbeben bei jeder dieser geistigen Erschütterungen der ganze Bau seiner Überzeugungen in Trümmer zusammen, immer wieder muß Nietzsche sich von Grund aus neu gestalten. Nichts wächst sanft, still und unhörbar, naturhaft organisch in ihm empor, nie dehnt und spannt sich in heimlicher Arbeit das innere Wesen zu breiterem Stand: alles, selbst die eigenen Ideen, schlagen in ihn hinein »wie Blitzschläge«, immer muß eine Welt in ihm vernichtet sein, damit sein Kosmos neu entstehe. Diese Schlagwetterkraft der Idee bei Nietzsche ist ohne Beispiel: »Ich will«, so schreibt er einmal, »von der Expansion des Gefühls erlöst sein, die solche Produktionen mit sich führen; es ist mir öfter der Gedanke gekommen, daß ich an so etwas plötzlich sterben werde.« Und tatsächlich stirbt immer etwas bei seiner geistigen Erneuerung ab, immer wird etwas im innern Gewebe zerrissen, gleichsam als ob ein stählernes Messer hineingefahren wäre, das alle früheren Verbindungen zertrennte. Nie vielleicht hat sich ein Mensch so entsetzlich qualvoll entwickelt, so aus sich selber blutig herausgeschunden.

Alle seine Bücher sind darum eigentlich nichts anderes als die klinischen Berichte dieser Operationen, die Methoden seiner Vivisektionen, eine Art Geburtshelferlehre des freien Geistes. »Meine Bücher reden nur von meinen Überwindungen« – sie sind die Geschichte seiner Verwandlungen, seiner Kindbetten und Schwangerschaften, seiner Tode und Neuauferstehungen, die Geschichte der gegen das eigene Ich rücksichtslos geführten und gerichteten Kriege, Exekutionen und Züchtigungen, und in summa eine Biographie all der Menschen, die Nietzsche die zwanzig Jahre seines geistigen Lebens gewesen und geworden ist.

Das unvergleichbar Eigentümliche dieser fortwährenden Verwandlungen Nietzsches ist nun, daß seine Lebenslinie im gewissen Sinne [339] eine *rückläufige* Bewegung darstellt. Nehmen wir Goethe – immer wieder ihn, die sinnfälligste aller Erscheinungen – als den Prototyp einer organischen Natur, die geheimnisvoll mit dem Weltlauf im Einklange steht, so sehen wir, daß die Formen seiner Entwicklung symbolisch die Lebensalter spiegeln. Goethe ist überschwenglich-feurig als Jüngling, besonnen-tätig als Mann, begrifflich-klar als Greis: der Rhythmus seines Denkens entspringt organisch der Lebenstemperatur seines Blutes. Sein Chaos ist im Anfang (wie immer beim Jüngling), seine Ordnung am Ende (wie immer beim Greis), er wird konservativ, nachdem er Revolutionär gewesen, wissenschaftlich aus anfänglichem Lyrismus, selbstbewahrend nach anfänglicher Selbstverschwendung. Nietzsche geht nun den umgekehrten Weg wie Goethe; strebt jener zu immer fülligerer Bindung seines Wesens, so drängt er zu immer leidenschaftlicherer Auflösung: wie alle dämonischen Charaktere wird er immer hitziger, unduldsamer, ungestümer, revolutionärer, chaotischer mit den fortschreitenden Jahren. Schon die äußere Lebenshaltung deutet den vollkommenen Rücklauf gegen gewohnte Entwicklung. Nietzsche beginnt damit, alt zu sein. Mie vierundzwanzig Jahren, während seine Kommilitonen noch Studentenulk treiben, mit den breiten Biergläsern Zerevis reiben und im Gänsemarsch auf den Straßen herummarschieren, ist Nietzsche schon wohlbestallter Professor, wirklicher Ordinarius der Philologie an der berühmten Universität Basel. [. . .]

[340 . . .] Mit etwa dreißig Jahren, zu der Zeit, wo der normale Mensch seine bürgerliche Karriere erst inauguriert, in dem Alter, wo Goethe Staatsrat, Kant und Schiller Professoren wurden, hat Nietzsche seine Karriere bereits hinter sich geworfen und das Katheder

der Philologie aufatmend verlassen. [...] Mit sechsunddreißig Jahren ist Nietzsche Prinz Vogelfrei, Immoralist, Skeptiker, Dichter und Musikant, »besser jung« als je in seiner Jugend, frei von aller Vergangenheit und eigenen Wissenschaft, frei schon von der Gegenwart und ganz Geselle des jenseitigen, des zukünftigen Menschen. Statt daß also die Jahre der Entwicklung wie bei dem normalen Künstler sein Leben stabilisieren, verwurzelter, ernster, zielhafter machen, lösen sie es nur leidenschaftlich von allen Bindungen und Beziehungen los. Ungeheuer, unvergleichbar ist das Tempo dieser Verjugendlichung. Mit vierzig Jahren hat Nietzsches Sprache, seine Gedanken, sein Wesen mehr rote Blutkörperchen, mehr frische Farbe, Verwegenheit, Leidenschaft und Musik als mit siebzehn, und der Einsame von Sils-Maria geht leichteren, beschwingteren, tanzhafteren Schrittes durch sein Werk als der frühere vierundzwanzigjährige, frühalte Professor. Bei Nietzsche *intensifiziert* sich also das Lebensgefühl, statt sich zu beruhigen: immer geschwinder, freier, flughafter, vielfältiger, spannkräftiger, boshafter, zynischer werden seine Verwandlungen; nirgends findet er mehr einen »Standpunkt« für seinen eilenden Geist. [...]

[356...] Jedes neue Buch kostet ihn einen Freund, jedes Werk eine Beziehung. Allmählich ist auch die letzte dünne Vegetation von Interesse an seinem Tun abgefroren: erst hat er die Philologen verloren, dann Wagner und seinen geistigen Kreis, zuletzt noch die Jugendgefährten. Kein Verleger findet sich mehr in Deutschland für seine Bücher, vierundsechzig Zentner schwer lastet in ungebundenen Stapeln die Produktion seiner zwanzig Jahre im Keller; er muß sein eigenes, kümmerlich gespartes und geschenktes Geld angreifen, um die Bücher überhaupt noch erscheinen zu lassen. Aber nicht nur, daß niemand sie kauft – selbst wenn er sie verschenkt, findet Nietzsche, der letzte Nietzsche, keine Leser mehr. Vom vierten Zarathustrateil läßt er auf eigene Kosten bloß vierzig Exemplare mehr drucken – und findet dann nur sieben Menschen im deutschen Siebzigmillionenreich, denen er ein Exemplar zuschicken kann, so fremd, so unfaßbar fremd ist Nietzsche auf der Höhe seines Schaffens der Zeit geworden. [...]

[359...] Die fünf Monate des Herbstes 1888, Nietzsches letzte bildnerische Zeit, stehen einzig da in den Annalen schöpferischer Produktivität. Vielleicht ist nie in einem so engen Zeitraum von einem einzigen Genius so viel, so intensiv, so ununterbrochen, so hyperbolisch und radikal gedacht worden; nie war ein irdisches Gehirn so überströmt von Ideen, so durchschossen von Bildern, so umwogt von Musik als dies schon vom Schicksal gezeichnete. Für diese Fülle, für diese rauschhaft niederstürzende Ekstase, für diesen fanatischen Furor des Schaffens hat die Geistesgeschichte aller Zeiten kein Gegenspiel in ihrer unendlichen Weise – nur im Nächsten vielleicht noch, im gleichen Jahr, unter gleichem Himmelsstrich erlebt ein Maler gleich aufgepeitschte, schon in den Wahnsinn hineingejagte Produktivität: im Garten von Arles und in der Irrenanstalt malt van Gogh mit gleicher Geschwindigkeit, mit der gleichen ekstatischen Lichtbesessenheit, mit der gleichen manischen Schaffensüberfülltheit. [...]

[360...] Genauso schafft Nietzsche Werk auf Werk, pausenlos, atemlos, in der gleichen, nicht mehr wieder dagewesenen Helligkeit und Schnelligkeit. Zehn Tage, vierzehn Tage, drei Wochen: das sind die Dauer seiner letzten Werke – Zeugung, Austragung, Gebärung, Entwurf und endgültige Gestaltung, das zuckt schußartig ineinander. Es gibt da keine Inkubationsfrist, keine Ruhepausen, kein Suchen, kein Tasten, kein Verändern und Korrigieren, alles ist gleich makellos, definitiv, unveränderlich, heiß und ausgekühlt zugleich. Nie hat ein Gehirn so dauernde Hochspannung so elektrisch weitergetragen bis ins letzte zuckende Wort, nie haben mit so magischen Geschwindigkeiten Assoziationen sich gegliedert; Vision ist zugleich schon Wort, Idee vollendete Klarheit, und trotz dieser gigantischen Fülle spürt man nichts von Mühe, von Anstrengung – Schaffen hat längst aufgehört, ein Tun, eine Arbeit zu sein, es ist bloß ein laisser faire, ein Geschehenlassen höherer Gewalten. Der vom Geist Durchschütterte braucht nur den Blick zu heben, jenen weitsichtigen, »weitdenkenden« Blick, und er übersieht (wie Hölderlin im letzten Aufschwung zur mythischen Schau) ungeheure Zeiträume im Vergangenen und Zukünftigen: er aber, der Klardämonische, sieht sie dämonisch klar zum Greifen. Er muß nur die Hand ausstrecken, die heiße rasche Hand, um sie zu fassen; und kaum hat er sie ergriffen, sind sie schon durchblutet von Bildern, zuckend von Musik, lebend und beseelt. Und dieser Zustrom der Ideen, der Bilder setzt nicht eine Sekunde dieser wahrhaft napoleonischen Tage aus. Der Geist wird hier überflutet, es wird ihm Gewalt, Elementargewalt angetan. »Der Zarathustra überfiel mich« – immer ist es ein Überfallenwerden, ein Wehrloswerden vor einem Übermächtigen, das er berichtet – als sei irgendwo in seinen Sinnen ein geheimer Staudamm der Vernünftigkeit, der organischen Abwehr vor einer Flut [361] eingestürzt, die nun sturzbachhaft über den ohnmächtig, den herrlich Willenlosen hereinstürzt. »Es ist vielleicht überhaupt niemals etwas aus einem gleichen Überfluß von Kraft heraus getan worden«, sagt Nietzsche ekstatisch von jenen letzten Werken; aber mit keinem Worte wagt er zu sagen, daß es seine eigene Kraft war, die ihn beschenkt und zersprengt. Im Gegenteil, er fühlt sich trunken – fromm nur als »Mundstück jenseitiger Imperative«, als heilig Besessenen höheren dämonischen Elements. [...]

151 Stanislaw Przybyszewski
Erinnerungen an das literarische Berlin (1926)

[90...] Was dagegen meine höchste Begeisterung und Bewunderung erregte, war Nietzsches Sprache.

Nicht Nietzsches Hauptwerk »Menschliches, Allzumenschliches« war für mich eine Offenbarung – nur ein paar Seiten sagten mir etwas Neues –, sondern das königliche, in seiner unendlichen poetischen Schönheit majestätische Werk »Also sprach Zarthustra«! [...]
[91...] Das Wunder der Sprache Nietzsches kann nur ein Pole empfinden – es ist ja das wunderbarste Polnisch, durch einen Genius in eine fremde Sprache transponiert! Nietzsches deutsche Sprache vergewaltigte das Deutsch seiner Zeit: man las ihn wie einen fremden Schriftsteller – diese Sprache rief Erstaunen und heftigen Protest hervor ... Die Deutschen schmähen Nietzsche mit dem Namen eines Philosophen, er aber war nie ein Philosoph und wollte nie einer sein – er war vor allem und allein ein machtvoller Dichter und Schöpfer einer eigenen, nur ihm eigentümlichen Sprache, so wie im Bereiche der Musik sein Bruder Chopin. [...]
[196...] Zum ersten und letzten Mal sah ich in Weimar auf der Veranda einer kleinen Villa Nietzsche, den seine Schwester Elisabeth Tag für Tag in einem Rollstuhl auf die Veranda fuhr – ach! wie war das schmerzlich, man hatte das Gefühl, als ob dieser unselige Genius eine neue Attraktion Weimars bilden sollte!

Es war ein schrecklicher Anblick:

Als wenn eine machtvolle, heilige gotische Kathedrale zusammengestürzt wäre – eine riesenhafte Ruine und Trümmer, die den Betrachter mit dem Schauder des Ungeheuren durchdringen! [...]

152 Hermann Hesse

Der Steppenwolf (1927)

[191...] Ich erkannte, daß Haller ein Genie des Leidens sei, daß er, im Sinne mancher Aussprüche Nietzsches, in sich eine geniale, eine unbegrenzte, furchtbare Leidensfähigkeit herangebildet habe. [...]

[204...] [Haller:] »Es gibt nun Zeiten, wo eine ganze Generation so zwischen zwei Zeiten, zwischen zwei Lebensstile hineingerät, daß ihr jede Selbstverständlichkeit, jede Sitte, jede Geborgenheit und Unschuld verlorengeht. Natürlich spürt das nicht ein jeder gleich stark. Eine Natur wie Nietzsche hat das heutige Elend um mehr als eine Generation voraus erleiden müssen, – was er einsam und unverstanden auszukosten hatte, das erleiden heute Tausende.« [...]

[252...] Mochte ich bei all meinen so schmerzlichen Wandlungen irgend [253] etwas Unsichtbares und Unwägbares gewonnen haben – ich hatte es teuer bezahlen müssen, und von Mal zu Mal war mein Leben härter, schwieriger, einsamer, gefährdeter geworden. Wahrlich, ich hatte keinen Grund, eine Fortsetzung dieses Weges zu wünschen, der mich in immer dünnere Lüfte führte, jenem Rauche in Nietzsches Herbstlied gleich. [...]

153 Hugo von Hofmannsthal

Das Schrifttum als geistiger Raum der Nation (1927)

[397...] Wie nun bezeichne ich Ihnen diese Geistigen und doch nicht durch das Werk Gedeckten und im Werke Aufgehenden, diese Verantwortungsbeladenen und doch Verantwortungslosen, diese durchaus Vereinzelten, aber um die höchsten Bindungen Bemühten, diese fast Unbekannten und doch da und dort heimlich und hinterrücks Autoritativen – diese ungreifbaren Vielen oder Wenigen, ohnmächtig Mächtigen, [398] geheim Wirksamen? Ich weiß kein treffenderes Wort, sie zu bezeichnen, als daß ich sie mit dem Worte nenne, mit dem Nietzsche in der ersten »Unzeitgemäßen Betrachtung« diese deutsche Geisteshaltung bezeichnet hat: daß ich sie Suchende nenne, unter welchem Begriffe er alles Hohe, Heldenhafte und auch ewig Problematische in der deutschen Geistigkeit zusammenfaßte und es gegenüberstellte allem Satten, Schlaffen, Matten, aber in der Schlaffheit Übermütigen und Selbstzufriedenen: dem deutschen Bildungsphilister.

[...] Wie freilich eine solche übermütig satte Geisteshaltung im überwiegenden Teile der großen tragisch veranlagten Nation Platz greifen konnte, so daß nur ein Einzelner, eine so gespannte Seele wie Nietzsche, diesem Sichgebärden entgegenzutreten da war, das nimmt uns heute fast wunder. [...]

[401 ...] Wem ist nicht, und mehr als einmal, die Gestalt begegnet, die diese Zeichen trug und von solcher Luft umweht war? Der schweifende, aus dem Chaos hervortretende Geistige, mit dem Anspruch auf Lehrerschaft und Führerschaft – mit noch verwegeneren Ansprüchen – mit dem Anhauch des Genius auf der hohen Stirn, mit dem Stigma des Usurpators im scheulosen Auge oder im gefährlich geformten Ohr? Er, der darum revolutionär in der geistigen Welt ist, weil ihm, als einem wahren Deutschen und Absoluten, die Formen der gesellschaftlichen, der geschichtlichen Welt nicht des Zerbrechens wert erscheinen, so wenig nimmt er ihr Gewaltiges wahr, so wenig gilt ihm ihr Gewaltiges für wirklich, und der nun für seinen Kriegszug Gefährten wirbt, Adepten, solche die sich ihm unbedingt unterwerfen, denn so sehr alles in seinem titanischen Beginnen auf Alleinsein gestellt ist, die völlige, starrende Einsamkeit erträgt er doch auf die Dauer nicht. Er ist auch Dichter, dieser unser Ungenannter, dessen Umrisse ich Ihnen in die Luft hinzeichne, als eines für viele – vielleicht ist er mehr Prophet als Dichter, [402] vielleicht ist er ein erotischer Träumer – er ist eine gefährliche hybride Natur, Liebender und Hassender und Lehrer und Verführer zugleich. Wenn er es zuzeiten nicht verschmäht, Dichter zu sein, so geschieht es nicht um des Werkes willen. Das Werk würde ihn in die Ordnung hineinbeziehen, um ihn aber in seiner empedokleischen Nacktheit schlägt unrealisierte Dichtung ihren Mantel, sein Hauptwerk ist ein nie geschriebenes, dem alles was er von sich gibt nur Prolegomena sind, als solche belanglos, bedeutsam nur in der von ihm und den Seinen erahnten Relation zum Hauptwerk, jenem, das einer Umschöpfung seines Ich und damit einer Umschöpfung der Welt gleichkommt. Um die Sprache ringt er zuzeiten wirklich – aber nicht mitzuwirken an der Schöpfung der Sprachnorm, in der die Nation zur wahren Einheit sich bindet, sondern als die magische Gewalt, die sie ist, will er sich sie dienstbar machen, seine geistige Leidenschaft ist so groß, in den höchsten Momenten wird er wirklich ein leidenschaftlich Erschautes bis in den Rhythmus seines Leibes in sich nachzittern fühlen und dann wahrhaft Dichter sein. Zuzeiten wieder wird er die Herablassung des Sprechens verschmähen,

wird er durch Krisen einer Sprachbezweiflung durchgehen, die ihre furchtbaren Spuren bis in die flackernden Züge seines Gesichtes zurücklassen wird, und wieder zuzeiten sich emporschwingen zu einer Ahnung der heilenden Funktion der Sprache, zur Erschauung verwirklichbarer Maßgestalten. [...]
[403...] Je großartiger, fragmentarischer er sich gibt, um so großartiger wird er verlangen, als ein Ganzes, als das einzige Ganze dieser zerrissenen Welt genommen zu werden ... Er wird viele kennen und vielen sich verstricken, wird erschüttern und verwirren, Entwicklungen mit sich reißen und verschütten: aber es wird keiner ihm begegnet sein, der nicht von dieser Begegnung in seinem inneren Leben Epoche datierte.

Denn er hat dieses Gesetz über sich gesetzt, daß alles mit ihm, mit seiner Seelenwallung neu anfangen müsse – und so meint jeder von seinen jungen Begegnenden; für ihn ist alles überwunden und so wie es zu gelten scheint nicht gültig, sondern muß zu neuer Gültigkeit aus ihm wiedergeboren werden – und so meint es jeder; er schleppt sich aus der Ferne der Zeiten die widerspenstigsten Blöcke herbei, seinen Tempel zu bauen, Urworte von da und dort, sibyllinische Sprüche der vorplatonischen Denker, Orpheus oder Hamann, Lionardo oder Laotse – und so hält es jeder; er verschmäht es, gemäß Ordnungen zu empfangen, und will gemäß Ordnungen, die von ihm gesetzt sind, austeilen – und so will es im Herzen jeder. [...]

154 Rudolf G. Binding

Es gibt Bücher, die mehr als Bücher sind (1928)

[233...] Anders und wohl lange noch wie ein verfrühtes Gesetz, zu letzten Grenzen menschlichen Sieges und menschlicher Überwindung hinweisend, mag *Zarathustra* zu ihm reden. Doch dem Gebildeten gerade steht es an, jene höchste Gestaltung menschlichen Bildes – und wenn sie nichts wäre als eine Vision – sich zuzueignen, die, europäische Geltung sich erzwingend, dem Menschen von heute den großen Zweifel an das Überkommene, den umstürzlerischen Mut der Umwertung, den Heroismus eines reineren Daseins in die Seele legte. Zu viel aus Zarathustras Geist ist, ohne daß wir uns dessen bewußt sind, in uns eingedrungen als daß dies Buch nicht schon mehr als Buch für uns wäre. [...]

155 Franz Werfel

Der Snobismus als geistige Weltmacht (1928)

[21 ...] Wir reden hier nicht über den Wert von Kunstwerken. Aber ich kann mir nicht helfen, immer wenn ich einem Stendhalschwärmer begegne, kann ich mich von dem Verdachte nicht befreien: In ihm steckt auch ein Snob. – Übrigens scheint mir auch die übertriebene Betonung von »Egoismus«, wie jede Art von Ich-Unbescheidenheit ein Symptom des kranken Geltungswahnes zu sein. Von der Existenz eines Zahnes weiß man erst, wenn er weh tut. Von der Existenz des Ichs weiß man erst, wenn es weh tut.

»Aber Nietzsche«, hält man mir entgegen, »war doch Stendhalist!« Ich muß daraufhin die Ketzerei leider noch weiter treiben und behaupte, daß auch er, der »freie Geist«, der Krankheitstöter, der Erz-Analytiker, angesteckt war.

Ich schlage ein Buch an beliebiger Stelle auf, das ich vor vielen Jahren mit großer Erschütterung gelesen habe: Ecce Homo! Seine Selbstbiographie.

»Warum ich so gute Bücher schreibe.« Absatz 2!

[22] Folgendes finden wir da zu lesen:

»... Dies war für Deutsche gesagt: denn überall sonst habe ich Leser – lauter *ausgesuchte* Intelligenzen, bewährte, in hohen Stellungen und Pflichten erzogene Charaktere ... In Wien, in St. Petersburg, in Stockholm, in Kopenhagen, in Paris, in New York – überall bin ich entdeckt: ich bin es *nicht* in Europas Flachland Deutschland ... Man nennt nicht umsonst die Polen die Franzosen unter den Slawen. Eine charmante Russin wird sich nicht einen Augenblick vergreifen, wohin ich gehöre.«

Wir haben es in diesem Zitat mit einer leichten Form von Snobismus zu tun, wie er den Deutschen und allen Völkern mit nationalen Minderwertigkeitsgefühlen sehr geläufig ist. Nietzsche will kein Deutscher sein und rückt deshalb seine polnische Abkunft in den Vordergrund. Er behauptet ferner, – und sofort wird der Ton seiner Rede unglaubwürdig und forciert, – daß sein Werk und Name im Ausland mehr zu Hause sei als daheim. So ist der Wahrste nicht mehr wahr, wenn der wunde Punkt seines Geltungswillens getroffen wird, und auch Nietzsche ist in solchen Augenblicken nicht frei von Renegatentum des Snob-Charakters. [...]

156 KARL WOLFSKEHL

Ibsen-Jugend (1928)

[121...] Von Nietzsche war – es [122] scheint heute kaum glaublich – noch nichts in unseren Provinzwinkel gedrungen, ich selber habe ihn erst 1892 kennengelernt, und mir gleich die heute bibliophil so köstliche, in jenen Tagen aber noch sehr unvergriffene erste Zarathustra-Ausgabe erstanden. Die deutschen Zeitungen schwiegen sich über ihn aus, gerade erst I. V. Widmann im Berner »Bund« und Georg Brandes in seinen berühmten Kopenhagener Vorlesungen hatten eindringlich auf ihn gewiesen, ein wenig wohl auch Max Kalbeck in Wien. Irgendwie zitterte natürlich die Geistesluft auch von ihm, und sicher ist unsere tiefe, fanatische Stellungnahme zu Ibsens Problemen vorbewußt davon mitbestimmt worden. Aber unsere geistige Arbeit, unsere sittliche Idealbildung vollzog sich unter dem unerbittlichen Druck des Norwegers. Wahrheit in jedem Sinne wurde oberstes Gebot. Jedes Gefühl mußte auf seine Echtheit, seine Unbedingtheit sich prüfen lassen, Einheit und Gleichheit von Wollen und Handeln, von Rede und Vollbringen wurde gefordert, und in oft kindlichem Überschwang, unreif aber rührend, gewährleistet. [...]

157 FRANZ BLEI

Erzählung eines Lebens (1930)

[123...] Wie auch, daß sich im Fall Nietzsche die Gegensätzlichkeit von Lehre und Lebensführung noch viel ungewöhnlicher äußerte. Daß einer fromm tat und unfromm lebte, war einem ja geläufig. Aber daß einer den Stolz, die Wollust und die Selbstherrlichkeit des Individuums lehrte, in seinem persönlichen Leben aber demütig, keusch und mönchisch war, das erschien doch höchst ungewöhnlich. Beide, dieser Nietzsche und der, von dem er als Erzieher eine Schrift geschrieben hatte, hatten hier spirituelle Welten von größter Eindringlichkeit gebaut, jener die seine krönend mit der heroischen Tugend der gepredigten Abtötung bei lasterhaftem Leben, dieser mit dem heroisierten Laster bei tugendhaftestem Leben im Verzicht, also im Widerspruch mit sich selber, indem sie in der Tat Selbstmord für ihre Welt begingen.

Nietzsche war das zweite aufregende Erlebnis unserer achtzehnjährigen Jugend, und der tragische Glücksfall seiner Verbindung mit

Richard Wagner fiel wie eine Fackel in die Nacht unseres Wagnertums und ließ eine weit tiefere und gegliedertere feindliche Front erkennen, als wir sie bisher in den Musikern bloß gesehen hatten, in Meyerbeer, Rossini, Verdi. Was wir bisher musikalisch mit den Nerven erlebt und als eine Weltdeutung nur geahnt hatten, das wurde nun durch Nietzsche offenbar: daß diese Kunst uns wieder dorthin verführte, woher wir gerade geflohen waren, bis zum öffentlichen Bekenntnis unserer Abtrünnigkeit und Ablegung der Bezeichnung Christ. Der uns in Bayreuth unerreichbare Parsifal war uns, was wir Nietzsche glaubten, die zugefallene Klappe der Falle, aus der es nur einen engen Ausweg gab, der in die Messe führte. [...]

158 Rudolf Kayser
Friedrich Nietzsche (1930)

[38 ...] Ernst Bertram fand das Wort von der Legende Nietzsche. Die Legende ist die höchste geschichtliche Wirklichkeit. Sie abstrahiert von jeder Zeit. Sie ist die eigentliche Dauer eines großen Menschen. »Die Legende eines Menschen, das ist sein in jedem neuen Heute neu wirksames und lebendiges Bild. [39] Nicht als Niederschlag eines jeweiligen Standes exakter Forschung, auch nicht als bewußt künstlerische Zusammenfassung, als philosophische Deutung eines zerstreuten und beseelbaren Materials. Ein eigenlebendiger Organismus vielmehr ist dies Bild, der seine selbständige Existenz führt. Wandelbar, wandelwillig ist es und wandelt sich auch stets, zeigt immer wenigere, immer größere Linien; wird zugleich typischer und einmaliger, zugleich parabolisch und unvergleichbar.« Wir sind heute, dreißig Jahre nach seinem Tode, so weit, die Nietzsche-Legende zu beginnen. Wir haben uns langsam das Wissen und die Substanz seines Denkens erobert. Wir halten uns nicht mehr so an einzelne Gedanken und Denktendenzen wie an das Gesamtwerk und die Persönlichkeit: ihre Musik, ihre revolutionäre Kraft, ihre Mission und ihre Einsamkeit. Die geschichtliche Situation, aus der Nietzsche hervorging – niemand ist frei von seiner Gegenwart – ist uns Jüngeren schon fern gerückt. Wir sind deshalb in der guten Lage, von keinem Schlagwort der Nietzsche-Mode der achtziger und neunziger Jahre je bezaubert gewesen zu sein. Die Probleme dieser unserer Väterzeit sind uns fremd. Wir begreifen heute nicht mehr die Parteikämpfe pro und contra Nietzsche, die polemische Kraft von

Schlagworten – fast möchten wir sagen: von Mißverständnissen – wie »Übermensch«, »Herrenmoral«, »Blonde Bestie« ... Aber wir sehen, auch wo wir kritisch urteilen, die ungeheure Aufgabe und ihre heroische Erfüllung: *die Überwindung des neunzehnten Jahrhunderts.* [40] Viele Vokabeln der Nietzsche-Sprache sind uns gleichgültig geworden. Belebend, beseligend aber ist, daß diese Sprache uns von mürrischem Bildungsphilisterium, von Moralismus, Historismus, von den Flüchen gestorbener Ideale zu erlösen begann. Diese Erlösung ist ebensowenig zu Ende wie die Nietzsche-Legende selbst. Wir stehen jetzt im Nachmittag Nietzsches, wissen aber, daß ein Morgen folgen muß, der große Perspektiven besitzt. »Und nur euer Nachmittag ist es, ihr meine geschriebenen und gemalten Gedanken, für den allein ich Farben habe, viel Farben vielleicht, viel bunte Zärtlichkeiten und fünfzig Gelb's und Braun's und Grün's und Rot's: – aber niemand errät mir daraus, wie ihr in eurem Morgen aussahet, ihr plötzlichen Funken und Wunder meiner Einsamkeit, ihr meine alten geliebten – schlimmen Gedanken!«

II.

Nietzsches Denken forderte die geheiligten Bildungsmächte des neunzehnten Jahrhunderts heraus, die heute zumindest schon problematisch sind. Als vor etwa dreißig Jahren Hans Vaihinger Nietzsches Philosophie zu beleuchten suchte, stellte er an ihr sieben Tendenzen fest: die antimoralistische, die antisozialistische, die antidemokratische, die antifeministische, die antiintellektualistische, die antipessimistische, die antichristliche. Der große Unterschied zwischen damals und heute ist, daß uns wesentlicher [41] als diese Tendenzen die Substanz ist, der sie entstammen. Wir fragen nicht nach der Wahrheit dieser Tendenzen (und ziehen auch keine Parallelen und Vergleiche zu früheren Denkern). Wir sehen in ihnen nur gewisse feindselige Berührungspunkte zwischen einer ungeheuren persönlichen geistigen Energie und den moralischen Konventionen des Zeitalters. Auch wenn Nietzsche sich rückwärts wandte, Griechentum und Renaissance aufleuchten ließ, so bedeutet dies keineswegs eine archaisierende Ideologie, sondern nur stolzer und lachender Kampf gegen die eigene Gegenwart, die gegenüber der freien Kraft jener Zeitalter klein und grau erscheint. Nietzsche ist die große, schöpferische Unruhe, die auch unser Zeichen noch ist. So setzt er der Ontologie der kritischen Philosophie das Prinzip des Werdens gegenüber und ist hierin ganz deutsch.

Heraklit, Goethe, Hegel werden ihm zu Ahnen, wie anderseits ihn jener geistige Aristokratismus beherrscht, der ebenso Empedokles und Spinoza wie Hölderlin und George ermöglichte.

Nietzsches Tugenden sind »die Tugenden des aufsteigenden Lebens«. Ihn beherrscht die Sehnsucht, aus der »Instinkt-Widersprüchlichkeit« der modernen Seele – von der er selbst nicht frei ist – herauszukommen. Symptomatisch ist seine Fortbildung der Schopenhauerschen Willensmetaphysik, diese Aktivierung eines transzendenten Prinzips zu einem positiven Lebenswillen, zu Bejahung des Starken, zu zornigem Optimismus (bei Ablehnung von Schopenhauers asketischem Pessimismus). Hier beginnt die große Wen- [42] dung: die Abkehr vom dogmatischen Schlummer, das gespannteste, geistige Wachsein und das Erlebnis der Not und der Problematik des Geistes.

III.

Und hier ist der Gipfel der Nietzsche-Mission in unserer Zeit. Nur in Andeutungen und sehr vorsichtig können wir davon sprechen. Zwei Worte seien hierher gesetzt, die aus eigener Kraft Perspektiven in unsere Gegenwart schaffen mögen: *geistiger Heroismus und Skepsis* (daß diese Begriffe keinen Gegensatz bilden, ist eines der tiefsten Wunder dieser Philosophie).

Nietzsche ringt mit seinem unbekannten Gott, der ihm Schmerz und letztes Glück zugleich ist. Er weiß, daß man am Heroismus zugrunde geht. Im Neu-Deutschland der Erfolge und des Materialismus lebt er auf seinen »eigenen Kredit hin«, steigert seine Gedanken zu tragischer Schmerzlichkeit, schafft dieses Denkdichten in den euphorischen Pausen seines Krankseins. Nietzsche kennt nicht oder will nicht die Beruhigung und Sicherheit der logischen Methoden. Er ist kein Wissenschaftler. Er ist Dionysier, der dem Rausch, der Musik, dem Gott lebt und eher ein Satyr als ein Heiliger zu sein wünscht.

Die Luft seiner Schriften ist die einer abgeschiedenen Höhe. »Man muß für sie geschaffen sein, sonst ist die Gefahr keine kleine, sich in ihr zu erkälten. Das Eis ist nahe, die Einsamkeit ungeheuer – aber wie [43] ruhig alle Dinge im Lichte liegen! wie frei man atmet! wie viel man unter sich fühlt! – Philosophie, wie ich sie bisher verstanden und gelebt habe, ist das freiwillige Leben in Eis und Hochgebirge – das Aufsuchen alles Fremden und Fragwürdigen im Dasein, alles dessen, was durch die Moral bisher in Bann getan war.«

Aus dieser Höhe heraus kündet er – keine Religion. Er stieg, ein zweiter Moses, empor, die Gesetzestafeln zu zerbrechen. Er begann die Umwertung der Werte. Skepsis ist ihm keine Methode, kein Kritizismus oder Agnostizismus, sondern: geistiger Instinkt; die einzig mögliche, einzig fruchtbare Einstellung gegenüber den Menschen, ihren Moralen, ihrer Geschichte. Er durchdringt das Reich des Erkennens mit Skepsis, wie sein Liebling Stendhal die Gesellschaft und das Leben seiner Zeit mit Skepsis durchdrang. Er stellt den Wert der Werte in Frage. Dieser Skeptizismus ist also Stärkeres und Größeres als eine erkenntniskritische Problemstellung. Er geht das Leben selbst an. Aus ihm stammt Nietzsches Geschichtsphilosophie, aus ihm die Entdeckung des »Nihilismus«, der aus einem psychologischen Begriff (wie bei Turgenjew) zum Schicksal der Zeit wurde.

Dieser geistige Heroismus und diese Skepsis: sie sind auch die Kräfte-Ströme, die die kritische Situation der europäischen Gegenwart durchdringen. Es gab eine Zeit – und sie war erst gestern – da glaubte man, Nietzsche sei nur tragischer Ausgang, ein Jahrhundertende. Aber wie auf unsere Situation geprägt, muten uns jetzt die Worte aus »Ecce homo« an:

[44] »Ich kenne mein Los. Es wird sich einmal an meinen Namen die Erinnerung an etwas Ungeheures anknüpfen, – an eine Krisis, wie es keine auf Erden gab, an die tiefste Gewissenskollision, an eine Entscheidung, heraufbeschworen gegen alles, was bis dahin geglaubt, gefordert, geheiligt worden war. Ich bin kein Mensch, ich bin Dynamit.«

159 Thomas Mann
Lebensabriss (1930)

[109...] Zweifellos ist der geistige und stilistische Einfluß Nietzsche's schon in meinen ersten an die Öffentlichkeit gelangten Prosaversuchen kenntlich. Ich habe in den ›Betrachtungen eines Unpolitischen‹ von meinen Beziehungen zu diesem zaubervollen Komplex gesprochen und sie auf ihre persönlichen Bedingungen und Grenzen zurückgeführt. Die Berührung mit ihm war in hohem Grade bestimmend für meine sich bildende Geistesform; aber unsere Substanz zu verändern, etwas anderes aus uns zu machen, als wir sind, ist keine Bildungsmacht imstande; alle Bildungsmöglichkeit überhaupt hat ein Sein zur Voraussetzung, das den Instinktwillen und die Fähigkeit zur persönlichen Auswahl, Assimilierung, Verarbeitung ins Besondere besitzt. Goethe hat gesagt, daß man etwas sein müsse, um etwas zu machen. Aber schon, um in irgendeinem höheren Sinn etwas *lernen* zu können; muß man etwas sein. Zu untersuchen, welche Art von organischer Einbeziehung und Umwandlung Nietzsche's Ethos und Künstlertum in meinem Falle gefunden hat, bleibt einer Kritik überlassen, die sich dazu bemüßigt findet. Auf jeden Fall war es eine komplizierte Art, die sich zur Mode- und Gassenwirkung des Philosophen, allem simplen ›Renaissancismus‹, Übermenschenkult, Cesare Borgia-Ästhetizismus, aller Blut- und Schönheitsgroßmäuligkeit, wie sie damals bei groß und klein im Schwange war, durchaus verachtungsvoll verhielt. Der Zwanzigjährige verstand sich auf die Relativität des ›Immoralismus‹ dieses großen Moralisten; wenn ich dem Schauspiel seines Hasses auf das Christentum zusah, so sah ich seine brüderliche Liebe zu Pascal mit und verstand jenen Haß durchaus moralisch, nicht aber psychologisch, – ein Unterschied, der sich mir auch in seinem – kulturkritisch epochalen – Kampf gegen das bis in den Tod Geliebteste, gegen Wagner zu bewähren schien. Mit einem Worte: ich sah in [110] Nietzsche vor allem den Selbstüberwinder; ich nahm nichts wörtlich bei ihm, ich *glaubte* ihm fast nichts, und gerade dies gab meiner Liebe zu ihm das Doppelschichtig-Passionierte, gab ihr die Tiefe. Sollte ich es etwa ›ernst‹ nehmen, wenn er den Hedonismus in der Kunst predigte? Wenn er Bizet gegen Wagner ausspielte? Was war mir sein Machtphilosophem und die ›Blonde Bestie‹? Beinahe eine Verlegenheit. Seine Verherrlichung des ›Lebens‹ auf Kosten des Geistes, diese Lyrik, die im deutschen Denken so mißliche Folgen gehabt hat, – es gab nur eine Möglichkeit, sie mir zu assimilieren: als Ironie. Es ist wahr, die ›Blonde Bestie‹ spukt auch in meiner Jugenddichtung, aber sie ist ihres bestialischen Charakters so ziemlich entkleidet, und übriggeblieben ist nichts als die Blondheit zusammen mit der Geistlosigkeit, – Gegenstand jener erotischen Ironie und konservativen Bejahung, durch die der Geist, wie er genau wußte, sich im Grunde so wenig vergab. Mochte doch die persönliche Verwandlung, die Nietzsche in mir erfuhr, Verbürgerlichung bedeuten. Diese Verbürgerlichung schien mir und scheint mir noch heute tiefer und verschlagener als aller heroisch-ästhetische Rausch, den Nietzsche sonst wohl literarisch entfachte. Mein Nietzsche-Erlebnis bildete die Voraussetzung einer Periode konservativen Denkens, die ich zur Kriegszeit absolvierte; zuletzt aber hat es mich widerstandsfähig gemacht gegen alle übel-romantischen Reize, die von einer *inhumanen* Wertung des Verhältnisses von Leben und Geist ausgehen können und heute so vielfach ausgehen.

Übrigens war dies Erlebnis nicht Sache einer einmalig raschen Entdeckung und Rezeption, sondern es vollzog sich gleichsam in mehreren Schüben und verteilte sich auf Jahre. Seine früheste Wirkung betraf eine psychologische Reizbarkeit, Hellsichtigkeit und Melancholie, deren Wesen ich mir heute kaum noch recht klarzumachen weiß, unter der ich aber damals unbeschreiblich zu leiden hatte. Das Wort »Erkenntnisekel« steht im ›Tonio Kröger‹. Es bezeichnet recht eigentlich die Krankheit meiner Jugend, die, so glaube ich mich zu erinnern, meiner Empfänglichkeit für die Philosophie Schopen- [111] hauers, die mir erst nach einiger Bekanntschaft mit Nietzsche entgegentrat, nicht wenig Vorschub leistete. Ein *seelisches* Erlebnis ersten Ranges und unvergeßlicher Art, – während dasjenige Nietzsche's eher ein geistig-künstlerisches zu nennen wäre. [...]

160 Robert Musil

Der Mann ohne Eigenschaften (1930/1933)

[16...] Wenn es aber Wirklichkeitssinn gibt, und niemand wird bezweifeln, daß er seine Daseinsberechtigung hat, dann muß es auch etwas geben, das man Möglichkeitssinn nennen kann.

Wer ihn besitzt, sagt beispielsweise nicht: Hier ist dies oder das geschehen, wird geschehen, muß geschehen; sondern er erfindet: Hier könnte, sollte oder müßte geschehn; und wenn man ihm von irgend etwas erklärt, daß es so sei, wie es sei, dann denkt er: Nun, es könnte wahrscheinlich auch anders sein. So ließe sich der Möglichkeitssinn geradezu als die Fähigkeit definieren, alles, was ebensogut sein könnte, zu denken und das, was ist, nicht wichtiger zu nehmen als das, was nicht ist. Man sieht, daß die Folgen solcher schöpferischen Anlage bemerkenswert sein können, und bedauerlicherweise lassen sie nicht selten das, was die Menschen bewundern, falsch erscheinen und das, was sie verbieten, als erlaubt oder wohl auch beides als gleichgültig. Solche Möglichkeitsmenschen leben, wie man sagt, in einem feineren Gespinst, in einem Gespinst von Dunst, Einbildung, Träumerei und Konjunktiven; Kindern, die diesen Hang haben, treibt man ihn nachdrücklich aus und nennt solche Menschen vor ihnen Phantasten, Träumer, Schwächlinge und Besserwisser oder Krittler.

Wenn man sie loben will, nennt man diese Narren auch Idealisten, aber offenbar ist mit alledem nur ihre schwache Spielart erfaßt, welche die Wirklichkeit nicht begreifen kann oder ihr wehleidig ausweicht, wo also das Fehlen des Wirklichkeitssinns wirklich einen Mangel bedeutet. Das Mögliche umfaßt jedoch nicht nur die Träume nervenschwacher Personen, sondern auch die noch nicht erwachten Absichten Gottes. Ein mögliches Erlebnis oder eine mögliche Wahrheit sind nicht gleich wirklichem Erlebnis und wirklicher Wahrheit weniger dem Werte des Wirklichseins, sondern sie haben, wenigstens nach Ansicht ihrer Anhänger, etwas sehr Göttliches in sich, ein Feuer, einen Flug, einen Bauwillen und bewußten Utopismus, der die Wirklichkeit nicht scheut, wohl aber als Aufgabe und Erfindung behandelt. Schließlich ist die Erde gar nicht alt und war scheinbar noch nie so recht in gesegneten Umständen. [...]
[17...] Es ist die Wirklichkeit, welche die Möglichkeiten weckt, und nichts wäre so verkehrt, wie das zu leugnen. Trotzdem werden es in der Summe oder im Durchschnitt immer die gleichen Möglichkeiten bleiben, die sich wiederholen, so lange bis ein Mensch kommt, dem eine wirkliche Sache nicht mehr bedeutet als eine gedachte. Er ist es, der den neuen Möglichkeiten erst ihren Sinn und ihr Bestimmung gibt, und er erweckt sie.

Ein solcher Mann ist aber keineswegs eine sehr eindeutige Angelegenheit. Da seine Ideen, soweit sie nicht müßige Hirngespinste bedeuten, nichts als noch nicht geborene Wirklichkeiten sind, hat natürlich auch er Wirklichkeitssinn; aber es ist ein Sinn für die mögliche Wirklichkeit und kommt viel langsamer ans Ziel als der den meisten Menschen eignende Sinn für ihre wirklichen Möglichkeiten. Er will gleichsam den Wald, und der andere die Bäume; und Wald, das ist etwas schwer Ausdrückbares, wogegen Bäume soundsoviel Festmeter bestimmter Qualität bedeuten. Oder vielleicht sagt man es anders besser, und der Mann mit gewöhnlichem Wirklichkeitssinn gleicht einem Fisch, der nach der Angel schnappt und die Schnur nicht sieht, während der Mann mit jenem Wirklichkeitssinn, den man auch Möglichkeitssinn nennen kann, eine Schnur durchs Wasser zieht und keine Ahnung hat, ob ein Köder daran sitzt. Einer außerordentlichen Gleichgültigkeit für das auf den Köder beißende Leben steht bei ihm die Gefahr gegenüber, völlig spleenige Dinge zu treiben. Ein unpraktischer Mann – und so erscheint er nicht nur, sondern ist er auch – bleibt unzuverlässig und unberechenbar im Verkehr mit Menschen. Er wird Handlungen begehen, die ihm etwas anderes bedeuten als anderen, aber beruhigt sich über alles, sobald es sich in einer außerordentlichen Idee zusammenfassen läßt. [...]

[49...] Dann gingen Clarisse und Ulrich ohne ihn im schrägen Pfeilregen der Abendsonne spazieren; er blieb am Klavier zurück. Clarisse sagte: »Sich etwas Schädliches verbieten können, ist die Probe der Lebenskraft! Den Erschöpften lockt das Schädliche! – Was meinst du dazu? Nietzsche behauptet, daß es ein Zeichen von Schwäche ist, wenn sich ein Künstler zuviel mit der Moral seiner Kunst beschäftigt?« Sie hatte sich auf einen kleinen Erdhügel gesetzt.

Ulrich zuckte die Achseln. Als Clarisse vor drei Jahren seinen Jugendfreund heiratete, war sie zweiundzwanzig Jahre alt gewesen, und er selbst hatte ihr zur Hochzeit die Werke Nietzsches geschenkt. »Wenn ich Walter wäre, würde ich Nietzsche zum Duell herausfordern« antwortete er lächelnd. [...]

[353...] [Clarisse:] »[...] Sag mir, warum es dir lustig vorkommt, das zu verwirklichen, was dir geistig ernst ist?!«

»Das will ich gern tun« erwiderte Ulrich und machte sich von ihrer Hand los. »Es muß ja nicht gerade Nietzsche sein, es könnte sich um Christus oder Buddha auch handeln.« [...]

[354] Clarisse dachte nach. »Nun, ich meine natürlich nicht ein Nietzschedenkmal oder eine Nietzschestraße« sagte sie verlegen. »Aber man müßte die Menschen dahin bringen, zu leben, wie – –«

»Wie er es verlangt hat?!« unterbrach er sie. »Aber was hat er verlangt?«

Clarisse versuchte zu antworten, wartete, schließlich erwiderte sie: »Na ja, das weißt du doch selbst ...«

»Gar nichts weiß ich« neckte er. »Aber eines will ich dir sagen: Man kann die Forderungen der Kaiser-Franz-Josef-Jubiläums-Suppenanstalt oder die des Schutzverbandes der Hauskatzenbesitzer verwirklichen, aber gute Gedanken kann man so wenig verwirklichen wie Musik! Was das bedeutet? Ich weiß es nicht. Aber es ist so.« [...]

[368...] Walter brachte nicht den Mut auf, sie anzublicken. Die Fähigkeit der Weigerung spielte ja unter ihnen eine große Rolle; Clarisse, im langen, die Füße bedeckenden Nachthemd wie ein kleiner Engel anzusehen, stand aufgesprungen im Bett und deklamierte mit blitzenden Zähnen frei nach Nietzsche. »Wie ein Senkblei werfe ich meine Frage in deine Seele! Du wünschest dir Kind und Ehe, aber ich frage dich: Bist du der Mensch, der ein Kind sich wünschen darf?! Bist du der Siegreiche, der Gebieter deiner Tugenden? Oder reden aus dir Tier und Notdurft ...!?«; im Halbdunkel des Schlafzimmers war das ganz grausig anzusehen gewesen, während Walter sie vergeblich in die Polster herab zu locken versuchte. [...]

[435 ...] Es tat ihr leid, daß sie [Clarisse] Walter immer quälte. Sie war erst fünfzehn Jahre alt gewesen, da hatte sie schon bemerkt, daß sie ihn zu quälen vermochte. Sie brauchte bloß entschieden auszurufen, etwas sei in Wahrheit nicht so, wie er behaupte, da zuckte er zusammen, und wenn es noch so richtig war, was er gesagt hatte! Sie wußte, daß er sich vor ihr fürchtete. Er fürchtete, daß sie verrückt werden könne. Er hatte es sich einmal entschlüpfen lassen, schnell wieder verredet; sie aber wußte seither, daß er daran dachte. Sie fand das sehr schön. Nietzsche sagt: »Gibt es einen Pessimismus der Stärke? Eine intellektuelle Vorneigung für das Harte, Schauerliche, Böse? Eine Tiefe des widermoralischen Hangs? Das Verlangen nach dem Furchtbaren als dem würdigen Feind?« – Solche Worte bereiteten ihr, wenn sie sie dachte, eine sinnliche Erregung im Mund, die so sanft und stark wie Milch war, sie konnte kaum schlucken. [...]

[607 ...] Sie hatte aufs Geratewohl jene schöne Stelle getroffen, wo der Meister von der Verarmung durch den Verfall des Willens spricht, die sich in allen Gebilden des Lebens in einem Wuchern der Einzelheiten auf Unkosten des Ganzen äußert. »Das Leben in die kleinsten Gebilde zurückgedrängt, der Rest arm an Leben«: diesen Satz hatte sie noch im Gedächtnis und sonst von dem größeren Ganzen, das sie in dem Augenblick überflogen hatte, ehe Walter sie darin wieder störte, nur ungefähr die Richtung, wo der Sinn lag; und da machte sie nun trotz der Ungunst des Augenblicks eine große Entdeckung. Denn der Meister sprach an dieser Stelle zwar von allen Künsten, ja sogar von allen Formen des Menschenlebens, aber er benutzte nur Beispiele der Literatur; und da Clarisse das Allgemeine nicht verstand, entdeckte sie, daß Nietzsche nicht die ganze Tragweite seiner Gedanken erfaßt habe, denn sie galten auch für Musik!! Sie hörte dabei ihres Gatten krankes Klavierspiel, als klänge es leibhaft neben ihr, sein gefühlvolles Hängenbleiben, das stockende Austreten der Töne, sobald seine Gedanken zu ihr herüber schweiften und, mit einer anderen Stelle des Meisters zu sprechen, »der moralische Nebenhang« den »Künstler« in ihm überwältigte. Clarisse verstand es zu hören, wenn Walter sie stumm begehrte, und sie konnte die Musik sehen, wenn sie aus seinem Gesicht entwich. Dann leuchteten in diesem nur die Lippen, und er sah aus, als hätte er sich in den Finger geschnitten und würde ohnmächtig. Und so sah er auch jetzt aus, während er, nervös lächelnd, den Arm ausgestreckt hatte. So viel hatte Nietzsche natürlich nicht wissen können, doch war es wie ein Zeichen, daß sie der Zufall gerade eine Stelle hatte aufschlagen lassen, die daran rührte, und indem sie alles das auf einmal sah, hörte und begriff, schlug der Blitz der Erfindung in sie, und sie stand auf einem hohen Berg namens Nietzsche, der Walter unter sich begraben hatte, ihr aber gerade nur unter die Fußsohlen reichte! Die »angewandte Philosophie und Dichtung« der meisten Menschen, die weder schöpferisch noch dem Geist unzugänglich sind, besteht aus solchen schimmernden Verschmelzungen einer kleinen persönlichen Abänderung mit einem großen fremden Gedanken. [...]

[748 ...] »Du hast einmal gesagt, daß die gleiche Handlung gut oder bös sein kann, je nach dem Zusammenhang?« fragte nun Agathe.

Ulrich stimmte zu. Das war seine Theorie, daß die moralischen Werte nicht absolute Größen, sondern Funktionsbegriffe seien. Wenn wir aber moralisieren und verallgemeinern, so lösen wir sie aus ihrem natürlichen Ganzen: »Und wahrscheinlich ist schon das die Stelle, wo etwas auf dem Weg zur Tugend nicht in Ordnung ist« sagte er. [...]

[770 ...] »Die Moral, die uns überliefert wurde, ist so, als ob man uns auf ein schwankendes Seil hinausschickte, das über einen Abgrund gespannt ist«, sagte er [Ulrich] »und uns keinen anderen Rat mitgäbe als den: Halte dich recht steif!

Ich bin, wie es scheint, ohne mein Zutun mit einer anderen Moral geboren worden.

Du hast mich gefragt, was ich glaube! Ich glaube, man kann mir tausendmal aus den geltenden Gründen beweisen, etwas sei gut oder schön, es wird mir gleichgültig bleiben, und ich werde mich einzig und allein nach dem Zeichen richten, ob mich seine Nähe steigen oder sinken macht. [...]«

[910...] Und überdies verstand sie unter Wahn nichts anderes als man Willen nennt, nur besonders gesteigert. Clarisse hatte sich bisher davon eingeschüchtert gefühlt, daß sie sich nur weniges von dem, was in der Welt vorgehe, richtig zu erklären vermöge, aber seit der Wiederbegegnung mit Meingast sah sie sich gerade dadurch begünstigt, nach eigenem Ermessen zu lieben, zu hassen und zu handeln. Denn nach des Meisters Wort tat der Menschheit nichts so not wie Wille, und dieses Gut, heftig wollen zu können, befand sich seit je in ihrem Besitz! Wenn Clarisse das bedachte, wurde ihr kalt vor Glück und heiß vor Verantwortung. Natürlich war Wille dabei nicht etwa das düstere Bemühen, ein Klavierstück zu erlernen oder in einem Streit recht zu behalten, sondern ein mächtiges Gesteuertwerden vom Leben, ein Ergriffensein von sich selbst, ein Dahinschießen im Glück. [...]

161 ARNOLD ZWEIG

Brief an Sigmund Freud vom 2. 12. 1930

[35...] Immer wieder stoße ich bei meinen Gedanken auf das Thema eines Aufsatzes, welchen ich über Ihr Verhältnis zu Nietzsche schreiben müßte, wenn ich Zeit hätte.[1] Ich sehe nämlich die Sache so, daß Sie alles getan haben, was Nietzsche intuitiv als Aufgabe empfand, ohne doch imstande zu sein, es mit seinem von genialen Inspirationen durchleuchteten Dichteridealismus auch wirklich zu erreichen. Er versuchte, die Geburt der Tragödie zu gestalten, Sie haben es in Totem und Tabu[2] getan, er ersehnte ein Jenseits von Gut und Böse, Sie haben durch die Analyse ein Reich aufgedeckt, auf das zunächst einmal dieser Satz paßt. Die Analyse hat sich alle Werte umgewertet, sie hat das Christentum überwunden, sie hat den wahren Antichrist gestaltet und den Genius des aufsteigenden Lebens vom asketischen Ideal befreit.

Sie hat den Willen zur Macht auf das zurückgeführt, was ihm zu Grunde liegt, ja in Einzelfragen, die Nietzsche sehr beschäftigten, über die sprachliche Herkunft moralischer Begriffe ein unendlich viel größeres und wichtigeres Problem des Sprechens und Aussprechens,

---

1 A. Z. ›Apollon bewältigt Dionysos‹. Paris, Das Neue Tagebuch, 1936, Heft 18.

2 S. F. ›Totem und Tabu‹. (1912/13) G. W. IX.

Gedankenverbindens und Mitteilens angeschnitten und gelöst. Den logizistischen Geist, den er als den sokratischen ablehnte, haben Sie in seiner Bedingtheit, seiner Beschränktheit auf die bewußten Reiche viel schärfer eingekreist und, dank der Tatsache, daß Sie ein Naturforscher sind und ein Schritt für Schritt vorwärtsgehender Psychologe dazu, das erreicht, was Nietzsche gern vollbracht hätte: die wissenschaftliche Beschreibung und Verständlichmachung der menschlichen Seele – und darüber hinaus, da Sie ja Arzt sind, ihre Re-
[36] gulierbarkeit, den heilenden Eingriff gelehrt und geschaffen. Ich glaube auch, daß eine Fülle von einzelnen Beobachtungen, die zum Beispiel den Schriftsteller Freud betreffen, Brücken zu Nietzsche hinüber zeigen und daß die Unerschrockenheit des »mit dem Hammer philosophierenden« Nietzsche weit übertroffen wird von derjenigen, die das Orphische und Dionysische Nietzsches in schlicht sachlich wirkender Richtung suchte und aufdeckte, in der es noch heute in jedem von uns wirksam ist. Leider bin ich nicht in der Lage, wenigstens vorläufig diesen Aufsatz zu schreiben, weil die Beherrschung des Materials mir im Augenblick und für die nächsten Jahre versagt ist. Aber schade bleibt es doch, denn die Welt wäre bestimmt bereit aufzuhorchen, weil sie einen Einordnungsfimmel hat und erst versteht, was sie klassifizieren kann. Nun wäre noch herrlich, wenn Sie sich einmal den »wirklichen Willen zur Macht«, nämlich im gesellschaftlichen Kampf den Machtwillen der Politiker vornähmen und ihn in einem Ihrer gelben Büchelchen[3] von seiner ideologischen Bewußtseinshelle bis in die Tiefen hinunter verfolgten. Dann wäre der Kreis der Freud-Nietzsche'schen Beziehung geschlossen. Wenn Sie jemanden wissen, der imstande wäre, das von mir skizzierte Thema gut, nämlich gründlich, und mit leichter Beherrschung des Materials zu schreiben, stelle ich ihm gern diese ersten Tupfen zur Verfügung. [...]

162 Gottfried Benn

Rede auf Heinrich Mann (1931)

[413 ...] Aber klingt uns nicht heute der Satz aus dem Willen zur Macht: »eine antimetaphysische Weltanschauung – gut, aber dann

[3] Die Bücher des internationalen Psychoanalytischen Verlages erschienen zum Teil in gelbem Leinen.

eine artistische«, sehr viel vertrauter? Steht er nicht mit über dem Kampf, den der Deutsche von heute kämpft, dem Kampf um eine antiideologische Weltanschauung, eine irdische, eine ausdruckshafte, gegen seine metaphorischen Laster, seine Verschwommenheit, sein Waldesweben, sollte hinter diesem Begriff der Artistik also nicht doch noch etwas anderes stehen als ästhetischer Idealismus oder gallischer Esprit? Sah vielleicht Nietzsche, sahen vielleicht die großen Schriftsteller, von denen wir ausgingen, sich von ihm aus eine Bewegung ableiten, die [414] philosophisch begann, aber politisch endete, möglicherweise in der Richtung auf ein neues europäisches Ethos und darin eine verwandelte deutsche Moral? Wenn das Wesen des Deutschen immer nur das Werden ist, ewige Ungegenwart und maßloses Wachstum, widrige Unzulänglichkeit und ungeheure Hoffnung, wenn es *das* ist, was ihn bei allen Völkern der Erde so gefährlich, so verdächtig, so irräsonabel erscheinen läßt – wenn der Deutsche, nach Nietzsche, da jegliches Ding sein Gleichnis liebt, die Wolken liebt und alles, was unklar, werdend, dämmernd, feucht und verhängt ist, und das Ungewisse, Unausgestaltete, sich Verschiebende, Wachsende jeder Art, das fühlt er als tief –, setzt dann nicht vielleicht von *hier* ein Gegenzug ein, ein von uns nur nicht oft genug erreichter, nicht der Kranichzug der Geistigen über dem Volk, sondern ein Zug der Hilfe gegen dies schlimme deutsche Gefühl, daß auf dem Gierigen, dem Unersättlichen, dem Mörderischen der Mensch ruht, ein Gegenzug der Ordnung, der räumlich-geistigen Ordnung, der erarbeiteten Formen, der Gestalt, der Diesseitigkeit, der Latinität? Wenn der Deutsche gern in Gängen und Zwischengängen haust, in Höhlen, Verstecken, Burgverliesen, immer in Unordnung und auf Schleichwegen zum Chaos – wenn er nach Luther die verachtetste, nach Hebbel die verhaßteste unter den Nationen ist, wenn sie nach Goethe die ist, bei der überhaupt das Gemeine weit mehr überhandzunehmen Gelegenheit findet als bei anderen Nationen –, wächst dann nicht, wo die Gefahr ist, das Rettende auch, wenn in ihre Sprache, diese Sprache der Weissagung und des Prophetischen im Halblicht, die klaren Meister des Wortes greifen, die nicht nur venezianisch tief sind, sondern auch genuesisch hell, vielleicht die zwischen den Rassen, vielleicht die Westlichen, vielleicht die auf dem hohen Joch zwischen zwei Meeren, [415] wenn sie uns lehren, eine Handbreit Prosa in tagelanger Arbeit wie eine Statue zu meißeln, lückenlos die Seite, kühl der Satz – wenn sie dem Schweifenden und Wilden des deutschen Geistes mit jenen Augenblicken und Wundern begegnen, wo eine große Kraft freiwillig vor dem Maßlosen und Unbegrenzten stehenblieb, wo sie in einem Überfluß an feiner Lust in der plötzlichen Bändigung und Versteinerung, im Feststehen und sich Feststellen auf einem noch zitternden Boden die Ordnung weisen, das große Gesetz? Könnte sich nicht vielleicht an ihnen ein Volk zur Klarheit erziehen, an dem Goldenen und Kalten, das um die Dinge liegt, die sich vollendet haben, könnte nicht ein Volk beginnen, zu diesem Positivismus der erarbeiteten, harten und absoluten Dinge aufzublicken mehr als zu jenem Positivismus der anonymen Wahrheit, des amorphen Wissens, der fluktuierenden Formeln der wissenschaftlichen Relativität? Könnte dann nicht ein perspektivistisch so verändertes Volk, dachte wohl Nietzsche, auch die Kunst anders sehn, die Kunst, die eigentliche Aufgabe des Lebens, die letzte Transzendenz innerhalb des großen europäischen Nichts, die artistische, die dionysische Kunst, die vielleicht auch sinnlos ist wie der Raum und die Zeit, und das Gedachte und das Ungedachte und doch allein von jenem Reflex der Immortalität, der über versunkenen Metropolen und zerfallenden Imperien von einer Vase oder einem geretteten Vers aus der *Form* sich hebt, unantastbar und vollendet –, würde dann nicht bei einem artistisch so verwandelten Land, träumte vielleicht dieser schon umflorte Deutsche, in die Hölderlin-Frage: »wann erscheinest du ganz, Seele des Vaterlands?« – seine eigene Antwort klingen: daß ich dich singen hieß, meine Seele, siehe das war mein Letztes?

Das Letzte also war die Kunst. Die neue Kunst, die Artistik, [416] die nachnietzschesche Epoche, wo immer sie groß wurde, wurde es erkämpft aus der Antithese aus Rausch und Zucht. Auf der einen Seite immer der tiefe Nihilismus der Werte, aber über ihm die Transzendenz der schöpferischen Lust. Hierüber hat uns nichts hinausgeführt, keine politische, keine mythische, keine rassische, keine kollektive Ideologie bis heute nicht [...]

163 Alfred Döblin

Wissen und Verändern! (1931)

[72 ...] Es ist ärgerlich, in diesem Zusammenhang den vehementen Friedrich Nietzsche nennen zu müssen. Er war aber nicht durchaus vehement. Und was er in Moralgeschichte, Psychologie Starkes geleistet hat, kann nicht hindern, seine Übel zu nennen. Er stellte – im feudalistischen Deutschland – ein Herrenideal auf! Er wollte – wenn auch nicht dieser – einer Herrenklasse ein gutes Gewissen machen. Er sah Mischmasch, üble Demokratie und Pöbel in Europa. Wer aber hat den Pöbel zum Pöbel gemacht? Er dachte historisch, warum dachte er nicht auch da historisch? Wenn Pöbel und Mischmasch da ist, wer also hat dieses ganze ehemals freie und noch immer produktive und kräftige Volk, aus dem er selbst kam, so verwahrlosen lassen? Wenn er einen einzigen Blick auf sich selbst geworfen hätte, hätte er eine Erkenntnis gewonnen, die wuchtiger war als die von der ewigen Wiederkunft des Gleichen. Er hätte etwas nachdenken sollen über seine eigene Ohnmacht im Reich und warum er unstet und flüchtig, ewig isoliert hier herumirrte. Das Wort von dem Kranichzug der Geistigen über Deutschland hat er ausgesprochen, aber an dieser Stelle war keine Aphoristik erlaubt; es hieß da einhaken, aber es wurde nicht eingehakt. Wenn Pöbel Mischmasch ist durch die Leistung von »Herrenklassen«, was spricht dafür, daß neue Herrenklassen dieser Art, also Träger der Waffen, [73] der Gewalt und Träger von sonst nichts, Besserung bringen? War nicht die blonde Bestie, das bloße biologische Ideal, schon widerlegt?

Und was tat er, konsequent, aber nicht weniger verkehrt? Er stellte dies Herrenideal dem Christentum gegenüber. Er glaubte, gegen das Christentum kämpfen zu müssen, und sah das Allereinfachste nicht: daß es ein Christentum in Europa nicht gab! Es war längst seiner Wege gegangen, den Weg des Fetischismus, des Römertums und der schlechten Verinnerlichung. Das Christentum griff er an in einem Lande, dem lange ein neuer Bonifazius nötig täte, um die Götzeneiche zu fällen. Oh, er war ein großer, aber kein kluger Philosoph. Er lobte in Deutschland die blonde, zerreißende und erobernde Bestie, – ja, das hatte noch gefehlt. So viel Eulen wie er hat selten einer nach Athen getragen. Den richtigen Weg suchte er nicht, die feudalistische Blendung lag über ihm, – und er fand nicht, tragisches Schicksal vieler Großen, den Anschluß an die realen Kräfte des Landes, das ihn brauchte. [...]

[168 ...] Nietzsche tadelte den Sozialismus: »Ich bin abgeneigt dem Sozialismus, weil er ganz naiv vom Guten, Wahren, Schönen und von gleichen Rechten träumt. Wie mir die Sozialisten lächerlich sind mit ihrem albernen Optimismus vom guten Menschen.« Er moniert die Verspießerungstendenz bei den Sozialisten, er sah die deutschen Sozialisten. Aber trotz dieser Tendenz, die nicht die Tendenz der Bewegung selbst ist, liegt ihr kämpferischer, ewig revolutionärer

Charakter zutage. Gegen den Elan dieser Ideen sind seine eigenen Lehren höchst abseits, muffig und Stubenweisheit. Welche Worte gebraucht er über den Sozialismus. »Man hat kein Recht weder auf Dasein, noch auf Arbeit, noch gar auf Glück, es steht mit dem einzelnen Menschen nicht anders als mit dem niedrigsten Wurm.« Und ferner: »Über die Massen müssen wir so rücksichtslos denken wie die Natur, sie erhalten die Art.« Wer muß so rücksichtslos denken? Der Herr in der Studierstube? Wir wissen, es ist umgesetzte feudale Weisheit. Die Wahrheit aber hat er selber einmal zwischendurch ausgesprochen: »Die wirtschaftliche Einigung Europas kommt mit Notwendigkeit und ebenso als Reaktion die Friedenspartei. Eine Partei des Friedens, ohne Sentimentalität, welche sich und ihren Kindern verbietet, Krieg zu führen, verbietet, sich der Gerichte zu bedienen, welche den Kampf, den Widerspruch, die [169] Verfolgung gegen sich heraufbeschwört, eine Partei der Unterdrückten, alsbald die große Partei. Gegnerisch gegen Rache und Rachegefühle.« Es läßt sich nicht besser sagen, was der wirkliche Sozialismus zunächst zu betreiben hat. [...]

164 Thomas Mann

Vom Beruf des deutschen Schriftstellers in unserer Zeit (1931)

[133 ...] Für Deutschland war es Nietzsche, der die Veränderungen der geistigen Atmosphäre, die Europäisierung und Psychologisierung der deutschen Prosa bewirkt hat, durch die ein Seelentum konservativ deutscher Art der Dumpfigkeit verfallen und jeder höheren Gültigkeit verlustig gegangen ist. Er war es eigentlich, der den alten Gegensatz von Norden und Süden, von Romantisch und Klassisch, dessen Aufhebung die Sache großer Deutscher gewesen war, erweiterte und zuspitzte zu dem von National und Europäisch. Der sehnsüchtige Hang zum Mittelmeer, seiner Sonne, seiner Form, hat die deutsche Klassik geschaffen; Nietzsche's neuklassische Synthese heißt: der gute Europäer. [...]

165 Gottfried Benn

Sils Maria (1933)

[153] I

In den Abend rannen die Stunden,
er lauschte im Abhangslicht
ihrer Strophe: »alle verwunden,
die letzte bricht . . .«

Das war zu Ende gelesen.
Doch wer die Stunden denkt:
ihre Welle, ihr Spiel, ihr Wesen,
der hat die Stunden gelenkt –:

Ein Alles-zum-Besten-Nenner
den trifft die Stunde nicht,
ein solcher Schattenkenner
der trinkt das Parzenlicht.

II

Es war kein Schnee, doch Leuchten,
das hoch herab geschah,
es war kein Tod, doch deuchten
sich alle todesnah –
es war so weiß, kein Bitten
durchdrang mehr das Opal,
ein ungeheures: Gelitten
stand über diesem Tal.

166 Hermann Broch

Das Böse im Wertsystem der Kunst (1933)

[313 . . .] Denn auch der Zusammenbruch des materiell-wirtschaftlichen Wertgebietes ist bloß in Verbindung mit dem Zusammenbruch des umfassenden Gesamtwertsystems zu begreifen. Und daß dieser Sachverhalt bereits zum allgemeinen Bewußtsein vorgedrungen ist, wird allenthalben sichtbar, wird zur Ahnung, daß das Zwischenstadium des Nicht-mehr und des Noch-nicht, daß dieses Zwischenstadium, in dem die Verwirrung des Untergangs sich mischt mit der

Verwirrung des Suchens, den Ausgangspunkt zu einem neuen geistigen Zusammenschluß bilden muß. Es handelt sich um eine Neufixierung der Werte, es handelt sich um jenen neuen geistigen Zusammenschluß, von dem aus erst eindeutig und rational wieder bestimmt werden kann, was Wert und was Unwert ist. Bei aller positivistischen Abneigung gegen spekulative und theologische Bestimmungen, bei aller (aus gleicher positivistischen Quelle genährten) Vorliebe für unspekulative gefühlsmäßige und intuitive Wertbegründungen, ist dieses Ziel ein unverkennbar platonisches, denn es muß in einem rationalen Wertsystem gipfeln, in dem die Plausibilität und die Vernunft der Welt und ihre Werte zu neuer systematischer Fundierung gelangen werden. Und bei aller Geringschätzung, die der Philosophie sowohl vom praktischen als vom wissenschaftlichen Menschen entgegengebracht wird, darf der Nietzsche-Renaissance, die wir heute in der ganzen Welt erleben, symptomatische Bedeutung beigemessen werden, weniger wegen der neuen moralischen Inhalte – Nietzsche fußt darin noch ganz im Bürgerlichen und Ästhetisierenden und mußte daher zeitgebunden bleiben – als wegen der prinzipiellen und methodologischen Forderungen, die er damit erhoben hatte und die den Wertbegriff zum methodologischen Kernpunkt der Philosophie, be- [314] sonders aber der Geschichtsphilosophie machte: es ist eine beinahe leidenschaftliche Erkenntnis von der noch nicht abzusehenden Tragweite des Wertbegriffs, die Nietzsche – aber nicht minder Kierkegaard – bewegt hat, und so zögernd, ja so widerwillig die Schulphilosophie, einerlei ob von nachkantischen oder sonstigen Richtungen kommend, den Wertbegriff aufgenommen hat, sie konnte nicht umhin, es zu tun, und alles spricht dafür, daß eben mit Hilfe des so plötzlich in den Vordergrund gerückten Wertbegriffes die Brücke zwischen einer versinkenden und überlebten Spekulation und den Möglichkeiten einer neuen Metaphysik geschlagen werden wird. Die ungeheure Spannung zwischen Gut und Böse, die bis zur Unerträglichkeit übersteigerte Polarität zwischen allen Gegensatzpaaren, die dieser Zeit zu eigen ist und ihr den spezifisch extremistischen Charakter verleiht, dieser den Menschen auferlegte Zwang, sowohl höchste ethische Forderung als eine oftmals kaum mehr faßbare Furchtbarkeit der Realität dem eigenen Leben einzufügen, damit das Leben überhaupt gelebt werden könne, das gibt dem geistigen Streben der Zeit die Richtung, gibt ihrer Problematik eine Daseinslegitimation, die ihr scheinbar bereits abhanden gekommen war. [...]

167 Reinhard Goering
Der »kranke« Nietzsche (1933)

[249] Es ist stupid, ihn für Vehemenz, Bizarrheit, Gewaltsamkeit, Extremheit seiner Gedanken und Lebensführung verantwortlich zu machen. Das alles war durch Zeit bedingt. Wenn er wirken wollte, blieb ihm nichts andres übrig, als zu tun, wie er tat. Wir sehen im meisten, was man dergestalt vorwirft, als »pathologisch« anrechnet: Agitation eines Erstickenden in einer Luft, in der er, wie er mit Recht behauptet, nicht atmen kann. Für das Gewürm, das ihn bekrittelt, verhöhnt, vor ihm warnt, war jene Luft freilich gut genug.

Vorab also verrechne man den Hauptteil des »pathologischen Aspekts«, den er bietet, auf dem Konto seiner Zeit.

»Kern«gesundheit in Nietzsche ist nicht zu bezweifeln. Jämmerlinge, die das nicht erkennen. Die Schilderung der Entstehung und Bedeutung seiner Schriften, die er in »Ecce homo« gibt, ist das Werk klaren, gesunden, unerschütterten Geistes. Was als »verdächtige Schärfe«, »Verstiegenheit« imponiert (wobei noch für Jahrhunderte dahingestellt bleibt, ob es das auch *ist*), muß auf das Konto der Zeit gesetzt werden, gegen die er kämpfte.

Manche meinen, daß er noch sehr milde und zahm mit seiner Zeit verfahren ist. Er kann nur auf *die* Weise wichtig werden, daß er voll erkannt und verarbeitet wird. Jede Zeit, die darum herumkommen will, verurteilt sich selbst zu Nichtigkeit. Wird grotesk, wenn sie ihn »widerlegen« will. Gegen Nietzsche leben ist eher möglich als ohne ihn.

Sein ganzes Werk ist eins! Eine Auswahl ist unmöglich. Sein Leben genau kennen, ist so wichtig wie seine Werke kennen. Alles ist eins! Sein Leben kann weniger als das irgendeines andern aus nur *einer* Quelle erkannt werden. Um eine wirkliche Nietzsche-Biographie schreiben zu können, müßte man noch einmal Nietzsche sein. Nirgendwo wie bei ihm ist genaue Kenntnis vieler Quellen nötig.

Er ist sein eigner Superlativ. Lobeshymnen auf ihn sind überflüssig, ja verdächtig. Ebenso Darstellungen seines Systems. Das alles ist Anti-Nietzsche. Freilich, ein Leser hohen Ranges – und andre sind eben keine! – kann auch durch keinen Anti-Nietzsche gefährdet werden.

Es fragt sich nur, ob, wer langatmig über ihn schreibt, noch ernst genommen werden kann.

Bei ihm ist man immer an der Quelle. Die Quelle, neben der man steht, langatmig preisen, heißt Verwunderung erwecken, warum man nicht lieber von ihr trinke.

Es heißt beinah der Lächerlichkeit verfallen, noch länger über seine »Krankheit« reden. In Kürze sei folgendes darüber gewagt: Ob er Lues hatte, ist so gleichgültig, daß wir ruhig zugeben können, er hat sie zehnmal gehabt und noch alles übrige dazu. Damit wird gar nichts gesagt.

Bestimmt hat er keine »Paralyse« gehabt! Das *war* keine, was er hatte! (Es gibt hundert Gründe für die Annahme, daß es keine war. Gesetzt, man weiß es nicht.) Viel eher hatte seine Zeit sie. (Eine nicht *so* phantastische Annahme, wie es scheint.)

Wenn er sich »infiziert« hat (weiß Gott mit was, wenn überhaupt), so ist er daran ebensowenig »spezifisch« erkrankt, wie etwa Rasputin am Gift, das man ihm gab.

Man sollte nur bei den sogenannten »Normalen« normale Terminologie anwenden! Für das Genie paßt sie nicht!

Man interpretiert Genie falsch, wenn man übliche Kausalreihen anwendet. Genau so andersgeartet, wie das Verhältnis des Genies zu den Ideen ist (von denen der »Normale« nicht mal was ahnen könnte), genau so andersgeartet ist sein Verhältnis zum Stoff, zum Beispiel zur Krankheit.

Genie wählt sich Gifte, die es braucht. Konsumiert sie, und siehe, es sind keine mehr! Trostlose Phantasterei: Genie mit Normalmensch gleichsetzen.

Erkennen, was gewesen ist, was sich tatsächlich ereignet hat: soweit reicht unsre Kraft. Bedeutung, Folgen erschließen kann nur der, der imstande ist, Genie als *die* Größe in die Gleichung einzusetzen, die es wirklich *ist*! Wer anders könnte das als [250] wieder Genie! So gibt eigentlich immer nur Genie über Genie Auskunft.

Krankheit, eine bekannte Sache beim Normalen, beim Genie nur ein Stoffgebiet mehr, mit dem es Werk schafft. Es kann Heilung ablehnen, um Schöpfung zu vollenden.

Laßt den Philister Hände über dem Kopf zusammenschlagen. Dazu ist er da!

Er ist und bleibe außer Gefahr!

Wenn Nietzsche Lues gehabt hat, dann ist er ihr zu Dank verpflichtet. Müßten wir uns dann eigentlich mit Lues impfen lassen? (Besser als gegen Kuhpocken, die dem anerkannten Goethe ja so gut getan haben?)

Wer weiß, auf dem Umweg über Nietzsches Schriften werden wir mit ihr geimpft und – gesunder. [...]

168 Max Halbe
Scholle und Schicksal (1933)

[369...] Das große Säkularereignis jener Epoche war Nietzsche. Sein Geist war in seiner körperlichen Wesenheit damals bereits umnachtet. Aber seine unsichtbaren Strahlen drangen bis in die fernsten Bezirke, revolutionierten die Geister, wühlten den Urgrund der Seelen auf und bereicherten unser Sprachgut in Rhythmus und Wortbildung, wie es seit Luthers Tagen nicht mehr geschehen war. Ich denke hier zuvörderst an den Zarathustra, dessen ungeheurer Wirkung ich für einige Zeit ganz erlag. Wie es aber in der Natur aller dieser unsichtbaren Strahlen liegt, deren geheimnisvolle Welt sich erst langsam zu erschließen beginnt: falsch gehandhabt, als Werkzeug von Unberufenen, können sie ebenso großen Schaden stiften wie im umgekehrten Falle unermeßlichen Segen. Auch Nietzsches Wort ist diesem Verhängnis nicht entgangen. Sein Herrenmensch, seine blonde Bestie, um nur ein paar von jenen damaligen falsch verstandenen Modebegriffen zu nennen, haben in den Köpfen [370] der Mittelmäßigen eine heillose Verwirrung angerichtet und sind von der Schar unserer auswärtigen Feinde sogar als politische Argumente gegen uns verwertet worden.

Im Sommer 1890 fuhr ich auf ein paar Wochen nach München. Dort war im Jahre vorher die »Gesellschaft für modernes Leben« gegründet worden. Ihr geistiger Vater war Michael Georg Conrad. Hinter ihm standen Bierbaum, Panizza, Scharf, Schaumberg, Schaumberger, Gumppenberg. [...]

169 Karl Kraus
Die dritte Walpurgisnacht (1933)

[59...] Nietzsche? Nicht doch, doch nicht! Er wäre, trotz aller Schwankung zwischen den Kulturen, für untermenschliche Methoden, zur Natur zurückzufinden, für eine Grausamkeit, die zugleich unappetitlich ist, vermöge seiner Hinneigung zu romanischen und semitischen Lebensformen kaum heranzuziehen. Wohl hat es ihn nach den »Barbaren des zwanzigsten Jahrhunderts« verlangt, welche er aber doch wieder in ihrer Vorhandenheit nachdrücklichst abgelehnt hat. Wohl hat er mannigfach auch mit dem Hammer Thors philosophiert und viel Unheil angerichtet durch jenen Übermenschen, den er »euch lehrte«, der – selbst auf die Sicht [60] der Äonen, in die er sein Denken projiziert hat – ein Entwurf bleibt und dem in seiner nunmehrigen Vollendung der Geist wie dem Faust [von dem er stammt] zuriefe:

Welch erbärmlich Grauen
Faßt Übermenschen dich!

Denn wirklich:

Wo ist der Seele Ruf?
Wo ist die Brust, die eine Welt in sich erschuf,
Und trug und hegte, die mit Freudebeben
Erschwoll, sich uns, den Geistern, gleich zu heben?

Solche Gleichschaltung wäre also vorbeigelungen, und Nietzsche, welcher Zuchtwarte abgelehnt hat, hätte an der Anwendung des Axioms, daß der Mensch etwas ist, das überwunden werden soll, wenig hellenische Freude. Denn was der Affe für den Menschen ist und der Mensch für den Übermenschen sein soll, »ein Gelächter oder eine schmerzliche Scham«: eben das ist heute der Übermensch für den Menschen, und hinter der »prachtvollen, nach Beute und Sieg lüstern schweifenden blonden Bestie«, mit der eine Literaturgeneration geweidet hat, würde er nichts wiederfinden als eben die »Herdentiermoral«, die er verpönte und die sich nun mit höchster Subalternität am Machtgedanken gütlich tut. [...]

[63 ...] War schon die Einführung Hitlers in die Welt Wagners ein Mißgriff, so ist es vielleicht eine noch größere Fahrlässigkeit, daß man ihn auf die geistige Verwandtschaft mit Nietzsche aufmerksam gemacht hat, ja geradezu ein faux pas, ihn im Weimarer Kreise neben der Büste zu photographieren. Eine französische Zeitung hat die Aufnahme veröffentlicht und ein englischer Gelehrter weist auf das Unpassende der Verbindung mit einem Autor hin, der gerade mit dem Deutschtum seine bedenklichsten Wortspiele trieb, wie jenes »Horneo und Borneo« zum Rassenproblem, und der geradezu als »Maxime« aufstellte:

Mit keinem Menschen umgehen, der an dem verlogenen Rassenschwindel Anteil hat!

Ja der in »Ecce homo«, das freilich selbst einer psychopathischen Region nahesteht, auf seine Art über die Jahrtausende verfügt, indem er sie nicht nur für die Geltung seiner Gedanken in Anspruch nimmt, sondern auch behauptet:

> Alle Verbrechen gegen die Kultur in den letzten vierhundert Jahren haben die Deutschen auf dem Gewissen.

Und von dem der Satz stammt:

> Die Deutschen sind Canaillen – ein Mann erniedrigt sich, wenn er ihre Gesellschaft frequentiert.

Ein Jahrtausend Konzentrationslager in ihrer Gesellschaft wäre diesen Bekenntnissen gesichert.

> Welche Wohltat ist ein Jude unter Deutschen

meint Nietzsche.

> [64] Einem Juden zu begegnen ist eine Wohltat, gesetzt, daß man unter Deutschen lebt. Die Gescheitheit der Juden hindert sie, auf unsere Weise närrisch zu werden, zum Beispiel »national«.

Mehr als das:

> Ich mag sie nicht, die neuesten Spekulanten in Idealismus, die Antisemiten, welche heute ihre Augen christlich-arisch-biedermännisch verdrehen und durch einen jede Geduld erschöpfenden Mißbrauch des wohlfeilen Agitationsmittels, der moralischen Attitude, alle Hornviehelemente des deutschen Volkes aufzuregen suchen.

Ein Satz, der dabei vorbildlich für deutsche Polemik ist. Und dieser Nietzsche wird geradezu persönlich:

> Pfui über die, welche sich jetzt zudringlich der Masse als ihre Heilande anbieten!

So spricht die Büste auf der Photographie. Was ist dem Weimarer Kreis nur eingefallen? Wie konnte Goebbels den Führer so irreführen, daß er ihm solches Nebenbild empfahl? Da hat man in Genf mehr Takt und Sinn für Anordnung bewiesen, als man jenen hinter den Großrabbiner von Australien setzte. [...]

170 Gottfried Benn

Rede auf Stefan George (1934)

[471 ...] Denken Sie nun einen Augenblick an Nietzsche oder Hölderlin, wieviel Zerstörung ist in ihnen, gegen wieviel unsägliche Qualen erkämpfen sie ihre Verse, aus wieviel Schatten tritt bei ihnen das Bild, bei George ist alles zart, klar, apollinisch, alles erscheint gesetzlich, und das ist an sich schon unendlich eindrucksvoll in einem Land, aus dessen Dichtern so leicht etwas hervorstürzt, das nicht vom Wort eingeholt, nicht vom Wort eingehüllt wird, sondern nackte Substanz bleibt, schäumendes Gefühl. Aber nun wollen Sie noch einen Augenblick mit mir an [472] Nietzsche und George, diese beiden zusammen, denken, an die Verse nämlich, die George diesem Nietzsche in einem Gedicht zuruft, die Schlußverse, es scheint mir so ungemein bedeutungsvoll, das Bild dieser beiden großen Geister antithetisch zu vertiefen, er ruft ihm, dem rettungslos am Gedanken und Wort Zugrundegehenden, zu:

Dort ist kein weg mehr über eisige felsen
Und horste grauser vögel – nun ist not:
Sich bannen in den kreis den liebe schließt ...

Was für ein merkwürdiger Ruf nach dort oben: den Kreis, den Liebe schließt, den ruft George zwischen die Gletscher, als ob sie Organe besäßen, um Ratschläge entgegenzunehmen, und Rückwege bereithätten, um herabzuführen –, dort oben sehen Sie das unendliche Weitermüssen aus des Lebens Mittag in des Lebens Nacht, und hier die Möglichkeit heimzukehren, sich zu bannen, einen, der alles mit einem Kreis umschließt und der das Dämonische mit dem Menschlichen besiegt. [...]

171 Robert Musil

Tagebucheintragung ›Nietzsche‹ (1937)

[401] Habe ich in meiner Jugend auch nur 1/3 von ihm aufgenommen? Und doch entscheidender Einfluß.

172 René Schickele
Liebe und Ärgernis des D. H. Lawrence (1934)

[49 ...] Spätere Geschlechter werden unsre Zeit aus der Konstellation dreier Gestirne erklären: Marx, Wagner, Nietzsche. Sollte bis dahin der Kommunismus gesiegt haben, werden die amtierenden Astrologen den Einfluss Wagners und Nietzsches als die letzte, verzweifelte Anstrengung des Bürgertums deuten, sich durch Heroisierung und Vernebelung seiner Lebensbedingungen vor dem Untergang zu retten. Sollte die gegenteilige Strömung sich durchsetzen, werden die gleichen Astrologen in Marx den ebenfalls letzten, nicht minder verzweifelten Versuch des Liberalismus erblicken, sein wesentliches Gedankengut durch Preisgabe des Privateigentums und Verbreiterung seiner wirtschaftlichen Basis zu erhalten. Wie das Recht nach Proudhon die offizielle Anerkennung der Tatsachen ist, so dient die Geschichte zur Rechtfertigung Caesars.

173 Arnold Zweig
Brief an Sigmund Freud vom 28. 4. 1934

[85 ...] dies soll zum 6. Mai bei Ihnen sein und Ihnen mit Knix und Handkuß wie in alten Zeiten als Enkelchen gratulieren. Und damit es nicht ohne Gabe komme, schenkt es Ihnen die erste Niederschrift eines Planes, den ich gleich nach ›Erziehung‹ vornehmen werde: den Roman von Nietzsches Umnachtung zu schreiben. Sie wissen, daß ich seit der Nachkriegszeit in bitterer Ablehnung von diesem Gott meiner Jugend weggesehen habe. Zeichen davon stehen in manchen Büchern, am deutlichsten in ›Bilanz‹. Nun näherte ich mich seit Jahren ihm wieder, dadurch daß ich in Ihnen, Vater Freud, den Mann erkannte, der all das getan, was der Nietzschefritz nur malte: der die Antike neu gebar, alte Werte umwertete, mit dem Christianismus aufräumte; der wirkliche Immoralist und A-theist, Neubenenner der menschlichen Triebe und Kritiker des bisherigen Kulturverlaufs und was nicht noch alles von Ihnen und ihm zu sagen wäre – der aber alle seine Verzerrungen und Narreteien vermeidet, weil er halt die Analyse erfand und nicht den Zarathustra. Und bei Dr. S. kam mir ein Buch von Podach[1] in die Hand, das jetzt langsam aufgefressen und einverleibt wird, um später Gestaltung

[1] Erich T. Podach, ›Gestalten um Nietzsche‹. Weimar 1932.

zu ermöglichen. Ich will den Menschen F. Nietzsche auf der Höhe seines Turiner Glücks schildern, schon [86] seine euphorische Ungehemmtheit im Schreiben, seine Schüchternheit, Liebenswürdigkeit, das Glück im Winkel. Unterm Horizont wetterleuchtet die Ziege, die Schwester, höflich das Lama genannt, und die Frau Pastor Nietzsche; der Vatergeist, 35 Jahre alt gestorben, und Jacob Burckhardt, der ihn mit Recht hatte fallen lassen; am Himmel aber, Wolken darüber, das Gestirn der Ariadne (Cosima und Lou, die Frau aus der Fremde, das Unziegenhafte, das sublime Weibliche, der geistige Eros). Und dann kommt der Knax, die Erlösung von Krampf, Kampf und Wirklichkeit, als der Konflikt zwischen Familie und Ich nicht mehr erträglich ist, und die Flucht in die neuen Existenzen des Gekreuzigten und des Dionysos. [...]

174 Arnold Zweig

Brief an Sigmund Freud vom 6. 6. 1934

[90...] wie lange drängt es mich schon, Ihren lieben anteilvollen Brief zu beantworten! Aber wir sind im Einrichten unserer Wohnung, unter 1000 Widrigkeiten gehts vorwärts, und mittendrin mußten wir auch noch nach Tel Aviv, die sehr sehenswerte Levantemesse zu besichtigen. Und nun bin ich wieder hier, Dita noch in Tel Aviv, und habe heute abend einen Vortrag zu halten unternommen: Die seelischen Folgen der Entwurzelung. Eigentlich also keine Briefstimmung. Aber Ihr wunderbar väterlicher zweiter Brief und Frau Lous Einlage lassen mir seit Tagen keine Ruhe. Noch nie hat mir ein Mensch, der mir alles gilt, wie Sie, so von einem Plan abgeraten und noch nie so vergebens. Sie haben in allem recht. Meine Überzeugung ist ganz die Ihre, was historische Treue anlangt. Ich denke gar nicht daran, einen Nietzsche zu erfin- [91] den, zu fantasieren, zu konstruieren. Ich möchte die schreckliche Kluft zwischen Sein und Schreiben eines Deutschen ergründen und aufzeigen; möchte diesen Bruder Fritz und diese Schwester Lisbeth gegeneinanderführen, immer den Schatten des Hitler über ihr. Ich möchte die Flucht des Mannes und sein Eingefangenwerden schildern, seine weiche, zarte, infantil-schüchterne Haltung und die Donnerworte, die das Nazitum vorwegnahmen. Ich möchte ihn mit Overbeck konfrontieren und Jacob Burckhardt über ihn zu Gericht sitzen lassen. Seine einsame Seligkeit in der Landschaft möchte ich malen und den Alp, den die Zeitgenossen für ihn bedeuteten. Er war nie etwas anderes als der genialste Philologe – unter Worten war er glücklich, Worte genügten ihm völlig. Wehe nur, daß er sie so stellte, als sollten sie Menschen in Bewegung bringen – und das taten sie dann auch. Ich möchte das Gemälde des heutigen Deutschland mit seinen Lehren verbinden, meine Wut, meinen Haß, meine Verachtung in seine Gestalt tragen und seine große Flucht in die Psychose machen, in ein dunkles Reich voll magischer Gesetze und wilder Residuen der Seele, in dem er völlig ohne Konflikt leben darf, nachdem die letzten Berührungen mit der Wirklichkeit: die Mutter, Langbehn, die arge blöde Schwester abgelaufen sind. Und so soll Frau Lou selbst gar nicht auftauchen, nur ihre zentrale Imago, Ariadne, von der Realität besiegt, von Lisbeth, dem Nazi. Ich sehe die Konturen der Fabel, mehr noch nicht, aber es zieht mich sehr an ... Urteilen Sie nun, ob Abraten da hilft! Eine Jugendliebe ist mir dieser F. N. gewesen, bewundert als Prosaist einschließlich auch als Denker, aber nie weiter als bis zum Zarathustra. Die späteren Werke machten mir immer mehr Widerspruch rege. Und ich werde ihn noch nachlesen, diesen späten Nietzsche, ganz genau. Was Frau Lou erzählen könnte, ist freilich ganz unersetzlich; aber ich möchte diesen wirklich letzten Versuch des Mannes, sich das Leben zu retten, ganz aus seinen eigenen Augen und Sehnsüchten und Fantasien geben und die Lisbeth-Täuschereien, das Mutter-Gezeter, den Naumburger Stubenge- [92] stank dagegenhalten, dem er nicht gewachsen war: da könnte sie mir zwar herrlich helfen, ich brauche diese einzigartige Hilfe aber nicht; sie soll nur das Buch lesen, wenn es fertig ist, und urteilen, sie und Sie. [...]

175 Arnold Zweig

Nietzsches böser Genius (1934)

[290] In der Tat: kein großer Denker des 19. Jahrhunderts hat durch seine vergröberten und falsch ausgelegten Schlagworte eine solche Niederlage erlitten wie er. Der einsamste Geist, den seine Empfindlichkeit immer weiter aus dem Dunst der deutschen Massen vertrieb, und der aus komplexbeladener Seele zum Romantiker und Aristokraten wurde, ist durch eigene Schuld zum Schutzpatron derjenigen herabgewürdigt worden, denen er Dutzende von Seiten der wildesten Abneigung gewidmet hat. Der »Gewissenhafte des Geistes« selbst wurde von seinem Widerspiel, dem neudeutschen Ge-

waltmenschen, schon während des Krieges als Schild und Glorie verwendet. Seine Begriffe von »guter Rasse«, seine Verherrlichung der »blonden Bestie«, sein Kampf gegen Ratio, Aufklärung und Vernunft, seine Lebensanbetung und hochgespannte Verneinung der bürgerlichen Ideale, der christlichen Moral und des langsamen Aufstiegs sozialistischer Massen, vor allem seine hysterische Beseitigung des Mitleids und der Nächstenliebe haben in der Akustik von Krieg und Nachkrieg jene Oberlehrer und Studenten erzogen, die heute dem Nationalsozialismus die sogenannte geistige Elite liefern. Die Bäumler und Blüher beweisen, daß keine Vollkommenheit des Stils davor schützt, vom Widergeist ausgebeutet, verfälscht, verflacht, vertiert zu werden. Ohne Zweifel: wer lesen kann, liest bei Nietzsche, was er wirklich meinte. Aber selbst das, was er wirklich meinte, enthält Ansätze, die nur in die Mäuler und Ohren gewiegter Propagandisten zu fallen brauchten, um jenes Herrentum zu erzeugen, das sich in der Zer- [291] peitschung kommunistischer Abgeordneter oder jüdischer Ärzte offenbart. Der Geistige an seinem Schreibtisch mag die Gebrechen der christlichen Sittenlehre helläugig durchschauen. Der Verantwortliche des gedruckten Wortes muß wissen, daß die ungeheuren Triebmengen von Massen und Völkern noch Jahrhunderte hindurch echtes Christentum gebraucht hätten, ehe man etwas Besseres an seine Stelle hätte setzen können. Das beweisen diese Jahre am deutschen Volke wie an einem mächtigen Versuchstier. Das Christentum hat noch lange nicht jene Wirkung getan, die gestatten würde, ihm eine Diesseits-Religion vorzuziehen, eine neue Sinngebung menschlichen Strebens aus großem philosophischem Geist und Pathos – und niemand wünsche, andere Völker dem gleichen Versuch auszusetzen ... Nein, der Antitheist Friedrich Nietzsche ward zu früh verramscht. Ihm ward das schlimmste Schicksal zu Teil, das Zarathustra sich ausmalen konnte: seine Lehren »gerieten unter die Schweine«. Was ihm während des Krieges von französischen Schriftstellern zur Last gelegt wurde, hat sich heute furchtbar bestätigt: wer mit dem Hammer philosophiert, schlägt nicht »alte« Wertetafeln in Stücke, sondern alle. Nichts drückt die Tragik besser aus, die sich seiner dreißig Jahre nach seinem Tode bemächtigte, als daß er, der gegen Richard Wagner das furchtbare Wort schleuderte: »Wagner kondeszendiert zu allem, was ich verachte, selbst zum Antisemitismus,« von der subalternen Betriebsamkeit einer Greisin zum Schutzheiligen eben dieser Bewegung erniedrigt wurde. Und so erhält jene Photographie warnende Kraft für jeden zukünftigen deutschen Geist, jeden modernen Denker überhaupt, die, im Nietzsche-Archiv angefertigt, den [292] Reichskanzler Herrn Adolf Hitler, Verfasser von »Mein Kampf«, mit gedankenvoller Miene unter der Büste des Autors von »Menschliches-Allzumenschliches«, »Zur Genealogie der Moral« und »Jenseits von Gut und Böse« zeigt.

176 Max Halbe
Jahrhundertwende (1935)

[295 ...] Am 25. August 1900 starb Friedrich Nietzsche. Es war nur noch sein körperlich-irdisches Teil, das den Elementen anheimfiel. Die Sonne seines Geistes war schon seit einem Jahrzehnt untergegangen, wenn auch ein gewisser hellsichtiger Dämmerzustand bis zu seinem Ende angehalten hatte. So wurde wenigstens gleich nach seinem Tode in einem Briefe von nahestehender Seite berichtet. Seine Schwester, Frau Förster-Nietzsche, hatte ihm und seinem Werk in dem Hause auf den Höhen über Weimar, mit dem weiten Blick landeinwärts, eine würdige Heimstätte bereitet, das Nietzsche-Archiv. Der Kranke hatte, wenn ihm aus Büchern vorgelesen wurde, noch manchmal Zeichen der Zustimmung gegeben. Künstler waren gekommen und hatten seinen Kopf modelliert, gezeichnet, gemalt. Es hatte ihn ermüdet und man ließ niemanden mehr zu. Am 24. August 1900 mittags war eine Gehirnblutung eingetreten. Nachmittags um drei tobte ein schweres Gewitter über Weimar; so ähnlich wie bei Hebbels Tode in Wien am 13. Dezember 1863. Man glaubte, daß es sein Ende bringen werde. Aber ein letztes Lebensfünkchen glomm weiter. Erst in der Mittagsstunde des folgenden Tages erlosch es ganz. War es nicht wie ein Gleichnis, daß der Wanderer und Kämpfer zwischen zwei Weltaltern gerade auf der Grenzscheide zweier Jahrhunderte dahinging, deren einem sein irdisches Leben und Schaffen, deren anderem die Unendlichkeit seiner geistigen Nachwirkung angehörte? [...]

177 Harry Graf Kessler
Erlebnis mit Nietzsche (1935)

[392 ...] In uns entstand ein geheimer Messianismus. Die Wüste, die zu jedem Messias gehört, war in unseren Herzen; und plötzlich erschien über ihr wie ein Meteor Nietzsche.

In mir und noch vielen anderen versengte er die letzten noch übriggebliebenen Halme des Kindheitsparadieses. »Menschliches, Allzumenschliches« und »Jenseits von Gut und Böse« wirkten zunächst radikal [393] nihilistisch. Jetzt erst merkte ich, wieviel von meinem Leben noch aus Überresten kindlichen Glaubens wuchs, aus Wurzeln, die ich kaum noch beachtet hatte. Mit einer Art von masochistischer Wut ging ich daran, sie auszujäten. Der jüngere Bruder von Gustav Richter, Raoul, der Philosophie und Biologie studierte und ein scharfer kritischer Verstand war, unterstützte mich nächtelang bei dieser Arbeit. Ich geriet in Gefahr, jeden Halt zu verlieren. [...]

[401] Unsere Generation war wohl die erste, die von Nietzsche tief beeinflußt wurde. Zu Anfang war unser Gefühl eine Mischung von angenehmem Gruseln und staunender Bewunderung vor dem Monsterfeuerwerk seines Geistes, in dem ein Stück nach dem anderen unserer moralischen Garderobe in Rauch aufging. Wir empfanden seine Aphorismen wie Gegenstücke zu [402] den glänzenden und verheerenden Paradoxen Oscar Wildes. [...]

[403] Die Art, wie Nietzsche uns beeinflußte, oder richtiger gesagt in Besitz nahm, ließ sich mit der Wirkung keines andern zeitgenössischen Denkers oder Dichters vergleichen. Er sprach nicht bloß zu Verstand und Phantasie. Seine Wirkung war umfassender, tiefer und geheimnisvoller. Sein immer stärker anschwellender Widerhall bedeutete den Einbruch einer Mystik in die rationalisierte und mechanisierte Zeit. Er spannte zwischen uns und den Abgrund der Wirklichkeit den Schleier des Heroismus. Wir wurden durch ihn aus dieser eisigen Epoche wie fortgezaubert und entrückt. Seit Byron hatte kein Rattenfängergenie so unwiderstehlich die Besten einer ganzen Jugend hinter sich hergezogen. Er stellte uns in ein neues geistiges Klima. Uns umgab eine neue Landschaft. Wir waren mit ihm ausgewandert in eine neue Welt, in der wir uns aber gleich zu Hause fühlten, weil uns dort unter fremden Sternen, in einem neuen Licht, als sei dieses ihre wahre Heimat, einige der größten Deutschen, Beethoven, Goethe, Fichte, Hölderlin, entgegenkamen. Nietzsche selbst hat in einem Fragment des »Willens zur Macht« dem Geisteszustand der Besten unserer Generation Ausdruck gegeben: »Wir wissen das *Wohin?* noch nicht, zu dem wir getrieben werden, nachdem wir uns dergestalt von unserem alten Boden abgelöst haben. Aber dieser Boden selbst hat uns die Kraft angezüchtet, die uns jetzt hinaustreibt in die Ferne, ins Abenteuer, durch die wir ins

Uferlose, Unerprobte, Unentdeckte hinausgestoßen werden, – es bleibt uns keine Wahl, wir müssen Eroberer sein, nachdem wir kein Land mehr haben, wo wir heimisch sind, wo wir »erhalten« möchten. Ein verborgenes Ja treibt uns dazu, das stärker ist als alle unsere Neins. Unsere *Stärke* selbst duldet uns nicht mehr im alten, morschen Boden; wir wagen uns in die Weite, wir wagen *uns* daran: die Welt ist noch reich und unentdeckt, und selbst zugrunde gehen ist besser als halb und giftig werden. Unsere Stärke selbst zwingt uns aufs Meer, dorthin, wo alle Sonnen bisher untergegangen sind: *Wir wissen* um eine neue Welt ...« (»Wille zur Macht«, Fragment 172).
[...]

178 Robert Musil
Brief an Karl Baedeker vom 4. 12. 1935

[343 ...] Sie haben mich einmal nach meinem Verhältnis zu Nietzsche gefragt: es ist immer ein unklares gewesen, das in mir selbst Präformierte an mich nehmend, das Fremde beiseite lassend. Das liegt im Wesen des Jüngeren und hängt sicher mit den Bedingungen der Phantasie und der Schaffenskraft zusammen, verträgt nicht zuviel Helle und ist wahrscheinlich auch fruchtbarer als zu bewußte Grenzabsteckung; doch scheint mir die Folge zu sein, daß jene Diskontinuität und Eckigkeit durch Abwendung so entsteht, von der die sachliche Entwicklung, schon über fünfzig Jahre gesehn, mehrfach geschädigt und verlustreich unterbrochen wird, so daß darin wohl ein Problem steckt. [...]

179 Gottfried Benn
Turin I (1936)

[177] »Ich laufe auf zerrissenen Sohlen«,
schrieb dieses große Weltgenie
in seinem letzten Brief – dann holen
sie ihn nach Jena – Psychiatrie.

Ich kann mir keine Bücher kaufen,
ich sitze in den Librairien:
Notizen – dann nach Aufschnitt laufen: –
das sind die Tage von Turin.

Indes Europas Edelfäule
an Pau, Bayreuth und Epsom sog,
umarmte er zwei Droschkengäule,
bis ihn sein Wirt nach Hause zog.

180 Gerhart Hauptmann

Abenteuer meiner Jugend (1937)

[436...] Der Übermensch Nietzsches in seiner ideellen Konstruktion erschien mir nun keineswegs als gesünderer [437] Gegensatz des Pfingstapostels, sondern vielmehr als der krankhafte. Hatte Richard Wagner am Ende für Nietzsches Übermenschen Modell gestanden? Es lohnt, die Worte herzusetzen, die Nietzsche schrieb, als er den großen Musikanten von dem Sockel herunterstieß, auf den er ihn selbst gestellt hatte.

»Richard Wagner, scheinbar der siegreichste, in Wahrheit ein morschgewordener, verzweifelter Dekadent, sank plötzlich hilflos und zerbrochen vor dem christlichen Kreuze nieder! – Hat denn kein Deutscher für dies schauerliche Schauspiel damals Augen im Kopfe, Mitgefühl in seinem Gewissen gehabt? War ich der einzige, der an ihm litt? [...]« [...]

[438...] Nein, der weinerliche Vortrag schwerster Beleidigungen eines Freundes, von schwächlich-heuchlerischem Gewinsel gefolgt, der wahrhaftig nichts Übermenschliches an sich hat, konnte uns Junge damals nur abstoßen. Friedrich Nietzsche war nicht unser Mann.

Es fehlte uns auch damals die Zeit, subtile und komplizierte Gespinste des Gehirns, die wesentlich Selbstzweck schienen, zu verfolgen. Nein, wir hatten Besseres zu tun. Wir wollten blühen, wir wollten Frucht bringen. Um dies zu bewirken, mußten wir zugleich bauen und Gärtner sein. Beide haben es mit dem Boden zu tun. [...]

181 Rudolf Kassner

Buch der Erinnerung (1938)

[115...] Treitschkes Vorlesungen dürfen für mich als eine Art Vorbereitung für Nietzsche gelten, wozu gleich bemerkt werden soll, daß damals um 1895 herum weder Lehrer noch Schüler von Nietzsche viel mehr als den Namen wußten. Treitschkes Machtbegriff war ein rein politischer, [...]

Nietzsches Machtbegriff hat tiefergehende Wurzeln und kommt zunächst wohl aus Schopenhauers Willen. Ich habe mich im Innern sehr lange gegen Nietzsches *Willen zur Macht* gewehrt und darin eine Verflachung oder, wie ich mich damals ausdrückte, eine Allegorie des Schopenhauerschen Willens zum Leben sehen wollen, bis ich gefunden habe, und zwar spät, da ich lange, lange Nietzsches Bücher nicht in die Hand genommen, daß er, so wie er ist, herauswächst, herausragt aus Nietzsches besonderem Nihilismus: *Es gibt keine Wahrheiten*, oder daß er darin steckt wie eine Fahnenstange mit flatterndem Wimpel im Gemäuer eines alten Turmes. Nietzsches Nihilismus ist ein deutscher Nihilismus, die leidenschaftliche, die gereizte Leug- [116] nung einer metaphysischen Welt, und darf nicht mit dem russischen verwechselt werden, der tiefere Schichten des Menschlichen aufgedeckt hat.

Nietzsche ist ein Schicksalsmensch erster Ordnung, und so ist sein Buch: *Der Wille zur Macht* ein Schicksalsbuch. [...]

Nietzsche ist der Mann der Weltwende zwischen dem 19. und dem 20. Jahrhundert, keiner kann neben ihm als das gelten, und so ist dieses eine Buch das einer Weltwende, sooft ich es aufschlage. Noch gestern abend fand ich die Geschichtsphilosophie Spenglers in einem einzigen Satz darin vorweggenommen. [...]

[117...] Nietzsche ist jener Durchbruch vom Geschichtlichen ins Mythisch-Metaphysische gelungen, welcher Herder, mit dem Nietzsche noch am ehesten verglichen werden kann, versagt blieb. Damit war eine neue, aus dem tiefsten Wesen des Menschen heraus freie Betrachtung der Geschichte gegeben ohne alle Willkürlichkeiten, ohne das Unverbindliche, das dem Diltheyschen Geschichtsbegriff anhaftet. [...]

[118...] Nietzsches Seele lief im Wahnsinn aus, genau so wie seine Idee des Geschichtlichen aus dem Mythischen entsprang. Nietzsches Wahnsinn war sein Mythisches, und so besteht, über den Wahnsinn hinüber, hinweg, eine wundervolle Übereinstimmung zwischen Mensch und Werk trotz Zarathustra und den Büchern der Konversion. [...]

182 THOMAS MANN

Brief an Ferdinand Lion vom 7. 11. 1938

[63 ...] von meinem Bruder bekam ich den Aufsatz über Nietzsche, den er für dieselbe Reihe amerikanischer Kurzausgaben geschrieben hat, für die ich die Schopenhauer-Einleitung lieferte. Ich hatte ihn gleich, als ich davon hörte, um das deutsche Manuskript gebeten und freue mich, es Ihnen schicken zu können, denn etwas dieser Art über den Gegenstand war fällig, auch für unsere Zeitschrift. Es stehen ausgezeichnete Dinge darin, wie auch Sie finden werden, und besonders scheint mir das Rührende der Figur, das ich immer so stark empfand, ergreifend zum Ausdruck zu kommen. [...]

183 HEINRICH MANN

Nietzsche (1939)

[277 ...] Sein Werk ist furchtbar, es ist bedrohlich geworden, anstatt daß es uns hinrisse wie vor Zeiten. Damals schien es uns selbst zu rechtfertigen, wir verstanden es nach den Neigungen unseres Geistes, mit eingeschlossen seine Ausschweifungen. Wir vertrauten mit Freuden dem Individualisten, der es bis auf das Äußerste war, dem Gegner des Staates, – noch eher wär' er ein Anarchist, als ein ergebener Bürger des »Reiches«. 1890 und die nächsten Jahre war dies eine Haltung der persönlichen Unabhängigkeit. Derart bereitete man sich auf die eigenen Leistungen vor, und höchst willkommen war dieser Philosoph. Er stellte an die Spitze seiner geforderten Gesellschaft den stolzen Geist, – warum nicht uns selbst? Nach uns der König, die Adligen und Krieger, dann lange nichts. Welcher Zwanzigjährige läßt sich das zweimal sagen? Das Selbstbewußtsein kommt vor aller Leistung; überspannt ist es gemeinhin, solange es unbewiesen ist; im Lauf der Arbeiten bescheidet es sich, um gründlicher zu werden. [...]
[278 ...] Seine frühen jungen Leser, denen die Gefahr, die Härte, das Opfer noch erspart blieben und innerlich so fern wie möglich lagen, haben das anrückende Zeitalter der Ungesetzlichkeit und der Kriege niemals bedacht. Ihm selbst war es als Erfahrung dunkel, sonst hätte er es nicht herbeigerufen. Er kannte die Schlachtfelder des Geistes, im Grunde wollte er keine andern kennen. Indessen, wenn nicht der Denker, enthielt doch sein Werk das Chaos, mitsamt

dem Antrieb, es zu entfesseln. Sein Werk hat weiter gelebt vermöge seiner Weisheit, seiner Hoheit. Einer Persönlichkeit, rein und streng wie seine, bedurfte es, damit nicht allein sein vornehmes Beispiel, sondern das Falsche, Greuliche seiner Lehre nachwuchs, als der Urheber vergangen war. Unreine Seelen haben den großen Erfolg auch im Verkehrten nicht.

Die großen Bücher besitzen ein Leben, das einer, der sie schreibt, weder ermißt noch voraussieht. Sie wissen mehr als er. Sie bringen selbst hervor, sie greifen weiter als er konnte. Sie machen aus Menschen und Dingen, was er nicht gewollt hat, obwohl seine unbekannten Tiefen danach verlangten. Von seiner offenkundigen Natur sind sie, eines ihm fremden Tages, das unheimliche Gegenteil. Geboten und gut wäre es, zu ihm selbst zurückzufinden. Nietzsche aufspüren, ihn wieder entdecken, hieße wahrhaftig, ihn nochmals mit den Augen des Zwanzigjährigen lesen, neu sein Gedanke, unbefleckt sein Ruhm. Damals stand sein Ruhm am Anfang, und desgleichen sein Leser. Beide waren vollkommen eindeutig, Leser und Ruhm. Dem einen ermangelten alle Voraussetzungen, der andere hatte seine Folgen noch nicht. Nie zu vergessen, daß unsere Einsichten zunehmen konnten in dem Maße, wie sein Werk und Ruhm nachwuchsen über sein Grab hinaus.

Mit Recht oder Unrecht hielt er sich für einzig. Jeder kann das von sich meinen, und wird immer seine Gründe haben. Nennt er sich aber den ersten Geist des Jahrhunderts, mag sogar das noch wahr sein. Das Jahrhundert hat mehr erste Geister gehabt: er war weder imstand noch verpflichtet, sie zu kennen. Marx, den er offenbar nicht gelesen hat, darf in der Ewigkeit dem andern Schatten bedeuten, daß ein großer Erfolg auf Erden allein meßbar ist an dem entgegengesetzten großen Erfolg.

Nietzsche wollte der Überwinder des 19. Jahrhunderts sein, er behauptete vor seinem Gewissen das Amt eines Denkers zwischen den [279] Jahrhunderten. Die zweite Hälfte des zwanzigsten sollte, ihm zufolge, endlich begreifen, wer er gewesen war. Gerade das ist nunmehr zweifelhaft geworden: die erste Hälfte hat ihn voreilig mißbraucht. Sehr schwer für ihn, hiernach den Abschnitt zu vermeiden, wo die Nachwelt von einem Gedanken und einer Persönlichkeit ausruht. Vergessen zu werden, muß er darum nicht fürchten. Er hat tatsächlich die einmalige Kühnheit gehabt, in Frage zu stellen alles, was den Westen der Erde sittlich bewahrt und zusammengehalten hatte seit den Tagen, als die heidnische Welt zerfiel. Das

Wagnis ist unverlierbar. Um von der »Umwertung«, an der ihm gelegen war, bis jetzt zu schweigen, sein Anteil ist die Ergründung der Sittlichkeit, die geherrscht hat.

Ihm war bekannt, daß ein Zerbrechen von Tafeln nicht ausreicht; sie müssen oft und langwierig zerbrochen werden. Geboten wäre, statt ihrer neue aufzustellen. Nietzsche hat es gewollt. Nach dem Bedürfnis hat er nicht gefragt, fand sich übrigens dazu nicht angehalten. Über die Menschen entscheidet, wenn man ihn hört, keineswegs ihr Bedürfnis, sondern der Befehl des Gesetzgebers. Dieser muß nur der Stärkere sein. Demgemäß sah der Philosoph sich als Gesetzgeber. Mit dem Erkennen, Beglaubigen, Darlegen ist nichts getan; der große Erfolg des Denkers wäre einzig zu befehlen. Bleibt allerdings übrig, in der Tat der Stärkere zu sein, – was er für seine Vorstellung wirklich war, aber auf lange Sicht, auf sehr lange. Daher nannte er sich vorerst einen Gesetzgeber nur für die Seinen.

Er beschied sich hierbei, nicht einfach aus Schwäche oder Entgegenkommen. Er zweifelte, und machte den Zweifel zu einem guten Teil seines Stolzes. Ohne den Zweifel wäre niemand der unerbittlich Wahrhafte, als den er sich begriff. Auch ohne die Widersprüche nicht. Er hielt mit Recht sehr viel auf seine Widersprüche. Dem Christentum zu Ehren hat er eigentlich mehr geschrieben als zu seinen Unehren: man messe anstatt der Breite die Tiefe, und man beachte, wo das Herz schlägt. Was er für seine Lehre ausgab, war seinen Widersprüchen abgerungen. Mehr, gegen die eigene Natur hat er es erkämpft. So vieles er sonst zu überwinden meinte, echt und ernst war seine Selbstüberwindung. Er war denn auch eifersüchtig auf ihre Früchte, niemanden überließ er seine teuer hervorgebrachten Wahrheiten ungeprüft. Zu prüfen waren die Wahrheiten, und wer sich vermaß, sie zu bekennen. Vor Nietzsche als seinem Richter hat kein damals Lebender bestanden. Seine Wahrheiten bestanden vor ihm zuletzt nur deshalb, weil sie zu- [280] sammen das Werk ausmachten: das sollte dauern. Er selbst in eigener Person sollte schlechthin ewig dauern.

Hier ist der erstaunliche Fall, daß ein Mensch sich unsterblich fühlt, – worin er Vorgänger hatte, aber die glaubten an Gott. Persönlichkeiten der höchsten Stufe, der seinen wie er meinte, haben noch immer ein überirdisches Fortleben für nötig erachtet, um auch hienieden zu dauern. Nietzsche ist der erste, bisher einzige, der gegen die Erde allein seinen Anspruch erhob, daß sie ihn ewig spräche. [...]

[281 ...] Der Glaube an das Diesseits ist eher noch gewagter als der andere. War einer von ihnen je zu zweifeln versucht, dann auf keinen Fall der Sohn Gottes. Gleichwohl hat Nietzsche für möglich gehalten, daß über diese Welt dereinst die Erkenntnis herrscht. Seine Auszeichnung und sein Vorrang ist dies – nur dies. Hiermit wird er die großartige Erscheinung und tritt ohne Lästerung neben den Gott. Es wäre durchaus göttlich, die Erkenntnis, als einen leidenschaftlichen Zustand begriffen, zur Herrin der Welt zu machen. Nie war die Welt davon weiter entfernt als jetzt. Er hat vorweggenommen und sah in sich den Erwählten. [...]
[282 ...] Was haben Eingeweihte ihm geglaubt: Seine Erscheinung? Seine Lehre? Natürlich keines ganz. Was wichtiger ist – er nahm sich ernst, wie hätte er die Ewigkeit nicht ernst genommen; aber unzweifelhaft empfand er sich nicht in allen seinen Stunden als echten Helden der Ewigkeit: nur als den Darsteller des Helden. Zuletzt hat er von dem »Possenreißer der Ewigkeit« gesprochen, und meinte den tragischen Nietzsche. Da war er keineswegs gestört, so wenig er es je vorher gewesen war. Er gab seine Rolle zu, als sie ohnehin ablief, als das große Abschminken und Nachhausegehen in Sicht kam. Was ihn im geringsten nicht verdächtig machte, es zeigt im Gegenteil die Redlichkeit des Menschen, und die steht höher als jede erdachte Wahrheit mit ihrem Widerspruch.
[...] Der Antrieb, hervorzubringen ohne Rücksicht auf das eigene Glück, ist das Vorrecht einiger Künstler des höchsten Ranges.

Nietzsche hat die Erkenntnis als einen leidenschaftlichen Zustand empfunden: das ist die Art, wie einige Künstler arbeiten; nicht einmal von ihnen sind es viele. Das Denken wird, je weiter er fortschreitet, sein Rausch, seine Entfesselung, Beflügelung, Erleichterung, Hingabe, auch die Erprobung seiner Kraft, auch der Sturz in ein Laster. Sein Denken bekommt nachgerade den Sinn des Liebesaktes, was wenig an Philosophie erinnert. Wohl aber gleicht es dem Ausspielen eines Kunstwerkes – um jeden Preis, ob wahr, ob falsch. Es hat keine Geltung außerhalb, es braucht von der Wirklichkeit die Bestätigung [283] nicht. Seine Wahrheit und Wirklichkeit erzwingt es selbst, um sie zu behaupten vor jeder Nachwelt, wäre sie gesinnt wie immer, – vermöge des Könnens allein. Das Können allein entscheidet über den Künstler und was von ihm bleiben soll.

Eine Hauptfrage des Könnens ist die Form: da sehe man Nietzsche und seinen Stolz, wie sehr er die deutsche Sprache verändert habe, wie viel Fähigkeit er ihr abgenötigt habe, »einen Zustand, eine innere Spannung von Pathos durch Zeichen, eingerechnet das Tempo dieser Zeichen, mitzuteilen«. Seine Eigenschaft als deutscher Philosoph beweist er wahrhaftig nicht durch Unleserlichkeit. Wen stellt er neben sich, in Hinsicht der Sprachschöpfung? Heinrich Heine, den Dichter, dessen Genugtuung der Rhythmus und die Plastik waren; der auf Einwände gegen die Richtigkeit geantwortet hat: Aber es ist so gut gesagt. [...]

[287...] Das Buch »Morgenröte« enthält unter dem Zeichen »Sich vollkommene Gegner wünschen« eine Rechtfertigung des Christentums: kein anderer Moderner kann sie erreichen oder überbieten. [...]

[288...] Das 19. Jahrhundert indessen war vermittels seiner materialistischen Wissenschaft in aller Ruhe gottlos geworden; »gefährlich« vermeinte es deshalb nicht zu denken. Wissenschaftler und Philosophen brauchten damals das Christentum nicht feierlich zu verleugnen, da es sie innerlich nie erfaßt hatte. Am weitesten in der Gleichgültigkeit hatten es die Deutschen gebracht. Was Nietzsche auszeichnet: sein Haß betrifft zweifellos noch mehr die Lauheit als den Glauben. Er empfand es als schändlich, über ein entscheidendes Ereignis, das Christentum, hinwegzugehen, als könnte es gedankenlos ausgelöscht werden und wäre nie gewesen. Er, ein Mensch der Tiefe und der Leidenschaft, hat die zeitgenössischen Gottesleugner abgründig verachtet. Sie wußten vom Wesentlichen gar nichts: die menschlichen Instinkte, vermittels deren Jesus Christus einst zur Macht gelangte, verblieben in Dunkel gehüllt, bis ein Nietzsche erschien. [...]

[289...] Gleichviel, er hat sowohl den Gottesglauben als die christliche Moral in das vorgeschrittenste Denken einbezogen; bis zu ihm sah es besonders in Deutschland aus, als sollten sie stumm entgleiten. Durch ihn allein außerhalb der Kirche sind Gott und die Moral noch einmal die Fragen ersten Ranges geworden. Er hat ihnen Generationen von Jugend wieder zugeführt, ob sie ihm folgten oder entgegentraten. Die sittlichen Begriffe – heute ist vergessen, daß sie einmal nichts mehr waren als ein kraftloses Übereinkommen, gegengezeichnet von der Langeweile. Er hat sie brennend interessant gemacht. Mit oder ohne seinen Willen hat er jedenfalls erreicht, daß man sich sittlich empören kann, unbeschadet aller geistigen Ansprüche. Im Gegenteil sind es die Intellektuellsten, die von der Roheit und Treulosigkeit des äußeren Geschehens jetzt am heftigsten gereizt werden. Das gute Gewissen hierfür machte ihnen ein Einziger, Nietzsche. Wobei es noch immer leicht wiegt, daß er um seines Jasagens zum Leben willen die Rohen und Treulosen gutgeheißen und ermutigt hat. »Zuletzt«, das Wort, das er zu handhaben verstand, zuletzt hat er keineswegs die Moral entwertet: er hat sie erhöht. [...]

[290...] Dem Leben zuwider soll der Nihilismus aller jenseitigen Religionen sein, und insbesondere das Martyrium, dies Auskunftsmittel der Schwäche, die Befriedigung ihres Machttriebes. Worauf zu erwidern wäre, daß es das ausgesuchteste Martyrium ist, hart sein zu wollen entgegen seiner eigentlichen Verfassung. Weder Gott noch Freunde, die äußerste Einsamkeit, dazu Dürftigkeit, dazu Krankheit – der persönliche Verzicht auf das Diesseits, das er nur in Gedanken behauptet und preist: wahrhaftig hat niemand sich das Leben qualvoller als Nietzsche gestaltet. [...]

[291...] Der Erneuerer der Kultur verwarf die Romantik, das Christentum, das Mitleiden, die Sehnsucht nach Erlösung, auch die drohenden Ungeheuer, und die Sinnlichkeit mitsamt der Übersinnlichkeit. Er beschloß das Gegenteil zu fordern und zu sein. Für sein zuchtvolles Bewußtsein, wenn nicht in seinen Hintergründen, war er furchtlos und hart, ein großer Herr des Geistes, leicht und frei, »der unabhängigste Mann Europas«, erhaben über seine Krankheit, stark in seinem Willen zur Macht, seiner Dauer gewiß. Dies alles auf Grund seiner Tugenden, ihrer die erste ist die Redlichkeit: »eine der jüngsten Tugenden«. – »Man beachte doch, daß weder unter den sokratischen noch unter den christlichen Tugenden die Redlichkeit vorkommt.«

[...] Nietzsche erscheint auf der Höhe seiner Erziehung, die nachgerade Natur geworden war, wenn er seine Tugenden aufzählt. »Die guten Vier. – Redlich gegen uns und was sonst unser Freund ist; tapfer gegen den Feind; großmütig gegen den Besiegten; höflich immer: so wollen es die vier Kardinaltugenden.« [...]

[292...] Nietzsche hat den Beginn eines »Zeitalters der Kriege« vorausgesehen; ein Bild davon, und wär' es ein falsches, hat er sich nie gemacht – so wenig wie von dem Rang der Menschen, die Kriege veranstalten. [...]

Für ihn war es nicht einfach. In friedlichen Zeiten befangen und ihrer müde, wollte er seine »Starken«, seine »Vornehmen« sich beweisen lassen auf ihrem eigensten Gebiet. »Schon das nächste Jahrhundert bringt den Kampf um die Erdherrschaft«, verkündete er seinen Zeitgenossen, die gerade hiervon weggehört haben. Sie er-

gingen sich in dem tiefsten Frieden der neueren Geschichte. [...]
[293...] Dem Philosophen ahnte, wie billig, von solcher Mißgeburt aus Krieg und Frieden nichts. Bei ihm sind die Starken und Vornehmen nun einmal tapfer, wie wären sie schon für ihn die uns vertrauten, erpresserischen Feiglinge gewesen. Er hatte es mit dem Bismarckschen »Reich« zu tun und hielt schon dies für das Ende der deutschen Kultur. Die Frage hat er nie gestellt, woher die Starken und Vornehmen seines Sinnes in aller Welt noch kommen könnten. [...]
[294...] Er würde jetzt schon Beschwerde führen, noch mehr, sein Haß und Abscheu gälten dem gesamten Wachstum und Vollzug seines ausgebrüteten Unheils, und jedem, der sich auf ihn beruft. Eine seiner Strafen wäre, zu hören, welche Intelligenzen heute mit der seinen in demselben Atemzug genannt werden, weil sie, wie er, die Gewalt gelehrt haben. Schon die Nachbarschaft eines Sorel setzt Nietzsche herab, zu schweigen von dem, was nachkommt. Und erst den Typ, der seither in den Besitz der Gewalt gebracht worden ist, auch von ihm, leider auch von ihm: die Gewalthaber sollte er erst erleben – aus wär' es mit seiner Neugier auf die »starre Disziplin«, auf »Gewalt und List«. Seine »blonde Bestie« bliebe ihm in der Kehle stecken; er hat ohnehin nie Bescheid gewußt weder über ihre Haarfarbe noch über ihre niedrige Physiognomie. Er würde von seinem »Jasagen« nicht vieles noch einmal sagen. [...]
[295...] Die Gleichnisse, die einer auswählt, um sich an ihnen darzutun, verraten das Beste über seine eigene Art, ob sie gewachsen oder gewollt, ob Willkür oder Natur ist. »Der freie Mensch ist unsittlich«, verfügt Nietzsche, der gerade das nicht war. »Die Geschichte handelt fast nur von diesen schlechten Menschen, welche später gutgesprochen worden sind.« Nicht ganz so, und Nietzsche konnte es wissen. Aber er, der geistig viel eher in Frankreich als in Italien zu Hause war, hat dennoch nie und nirgends des Königs von Frankreich, Henri Quatre, erwähnt. Der ist der Fürst der Renaissance, und ist es allein. Er war der unmittelbare Schüler und Freund desselben Montaigne, der aus weiter Entfernung auf den Philosophen der Macht noch eingewirkt hat. Aber König Henri handelte seiner Natur gemäß, wenn er Montaigne befolgte: »Alle Ausschreitungen bekommen einen unheilvollen Sinn, zumal unser Geschmack ebensowenig zuläßt, was zu hoch als was zu niedrig ist.« Und über die besten Mittel, ein Fürst zu sein: »Er leuchte von Menschlichkeit, Wahrheit, Treue, Mäßigung und besonders Gerechtigkeit: seltene

Merkmale, verkannt und verbannt. [296] Einzig den Willen der Völker kann er mit Erfolg zu seiner Sache machen, und keine anderen Eigenschaften können, wie die genannten, den Willen der Völker auf ihn lenken, denn ihnen sind es die nützlichsten. Nichts ist volkstümlich wie Gutsein.« Das Jasagen zum Leben kann auch diese Laute haben, und sie zeugen von einem Geist, der einig mit dem Herzen ist. Nietzsche vergewaltigte sein Herz, sein Ja klingt schrill. Der Erfolg ist kein Maßstab: man schätze einen Mann nach seinem Herzen und Willen. Montaigne: »L'estimation d'un homme consiste au cœur et dans la volonté.« Hätte Nietzsche wenigstens den Erfolg beachtet, er würde bemerkt haben, daß von den Anfängen des neueren Europa wenig übrig bleibt, kein Tritt eines beliebigen Borgia: erhalten ist das Frankreich, wie ein König mit seinem Volk es geschaffen hat – Demokrat, der er schon war, und neigte zum Sozialismus schon hin. [...]
[297 ...] Das »Reich«, das er kannte, verfuhr mit ihm selbst noch gelinde. Vermöge von »Institutionen«, die denn doch mitsprechen über unser Glück und Unglück, hielt es ihn auf, ohne übrigens hinzusehen, was es tat. Ein nationaler Zustand im Geistigen, der unter anderem von dem »Reich« verschuldet sein mag, hat seinen großen Ruhm lange aufgehalten. Der Anwärter [298] des großen Ruhmes hat es schwer getragen. Aber er ist weder verfolgt worden, noch war ihm verboten zu schreiben, wär' es sogar gegen das »Reich«. Das hat sich seither ausgewachsen, wie man sieht und verspüren muß auf immer vielfachere Art, geistig, leiblich, inner- und außerhalb des »Reiches«, das bald kein Außerhalb mehr zuläßt.

Die Jugend heute und die von morgen hat allen Anlaß, zurückzukehren zu einem »grand-seigneur des Geistes«, der Voltaire für seinesgleichen hielt und schrieb ihm eine Widmung – jetzt läßt man sie fort. Lernten doch seine neuen Leser von ihm die Leidenschaft der Erkenntnis, nichts anderes! Es gibt bei ihm nichts anderes, das völlig erlebt und eindeutig gemeint wäre. Er war erfahren im Dienst am Wort, im Kampf und Leiden für das Wort. Im Leiden war er kenntnisreicher als im Siegen. Sein Jasagen – er ist dazu gekommen auf der Flucht vor seinem Leiden, in die fremde Welt der Herren dieser Erde, und was für Herren. Übrigens stellt sich die Frage, wer sein Herrenmensch der Zukunft wirklich wäre. Er hat über den Arbeiter sich ausgesprochen – heut wär' es reiner Bolschewismus. »Aus der Zukunft des Arbeiters«, da wird nicht mehr gefragt oder gefackelt. »Arbeiter sollten wie Soldaten empfinden lernen. Ein Honorar, ein

Gehalt, aber keine Bezahlung! Kein Verhältnis zwischen Abzahlung und Leistung! Sondern das Individuum, *je nach seiner Art*, so stellen, daß es das *Höchste leisten* [...] kann, was in seinem Bereich liegt.«

Weiter: »Die Arbeiter sollen einmal leben wie jetzt die Bürger! – aber *über* ihnen, sich durch Bedürfnislosigkeit auszeichnend, die *höhere Kaste*: also ärmer und einfacher, doch *im Besitz der Macht*.« Allein der Schluß ist nicht von ihm selbst hervorgehoben: es genügt, daß er bis an den Schluß gegangen ist; und das steht im »Willen zur Macht«, seinem Hauptwerk, seinem letzten Wort. Er ehrt die Arbeiter wie sich selbst, er verlangt von ihnen so Schweres und Großes wie von dem Menschen der Erkenntnis: freiwillige Askese. »Wir alle sind Arbeiter« – bekennt er mit Stolz. [...]

[299...] Größe gibt sich zu erkennen in der strengen Bescheidenheit, womit sie allen hinaufhilft und dient, obwohl und weil sie alle überragt. Einfache Wahrheiten erkennen und aussprechen; den Menschen ein einfaches Glück zusagen und bereiten: der Größte vermag darüber nichts, oder vermag nur noch, sich zu enthalten. Befiehlt er doch seiner »höheren Kaste«: um des Besitzes der Macht willen sei arm, bleib einfach und arm. Das ist nun, in Anbetracht dieses Denkers, das letzte Wort und Ende seiner so schweren wie schönen Tragödie. [...]

[300...] Die Tatsache ist vorhanden, daß ein Kranker sein Schicksal billigt und liebt, bis zu dem Wunsch, es möchte nie enden. Nietzsche hat unsterblich sein wollen, und zwar in unveränderter Gestalt, mit allen seinen körperlichen Beschwerden, der seelischen Brüchigkeit, die er unablässig beherrschen mußte, mit seiner Einsamkeit, dem Haß, der sich aufdrängte, den Schatten von Freunden, die nie kamen, von Frauen, die dem Frierenden die warmen Illusionen nie geben konnten. Ein Leben, nur erträglich durch die Künste seines Willens, durch Umdeutung und Überwindung: er hat sich überredet, es sei gut, es sei der Wiederholung wert, und nicht nur einer. Inmitten dieser sterblichen Wirrsal, wo wir nicht ein und aus wissen, war er versichert, er sei auf Erden ewig. Wenn vor keiner anderen seiner Erscheinungen, wird man sich neigen müssen vor dem Nietzsche, der kraft seiner Einwilligung, amor fati, zuletzt sogar unsterblich wurde. [...]

184 LUDWIG KLAGES

Einführung zu ›Alfred Schuler, Fragmente und Vorträge aus dem Nachlaß‹ (1940)

[60...] Nietzsche erkrankte in den letzten Tagen des Jahres 1888 und starb nach fast zwölfjährigem Siechtum 1900. Wenn sogar heute seine Krankheit zwar von den meisten, aber immer noch nicht von allen Ärzten als »atypische Paralyse« gedeutet wird, so war sie vollends 1896 in dichtes Dunkel gehüllt. Es *konnte* sich allenfalls um Folgeerscheinungen einer furchtbaren Erschöpfung handeln, hervorgerufen nach Auffassung Schulers nicht etwa nur durch übermäßigen Gebrauch von Schlafmitteln, sondern erst recht durch den sichtbaren und unsichtbaren Haß einer Zeitgenossenschaft, die durch seine Werke ihre Wunschbilder und Ordnungsformen tödlich befehdet sah. – Wie großes Gewicht zu jener Zeit Schuler dem Zarathustraweisen beimaß, erkenne man daraus, daß er wieder und wieder erwog, wie ihm zu helfen sei, um endlich zu dem Ergebnis zu kommen: wenn überhaupt, dann durch die Korybantiasis! Sobald ihm das feststand, machte er sich vertraut mit dem Überlieferungsstoff, änderte ab, nahm hinweg, tat hinzu gemäß den Aufschlüssen, die ihm durch Befragung seines Innern geworden waren, und betrieb fast zwei Jahre lang die Vorbereitung, freilich nur in – Gesprächen. Der Gründe, weswegen es darüber nicht hinauskam, sind mindestens drei: einmal pflegte er infolge eines noch zu berührenden Charakterzuges die *praktischen* Schritte zur Verwirklichung vom Nebenmenschen zu erwarten; sodann türmten sich je länger je mehr die Bedenken, ob es möglich sei, die für den kultischen Tanz seelisch geeigneten Jünglinge zu finden; endlich erschien es aussichtlos, die erforderlichen Mittel aufzubringen. So hätten z. B. die Rüstungen der Tänzer aus reinem Kupfer sein müssen, weil er vor allen Metallen diesem symbolischen Gehalt und magische Kraft beimaß. [...]

185 WILHELM WEIGAND

Welt und Weg (1940)

[14...] Der Name Nietzsche war mir zum ersten Mal in einer Frühnummer der »Gesellschaft« aufgestoßen, die mein Stammesgenosse Michael Georg Conrad im Jahre 1885 in München gegründet hatte, und der Zufall wollte es, daß ich am Vorabend meiner

Abreise von Berlin, in einer Buchhandlung in der Markgrafenstraße, die »Götzendämmerung« ausgelegt sah und den dünnen Band zum Lesen auf der Reise erwarb. Gewisse Aphorismen der aufreizenden Gelegenheitsschrift schlugen wie der Blitz in meine Seele, und aus der knappen Sprache [15] klang mir ein Rhythmus entgegen, den ich noch vor keinem deutschen Buch empfunden hatte; denn um den Rhythmus der Prosa, durch den auch – ein Geheimnis! – der Gedanke oft genug seine besondere Färbung erhält, ist es eigen bestellt: der Zauber seiner Wirkung ist manchmal ganz unabhängig von dem, was der Leser als Ausdruck einer Wahrheit oder eines Irrtums zu nehmen geneigt ist, und wirkt seelenhaft geheimnisvoll weiter. –

In München suchte ich mir nun sofort die sämtlichen Schriften Nietzsches zu verschaffen, und ich fand sämtliche Erstausgaben, halb verstaubt, in einer Buchhandlung an der Theatinerstraße. So konnte ich mich denn in der Werkstatt meiner Schwägerin an das Eindringen in die Gedankenwelt des Denkers machen, der damals in Deutschland zu den unbekanntesten Männern gehörte. Es ist beschämend für die Geisteshaltung des deutschen Volkes, das die Auswüchse der Gründerjahre, der »Aera Lindau«, mit sattem Behagen geduldet hatte, daß sich auch Hochgebildete nicht um den vereinsamten Denker kümmerten und den Ueberreizten in jene Stimmung trieben, die sein »Ecce homo« zum Bekenntnisbuch eines Geisteskranken macht. Auch die Hochschulleute verhielten sich schroff ablehnend, und die Tatsache, daß die Universitätsprofessoren den einzigen metaphysischen Genius des Jahrhunderts, Schopenhauer, zu dem Nietzsche in seiner Jugend als zu seinem Lehrer und Führer emporsah, einst jahrzehntelang totgeschwiegen hatten, mochte den einsamen Wanderer in der Fremde wohl trösten, aber nicht jenen schwärenden Groll lösen, aus dem sich später ein bitterböses Gericht über das gesamte Deutschtum und seine Schwächen erhob. Es ist bezeichnend, daß, wie ich von meinem Schwager Bernt Grönvold erfuhr, ein Ausländer, der Jude Georg Brandes, die ersten Vorlesungen über die Philosophie Nietzsches an der Universität Kopenhagen hielt, und selbst der Kreis um Stefan George, dem man eine Schmeckerzunge und den lebhaftesten Sinn für die Form nicht absprechen wird, geruhte erst nach einem Jahr- [16] zehnt, um die Jahrhundertwende, den Dichterdenker in Gnaden anzuerkennen. [...]

[63 ...] Für mich ist die erste Erinnerung an Michael Georg Conrad mit der Tatsache verknüpft, daß ich durch einige Nummern seiner

Zeitschrift auf Nietzsche aufmerksam wurde, der gegen Ende der achtziger Jahre in ganz Deutschland noch keine hundert Leser besaß. [...]

[81 ...] Auf Schloß Rametz schrieb ich meine Schrift »Friedrich Nietzsche. Ein psychologischer Versuch.« Es war die erste Würdigung, die über den Dichterdenker in deutscher Sprache erschien – keine Abrechnung, sondern nur eine Klarstellung meines ruhig gewordenen Verhältnisses zu dem aufrüttelnden Dichterdenker, dessen Persönlichkeit erst später durch die Veröffentlichungen aus seinem Nachlaß in die volle Tageshelle der Geschichte rückte. [...]

[244 ...] Und ein für allemal sei es gesagt: nicht dem strengen Künstler und gewissenhaften Uebersetzer Stefan George gebührt der Ruhm, als Sprachschöpfer oder Stilbildner dieser Zeit auf ein ganzes Volk gewirkt zu haben, sondern Friedrich Nietzsche war es, der, als Meister eines zauberhaften Stils, der deutschen Sprache einen ungeahnt neuen Rhythmus verlieh und ganz Europa aufhorchen ließ. [...]

186 Thomas Mann

Ansprache zu Heinrich Manns siebzigstem Geburtstag (1941)

[208 ...] Nehmen Sie Nietzsche, den Urheber wohl der faszinierendsten [209] und farbenvollsten philosophischen oder lyrischkritischen Produktion unseres Zeitalters. Wo würde das Verhängnis, das über den Wegen des deutschen Geistes waltet, die Tendenz zum intellektuellen Abgrund, an dessen Rande alles Verantwortungsgefühl des Gedankens für seine Folgen im Menschlich-Wirklichen erlischt, deutlicher als bei ihm? Persönlich war er eine zarte, komplizierte, tief leidensfähige Künstlernatur, fremd aller Brutalität und primitiven Gesundheit, – eine christliche Natur, wenn nicht in der religiösen, so doch in der konstitutionellen Bedeutung des Wortes. Aber im heroischen Widerspruch zu sich selbst bildete er eine rauschvoll anti-humane Lehre aus, deren Lieblingsbegriffe Macht, Instinkt, Dynamismus, Übermenschentum, naive Grausamkeit, die »Blonde Bestie«, die amoralisch triumphierende Lebenskraft waren. Zuweilen, privat, in seinen Briefen, kam ein ganz anderer Nietzsche zum Vorschein, als der seiner Bücher. [...] Wer zweifelt, daß er sich im Grabe umdrehen würde, wenn er dort unten erführe, was man aus seinem Macht-Philosophem gemacht hat? Und lebte er – sein persönliches Schicksal würde der einfachen und geistig natürlichen Briefstelle entsprechen, die ich anführte; mit seiner Lehre hätte es nichts zu tun. Er, der als Emigrant lebte, schon unterm Kaiserreich – wo wäre er heute? Bei uns wäre er, in Amerika.

[210] Seit seine Kritik der Moral uns psychologisch erregte, hat die Zeit uns das Gewissen geschärft für die Verpflichtung des Gedankens auf Leben und Wirklichkeit, eine Verpflichtung, die durch das Harakiri des Geistes zu Ehren des Lebens sehr schlecht erfüllt wird. Es gibt Schauspiele im Denken und Dichten, die uns weniger eindrucksvoll, als früher, sondern eher instinktlos und frevelhaft vorkommen. Unverkennbar tritt heute der Geist in eine *moralische* Epoche ein, eine Epoche neuer religiöser und moralischer Scheidung von Gut und Böse. Das bedeutet eine gewisse Vereinfachung und Verjüngung des Geistes im Gegensatz zu allem müden und skeptischen Raffinement, – es ist *seine* Art, sich zu »rebarbarisieren«. Wir sind des Bösen in so äußerst niedriger und abschreckender Gestalt ansichtig geworden, daß Nietzsches Unterscheidung von Böse und *Schlecht* uns nichts mehr zu sagen hat: Das Schlechte, das ist das Böse, es ist das Allerböseste, und das Böse das Allerschlechteste, so haben wir's erlebt, und auf eine ganz unironische Weise, wie sie noch vor kurzem nicht für geistig gegolten hätte, haben wir uns zum Guten entschlossen. Freiheit, Wahrheit, Recht, Menschlichkeit – der Geist wagt es, wagt es wieder, diese Worte auszusprechen, er schämt sich nicht länger, wie er glaubte, es tun zu müssen, solange sie selbstverständlich schienen. Da sie in äußerster Gefahr sind, wird ihm bewußt, daß sie sein tägliches Brot, seine Lebensluft, sein Leben selbst sind, und er begreift, daß er für sie kämpfen muß und selbst untergehen. [...]

187 Otto Flake
Nietzsche (1945/1947)

[300] Wäre das System Hitlers ein Jahr früher zusammengebrochen, so hätte ich diesen Vortrag zum hundertsten Geburtstag Nietzsches halten können: der Philosoph kam am 15. Oktober 1844 zur Welt. [...]

Es gibt also einen Fall Nietzsche. Fürchten Sie jedoch nicht, daß ich ihn pathetisch behandle – den Denker gewissermaßen als Person vorlade, wie es ihm vielleicht gegangen wäre, wenn er noch lebte: er sähe sich vermutlich auf der Liste der Kriegsschuldigen gesetzt, nach Nürnberg bestellt. Ich bemühe mich um das sine ira et studio, um eine Plattform, die es gestattet, im Geschehen *Ideenbewegungen* zu erblicken.

Denn, was man auch gegen Nietzsche vorbringen mag, er war eine Erscheinung hohen Ranges, die unter zwei Gesichtspunkten *positiv* gewertet werden kann: einmal ist er einer der glühenden Geister, die um ein Weltbild leidenschaftlich ringen; sodann ein Meister unserer Sprache, die erst in seiner Hand ganz jenes federnde Instrument geworden ist, das sie, in ihrer Bevorzugung des Seelischen, ihrer Vernachlässigung des Geformten, bis dahin nur bei Heine war. [...]

Es kann nicht der geringste Zweifel bestehn, daß er nie, aber auch nie die Abscheulichkeiten, die in den Lagern begangen wurden, gebilligt hätte. Persönlich war er der vornehmste und der unbrutalste Mensch. Sie erinnern sich an jenen Augenblick, wo er, schon dem Wahnsinn verfallen, zu Turin vor seiner Tür einen Kutscher sein Pferd mißhandeln sah und die leidende Kreatur schluchzend umarmte. Der Geist des Dritten Reiches war nicht sein Geist – und doch, es war seine Philosophie, die der bösartigsten, erbarmungslosesten Lehre der Menschen- [301] behandlung den gedanklichen Unterbau stellte. Man darf ohne Übertreibung sagen, er habe die ganze Idealität des Wollens angerufen, um sie der Dämonie der Tat auszuliefern.

Das ist eine Paradoxie, so tief, daß man die Frage aufwerfen kann, ob der Mensch für das, was er lehrt, will, denkt, überhaupt verantwortlich sei. Woher bezieht er seine Ideen? Aus seinem Naturell – aus einem bestimmten Verhältnis zwischen Härte und Weichheit, Hingabe und Widerstand. Und dieses Naturell ist nicht von ihm gewählt worden, er hat es mitbekommen. Trotzdem, in der Praxis, arbeiten wir mit der Willensfreiheit und könnten nicht leben, wenn wir sie leugneten.

In der Praxis sagen wir: der Mensch ist verantwortlich, wenn nicht für seine Anlage, sein Temperament, so doch für das, was er damit beginnt. Wir *machen* ihn dafür verantwortlich, um überhaupt eine Norm, einen Maßstab des Urteils zu haben. Und so ist auch Nietzsche verantwortlich für seine *Ideenwahl*. Zur Verantwortung gezogen werden weniger die Träger der Ideen, mithin die Personen, als die Ideen selbst. Und Nietzsche, das ist die Machtidee.

Wie kam er gerade zu ihr – ein geistiger Mensch, der weder Staatsmann noch Militär war? Zwei Fragen stellen sich: nach seinem Dämon und nach seinem Zeitalter. Der Begegnung beider Faktoren entspringt die Konstellation dieser einen, einmaligen Gestalt. [...] [314...] Maßlosigkeit, Verlust aller Bindungen, Verkrampfung, die Hybris der Selbstbestimmung, der Mangel an irgendwelchen dem Zweifel entzogenen Instanzen, an Ruhe- und Ausruheorten, von denen der im Leben zerfleischte Mensch gefaßt und neugestärkt zu seinen Aufgaben zurückkehren kann, das Fehlen einer Ausgleichslehre und die von Luther zugestandene Unterbewertung der Vernunft – diese Endphasen verkörperten sich in Nietzsche, den man als den Antipoden Goethes aufzufassen hat. [...]

Nietzsche ist kein Führer, der eine neue Ära erschließt; er hat eine erledigte nach seiner eigenen Vorschrift behandelt: zu stoßen, was da stürzen will. Daß er das zu stoßen glaubte, was allein uns noch retten kann, Maß und Ethos und Besonnenheit, gehört zum Schicksal des Subjektivismus, der sein Wesen nicht selbst zu sehen vermag.

Das Tapfere, das Feurige, das Leidenschaftliche an ihm seien nicht geleugnet. Doch verführen diese Eigenschaften den Blick der Jugend, die der Nation nicht aufhelfen kann, weil sie zu anfällig für das Radikale ist. Diese Unfähigkeit des jungen Deutschen, von den Folgen des Subjektivismus, nämlich der Entindividualisierung zugunsten der Kasernenideen, zurückzufinden zum Nüchternen, Gemäßigten, Humanitären, belegt die deutsche Tragödie, die den, der seinem Land wohlwill, mit den schwersten Besorgnissen erfüllt.

Die erste Reaktion der Leser dieses Buches bestand meist darin, daß sie erklärten, man könne an Nietzsche auch andere Seiten sehen, er sei unfaßbar vieldeutig; dann trugen sie vor, wie sie ihn sähen, und glaubten damit das Problem erledigt. Nun, eine der bedenklichsten [315] Wirkungen, die von Nietzsche ausging, *ist* diese Erziehung zur Vieldeutigkeit, ist diese Bestärkung der deutschen Neigung zur Unentschiedenheit, die so verhängnisvoll wirkt.

Aus der Vieldeutigkeit der Aspekte kann man eine Philosophie machen, und sie wäre gewiß eine der wichtigsten, da sie von einer Grundeigenschaft des Lebens handelt. Aber die Vieldeutigkeit darf sich nicht auf das Ethos beziehen, das eindeutig zu bejahen ist. Das Ethos muß der Dialektik entzogen bleiben, denn unangreifbare Regulative sind nötig.

Auch als Ethiker war Nietzsche Subjektivist: das gibt ihm seine schwache Position. Er verstand unter Ethik die Ehrlichkeit des persönlichen Pathos, die Leidenschaft des Problematisierens, die er mit Kierkegaard teilte.

Geistige oder künstlerische Erscheinungen, die kein positives Verhältnis zum Maß besitzen, mögen interessante und verführerische Gestalten sein – aber sie stehen nicht in der Reihe derer, die die wirklich Schöpferischen sind; die den Menschen Halt geben, ihnen Zielpunkte weisen. Zum Dienst am Menschen taugen die großen Subjektivisten wenig, sosehr sie auch den Essayisten willkommen sein mögen. Das Heil liegt nicht im individualistischen Exzeß, nicht in der Unruhe, die gegen die Vernunft Sturm läuft. [...]

Viele, die im Leben nichts miteinander zu tun haben wollten, kommen in der darstellenden Geschichte zusammen. So der Edelradikalist Nietzsche und die Massenradikalisten derbster Struktur. An den Wirkungen werden die Geister gemessen. Von Nietzsche gingen gefährliche Wirkungen aus; er muß sich gefallen lassen, daß man seinen Rang bestimmt. [...]

Der ewige Verweis auf den Vorrang des Suchens erhält den Menschen im Zustand der Unruhe, und es ist ein unhygienischer Zustand. Lessings bekanntes Wort, er ziehe das Streben nach Wahrheit dem Besitz der Wahrheit vor, ist bestechend und die vielleicht protestantischste aller Maximen.

[316] Aber das Suchen will auch ankommen; die gequälte Seele hat ein Anrecht darauf. Kierkegaard kam nie an; er konnte die Dialektik nicht abstellen, sie fraß ihn auf, wie Saturn die eigenen Kinder. Und so auch Nietzsche, so auch die spezifische deutsche Seelenlage, die hastige, aufgeregte, ungelassene, ahasverische, die den militärischen Befehl sucht, weil sie die Gewißheit nicht hat. [...]

Nietzsche, das ist das Ende der von ihm vertretenen Philosophie, die keine Weiterentwicklung zuläßt, denn sie überbrückt nicht den Ab- [317] grund, der sie von den Bedürfnissen des Lebens trennt. Der Übermensch ist eine ästhetisch-romantische Fiktion, ein Literaturerzeugnis. Wird es konkret gemacht, verwirklicht, in Tat umgesetzt, so kommt unter der Maske des Übermenschen das Gesicht des Untermenschen, die Fratze des Chaos hervor.

188 Heinrich Mann
Ein Zeitalter wird besichtigt (1945)

[170...] Es ist dasselbe mit ihnen. Nietzsche hat, wie Wagner, seinen Siegfried, er nennt ihn »blonde Bestie«, auch »Herrenmensch«: es ist seine Glanznummer. Nietzsche, ohne diesen Akt am freischwebenden Trapez, wäre niemals populär geworden. Seine »Genealogie der Moral« hätte meinesgleichen ihm gedankt. Der Ruf seiner »blonden Bestie« hat den Anschluß an Begehrliche erreicht: sie wollen nicht wissen; sie wollen auf irrationalem Wege zu Hochgefühlen gelangen. Die »blonde Bestie«, der »Herrenmensch« zu sein darf jeder sich einbilden: das Exemplar, das Nietzsche darbietet, sein Cesare Borgia, war ein rötlicher Spanier.

Den Deutschen, die seither das Ungetüm, die freie Erfindung eines hohen Intellektuellen, über die Welt gebracht haben, kann Nietzsche erwidern, woher sie das spezielle Recht nehmen? Von Germanen, die sie übrigens nicht seien, habe er nie gesprochen. Wagner, der jetzt den Deutschen ebenso unlustig zusähe, findet das Alibi seines ruchlosen Jungsiegfried in seiner Musik, die den Knaben widerlegt und unmöglich macht.

Gleichviel, beide Künstler haben in ihrer Neigung, sich mißverstehen zu lassen, zweigesichtig, zweideutig haben sie den Deutschen die Wahl freigegeben, aus ihrem Werk zu nehmen, was ihnen anstände: den festen Sinn, die Fragwürdigkeit, das Echte allein oder vor allem das Verführerische. Die Deutschen haben gewählt. [...]

189 Rudolf Alexander Schröder

Brief an einen Heimkehrer (1945)

[1180...] Ich habe noch nicht einmal des Einflusses gedacht, den schon damals die Philosopheme Friedrich Nietzsches namentlich auf uns Jüngere ausgeübt. Wir waren ihm um die Jahrhundertwende so ziemlich alle verfallen, war doch seine Gestalt und sein Werk noch einmal ein deutsches geistiges Ereignis von europäischer Wirkung. Seine Forderungen machten wir, offen oder insgeheim, zu den unsern, seine Warnungen ließen wir zu einem Ohr herein und zum andern wieder heraus. Wie eine Art Heiligung dünkte uns der Wahnsinn des Mannes, der seiner Auflösung entgegensiechte im Gewahrsam der Schwester, die [1181] schon damals fest entschlossen schien, aus dem Trümmerfall seines Daseins das größtmögliche Kapital zu schlagen.

Wir. Wer waren »wir«? Ein Häuflein jüngerer Dichter, Musiker, Künstler zwischen zwanzig und dreißig Jahren, vielfach in scharfer Opposition gegen das meiste, das vorhergehende Generationen hochgehalten, untereinander in lockerem Zusammenhang, der in feste, eifersüchtig gewahrte Pflichten und Ansprüche gesonderten bürgerlichen Welt um uns her fremd und eher feindlich. [...]

190 Alfred Döblin
Die literarische Situation (1946)

[7...] Im Unterschied zu der dauernd aktiven, sozialistischen, zuletzt ökonomistischen These, welche rasch von den Parteien aufgegriffen und in das Gesellschaftsleben hineingetrieben wurde, führte die biologische Idee im 19. Jahrhundert jahrzehntelang ein schattenhaftes Dasein. [...]

Die Ideen der Wissenschaft wurden rasch Themen der Aufklärung und der Popularphilosophie. Auch die schöngeistige Literatur, soweit sie Kampfliteratur war, konnte sich ihrer bemächtigen, bis dann nach 1870 ein von der Zeit ergriffener und phantasiebegabter Philosoph, Friedrich Nietzsche, Sohn eines protestantischen Pfarrers, die Möglichkeiten der darwinistischen Idee und des Entwicklungsgedankens erkannte. Er zog Konsequenzen für die Moral und alles menschliche Streben aus dem Darwinismus: der Übermensch sei zu schaffen, der Übermensch: die höhere Tiergattung. Sein Gehirn, das in antiken heidnischen Vorstellungen lebte, ließ sich von der ästhetischen Figur einer Überart bezaubern, und er machte sich zum Propheten dieser von ihm erträumten und ausgemalten Species (sie trug von vornherein schon bei ihm [»blonde Bestie«] germanische Züge).

Wie es sich für einen Utopisten gehört, war er gegen Religion, das heißt: mißdeutete die Religion, die angeblich den Menschen um das Dasein prelle. Er mißdeutete sie mit derselben Entschlossenheit wie sein Utopiekollege von der sozialen Linie, Karl Marx.

Die beiden Kraftlinien, die sozialistische und die biologische, die aus dem 19. in das 20. Jahrhundert herüberliefen, wurden klassenmäßig gebunden und in verschiedener Weise. Es lag auf der Hand, daß den Arbeitern der marxistisch-kommunistische Strang zufiel. Die sozialistische Idee, und besonders in ihrer marxistischen Prägung, formulierte rasch den Willen der Industriearbei- [8] ter, sie gab den Arbeitern ein Klassenbewußtsein. Sie beeinflußte so indirekt die gesamte Politik des Landes.

Nicht so die biologische Idee. Sie fand zwar Platz bei Bürgern, blieb jedoch da lange in einem intellektuellen Raum. Sie wirkte ganz und gar nicht klassenbildend. Sie drückte ganz und gar nicht den Willen und das Bewußtsein größerer Schichten aus. Wenn überhaupt die biologische Idee des Übermenschen und dann der Herrenrasse Bedeutung gewann, so erst in der Hand kleiner Gruppen und nach Verbindung mit anderen Strömungen.

Jedenfalls warf sich, zur Macht gekommen, die mit Macht ausgestattete biologische Idee, zur Utopie geworden, der marxistisch-sozialistischen entgegen und inaugurierte die Biopolitik.

Es begann der Kampf und der Wettlauf der beiden Utopien.

[...]

[9...] Die Zeit war reif geworden. Im deutschen Fall zerriß das Jahr 1918 eine geschichtliche Kontinuität. Der erste Weltkrieg war verloren, die Hohenzollern-Dynastie beseitigt, das Kaisertum zerbrochen. In die Lücke drang der Sozialismus, getragen von Arbeiterparteien. Die sozialistische Idee bekam ihre Chance und versuchte sich zu realisieren. Der Versuch, mit schwachen Kräften unternommen, mißlang. Es gab ein Zwischenstadium, welches den Namen »Weimarer Republik« trug. Sie vermochte weder einen neuen geschichtlichen Beginn zu legen, noch die alte unterbrochene Geschichte fortzusetzen. Die Lücke blieb offen. Es wurde der Moment für die andere, die biologische Idee.

Wieviel von einem umfassenden Zukunftsplan ist noch da, wenn er schließlich in die Hände ihrer Ausführer fällt? In unserem Fall, in dem der biologischen Utopie, war sehr früh der biologische Anteil (Nietzsches zu schaffender Übermensch) zurückgetreten und abgeschwächt zugunsten der Idee des arischen Herrenmenschen. Das war ein Kompromiß, eine Degeneration der Utopie. [...]

191 Hermann Broch

Hofmannsthal und seine Zeit (1947/1948)

[72...] Wagner wurde von den Zeitgenossen abgelehnt und angegriffen, und wie üblich geschah es aus Blindheit gegen das große Kunstwerk; wie üblich meinten die Angreifer, daß sie Unkunst – hier Unmusik – ablehnten. Nietzsche freilich, von dem der gewichtigste, ja der einzig gewichtige Angriff herstammte, schaute tiefer, denn er war Nietzsche, und er durchschaute Wagner, denn er durchschaute die Epoche, durchschaute sie mit Haß und Verachtung, denn er schaute in ihr [73] Vakuum. Und während er in seinem Werk, das er durchaus als ethisches und im letzten metapolitisches Kunstwerk, also als vollgültige Repräsentanz der Epoche betrachtete, diese zu äußerster Klarheit erhob, auf daß dereinst kraft solcher Klarheit das Vakuum überwunden werden möge, sah er – mit vollem Fug – in dem mit ähnlichen Repräsentanzansprüchen auftretenden Wagnerschen Werk das genaue Gegenteil zu dem seinen: nichts von den verächtlichen und hassenswürdigen Zügen der Epoche wird hier bekämpft, nichts von ihrer Dumpfheit, ihrer spezifisch deutschen Dumpfheit wird zur Klarheit gebracht, nein, nichts davon durfte angetastet werden, denn es wurde als Theaterfundus gebraucht, als Requisit einer Theaterwirkung, mit der die inartikuliert dumpfen, mystischen und patriotischen und dekorationslüsternen Appetite des deutschen Philisterpublikums zu kitzeln und zu befriedigen waren. Für Nietzsche war daher Wagner nicht ein Zusammenfasser und Erfasser der Epoche, sondern einer ihrer sie bedienenden Teile, ein ins Gigantische geratener Kleinkünstler, ein bloßer Opernkomponist, der sich zu einem Bruch mit der großen Operntradition erfrechte, weil er zu deren Weiterführung sich nicht fähig fühlte, und dem man darum den kleinen Bizet als großes Gegenbeispiel entgegensetzen mußte. Indes, hatte sich damit nicht die Diskussion auf ein Nebengeleise verschoben? Besorgte Nietzsche damit nicht unversehens die Geschäfte des wagnerfeindlichen Musikphilisters? Er tat es, ebenso wie er ein halbes Jahrhundert später – noch im Tod sicherlich gegen seinen Willen – den Geschäften der Philisterbestie zum geistigen Vorwand zu dienen hatte.

Mit andern Worten, wird die Diskussion auf das musikalische Gebiet beschränkt, so steht nicht mehr der Seher-Philosoph Nietzsche dem gründlich unseherischen Wagner gegenüber, sondern ein in der Hauptsache nicht-musikalisches Genie einem Musikgenie, wenn auch einem unmusikalischen, und es wird Wagner dort angegriffen, wo das Musikphilister-Publikum ihn anzugreifen pflegte, und wo er gegen dieses, geradezu notgedrungen, schließlich Recht behalten mußte. [...]

192 Thomas Mann
Doktor Faustus (1947)

[316...] [Er:] »Wer weiß heute noch, wer wußte auch nur in klassischen Zeiten, was Inspiration, was echte, alte, urtümliche Begeisterung ist, von Kritik, lahmer Besonnenheit, tötender Verstandskontrolle ganz unangekränkelte Begeisterung, die heilige Verzuckung? Ich glaube gar, der Teufel gilt für den Mann zersetzender Kritik? Verleumdung – wieder einmal, mein Freund! Potz Fickerment! Wenn er etwas haßt, wenn ihm in aller Welt etwas konträr ist, so ist es die zersetzende Kritik. Was er will und spendet, das ist gerade das triumphierende Über-sie-hinaus-Sein, die prangende Unbedenklichkeit!« [...]

[317 ...] [Er:] »Eine wahrhaft beglückende, entrückende, zweifellose und gläubige Inspiration, eine Inspiration, bei der es keine Wahl, kein Bessern und Basteln gibt, bei der alles als seliges Diktat empfangen wird, der Schritt stockt und stürzt, sublime Schauer den Heimgesuchten vom Scheitel zu den Fußspitzen überrieseln, ein Tränenstrom des Glücks ihm aus den Augen bricht, – die ist nicht mit Gott, der dem Verstande zu viel zu tun übrigläßt, die ist nur mit dem Teufel, dem wahren Herrn des Enthusiasmus möglich.« [...]

[323 ...] [Er:] »Deine Neigung, Freund, dem Objektiven, der sogenannten Wahrheit nachzufragen, das Subjektive, das reine Erlebnis als unwert zu verdächtigen, ist wahrhaft spießbürgerlich und überwindenswert. Du siehst mich, also bin ich dir. Lohnt es zu fragen, ob ich wirklich bin? Ist wirklich nicht, was wirkt, und Wahrheit nicht Erlebnis und Gefühl? Was dich erhöht, was dein Gefühl von Kraft und Macht und Herrschaft vermehrt, zum Teufel, das ist die Wahrheit, – und wäre es unterm tugendlichen Winkel gesehen zehnmal eine Lüge. Das will ich meinen, daß eine Unwahrheit von kraftsteigernder Beschaffenheit es aufnimmt mit jeder unersprießlich tugendhaften Wahrheit. Und ich wills meinen, daß schöpferische, Genie spendende Krankheit, Krankheit, die hoch zu Roß die Hindernisse nimmt, in kühnem Rausch von Fels zu Felsen sprengt, tausendmal dem Leben lieber ist als die zu Fuße latschende Gesundheit. Nie hab ich etwas Dümmeres gehört, als daß von Kranken nur Krankes kommen könne. Das Leben ist nicht heikel, und von Moral weiß es einen Dreck. [324] Es ergreift das kühne Krankheitserzeugnis, verspeist, verdaut es, und wie es sich seiner nur annimmt, so ists Gesundheit. Vor dem Faktum der Lebenswirksamkeit, mein Guter, wird jeder Unterscheidt von Krankheit und Gesundheit zunichte. Eine ganze Horde und Generation empfänglich-kerngesunder Buben stürzt sich auf das Werk des kranken Genius, des von Krankheit Genialisierten, bewundert, preist, erhebt es, führt es mit sich fort, wandelt es unter sich ab, vermacht es der Kultur, die nicht von hausbackenem Brote allein lebt, sondern nicht weniger von Gaben und Giften aus der Apotheke ›Zu den Seligen Boten‹. Das sagt dir der unverballhornte Sammael. [...] Du wirst führen, du wirst der Zukunft den Marsch schlagen, auf deinen Namen werden die Buben schwören, die dank deiner Tollheit es nicht mehr nötig haben, toll zu sein. Von deiner Tollheit werden sie in Gesundheit zehren, und in ihnen wirst du gesund sein. Verstehst du? Nicht genug, daß du die lähmenden Schwierigkeiten der Zeit durchbrechen wirst, – die Zeit selber, die Kulturepoche, will sagen, die Epoche der Kultur und ihres Kultus wirst du durchbrechen und dich der Barbarei erdreisten, die's zweimal ist, weil sie nach der Humanität, nach der erdenklichsten Wurzelbehandlung und bürgerlichen Verfeinerung kommt. Glaube mir! sogar auf Theologie versteht sie sich besser als eine vom Kultus abgefallene Kultur, die auch im Religiösen nur eben Kultur sah, nur Humaniät, nicht den Exzeß, das Paradox, die mystische Leidenschaft, die völlig unbürgerliche Aventüre. Ich hoffe doch, du wunderst dich nicht, daß dir Sankt Velten vom Religiösen spricht? Potz Stern! Wer anders, möcht ich wissen, [325] soll dir wohl heute davon sprechen? Der liberale Theolog doch nicht? Bin ich doch nachgerade der einzige, ders konserviert! Wem willst du theologische Existenz zuerkennen, wenn nicht mir? Und wer will eine theologische Existenz führen ohne mich? Das Religiöse ist so gewiß mein Fach, wie es kein Fach der bürgerlichen Kultur ist. Seit die Kultur vom Kultus abgefallen ist und aus sich selber einen gemacht hat, ist sie denn auch nichts anderes mehr als ein Abfall, und alle Welt ist ihrer nach bloßen fünfhundert Jahren so müd und satt, als wenn sie's salva venia, mit eisernen Kochkesseln gefressen hätt ...« [...]

[501 ...] Seelenlosigkeit! Ich weiß wohl, dies ist es im Grunde, was diejenigen meinen, die das Wort ›Barbarismus‹ gegen Adrians Schöpfung im Munde führen. Haben sie je, sei es auch nur mit dem lesenden Auge, gewissen lyrischen Partien – oder darf ich nur sagen: Momenten? – der ›Apokalypse‹ gelauscht, Gesangsstellen, von Kammerorchester begleitet, die einem Härteren, als ich es bin, die Tränen in die Augen treiben könnten, da sie wie eine inständige Bitte um Seele sind? Man verzeihe mir die gewissermaßen ins Blaue gerichtete Polemik, aber Barbarei, Unmenschlichkeit sehe ich darin, ein solches Verlangen nach Seele – das Verlangen der kleinen Seejungfrau – Seelenlosigkeit zu nennen! [...]

[649...] Mein armer, großer Freund! Wie oft habe ich, in dem Werk seines Nachlasses, seines Unterganges lesend, das soviel Untergang seherisch vorwegnimmt, der schmerzhaften Worte gedacht, die er beim Tode des Kindes zu mir sprach: des Wortes, es solle nicht sein, das Gute, die Freude, die Hoffnung, das solle nicht sein, es werde zurückgenommen, man müsse es zurücknehmen! Wie steht dieses »Ach, es soll nicht sein«, fast einer musikalischen Weisung und Vorschrift gleich, über den Chor- und Instrumentalsätzen von ›Dr. Fausti Weheklag‹, wie ist es in jedem Takt und Tonfall dieses ›Liedes an die Trauer‹ beschlossen! Kein Zweifel, mit dem Blick auf Beethovens ›Neunte‹, als ihr Gegenstück in des Wortes schwermütigster Bedeutung, ist es geschrieben. Aber nicht nur, daß es diese mehr als einmal formal zum Negativen wendet, ins Negative zurücknimmt: es ist darin auch eine Negativität des Religiösen, – womit ich nicht meinen kann: dessen Verneinung. Ein Werk, welches vom Versucher, vom Abfall, von der Verdammnis [650] handelt, was sollte es anderes sein als ein religiöses Werk! [...]

Aber einer anderen und letzten, wahrhaft letzten Sinnesverkehrung will gedacht, und recht von Herzen gedacht sein, die am Schluß dieses Werkes unendlicher Klage leise, der Vernunft überlegen und mit der sprechenden Unausgesprochenheit, welche nur der Musik gegeben ist, das Gefühl berührt. Ich meine den orchestralen Schlußsatz der Kantate, in den der Chor sich verliert, und der wie die Klage Gottes über das Verlorengehen seiner Welt, wie ein kummervolles »Ich habe es nicht gewollt« des Schöpfers lautet. Hier, finde ich, gegen das Ende, sind die äußersten Akzente der Trauer erreicht, ist die letzte Verzweiflung Ausdruck geworden, und – ich will's nicht sagen, es [651] hieße die Zugeständnislosigkeit des Werkes, seinen unheilbaren Schmerz verletzen, wenn man sagen wollte, es biete bis zu seiner letzten Note irgendeinen anderen Trost als den, der im Ausdruck selbst und im Lautwerden, – also darin liegt, daß der Kreatur für ihr Weh überhaupt eine Stimme gegeben ist. Nein, dies dunkle Tongedicht läßt bis zuletzt keine Vertröstung, Versöhnung, Verklärung zu. Aber wie, wenn der künstlerischen Paradoxie, daß aus der totalen Konstruktion sich der Ausdruck – der Ausdruck als Klage – gebiert, das religiöse Paradoxon entspräche, daß aus tiefster Heillosigkeit, wenn auch als leiseste Frage nur, die Hoffnung keimte? Es wäre die Hoffnung jenseits der Hoffnungslosigkeit, die Transzendenz der Verzweiflung, – nicht der Verrat an ihr, sondern das Wunder, das über den Glauben geht. Hört nur den Schluß, hört ihn mit mir: Eine Instrumentengruppe nach der anderen tritt zurück, und was übrigbleibt, womit das Werk verklingt, ist das hohe g eines Cellos, das letzte Wort, der letzte verschwebende Laut, in Pianissimo-Fermate langsam vergehend. Dann ist nichts mehr, – Schweigen und Nacht. Aber der nachschwingend im Schweigen hängende Ton, der nicht mehr ist, dem nur die Seele noch nachlauscht, und der Ausklang der Trauer war, ist es nicht mehr, wandelt den Sinn, steht als ein Licht in der Nacht. [...]

[674...] Für meine Person sah ich den teueren Mann wieder im Jahre 1935, als ich, schon emeritiert, zu seinem fünfzigsten Geburtstag als trauernder Gratulant mich auf dem Buchelhof einfand. Die Linde blühte, er saß darunter. Ich gestehe, mir zitterten die Knie, als ich, einen Blumenstrauß in der Hand, an der Seite seiner Mutter zu ihm trat. Er schien mir kleiner geworden, was an der schief gebückten Haltung liegen mochte, aus der ein verschmälertes Gesicht, ein Ecce homo-Antlitz, trotz der ländlich gesunden Hautfarbe, mit weh geöffnetem Munde und blicklosen Augen zu mir emporhob. Hatte er mich zuletzt in Pfeiffering nicht erkennen wollen, so war jetzt unzweifelhaft, daß er mit meiner Erscheinung, ungeachtet einiger [675] Mahnung durch die alte Frau, keinerlei Erinnerungen mehr verband. Von dem, was ich ihm über die Bedeutung des Tages, den Sinn meines Kommens sagte, verstand er augenscheinlich nichts. Nur die Blumen schienen einen Augenblick seine Teilnahme zu erregen; dann lagen auch sie unbeachtet da.

Noch einmal sah ich ihn 1939, nach der Besiegung Polens, ein Jahr vor seinem Tode, den seine Mutter als Achtzigjährige noch erlebte. Sie führte mich damals die Treppe hinauf nach seinem Zimmer, in das sie mit den ermunternden Worten: »Kommen Sie nur, er bemerkt Sie nicht!« hineinging, während ich voll tiefer Scheu im Türrahmen stehenblieb. Im Hintergrunde des Zimmers, auf einer Chaiselongue, deren Fußende mir zugekehrt war, so daß ich ihm ins Gesicht sehen konnte, lag unter einer leichten Wolldecke der, der einst Adrian Leverkühn gewesen war, und dessen Unsterbliches nun so heißt. Die bleichen Hände, deren sensitive Bildung ich immer geliebt hatte, lagen, wie bei einer Grabfigur des Mittelalters, auf der Brust gekreuzt. Der stärker ergraute Bart zog das verschmälerte Gesicht noch mehr in die Länge, so daß es nun auffallend dem eines Greco'schen Edlen glich. Welch ein höhnisches Spiel der Natur, so möchte man sagen, daß sie das Bild höchster Vergeistigung erzeugen mag dort, wo der Geist entwichen ist! Tief lagen die Augen in den Höhlen, die Brauen waren buschiger geworden, und darunter hervor richtete das Phantom einen unsäglich ernsten, bis zur Drohung forschenden Blick auf mich, der mich erbeben ließ, aber schon nach einer Sekunde gleichsam in sich zusammenbrach, so, daß die Augäpfel sich nach oben kehrten, halb unter den Lidern verschwanden und haltlos dort hin und her irrten. Der wiederholten Einladung der Mutter, doch nur näher zu treten, versagte ich die Folge und wandte mich in Tränen. – [...]

193 Thomas Mann
Nietzsche's Philosophie im Lichte unserer Erfahrung (1947)

[682 ...] Übrigens mag es sein, daß ich nur meine eigenen Grenzen feststelle, wenn ich weitergehe und bekenne, daß mir überhaupt das Verhältnis Nietzsche's zu dem Zarathustra-Werk dasjenige blinder Überschätzung zu sein scheint. Es ist, dank seiner biblischen Attitude, das ›populärste‹ seiner Bücher geworden, aber es ist bei weitem nicht sein bestes Buch. Nietzsche war vor allem ein großer Kritiker und Kultur-Philosoph, ein aus der Schule Schopenhauers kommender europäischer Prosaist und Essayist obersten Ranges, dessen Genie zur Zeit von ›Jenseits von Gut und Böse‹ und der ›Genealogie der Moral‹ auf seinen Scheitelpunkt [683] kam. Ein Dichter mag weniger sein als solch ein Kritiker, aber zu diesem Weniger reichte es nicht, oder doch nur in einzelnen lyrischen Augenblicken, nicht für ein ausgedehntes Werk von kreativer Ursprünglichkeit. Dieser gesicht- und gestaltlose Unhold und Flügelmann Zarathustra mit der Rosenkrone des Lachens auf dem unkenntlichen Haupt, seinem »Werdet hart!« und seinen Tänzerbeinen ist keine Schöpfung, er ist Rhetorik, erregter Wortwitz, gequälte Stimme und zweifelhafte Prophetie, ein Schemen von hilfloser Grandezza, oft rührend und allermeist peinlich – eine an der Grenze des Lächerlichen schwankende Unfigur.

[...] Über Wagner hat er Dinge gesagt, daß man seinen Sinnen nicht traut, wenn im ›Ecce homo‹ plötzlich von der *heiligen* Stunde die Rede ist, in der Richard Wagner in Venedig starb. Wieso, fragt man sich, Tränen in den Augen, ist diese Sterbestunde auf einmal »heilig«, wenn Wagner der üble Histrione, der verderbte Verderber

war, als den Nietzsche ihn hundertmal geschildert hat? – Bei seinem Freunde, dem Musiker Peter Gast, entschuldigt er sich wegen seiner beständigen Auseinandersetzung mit dem Christentum: es sei eben das beste Stück idealen Lebens, das er wirklich kennengelernt habe. Zuletzt sei er der Nachkomme ganzer Geschlechter von christlichen Geistlichen und glaube, »nie in seinem Herzen gegen das Christentum gemein gewesen« zu sein. [...]
[684 ...] Seiner Autobiographie gibt der »Antichrist« den allerchristlichsten Titel ›Ecce Homo‹. Und letzte Wahnsinnszettel unterzeichnet er »Der Gekreuzigte«.

Man kann sagen, daß Nietzsche's Verhältnis zu den Vorzugsgegenständen seiner Kritik schlechthin das der Leidenschaft war: einer Leidenschaft, im Grunde ohne bestimmtes Vorzeichen, denn das negative wechselt beständig ins positive hinüber. [...] So sehr sein größtenteils aphoristisches Werk in tausend farbigen Facetten spielt, so viel an der Oberfläche liegende Widersprüche ihm nachzuweisen sind, – er war von Anfang ganz da, war immer derselbe, und in den Schriften des jugendlichen Professors, den [685] ›Unzeitgemäßen Betrachtungen‹, der ›Geburt der Tragödie‹, der Abhandlung ›Der Philosoph‹ von 1873 liegen nicht nur die Keime seiner späteren Lehrbotschaft, sondern diese, eine *frohe* Botschaft nach seiner Meinung, ist bereits vollkommen und fertig in ihnen enthalten. Was sich ändert, ist allein die Akzentuierung, die immer frenetischer, die Stimmlage, die immer schriller, die Gebärde, die immer grotesker und fürchterlicher wird. Was sich ändert, ist die Schreibweise, die, hochmusikalisch von jeher, aus der würdigen, etwas altfränkisch-gelehrtenhaft gefärbten Zucht und Gebundenheit deutsch-humanistischer Überlieferung allmählich in einen unheimlich mondänen und hektisch heiteren, zuletzt mit der Schellenkappe des Weltenspaßmachers sich schmückenden Über-Feuilletonismus entartet.

Nicht genug aber ist die vollkommene Einheitlichkeit und Geschlossenheit von Nietzsche's Lebenswerk zu betonen. In der Nachfolge Schopenhauers, dessen Schüler er blieb, auch als er den Meister längst verleugnet hatte, hat er eigentlich sein Leben lang nur *einen* überall gegenwärtigen Gedanken variiert, ausgebaut, eingeprägt, welcher, anfangs in voller Gesundheit und mit unbestreitbarer zeitkritischer Berechtigung auftretend, im Lauf der Jahre einer mänadischen Verwilderung anheimfällt, so daß man Nietzsche's Geschichte die Verfallsgeschichte dieses Gedankens nennen kann.

Welcher ist es? – Man muß ihn in seine Ingredienzien, seine in ihm streitenden Teile zerlegen, um ihn zu verstehen. Sie heißen, bunt durcheinander aufgeführt: Leben, Kultur, Bewußtsein oder Erkenntnis, Kunst, Vornehmheit, Moral, Instinkt. In diesem Ideenkomplex dominiert der Begriff der *Kultur*. Er ist dem Leben selbst fast gleichgesetzt: Kultur, das ist die Vornehmheit des Lebens, und mit ihr verbunden, als ihre Quellen und Bedingungen, sind Kunst und Instinkt, während als Todfeinde und Zerstörer von Kultur und Leben Bewußtsein und Erkenntnis, die Wissenschaft und endlich die Moral figurieren, – die Moral, welche als Wahrerin der Wahrheit dem Leben ans Leben geht, da dieses ganz wesentlich auf [686] Schein, Kunst, Täuschung, Perspektive, Illusion beruht und der Irrtum der Vater des Lebendigen ist.

Er hat von Schopenhauer den Satz ererbt, daß »daß Leben als Vorstellung allein, rein angeschaut oder durch die Kunst wiederholt, ein bedeutsames Schauspiel ist«, den Satz also, daß nur als ästhetisches Phänomen das Leben zu rechtfertigen ist. [...]
[689 ...] Der Feind ist die Wissenschaft, denn sie sieht und kennt nur Historie und Werden, kein Seiendes, Ewiges; sie haßt das Vergessen als den Tod des Wissens und sucht alle Horizont-Umschränkungen aufzuheben. Alles Lebendige aber braucht eine schützende Atmosphäre, einen geheimnisvollen Dunstkreis und umhüllenden Wahn. Ein durch Wissenschaft beherrschtes Leben ist viel weniger Leben als eines, das nicht durch Wissen, sondern durch Instinkte und *kräftige Wahnbilder* beherrscht wird ... [...]
[690 ...] Das Ziel der Menschheit, sagt er, liegt nicht am Ende, sondern in ihren höchsten Exemplaren. Das ist sein Individualismus: ein ästhetischer Genie- und Heroenkult, den er von Schopenhauer übernommen hat, zusammen mit der Einprägung, daß das Glück unmöglich und das einzig Mögliche und Menschenwürdige ein *heroischer* Lebenslauf ist. In Nietzsche's Umformung, im Verein mit seiner Anbetung des starken und schönen Lebens, ergibt das einen heroischen Ästhetizismus, zu dessen Schutzherrn er den Gott der Tragödie, Dionysos, ausruft. Es ist eben dieser dionysische Ästhetizismus, welcher den späteren Nietzsche zum größten Kritiker und Psychologen der Moral macht, den die Geistesgeschichte kennt.

Zum Psychologen ist er geboren, die Psychologie ist seine Urleidenschaft: Erkenntnis und Psychologie, das ist ihm im Grunde ein und dieselbe Passion, und es ist ein Wahrzeichen der ganzen inneren Widersprüchlichkeit dieses großen und leidenden Geistes, daß er, dem das Leben weit höher als das Erkennen gilt, so vollkommen und unrettbar der Psychologie verfallen ist. Psycholog ist er allein schon kraft des schopen- [691] hauerischen Befundes, daß nicht der Intellekt den Willen hervorbringt, sondern umgekehrt, daß nicht der Intellekt das Primäre und Herrschende ist, sondern der Wille, zu dem der Intellekt in einem rein bedientenhaften Verhältnis steht. Der Intellekt als dienendes Werkzeug des Willens: das ist der Quellpunkt aller Psychologie, einer Verdächtigungs- und Entlarvungspsychologie, und Nietzsche, als Anwalt des Lebens, wirft sich der Moral-Psychologie in die Arme, er verdächtigt alle »guten« Triebe der Herkunft aus schlimmen und ruft die »bösen« als die vornehmen und lebenerhöhenden aus. Das ist »die Umwertung aller Werte«. [...]

[692...] Sein Leben war Rausch und Leiden – eine hochkünstlerische Verfassung, mythologisch gesprochen die Vereinigung des Dionysos mit dem Gekreuzigten. Den Thyrsus schwingend hat er das starke und schöne, das amoralisch triumphie- [693] rende Leben ekstatisch verherrlicht und es gegen jede Verkümmerung durch den Geist verteidigt – und zugleich dem Leiden Huldigungen dargebracht wie keiner. »Es bestimmt die *Rangordnung*«, sagt er, »wie tief einer leiden kann.« Das ist nicht das Wort eines Anti-Moralisten. Es hat auch nichts von Anti-Moralismus, wenn er schreibt: »Was Qual und Entsagung betrifft, so darf sich das Leben meiner letzten Jahre mit dem jedes Asketen irgend einer Zeit messen.« Denn er schreibt das nicht Mitleid heischend, sondern mit Stolz: »Ich *will*«, sagt er, »es so schwer haben, wie nur irgendein Mensch es hat.« Schwer hat er es sich gemacht, schwer bis zur Heiligkeit, denn Schopenhauers Heiliger blieb ihm im Grunde immer der höchste Typus, und der »heroische Lebenslauf«, das ist der Lebenslauf des Heiligen. Was definiert den Heiligen? Daß er nichts von allem tut, was er möchte, und alles, was er nicht möchte. So hat Nietzsche gelebt: »Allem entsagend, was ich verehrte, der Verehrung selbst entsagend ... Du sollst Herr über dich werden, Herr auch über die eigenen Tugenden.« Das ist der »Akt des sich selbst Überspringens«, von dem Novalis einmal spricht, und von dem er meint, daß er überall der höchste sei. Dieser »Akt« nun (ein Artisten- und Akrobatenausdruck) hat bei Nietzsche so gar nichts Übermütig-Gekonntes und Tänzerisches. Alles »Tänzerische« in seinem Gehaben ist Velleität und im höchsten Grade unangenehm. Sondern es ist ein blutiges Sich-ins-eigene-Fleisch-Schneiden, Kasteiung, Moralismus.

Sein Wahrheitsbegriff selbst ist asketisch: denn Wahrheit ist ihm, was wehe tut, und er würde jeder Wahrheit mißtrauen, die ihm wohltäte. [...]
[694 ...] Er hat nie einen Grund dafür angegeben, warum das Leben etwas unbedingt Anbetungswürdiges und höchst Erhaltenswertes ist, sondern hat nur erklärt, Leben gehe über Erkennen, denn mit dem Leben vernichte das Erkennen sich selbst. Es setze das Leben voraus und habe also an ihm das Interesse der Selbsterhaltung. Es scheint also, das Leben muß sein, damit es was zu erkennen gebe. Uns ist aber doch, als reiche diese Logik nicht aus für seine begeisterte Protektion des Lebens. [...]
[695 ...] »Es gibt keinen festen Punkt außerhalb des Lebens«, sagt Nietzsche, »von dem aus über das Dasein reflektiert werden könnte, keine Instanz, vor der das Leben sich *schämen* könnte.« Wirklich nicht? Man hat das Gefühl, daß doch eine da ist, und möge es nicht die Moral sein, so ist es schlechthin der Geist des Menschen, die Humanität selbst als Kritik, Ironie und Freiheit, verbunden mit dem richtenden Wort. »Das Leben hat keinen Richter über sich«? Aber im Menschen kommen doch irgendwie Natur und Leben über sich selbst hinaus, sie verlieren in ihm ihre Unschuld, sie bekommen *Geist* – und Geist ist die Selbstkritik des Lebens. Dieses humane Etwas in uns hat einen zweifelnden Blick des Mitleids für eine »Gesundheitslehre« des Lebens, die in noch nüchternen Tagen sich nur gegen die historische Krankheit richtet, aber dann in eine mänadische Wut gegen Wahrheit, Moral, Religion, Menschlichkeit, gegen alles ausartet, was zu einer leidlichen Zähmung des wilden Lebens dienen kann.

Soviel ich sehe, sind es zwei Irrtümer, die das Denken Nietzsche's verstören und ihm verhängnisvoll werden. Der erste ist eine völlige, man muß annehmen: geflissentliche Verkennung des Machtverhältnisses zwischen Instinkt und Intellekt auf Erden, so, als sei dieser das gefährlich Dominierende, und höchste Notzeit sei es, den Instinkt vor ihm zu retten. Wenn [696] man bedenkt, wie völlig bei der großen Mehrzahl der Menschen der Wille, der Trieb, das Interesse den Intellekt, die Vernunft, das Rechtsgefühl beherrschen und niederhalten, so gewinnt die Meinung etwas Absurdes, man müsse den Intellekt überwinden durch den Instinkt. Nur historisch, aus einer philosophischen Augenblickssituation, als Korrektur rationalistischer Saturiertheit, ist diese Meinung zu erklären, und sofort bedarf sie der Gegen-Korrektur. Als ob es nötig wäre, das Leben gegen den Geist zu verteidigen! Als ob die geringste Gefahr bestünde, daß es je zu geistig zugehen könnte auf Erden! [...]

Der zweite von Nietzsche's Irrtümern ist das ganz und gar falsche Verhältnis, in das er Leben und Moral zueinander bringt, wenn er sie als Gegensätze behandelt. Die Wahrheit ist, daß sie zusammengehören. Ethik ist Lebensstütze, und der moralische Mensch ein rechter Lebensbürger, – vielleicht etwas langweilig, aber höchst nützlich. [...]

[701 ...] Wir haben ein Hamletschicksal vor uns, ein tragisches Schicksal über die Kraft gehender Erkenntnis, das Ehrfurcht einflößt und Erbarmen. »Ich glaube«, sagt Nietzsche einmal, »ich habe einiges aus der Seele des höchsten Menschen erraten – *vielleicht geht jeder zugrunde,* der ihn errät.« Er ist daran zugrunde gegangen, und zu vielfach sind die Atrozitäten seines Lehrens von unendlich rührendem lyrischen Leid, von tiefen Liebesblicken, von Lauten schwermütigster Sehnsucht nach dem Tau der Liebe für das dürre, das regenlose Land seiner Einsamkeit durchzogen, als daß Hohn oder Abscheu vor solchem Ecce Homo-Bilde sich hervorwagen dürften. Aber etwas in die Enge getrieben sieht unsere Verehrung sich freilich, wenn der von Nietzsche hundertmal verhöhnte und als giftiger Hasser höheren Lebens angeprangerte »Sozialismus der unterworfenen Kaste« uns nachweist, daß sein Übermensch nichts anderes ist als die Idealisierung des faschistischen Führers, und daß er selbst mit seinem ganzen Philosophieren ein Schrittmacher, Mitschöpfer und Ideensouffleur des europäischen –, des Welt-Faschismus gewesen ist. Unterderhand bin [702] ich geneigt, hier Ursache und Wirkung umzukehren und nicht zu glauben, daß Nietzsche den Faschismus gemacht hat, sondern der Faschismus ihn, – will sagen: politikfern im Grunde und unschuldig-geistig, hat er als sensibelstes Ausdrucks- und Registrierinstrument mit seinem Macht-Philosophen den heraufsteigenden Imperialismus vorempfunden und die faschistische Epoche des Abendlandes, in der wir leben und trotz dem militärischen Sieg über den Faschismus noch lange leben werden, als zitternde Nadel angekündigt. [...]

[703 ...] Man sollte sich doch nicht täuschen lassen: Der Faschismus als Massenfang, als letzte Pöbelei und elendestes Kultur-Banausentum, das je Geschichte gemacht hat, ist dem Geiste dessen, für den alles sich um die Frage »Was ist vornehm?« drehte, im tiefsten fremd; er liegt ganz außerhalb seiner Einbildungskraft, und daß das deutsche Bürgertum den Nazi-Einbruch mit Nietzsche's Träumen von kulturerneuernder Barbarei verwechselte, war das plumpste aller Mißverständnisse. Ich rede nicht von seinem verachtungsvollen Hinwegsehen über allen Nationalismus, seinem Haß auf das ›Reich‹ und die verdummende deutsche Machtpolitik, seinem Europäertum, seinem Hohn auf den Antisemitismus und den gesamten Rasseschwindel. Aber ich wiederhole, daß der sozialistische Einschlag in seiner Vision nachbürgerlichen Lebens ebenso stark ist wie derjenige, den man den faschistischen nennen kann. Was ist es denn, wenn Zarathustra ruft: »Ich beschwöre euch, meine Brüder, bleibt der Erde treu! Nicht mehr den Kopf in den Sand der himmlischen Dinge stecken, sondern frei ihn tra- [704] gen, einen Erdenkopf, der der Erde Sinn schafft! ... Führt gleich mir die verflogene Tugend zur Erde zurück – ja, zurück zu Liebe und Leben: daß sie der Erde einen Sinn gebe, einen Menschensinn!«? Es bedeutet den Willen, das Materielle mit Menschlichem zu durchdringen, den Materialismus des Geistes, es ist Sozialismus.

Sein Kulturbegriff hat hie und da eine starke sozialistische, jedenfalls nicht mehr bürgerliche Färbung. Er wendet sich gegen das Auseinanderfallen von Gebildeten und Ungebildeten, und sein jugendlicher Wagnerismus meint vor allem dies: das Ende der Renaissance-Kultur, dieses Groß-Zeitalters der Bürgerlichkeit, eine Kunst für Hoch und Niedrig, keine höchsten Beglückungen mehr, die nicht den Herzen aller gemein wären.

Von Arbeiterfeindschaft zeugt es nicht, es zeugt vom Gegenteil, wenn er sagt: »Die Arbeiter sollen als Soldaten empfinden lernen: ein Honorar, ein Gehalt, aber keine Bezahlung. Sie sollen einmal leben wie jetzt die Bürger; aber *über* ihnen, sich durch Bedürfnislosigkeit auszeichnend, die *höhere* Kaste, also ärmer und einfacher, aber im Besitz der Macht.« [...]

[706 ...] Die Beurteilung Nietzsche's als eines zentrumslosen Aphoristikers ist aufzugeben: seine Philosophie ist so gut wie die Schopenhauers ein durchorganisiertes System, entwickelt aus einem einzigen, alles durchdringenden Grundgedanken. Aber dieser Grund- und Ausgangsgedanke ist nun freilich radikal ästhetischer Art, – wodurch allein sein Schauen und Denken in unversöhnlichen Gegensatz zu allem Sozialismus geraten muß. Es gibt zuletzt nur zwei Gesinnungen und innere Haltungen: die ästhetische und die moralistische, und der Sozialismus ist streng moralische Weltansicht. Nietzsche dagegen ist der vollkommenste und rettungsloseste Ästhet, den die Geschichte des Geistes kennt, und seine Voraussetzung, die seinen

dionysischen Pessimismus in sich enthält: daß nämlich das Leben nur
als ästhetisches Phänomen zu rechtfertigen sei, trifft genaue- [707]
stens auf ihn, sein Leben, sein Denk- und Dichtwerk zu, – nur als
ästhetisches Phänomen ist es zu rechtfertigen, zu verstehen, zu ver-
ehren, bewußt, bis in die Selbst-Mythologisierung des letzten Au-
genblicks und bis in den Wahnsinn hinein ist dieses Leben eine
künstlerische Darbietung, nicht nur dem wundervollen Ausdruck,
sondern dem innersten Wesen nach, – ein lyrisch-tragisches Schau-
spiel von höchster Faszination.
[...] Nietzsche's Verherrlichung des Barbarischen ist nichts weiter
als eine Ausschweifung seiner ästhetischen Trunkenheit, und aller-
dings verrät sie eine Nachbarschaft, über die wir allen Grund haben
nachzudenken: die Nachbarschaft eben von Ästhetizismus und Bar-
barei. Diese unheimliche Nähe wurde gegen Ende des neunzehnten
Jahrhunderts noch nicht gesehen, gefühlt, gefürchtet, – sonst hätte
Georg Brandes, ein Jude und liberaler Schriftsteller, den »aristo-
kratischen Radikalismus« des deutschen Philosophen nicht als neue
Nuance entdecken und Propaganda-Vorlesungen darüber halten
können: ein Zeichen für das damals noch herrschende Sicherheits-
gefühl, die Sorglosigkeit des zur Neige gehenden bürgerlichen Zeit-
alters, – ein Zeichen aber auch, daß der gewiegte dänische Kritiker
Nietzsche's Barbarismus nicht ernst, nicht eigentlich nahm, ihn cum
grano salis verstand, – woran er sehr recht tat.

Durch Nietzsche's Ästhetizismus, der eine rasende Verleug- [708]
nung des Geistes ist zugunsten des schönen, starken und ruchlosen
Lebens, die Selbstverleugnung eines Menschen also, der tief am Le-
ben leidet, kommt etwas Uneigentliches, Unverantwortliches, Un-
verlässiges und Leidenschaftlich-Gespieltes in seine philosophischen
Ergüsse, ein Element tiefster Ironie, woran das Verständnis des
schlichteren Lesers scheitern muß. Was er bietet, ist nicht nur Kunst,
– eine Kunst ist es auch, ihn zu lesen, und keinerlei Plumpheit und
Geradheit ist zulässig, jederlei Verschlagenheit, Ironie, Reserve er-
forderlich bei seiner Lektüre. Wer Nietzsche ›eigentlich‹ nimmt,
wörtlich nimmt, wer ihm glaubt, ist verloren. [...]
[710 ...] In mehr als einem Sinn ist Nietzsche historisch geworden.
Er hat Geschichte gemacht, fürchterliche Geschichte, und übertrieb
nicht, wenn er sich »ein Verhängnis« nannte. Seine Einsamkeit hat
er ästhetisch übertrieben. Er gehört, allerdings in extrem deutscher
Gestalt, einer allgemein abendländischen Bewegung an, die Namen
wie Kierkegaard, Bergson und viele andere zu den ihren zählt und

eine geistesgeschichtliche Revolte ist gegen den klassischen Vernunftglauben des achtzehnten und neunzehnten Jahrhunderts. Sie hat ihr Werk getan – oder nur insofern noch nicht vollendet, als seine notwendige Fortsetzung die Rekonstituierung der menschlichen Vernunft auf neuer Grundlage, die Eroberung eines Humanitätsbegriffs ist, der gegen den selbstgefällig verflachten der Bürgerzeit an Tiefe gewonnen hat.

Die Verteidigung des Instinkts gegen Vernunft und Bewußtheit war eine zeitliche Korrektur. Die dauernde, ewig notwendige Korrektur bleibt die des Lebens durch den Geist – oder die Moral, wenn man will. Wie zeitgebunden, wie theoretisch auch, wie unerfahren mutet uns Nietzsche's Romantisierung des Bösen heute an! Wir haben es in seiner ganzen Miserabilität kennengelernt und sind nicht mehr Ästheten genug, uns vor dem Bekenntnis zum Guten zu fürchten, uns so trivialer Begriffe und Leitbilder zu schämen wie Wahrheit, Freiheit, Gerechtigkeit. [...]

194 Gottfried Benn
Bedenken gegen Nietzsche (1949)

[167] Es ist zu vermuten, daß in jedem bedeutenden Werk Stellen sind, die dem Autor selber unklar bleiben. Daneben gibt es die Rätsel und die Widersprüche. Gemeint ist Ziffer 109 im Dritten Buch der Fröhlichen Wissenschaft. Wovon Nietzsche dort spricht, ist »das All« oder »die Welt«. Hüten wir uns, sagt er, zu denken, daß die Welt ein lebendiges Wesen sei. Wohin soll sie sich ausdehnen? Wovon sollte sie sich nähren? Wie könnte sie wachsen und sich vermehren? Hüten wir uns, etwas so Formvolles wie die zyklischen Bewegungen unserer Nachbarsterne überhaupt und überall vorauszusetzen, schon ein Blick in die Milchstraße läßt Zweifel auftauchen, ob es dort nicht viel rohere und widersprechendere Bewegungen gibt, ebenfalls Sterne mit gradlinigen Fallbahnen und dergleichen. Die astrale Ordnung, in der wir leben, ist eine Ausnahme. Der Gesamtcharakter der Welt ist dagegen in alle Ewigkeit Chaos. Von unserer Vernunft aus geurteilt, sind die verunglückten Würfe weitaus die Regel. Es, das All, hat auch keinen Selbsterhaltungstrieb und überhaupt keinen Trieb, es kennt auch keine Gesetze; da ist keiner, der befiehlt oder gehorcht, keiner, der übertritt. Hüten wir uns zu sagen, daß Tod dem Leben entgegengesetzt sei. Das Lebende ist nur eine

Art des Toten und eine sehr seltene Art. Hüten wir uns zu denken, die Welt schaffe ewig Neues. Es gibt keine [168] dauerhaften Substanzen, die Materie ist ein ebensolcher Irrtum wie der Gott der Eleaten. [...]

Dies etwa ist die Stimmung der ersten zweiundfünfzig Reihen des Aphorismus. Aber die letzten zweieinhalb Reihen bringen dann die Wendung, und diese ist äußerst überraschend. Sie lautet: »Wann werden wir anfangen dürfen, uns Menschen mit der reinen, neu gefundenen, neu erlösten Natur zu vernatürlichen?«

Nietzsche setzt also plötzlich die Natur in Gegensatz zu dem chaotischen All und der chaotischen Erde, und diese Natur soll neu erlöst werden und dann sollen wir uns mit ihr vernatürlichen. Geschieht das, dann ist offenbar das Vorhergehende gar nicht so schlimm und das Chaotische für uns geordnet. Diese Wendung ist seltsam bei einem Autor, dem es bestimmt nicht entgangen sein kann, daß die Natur der Schulfall des Unnatürlichen ist, nämlich der Gegensatz dessen, was wir natürlich nennen. Das Verfahren der Natur ist, um nur einiges zu nennen: Übertreibung, Ausschweifung, Sprünge, Verdichtung, unausdenkbare Konzentration immenser Spannungen auf kleinstem Raum, Vernichten, Liegenlassen, Vergessen – kurz alles andere als das, was wir als natürlich betrachten.

Diese Wendung ist aber auch schwer zu verstehen bei [169] einem Mann, der so viel von den Bedürfnissen wußte und schrieb, die wir nicht aus der Wirklichkeit befriedigen können (also aus der Unwirklichkeit befriedigen müssen), und zu dessen – uns alle tief bestimmenden – Erkenntnissen es gehörte, daß die Kunst eine Abweichung von der Natur sei, Kunst, die er liebte »als Ausdruck einer hohen heldenhaften Unnatürlichkeit«. Diese zweieinhalb Reihen können also doch wohl keinesfalls ein Bekenntnis zu einem Naturalismus oder Biologismus in irgendeiner Form sein und keine Aufhebung seines großen, die ganze Epoche zusammenfassenden Gedankens, daß die Welt nur als ästhetisches Phänomen zu deuten und zu ertragen sei. Zu oft hat er die Kunst, nicht die Natur, als die letzte metaphysische Aufgabe der europäischen Rasse dargestellt – die monologische Kunst, sie ruht auf dem Vergessenen, sie ist die Musik des Vergessens. Oder sollte er gemeint haben, die ästhetische Deutung sei bereits unsere jetzige Natur geworden und das sei die neue Erlösung? Aber würde er nicht hinzufügen – hüten wir uns vor Erlösung?

195 Gottfried Benn
Züchtung II (1949)

[...297...] Wir erblicken Nietzsche heute nicht im Halbdunkel seiner pathetischen Wirklichkeitszüchtung, sondern im unfaßbar tiefen Glanz seiner Prosa als Verklärung der Verneinung. Wir sehen, daß Nietzsche in bezug auf die Idee der Züchtung naturalistisch dem Biologisch-Darwinistischen seines Lebenszeitalters verhaftet war, dessen Ergänzungsbedürftigkeit und dessen der Kritik zugänglichen Perspektiven. Verkündungspathetik, Religionsstifterembleme – Adler und Schlange –: unser Erstaunen wächst, wenn wir bei Nietzsche selber davon reden hören, daß Religionsstifter diejenigen seien, die um eine bestimmte Durchschnittsart von Seelen wissen, die sich selber als zusammengehörig noch nicht erkannt haben und nun im Verkünder, der sie zusammenführt, einander erkennen. Was wollte er denn, daß die Deutschen an sich, aneinander und an ihm selber zu praktischen Folgerungen erkennten? Eine seiner Hauptlehren ist doch: »Wir sind stets nur in unserer Gesellschaft« –: also der Durchschnitt in seiner, die Höheren in ihrer. Der Mittlere, das kranke, kränkliche krüppelhafte Tier, die Mißgeburt, das Halbe, das Schwache, das Linkische in seiner, der Spätgeborene, der Verschwender, der einsiedlerische und raubtierhafte Mensch in seiner. Eine hierarchische Welt. Warum also das ungeheuer Pathetische seiner sich steigernden Aufrufung, Anklage, Aggressivität in dieser durch ein Jahrzehnt sich erneuernden Wiederkehr des Glei- [298] chen? Nach Goethe das größte weiße Genie, ein psychologischer Voyeur nie erreichten Ranges, und alles, was er sah, war in ihm, war wirklich, erlitt er so sehr. Die Räusche, die Träume wirklich in ihm, aber, sagen wir heute, nur in ihm, denn kein Außerhalb der Räusche und der Träume. Die große Ruhe im Versprechen, das glückliche Hineinschauen in eine Zukunft –: allein in ihm, bei seinem Ende, und nur in ihm. Fünfzig Jahren brennen und strahlen, das ist ungeheuer, das ist kometenhaft: in ihm, doch nur in ihm. Der Rest ist persönliche Reizbarkeit und Überspielung. Was objektiv bleibt, ist nicht die Prophetie von Zukünften, sondern es sind die abgeschlossenen hinterlassungsfähigen Gebilde. Was bleibt, ist das zu Bildern verarbeitete Sein. Der Erfolg der Dynamik: Klassik! Hier halten wir, es ist 1940.

196 Alfred Döblin
Schicksalsreise (1949)

[159...] Ich war nun 24 Jahre alt und studierte Medizin. Es war schon vorher an meinem musikalischen Himmel Richard Wagner aufgegangen, sein Stern konkurrierte an Lichtstärke mit dem von Johannes Brahms. Ziemlich rasch nahm Wagner ab. Es funkelte schon Hugo Wolff. Damals also fielen mir Dostojewskis »Raskolnikow« und einige Nietzschebücher in die Hand. Ungeheuer regte mich der »Raskolnikow« auf. Es war weit mehr als die Erregung bei der Lektüre eines span- [160] nenden Buches. Nein, es war überhaupt nicht Roman-Lektüre, das Gebiet der Literatur überhaupt war überschritten; und nicht einmal gesprengt wurden hier literarische Grenzen. Ich war nach Hölderlin und Kleist auf ein neues Gebiet geführt. Der »Raskolnikow« war ein Ereignis; er gab eine Wirklichkeit, wie der »Hyperion« eine war.

Und Nietzsche. Ich erinnere mich, wie ich im Zimmer sitze und nach der Lektüre der »Genealogie der Moral« das Buch schließe, beiseitelege und mit einem Heft bedecke, buchstäblich zitternd, fröstelnd, und wie ich aufstehe, außer mir, im Zimmer auf und abgehe und am Ofen stehe. Ich wußte nicht, was mir geschah, was man mir hier antat.

Kannte ich Gott, trotz alledem? Gott, gegen den es hier ging? Wußte ich von ihm? Ahnte und ersehnte ich ihn? Ich weiß nicht. Aber ich sah, daß es hier schrecklich ernst wurde, daß es um Gott ging, und daß ich daran beteiligt war.

Wie bei meinen armen Freunden Kleist und Hölderlin handelte es sich hier weder um Kunstliteratur, noch eigentlich um Philosophie. Wieder einmal stieß einer auf den Ursprung zu. Ich verhielt mich bei der Lektüre dieser Werke wie ein Mann, der, ohne Alpinist zu sein, unversehens genötigt wird, eine gefährliche Gletscherpartie zu machen, der diese Abenteuer aber besteht und der während seines Verlaufs und nun erst nachher konstatiert, was eigentlich in ihm ruht, welche Kräfte er in sich trägt. Denn so ist es ja mit dem Leben in unserer bürgerlichen Gesellschaft, nein, bestimmt in jeder Gesellschaft. Es äußert sich nur einiges von uns, man schläft größtenteils ein, eine große Anzahl von Fragen werden überhaupt nicht gestellt, das Leben spielt sich in einem engen festgelegten Kreis ab. Wie ein Igel rollt man sich ein. Wo sind [161] da noch Probleme, was sind überhaupt Probleme? Außerhalb der Suche nach Nahrung, Behausung, Bequemlichkeit, Ehre? Wenn der Hunger und die Kälte, die Liebe und die Wohnungsnot und vielleicht noch der Ehrgeiz geregelt sind, was bleibt?

Über den Rest der Existenz, – welch ungeheuerer Rest – legt sich ein Schleier.

So trieb ich dahin und studierte. Der Wohlstand in dem Land, in dem ich lebte, nahm zu, und ich befand mich gut dazwischen. Fiel da also vom Himmel herunter ein Blitz, schlägt dicht vor mir ein und in der Helligkeit, die blendet, sehe ich, was ich vorher nie gesehen hatte. Und dieser Blitz war Dostojewski und die Gespräche Raskolnikows und der Brüder Karamasow und dann die »Genealogie der Moral«, – Donner, ein ganzes Gewitter, Blitz nach Blitz, so daß man sich schon ängstlich nach der alten Bläue des Himmels sehnt.

Warum hatte ich denn begonnen, Medizin zu studieren? Weil ich Wahrheit wollte, die aber nicht durch Begriffe gelaufen und hierbei verdünnt und zerfasert war. Ich wollte keine bloße Philosophie und noch weniger den lieben Augenschein der Kunst. Ich hatte schon schwere Dinge erlebt und mochte den Spaß der gutsituierten Leute nicht und das Künstlertum, wenigstens das was ich sah, widerte mich an. Dagegen war ja mit Ernst und Energie das Leben geladen, das ich im Alltag erfuhr, und dazu war wunderbar hart und schrecklich die Natur, zu der wir auch gehörten. Und da kam Nietzsche, er hatte nicht Medizin studiert und wußte auch nicht viel von Naturwissenschaften, aber mit dem, was er wußte und hatte, verstand er umzugehen. Er war ehrlich, verlangte Wahrheit [162] und nur die Wahrheit. (Es war mehr die Besessenheit hinter einer Wahrheit, die infolgedessen nicht die Wahrheit war.)

Atemlos verfolgte ich, was er trieb und hörte auf seine Äußerungen. Ich nahm seine Gedanken weder an, noch lehnte ich sie ab. Ich ließ sie auf mich wirken. Sie bedeuteten eine Aufhellung und Erschütterung.

Es gibt zweierlei Arten von Begegnungen, für die man dankbar sein muß. Die eine ist die Begegnung mit Menschen, die erfüllen, was wir wünschen und die Fragen beantworten, die wir stellen. Die andere Art: Begegnung mit Menschen, auch mit Büchern, Vorgängen, Bildern, die in uns Wünsche erzeugen und Fragezeichen machen. Das sind Begegnungen, die an den Frühlingsregen in der Wüste erinnern: Er läßt eine üppige Flora hervorsprießen aus dem Boden, der noch gestern bloßer gelber heißer Sand war, und der durch nichts auf so viele und kostbare Keime schließen ließ.

Auf solche doppelte Weise werden wir an das Licht der Welt gehoben. So erschienen vor mir diese Zauberer, von denen ich sprach. Ich schlug mich lange mit irgendwelchen Figuren und Gestalten von Kleist, Hölderlin, Dostojewski, mit Sätzen von Nietzsche herum und – ließ sie dann fallen. Sie verschwanden mir dadurch nicht, und wann auch immer ich mich später ihnen näherte, tat ich es mit Rührung und Ergriffenheit. [...]

197 Ernst Jünger

Strahlungen (1949)

[9...] Poe, Melville, Hölderlin, Tocqueville, Dostojewski, Burckhardt, Nietzsche, Rimbaud, Conrad wird man auf diesen Seiten häufig beschworen finden als Auguren der Malstromtiefen, in die wir abgesunken sind. Zu diesen Geistern zählen auch Léon Bloy und Kierkegaard. Die Katastrophe wurde in ihren Einzelheiten vorausgeschaut. Doch waren die Texte oft hieroglyphisch – so gibt es Werke, für die wir erst heute als Leser reif geworden sind. Sie gleichen Transparenten, deren Inschrift erst der Schein der Feuerwelt enthüllt. [...]

198 Thomas Mann

Die Entstehung des Doktor Faustus (1949)

[165...] Da ist die Verflechtung der Tragödie Leverkühns mit derjenigen Nietzsche's, dessen Name wohlweislich in dem ganzen Buch nicht erscheint, eben weil der euphorische Musiker an seine Stelle gesetzt ist, so daß es ihn nun nicht mehr geben darf; die wörtliche Übernahme von Nietzsche's Kölner Bordell-Erlebnis und seiner Krankheits- [166] symptomatik, die Ecce-Homo-Zitate des Teufels, das – kaum einem Leser bemerkliche – Zitat von Diät-Menus nach Briefen Nietzsche's aus Nizza, oder das ebenfalls unauffällige Zitat von Deussens letztem Besuch mit dem Blumenstrauß bei dem in geistige Nacht Versunkenen. [...] Da so viel ›Nietzsche‹ in dem Roman ist, so viel, daß man ihn geradezu einen Nietzsche-Roman genannt hat, liegt es nahe, in dem Dreieck Adrian-Marie Godeau-

Rudi Schwerdtfeger ein Zitat von Nietzsche's indirekten Heiratsanträgen, bei der Lou Andreas durch Rée, bei dem Fräulein Trampedach durch Hugo von Senger (der schon halbwegs mit ihr verlobt war), zu vermuten. [...]

199 Johannes R. Becher

Auf andere Art so große Hoffnung (1950)

[12...] Bei aller instinktiven Abneigung, die ich gegen Nietzsche hegte, war es mir doch nicht möglich, dieses raffinierte Blendwerk zu durchschauen, und so »spielte ich auch sein Spiel«, indem ich vor nichts so sehr zurückschreckte als vor dem Verdacht, ein »terrible simplificateur« zu sein, ein Schreckgespenst, in dem Nietzsche das Gespenst des Kommunismus sah. [...]
[13...] Lenin vor allem verdankte ich es, daß ich mich befreite von den Provokationen eines Nietzsche und verstehen lernte, was auch Gorki immer so wunderbar auszudrücken vermochte, daß alle wahre menschliche Größe immer einfach und schlicht ist. [...]
[93] Der verhängnisvolle Irrtum: Nietzsche sei nur ein Seismograph gewesen, ein Erdbeben anzeigend. Der Seismograph war ein Mensch, hat Menschen in einer bestimmten Richtung beeinflußt, und das Erdbeben wurde von Menschen erzeugt. Wenn ein Seismograph die Menschen dahin gehend beeinflußt, ein »Erdbeben« zu erzeugen oder nicht zu verhindern, so steht anderen Menschen das Recht zu, Seismographen dieser Art außer Funktion zu setzen. (Zu Jüngers gedankenlosem Vorwurf, Nietzsche sei ja nur ein Seismograph gewesen. Eine Unterschätzung Nietzsches, nebenbei.) [...]
[168] Schopenhauer ergänzt und überwunden durch Nietzsche – was besagen soll: Weltschmerz, Zersetzung, Dekadenz, Pessimismus sind nur die andere Seite (nur die Kehrseite der Medaille, auf deren Vorderseite ...) des Rabiaten, des Brutalen, der »blonden Bestie«, des Übermenschen. Und dieses folgt auf jenes.

200 Gottfried Benn

Nietzsche nach 50 Jahren (1950)

[482...] »Eigentlich hat alles, was meine Generation diskutierte, innerlich sich auseinanderdachte, man kann sagen: erlitt, man kann auch sagen: breittrat – alles das hatte sich bereits bei Nietzsche ausgesprochen und erschöpft, definitive Formulierung gefunden, alles Weitere war Exegese. Seine gefährliche stürmische blitzende Art, seine ruhelose Diktion, sein Sichversagen jeden Idylls und jeden allgemeinen Grundes, seine Aufstellung der Triebpsychologie, des Konstitutionellen als Motiv, der Physiologie als Dialektik – ›Erkenntnis als Affekt‹, die ganze Psychoanalyse, der ganze Existentialismus, alles dies ist seine Tat. Er ist, wie sich immer deutlicher zeigt, der weitreichende Gigant der nachgoetheschen Epoche.

Nun kommen einige und sagen, Nietzsche ist politisch gefährlich. Unter diesem Gesichtspunkt muß man sich nun allerdings einmal die Politiker betrachten. Das sind Leute, die, wenn sie rhetorisch werden, sich immer hinter den Thesen von Geistern verstecken, die sie nicht verstehen, von geistigen Menschen. Was kann Nietzsche dafür, daß die Politiker nachträglich bei ihm ihr Bild bestellten? Nietzsche sah das kommen, er schrieb im Juni 84 an seine Schwester, daß ihm der Gedanken Schrecken mache, was für Unberechtigte und gänzlich Ungeeignete sich einmal auf seine Autorität berufen würden. Er sagte ferner, er wolle Zäune um seine Gedanken haben – ›daß mir nicht in meine Gärten [483] die Schweine und Schwärmer brechen‹. Trotzdem bleibt es bemerkenswert, daß er in einer gewissen Periode seines Schaffens (Zarathustra) unter der Führung darwinistischer Ideen stand, an die Auswahl der Tüchtigen, den Kampf ums Dasein, den nur die Härtesten bestehen, glaubte, aber er übernahm diese Begriffe zur Färbung seiner Vision, ihm war nicht gegeben, seine Vision an den Bildern von Heiligenlegenden zu entzünden. Die blonde Bestie, die sich dann personifizierte, hätte er bestimmt nicht begrüßt. Er als Mensch war arm, makellos, rein – ein großer Märtyrer und Mann. Ich könnte hinzufügen, für meine Generation war er das Erdbeben der Epoche und seit Luther das größte deutsche Sprachgenie.« [...]

[484 ...] Wenn ein Leben fünfzig Jahre beendet ist und das Werk sechzig Jahre abgeschlossen vorliegt, darf man vielleicht zu der Methode übergehen, die Gestalt als Traum zu sehen – der Efeu ihres Grabes, das Meer von Nizza, das Eis des Engadins mischen die Figuren und die Widersprüche dieses Traums. Im Rahmen dieses Traums erscheint Hölderlin wie ein Herbarium und Novalis innerhalb der Redaktion der Urworte wie ein Lokalreporter, Goethe allein überflutet auch diesen Traum, trägt weiter, überbrückt auch diesen Abgrund – er allein. Aber auch ihm gegenüber erhebt sich Nietzsche als das größte Ausstrahlungsphänomen der Geistesgeschichte, alles an ihm, jeder Satz ist zweideutiger, faszinierender, beunruhigender, weniger gelassen als bei Goethe. Er ist »der vierte Mensch«, von dem man jetzt so viel spricht, der Mensch ohne Inhalt, der die Grundlagen der Ausdruckswelt schuf. Ich werde das erklären. Zunächst aber wende ich mich drei rückblickenden Fragen zu.

Erstens frage ich mich, was von Nietzsche wirkt heute altertümlich, gewissermaßen beschränkt. Da würde ich sagen: a) Er kannte noch nicht die These von der Morphologie der Kulturkreise, diese neue und zusätzliche Relativierung und Atomisierung unseres Lebensgefühls, durch die erstmalig ins Bewußtsein und die historische Thematik gelangten paläontologischen und vorgeschichtlichen Entdeckungen, er dachte im wesentlichen europäisch. b) Ihm fehlte weitgehend das Gefühl für das Situationäre seiner eigenen Physiologie, Philosophie, seine spezifischen Idiosynkrasien, er denkt sich und seine Erkenntnisse erstaunlich absolut, daher immer wieder und immer schriller der Hinweis auf seine eigene Originalität, Schicksalhaftigkeit und Exorbität, die er sach- [485] lich sieht, inhaltlich (Gottzertrümmerung, Züchtung, Übermensch), ihm fehlt daher eigentlich auch jede Malaise gegen sich selbst, er ist ohne Mißtrauen gegen seine eigene Präpotenz. c) Seine Verherrlichung des Griechischen ist uns ferngerückt. Bemerkungen wie »Die Griechen – der Mensch, der es am weitesten brachte« oder »das griechische Volk, das einzig geniale Volk der Weltgeschichte« oder »die Griechen sind gewiß nie überschätzt worden« oder »die griechische Welt als die einzige und tiefste Lebensmöglichkeit« oder »höchste Bildung erkenne ich bis jetzt nur als Wiedererweckung des Hellenentums« – diese seine existentielle Verbundenheit mit den Griechen lebt in uns nicht mehr. Zusammenfassend: Nietzsche denkt wesentlich stärker als Goethe im Zusammenhang mit und an einem bestimmten Punkt einer historischen Situation, die er als solche kaum in Frage stellt. Insofern ist er persönlich eigentlich überraschend stabil und zeitgebunden.

Meine zweite Frage betrifft: Nietzsche und die Zeitgenossen. Ich verschaffte mir die Kritik von Wilamowitz-Moellendorff, damals Privatdozent für Altphilologie an der Berliner Universität gegen Die Geburt der Tragödie aus dem Jahr 1872/73. [...]
[486 ...] Vom Standpunkt der Altphilologie hatte er sicher recht, seine Kritik war zweifellos daran beteiligt, daß Nietzsche sein Ordinariat in Basel aufgab oder verlor, also schon hier trennten sich die

beiden Welten: die historisch-wissenschaftliche und die Expressions- und Ausdruckswelt, deren erste Erscheinung Flammenwerfer und Grundlagendeponent Nietzsche war – diese Welt, deren Wesen die Faszination, eine sowohl tiefe wie suggestive Gruppierung, das blendende Arrangement war und das Fragment. [...]

[487...] Die dritte Frage heißt: Nietzsche und seine Krankheit. Diese Krankheit, ihre Herkunft und ihr Wesen erscheint uns heute nicht mehr so wichtig. Wenn Nietzsche 1890 an einem Herzanfall oder einer Blutvergiftung gestorben wäre, bliebe sein Werk unverändert bestehen. Diese angeblich luetische Erkrankung ist bis heute sehr umstritten. [...] Manchmal hat man den Eindruck, diese Krankheit wird in den Vordergrund gerückt, von solchen, die es vermeiden möchten, der ganzen Erscheinung und ihren Konsequenzen voll ins Auge zu sehen. Vorbildlich hinsichtlich dieses Themas verhält sich Jaspers, der von »Sprüngen des Gesamtzustandes des kör- [488] perlich-seelischen Daseins« spricht, durch die solche Veränderungen entstehen, »die nicht mehr völlig rückgängig werden«, und der sich auf den Ausdruck »Abbruch des Werks durch die Natur« beschränkt. Mir persönlich erscheint es wesentlicher, sich zu fragen, ob Nietzsche von einer solchen Erkrankung zu seinen schöpferischen Zeiten wußte, insofern nämlich, als die meisten Luetiker weniger unter ihrer Krankheit leiden, deren Symptome ja meistens schnell zu beseitigen sind, als vielmehr unter dem Bewußtsein dieser Erkrankung. Dieses Bewußtsein der Erkrankung ist so tief in ihrer Persönlichkeit verankert und so wesensbestimmend, daß es sehr wohl auf Produktion und innere Entwicklung Einfluß haben kann. Nichts von alledem findet sich in Nietzsches Schriften oder Briefen. Seine Augenleiden, seine Migräneanfälle – weder er selbst noch die behandelnden Ärzte kamen ätiologisch auf diese doch naheliegende Genese. Mir scheint also das Problem dieses Leidens für Nietzsches Erscheinung nicht wesentlich zu sein. [...]

[489...] Was hatte dieses Herz verehrt und was hatte es zerbrochen? Wir nähern uns unserem Hauptthema. Dies Herz hatte alles zerbrochen, was ihm begegnete: Philosophie, Philologie, Theologie, Biologie, Kausalität, Politik, Erotik, Wahrheit, Schlüsseziehn, Sein, Identität – alles hatte es zerrissen, die Inhalte zerstört, die Substanzen vernichtet, sich selbst verwundet und verstümmelt zu dem einen Ziel: die Bruchflächen funkeln zu lassen auf jede Gefahr und ohne Rücksicht auf die Ergebnisse – das war sein Weg. Und dies Herz pries sein Zerbrechen: »Alles ist Lüge an mir«, sagt der Zauberer im Zarathustra, »aber daß ich zerbreche – dies mein Zerbrechen ist echt.« Die Inhalte ohne Sinn, aber *sein inneres Wesen mit Worten zu zerreißen,* der Drang, sich auszudrücken, zu formulieren, zu blenden, zu funkeln – das war seine Existenz. Der Weg vom Inhalt zum Ausdruck, das Verlöschen der Substanz zugunsten der Expression, das war elementar. »Alles nur versuchend wagen« – »das Zusammensinken des Zirkels« – das war der transzendentale Durchbruch, der sich hier vollzog. Des jahrtausendealten Zirkels von Wahr und Unwahr, vom Satz des Widerspruchs, von A ist nur A – o nein, A kann vielerlei sein – »was gedacht werden kann, muß sicher eine Fiktion sein«, A ist in einem Aphorismus 1878 etwas ganz anderes als 1880 in einem Vers –: wir stehn vor dem Problem der Artistik, dem »Olymp des Scheins«.

Die Ausdruckswelt – diese Vermittlung zwischen dem Rationalismus und dem Nichts! Alles, was Inhalt, Substanz, Gedanke war, vielmehr schien, riß er mit seinem Krakengehirn, seiner Polypennatur an sich, spülte etwas Meerwasser, tiefblaues, mittelländisches darüber, fuhr ihm unter die [490] Haut, zerriß es und siehe, es war nur Haut, zeigte seine Bruch- und Wundflächen und trieb weiter, wurde weitergetrieben zu neuen Meeren, rings nur Welle und Spiel. Aus dem Buch von Jaspers tritt klar zutage, daß alles, was bei Nietzsche Philosophie war, eben nur Philosophie war – ein Fischen und Netzeauswerfen, aber die Netze blieben leer. Den archimedischen Punkt, von dem die denkerischen Dinge transzendent und bindend werden, konnte auch er nicht finden, er ist nicht zu finden, er ist nicht da – nicht mehr da. Betrachten wir hierzu einen Augenblick einen konkreten Fall, die Kausalität, den Zentralbegriff des neunzehnten Jahrhunderts. Naturgesetze, sagt Nietzsche, das sind »lange Launen«, Erkenntnis, lehrt er, ist »ein schönes Mittel zum Untergang«. Vergessen wir nicht, dieser Begriff der Kausalität war ein Begriff von hoher Moral. Er verlangte ein verbindliches, nachprüfbares Denken, eine offen zutage liegende Methode, ihm wohnte eine Transzendenz inne, die Transzendenz einer chemisch-physikalischen Objektivität. Diese moderne Wissenschaft trug – so paradox es klingt, die hohe Gesinnung, die menschliche Reinheit des Katholizismus nach dessen Auflösung und Säkularisation weiter bis an die Schwelle unserer Tage: erst in uns begann das Böse und Zerrissene, das Luziferische, das keine Objektivität mehr kennt. Hier steht Nietzsche an unserem Beginn. Die heutigen Diskussionen über den Zufall, das ursachlose Geschehn, die Fehlerstreuung, die jetzt bei allen wissenschaftlichen Kollektivuntersuchungen eine so große Rolle spielen – bei Nietzsche sind diese Gedanken gang und gäbe. [...]

[491 ...] Dies Werk ist die Geschichte von Begegnungen und deren Zerbrechen, schließlich blieb nichts übrig als die Kunst und – Peter Gast. »Ein Jauchzen der Erkenntnis – dein letzter Laut« und: »du hättest singen sollen, o meine Seele« – zwischen diesen beiden Polen gingen diese fünfundzwanzig Jahre unter ungeheuren Eruptionen hin und her. Lionardo hat sich in Dunkel gehüllt, Goethe hat viel von sich verschwiegen, Nietzsche redet viel vom Schweigen, vom vornehmen aristokratischen Schweigen, aber er selber verschwieg nichts, er opferte sich auch hier dem gegenspielerischen Motiv des Exhibitionistischen, das zur Ausdruckswelt gehört. Goethe kann man politisch und als Mensch und Menschenfreund und positives Staatswesen darstellen, er pflegte bewußt diese Züge an sich und stellte sie aus bestimmten Gründen heraus, bei Nietzsche wirkte ein solches Unterfangen tragikomisch, er erlebte in der Tat nur sein Denken, zerbrach es, warf es hoch und schliff es aus. Bei Jaspers finden wir das Wort: »Nietzsche ist nicht zu erschöpfen. Er ist [492] als Ganzes nicht ein Problem, das zu lösen wäre« – ein sehr bemerkenswertes Wort! Mit einer modern-europäischen Art ist er in der Tat nicht zu lösen, er gehört zu den Urworten, dem pythischen Reich. Er selber nennt sich ein Verhängnis und er war eins – aber wo kommen die Verhängnisse her? Daher, wo einzelne andere Fußstapfen haben und weitergreifende Schritte als die meisten. Auf dem Mond, sagen die Physiker, sei jeder Schritt zwanzig Meter lang – veränderte Schwerkraft oder dergleichen. Hintergründige Kräfte treten hier ins Spiel, deren Ausgangspositionen wir nicht kennen, die spielen plötzlich mit einem Menschen auf der Erde anders als mit dem Rest. Nietzsche ist der Verlust des Ichs im lebensbiographischen Sinne, er hatte Stationen, er hatte Ansichten, nämlich die, über die er gerade seine Aphorismen schrieb, er hatte fortgesetzt Erkenntnisse und Stimmungen, überstürzend frappierende, soweit sie ihn zu Psalmen oder Versen trugen.

Nietzsche, sehen wir heute, inaugurierte den »vierten Menschen«, von dem man jetzt so viel spricht, den Menschen mit dem »Verlust der Mitte«, die man romantisch wieder zu erwecken sucht. Der Mensch ohne moralischen und philosophischen Inhalt, der den Form- und Ausdrucksprinzipien lebt. Es ist ein Irrtum, anzunehmen, der Mensch habe noch einen Inhalt oder müsse einen haben.

Der Mensch hat Nahrungssorgen, Familiensorgen, Fortkommensorgen, Ehrgeiz, Neurosen, aber das ist kein Inhalt im metaphysischen Sinne mehr. Das ist nicht mehr der Animismus der frühen Stufen, der in magischer Verbundenheit mit der Natur und ihren bildenden Kräften im Menschen selber noch Kräfte und Verwandlungen bewog. Dieser beschwörende Mensch ist nicht mehr da. Es ist überhaupt kein Mensch mehr da, nur noch seine Symptome. Nietzsches Vers: »wer das verlor, was du verlorst, macht nirgends Halt« ist nur in diesem [493] Sinne zu deuten, er verlor den Inhalt – nur so gewinnen wir eine ebenbürtige Erklärung für diesen rätselhaften Vers. Zu weitgehende Perspektiven, wird man sagen, auch willkürliche oder schiefe. Aber in diesen fünfzig Jahren sahn wir seltsame Bewegungen, das Absterben und das Aufglimmen neuer Dinge, vor allem: die Erledigung der Wahrheit und die Fundamentierung des Stils. [...] »Traum ist die Welt und Rauch vor den Augen eines ewig Unzufriedenen« – nun wurde er, der es sagte, für uns selbst zum Traum, und wir gehn keinen Schritt unseres Weges mehr ohne die Anbetung dieses Traums.

201 Rudolf Pannwitz
Nietzsche und die Gegenwart (1951)

[... 290] Über den Propheten und den Dichter und Schriftsteller kann man nicht leicht verschieden denken. – Wer hätte damals, als es niedergeschrieben und gedruckt wurde, die Voraussage einer klassischen Epoche der großen Kriege, oder das Aufgehen der blühendverfallnen Städte in der Lohe eines Scheiterhaufens, oder die Unabwendbarkeit einer neuen Sklaverei, oder das Bevorstehn einer Barbarisierung und Primitivierung für ernst genommen? wer die unmittelbar drohende, ja schon gegenwärtige Krise des Menschen selbst? den Zusammenbruch des ganzen Wertesystems, die Katastrophe von Hochkulturen, die Zerreissung der Welt in ein unerbittliches Hüben und Drüben, eine moralische Erschöpfung und ihr Auslaufen in Defaitismus gegenüber aktiven Vernichtern? Damit ist nur einiges genannt. Man lese in »Jenseits von Gut und Böse«, im »Willen zur Macht«, im »Zarathustra« und den nachgelassnen Plänen zu ihm das Zugehörige. Auch die imperiale Föderation ist vorausgesehn, Europa und der gute Europäer gefordert, von der tragenden Grundlage eines wirtschaftlichen Demokratismus ein überpolitischer

Aufbau abgehoben. Zu dem Deutschen von heute bis übermorgen ist der Schlüssel gegeben, es läßt sich dem Erkannten, einbegriffen alles pro und contra, kaum mehr etwas hinzufügen. Das alles ist, historisch und äonisch im Zusammenfall, eine Apokalypse und Eschatologie. Diese entspricht aber nicht dem überlieferten Typus, sondern ist die unmittelbare Bewußtwerdung zweier konkreter Jahrzehnte: von 1870 bis 1890.

Der Dichter Nietzsche kommt von Luther, von Goethe (dem Goetheschen Spruch), von Hölderlin (dem Empedokles), der Romantik und Wagner. Der Einbruch der symphonischen und modernen Musik wird für ihn entscheidend, wie für die Franzosen von Baudelaire an über Mallarmé und bis zu Valéry. Nur daß bei diesen der gesprengte klassische Rahmen jedesmal sich wieder schließt. Bei Nietzsche zerbricht ein maßloser Inhalt und Grad der Seele zuletzt das Gefäß. Sein »Zarathustra«, seine »Dionysos-Dithyramben« und deren Bruchstücke erreichen schwindelnde Höhen der Ausdrucks-Gestalt des Unsäglichen, dazu mit [291] Stellen und Strekken letzte Gipfel des Sprachwerks überhaupt, aber keine allgemeine und objektive, und das hieße in dieser Sphäre: Psalmen- oder Fugen-*Form.* So fehlt auch jeder Ansatz zum Chorischen, welches doch in des späten Hölderlin Monodien als stummer Generalbaß wirksam ist, während hier die unendliche Melodie von Wagner und ein slawisch-starker Rhythmus oft zur Herrschaft gelangen. Der »Zarathustra« ist der Torso einer ungeheuren Konzeption: emporgeschleuderte Hymnen aus dem Lavakrater eines unerschaffenen Dramas, dessen der Verkündigung der ewigen Wiederkunft. Also nicht nur ein Gesang und eine Lehre, sondern ein »Ereignis« wie die Mysterien, aber eines der Zukunft. [...]

[292...] Nietzsche war ein Philosoph gelebter Philosophie und seine Lehre seine jeweilige Erfahrung. Seine Determinationen auch, gegen die er sich auflehnte, suchte er nicht durch Spekulation, sondern durch Experiment am eignen Leibe zu überwinden. [...]

[294...] Nietzsches Philosophie ist die erste Philosophie des *Lebens.* Sie entspringt dem Bewußtsein, daß unser Leben durch eine ihm feindliche und verderbliche Werteordnung bedroht ist, die den europäischen Menschen zur Degenereszenz und zum Nihilismus geführt hat. Wahrscheinlich liegt die Ursache unsres Zustandes tiefer und ist sie komplexer, aber der Zustand besteht. Die Beobachtung und Ergründung seiner Phänomene – eine unermeßliche Arbeit mit eigenster Methode – hält der ganzen ihr nachfolgenden Psycho-

analyse mehr als das Gewicht. Denn in ihr übt das Leben selbst seine höchste Funktion aus: die seiner Ver- [295] wandlung und Verjüngung. Nietzsche ist ein Archäologe und Paläontologe der Seele. Seine Moralpsychologie geht genetisch vor – »Genealogie« der Moral. Er entwickelt dabei morphologische Typen. [...]
[298 ...] Von seinen letzten Wurzelfäden aus ist der Mensch zu verwandeln. Das geht aber nicht mehr durch die Moral, auch durch die umgewertete nicht, sie kann nur die Brücke sein. Es ist erst auf ein [299] Ideal hin möglich. Und dieses hat Nietzsche erschaffen. Kein Gegenwärtiger ist davon unberührt geblieben. Dennoch steht es fast noch wie auf dem Papiere. Denn nicht nur, daß es sich allein dem erschließt, der mit den Pfeilen der Worte nicht spielt, sondern sich ins eigne Herz trifft: der Prozeß ist so tief und langsam, gemäß dem wie der Geist aufs organische Leben wirkt, daß es unabzählbare Generationen brauchen wird, bis auch nur ein neuer Phänotypus, geschweige denn ein neuer Genotypus erreicht sein kann.

Nietzsches Kosmos vollendet sich in dem Zusammenklange von vier Hauptsphären als ein göttliches Diesseits. In ihm ist jegliches geheiligt, doch nicht pantheistisch, sondern durch den schöpferischen, erlösenden, verklärenden, *vollkommenen* Blick. Dessen ist der Mensch der Erkenntnis und Liebe, die auf höchster Stufe eins sind, fähig. Die vier Sphären sind: der Wille zur Macht, die ewige Wiederkunft des Gleichen, der Übermensch, Dionysos. Vielleicht kann erst unser äußeres, völkergeschichtliches Schicksal die Tore in diese Reiche aufsprengen wie ein Erdbeben die eines verschlossnen Tempels. – Der Wille zur Macht ist die Triebkraft des Lebens, nicht es bewirkend, sondern von ihm unscheidbar. Er ist seine ursprüngliche und einzige Triebkraft, unter vielen Erscheinungen und Verwandlungen. Er besagt, daß das Leben nach Ausdehnung, Steigerung, Herrschaft strebt; daß es über sich hinausgreift, Umgebendes überwältigt, gestaltet, unter sich ordnet, zu seiner Funktion macht; daß es Hammer und nicht Amboß sein oder, wenn es dienen muß, gerade damit *mehr* werden will; daß »alles Geschehen, alle Bewegung, alles Werden ein Feststellen von Grad- und Kraftverhältnissen, ein *Kampf*« sei, und dieser ein Kampf-*Spiel*, ein *Agon*; daß auch die Wahrheit ein Fest-*machen*, ein Dauerhaft-*machen*, eine Umdeutung ins Seiende, ein *aktives Bestimmen* sei; daß das Leben selber auf den Glauben an Dau- [300] erndes und regelmäßig Wiederkehrendes gegründet sei. Die Logisierung gehört zu den Mitteln des Lebens und die dichtende Vorwegnahme einer Welt, an der er arbeitet, zu der Erschaffung der Welt durch den Menschen. Ein Mittel des Lebens, also des Willens zur Macht, und des aktiven Menschen, ist ebenso die Interpretation: wodurch auch noch die Vergangenheit, also die Geschichte, vergegenwärtigend umbestimmt werden kann – zum Beispiel mit den Idealen der Urzeit, der Antike, des Mittelalters –, und der wir ferner – durch die Reduktion der Phänomene auf Zahlenwerte – unsere heutige ungeheure Macht gegenüber der Natur verdanken. [...]

202 Gottfried Benn
Vortrag in Knokke (1952)

[542...] Ich beginne die Auseinandersetzung über die Lyrik meiner Generation mit einem Namen, der die größte Erschütte- [543] rung in Deutschland war, die es je gab – Goethe war nie eine Erschütterung, Goethe war immer ein Besitz – ich beginne mit Nietzsche. Wenn ich diesen Namen sage, bitte ich Sie, an nichts Politisches zu denken. Nietzsche hörte 1890 zu schreiben auf, er ist unschuldig daran, daß sich fünfzig Jahre später die Diktatoren ihr Bild bei ihm bestellten. Nietzsche führte uns aus dem Bildungsmäßigen, dem Gebildeten, Wissenschaftlichen, dem Familiären und Gutmütigen, das der deutschen Literatur im neunzehnten Jahrhundert vielfach eignete, in das gedanklich Raffinierte, in die Formulierung um des Ausdrucks willen, er führte die Vorstellung der Artistik in Deutschland ein, die er aus Frankreich übernommen hatte, er sagte: die Delikatesse in allen fünf Kunstsinnen, die Finger für Nuancen, die psychologische Morbidität, der Ernst in der Mise en scène, dieser Pariser Ernst par excellence, und er krönte alles dies mit drei rätselhaften Worten: Olymp des Scheins. Olymp, wo die großen Götter gewohnt hatten, Zeus zweitausend Jahre geherrscht, die Moiren das Steuer der Notwendigkeit geführt hatten und nun: des Scheins. Das war eine Wendung. Das war kein Ästhetizismus, wie er das neunzehnte Jahrhundert durchzuckt hatte in Pater, Ruskin, genialer in Wilde – das war ein Verhängnis. Sein inneres Wesen mit Worten zu zerreißen, der Drang sich auszudrücken, zu formulieren, zu blenden, zu funkeln, auf jede Gefahr und ohne Rücksicht auf die Ergebnisse – das war seine Existenz. Und dann kam seine These: die Kunst sei die letzte metaphysische Tätigkeit, deren Europa fähig sei, die eigentliche Aufgabe des Lebens. Nietzsche war das größte deutsche

Sprachgenie seit Luther und der blendendste literarische Erzieher seit Goethe. Er lehrte uns eine Handbreit Prosa wie eine Statue zu meißeln, lückenlos die Seite, kühl der Satz – sein Name muß an dieser Stelle [544] fallen, wenn ich die Wahrheit über meine Generation darstellen will. [...]

203 Hans Carossa
Das Jahr der schönen Täuschungen (1952)

[118...] Wer sich in eine solche Epoche nicht zu versetzen weiß, der wird auch kaum die festliche Erregtheit der drei Untrennbaren verstehen, die während eines abendlichen Schneegestöbers vor dem Bayrischen Hof zusammentrafen, um den Dichter der ›Erlösungen‹ zu sehen und zu hören.

In dem erleuchteten Saal, dessen hohe Spiegelwände eine ewige Wiederkehr von Räumen vorblenden, war etwa die Hälfte der Sesselreihen besetzt, als wir eintraten. Erwartungsbleich an einem Pfeiler lehnte der Prometheus. Er nickte uns zu, sah jedoch gleich wieder weg, damit wir nicht etwa auf den verwegenen Einfall kämen, ihn anzusprechen. Vor uns ging die Zarathustrine, so nannten wir damals ein mageres, rothaariges Fräulein, das täglich im Café Stephanie Absinth genoß, stets violett gekleidet und Nietzsches Buch neben dem Gläschen. Sie nahm Platz hinter einer beleibten Dame, die sich ein schwarzes, tabakpfeifenähnliches Gerät ans linke Ohr hielt, ein gehörverstärkendes Rohr, wie Walther erklärte. Dieser Wohlunterrichtete konnte uns auch manche bedeutende Persönlichkeit zeigen. Auf rotsamtenem Wandsofa lehnte der blondlockige fränkische Riese Michael Georg Conrad, der Gründer jener stürmischen Zeitschrift, [119] der ich den Beginn meiner großen Unruhe verdankte; scharfblauen Blickes musterte er die wachsende Versammlung. Diesen gefürchteten Mann anzustaunen, blieb uns aber wenig Zeit; wir mußten aufmerken, wie die Gattin des Dichters zu ihrem Ehrenplatz geleitet wurde. [...]

[120...] Jetzt aber zog uns die Dichtung vom Sichtbaren fort. Aus großer Tiefe kommend, weithin schwingend war die Stimme Dehmels, als er Nietzsches ›Nachtlied‹ sprach; in sehnsüchtiger Verzückung näherte sie sich dem Gesang. Rhapsoden [121] heroischer Zeit hatten vielleicht so vorgetragen; den Ohren abgehetzter Großstadtmenschen mochte die Weise befremdlich sein. Immerhin konnte

sich kein Anwesender dem Bann des außerordentlichen Mannes entziehen; man fühlte sein heißes, ehrliches Ringen um einen neuen Stil der Übermittelung, und alles blieb vollkommen ruhig, bis er, nach Gedichten von Liliencron und Arno Holz, Verse von Mombert zu lesen begann. [...]
[126 ...] Der erste, der den schrillen Ausgang jenes Abends gerecht zu beurteilen versuchte, war Hugo. Auch er sah den Hauptgrund in der Gemischtheit und Breite der zuhörenden Gesellschaft. Gedichte lesen bleibt immerdar Kammermusik, und solche, wie Dehmel sie gesprochen, konnten nur im kleinsten Kreise Gleichgestimmter einen reinen Widerhall erwecken. Warum dies so war, darüber machten wir uns noch keine Gedanken. Die Kluft, die den künstlerischen Menschen vom bürgerlichen scheidet, sie hatte sich durch Nietzsches Einwirkung ungeheuerlich vergrößert, und so kamen besonders jene neuen Dichter, die den Traum vom Übermenschen weiterträumten, in eine empfindliche Lage. Entweder blieben sie einsam, adlerstolz wie der Siedler von Sils Maria auf ihren Höhen und nahmen Verkennung und Not auf sich, oder sie ließen sich in die städtischen Sprechsäle hinunterlocken; dann standen sie oft Menschen gegenüber, die sich allzusehr von ihnen unterschieden, und mußten es hinnehmen, wenn in trüben und nüchternen Seelen ihre Phantasieen sich verwischten [127] und entfärbten. Werbende Geister, wie sie Conrad in seiner ›Gesellschaft‹ zu Worte kommen ließ, hatten zwar dem Verständnis bereits viel gedient, und es fehlte nicht an Empfänglichkeit; davon zeugte schon die hohe Achtung, mit der Dehmel zunächst empfangen worden war. [...]

204 Hans Carossa
Der Tag des jungen Arztes (1955)

[200 ...] Im Sommer 1901 wollte nämlich Sophies Mutter mit ihrem Töchterchen nach Oberammergau fahren, wo nach zehnjähriger Unterbrechung das berühmte Passionsspiel aufgeführt wurde, und sie hatte meine Mutter, meine Schwester und mich zu der Fahrt eingeladen. In unsere Reisewoche fiel jedoch die Nachricht vom Tode Friedrich Nietzsches, und während die bürgerliche Welt dieses Ereignis kaum zur Kenntnis nahm, entstand in der geistigen Jugend eine so starke Bewegung, als wären ›Die fröhliche Wissenschaft‹ und das Buch ›Zarathustra‹ eben erst erschienen. Mich ergriff Erinnerung an die Zeit, wo ich meinem Freund Hugo als Morgengruß zuzurufen pflegte: »Sonne, du großes Gestirn! Was wäre dein Glück, wenn du nicht die hättest, welchen du leuchtest?« Und unter dem Einfluß gewisser Aufsätze, die dem verstorbenen Denker wie einem Halbgott huldigten, vermochte ich meine Begeisterung für ihn, dessen Wahnsinn mir allein schon eine Bürgschaft für seinen Genius war, nicht für mich zu behalten. [...]

205 Ernst Jünger
An der Zeitmauer (1959)

[278] Wenn der Zug abfährt, ist es möglich, daß er nur wenige Reisende mitführt – nur jene, die die Stunde nicht versäumt haben. Es wäre auch möglich, daß die meisten die Stunde versäumen wollen, weil ihnen die Station angenehmer, heimischer, vertrauter erscheint als die Fahrt.

Ein ähnliches Schema muß Nietzsche vorgeschwebt haben, als er das Bild vom »Übermenschen« und vom »Letzten Menschen« entwarf. Daß er das Mitleid als Unterscheidungsmerkmal einführte, ist ein genialer, weidlich mißverstandener Zug.

Terminologisch gesehen ist das Wort vom Letzten Menschen glücklicher als das vom Übermenschen gewählt, unter dem wir hier den Typus verstehen, dem der Austritt aus der Geschichte gelingt. Das ist die Aufgabe, um sie dreht sich die Bewegung an der Zeitmauer.

Der Übermensch kann nicht ohne den Letzten, das heißt den reduzierten Menschen gedacht werden. Es kommt dar- [279] auf an, um ein allzu bekannt gewordenes Wort von Gottfried Benn zu verwenden, was einer aus seinem Nihilismus macht. Aber ehe man aus dem Nihilismus etwas machen kann, muß er vorhanden sein. Oder, wie Nietzsche sagte: »Die Deutschen sind noch nichts. Das heißt, sie sind allerhand.« [...]

Es konnte nicht ausbleiben, daß das Verhältnis des »Übermenschen« zu den »Vielzuvielen« als Versuch einer Wiedereinführung der Sklaverei interpretiert wurde. Abgesehen davon, daß solche Versuche heute aus ganz anderer Richtung kommen, hat man über Nietzsche alle Dummheiten gehört, die denkbar sind, und dazu noch eine Anzahl solcher, die unausdenkbar sind. Daß er durch Deutschlands Schicksalsstunde in Mitleidenschaft gezogen wurde, verfälscht, verdächtigt nach jeder Richtung, berührt sein Werk nicht; es bleibt ein Intelligenztest an der Zeitwende, und noch einiges mehr. Ihn ortet nicht die Kritik, sie rangiert sich an ihm.

Der neue Typus ist nicht der kommende Großherr, son- [280] dern er gibt den »Vielzuvielen« ihre Würde, ihre Bedeutung zurück. Ein Gerechter hätte Sodom gerettet – und säße in unserem Zuge nur ein Einzelner, der ein neues Ziel erreichte, so wäre damit auch Myriaden auf der Station Verbliebener gedient.

206 Max Brod
Streitbares Leben (1960)

[236 ...] Kafka kam damals von Nietzsche her, wie wir heute aus dem Kommentar zu einem Brief des Jahres 1900 wissen, dem ersten, der in der großen Briefausgabe abgedruckt ist. Der Kommentar stammt von einem Mädchen, das der 17jährige Kafka geliebt hat. Er liest ihr oft am Waldrand abends, auf einer Bank, bei brennender Kerze aus Nietzsche vor. – Ich dagegen hatte damals, als ich mit Kafka zusammentraf, einige Jahre lang, etwa von meinem fünfzehnten bis zum achtzehnten Lebensjahre (inklusive), fast nur Schopenhauer und die von ihm empfohlenen Autoren (Kant, Platon, Goethe, Calderon, Shakespeare etc.) gelesen. Dazu Nietzsche mit steigender Abneigung, als Feind des verehrten Großen. [...]

207 Ernst Jünger
Typus · Name · Gestalt (1963)

[... 61] Den Kern indessen trifft Nietzsche in diesem Zusammenhang (»Streifzüge eines Unzeitgemäßen«) durch die Erwähnung von Rousseau. »Aber Rousseau – wohin wollte der eigentlich zurück?«

Das geht auf den Grund – Rousseau griff weit, griff vor den Mythos und seine Typen zurück, nicht nur auf das vorgeschichtliche, sondern auf das vormythische Bild jeder menschlichen Sonderung. Daraus, aus dem Gegenstand viel mehr als aus der Kunst oder gar der Moral der Behandlung, erklärt sich die ungemeine Wirkung, die die Vorweisung ausübte.

Bei dieser Erwähnung streift Nietzsche sein Verhältnis zum Fortschritt, das sich dem Wesen nach genau mit der Definition Baudelaires als dem »Fortschreiten der Materie« deckt:

»Fortschritt in meinem Sinne. – Auch ich rede von ›Rückkehr zur Natur‹, obwohl es eigentlich nicht ein Zurückgehn, sondern ein Hinaufkommen ist – hinauf in die hohe, freie, selbst furchtbare Natur – – –«. [...]

Erstdrucke

Im Text verwendete Zeichen:

( )	Klammerung durch den Autor	[...]	Nicht zu entziffernde Stellen
⟨ ⟩	Senkrechte Streichung durch den Autor	/	Seitengrenze des Manuskripts
[ ]	Korrekturen des Herausgebers	*Kursiv*	Unterstreichung des Autors

In den Anmerkungen verwendete Siglen:

E(üdZ)	Ergänzung über der Zeile	Ä(üdZ)	Änderung über der Zeile
E(idZ)	Ergänzung in der Zeile	Ä(idZ)	Änderung in der Zeile
E(zwdZ)	Ergänzung zwischen den Zeilen	S	Streichung
		K	Klammerung
E(udZ)	Ergänzung unter der Zeile	V	Variante

208 ALFRED DÖBLIN
Der Wille zur Macht als Erkenntnis bei Friedrich Nietzsche[1] (1902)

Psychologische und erkenntnistheoretische Betrachtungen bei einem Philosophen als Führer und Wegweiser in seine sonstige Begriffswelt anzusetzen, ist ein Gedanke, der oft gedacht sich, wie es scheint, auch leicht anbietet; einige Neueren, auch Nietzsche selber, ironisieren geradezu Morallehre und Metaphysik dieser oder jener Philosophen und Religionen als eine Projektion ihres psychologischen und erkenntnistheoretischen Wissens (sc.[2] Unwissens) ins Unendliche. Zunächst dürfte dieser / Ansicht nur sehr relativer Wahrheitswert beizumessen sein; ob jemandem zuerst ein ästhetischer, moralischer, metaphysischer oder psychologischer Gedanke spontan als »Wahrheit« erscheint, mit dem er nun das ihm zugängliche Weltphänomen zu durchdringen, zu »erkennen« sucht, hängt schließlich, auch nur oberflächlich gesehn, allein von seiner persönlichen Eigenart und einseitig hypertrophierten Begabung ab. Es wachsen und verbinden sich auch hier fast immer mehrere Vorstellungsweisen, die sich alsdann schwer auf ihre Genealogie analysieren lassen; eine /

1 Der Aufsatz ist datiert ›8. Oktober 1902‹.
2 ›sc. Unwissens‹. K.

»erkenntnistheoretische« Pflanze kann sich ebenso organisch auf einer »metaphysischen« Wurzel erheben und ausgliedern wie umgekehrt. Bei schärferem Hinsehen werden wir noch zu einem bestimmteren und tiefer begründeten Urteile kommen; aber wir rühren damit an Grundsätzliches, auf das wir weiterhin stoßen werden und das in diesem Zusammenhange entbehrlich ist.

Wenn gerade Nietzsche in Erkenntnistheorie und vornehmlich Psychologie *den* Ausgangspunkt des Philosophen sieht, so hängt er ersichtlich sein Gesetz als / Gesetz für alle auf: dem geborenen Seelenanatom war natürlich nur von[3] der Psychologie aus Kritik und neuartiger Wegweis in den Einzeldisciplinen möglich. Im Vorübergehen mag dies betont werden: seine Psychologie giebt[4] ihm die Leitgedanken seines Denkens, so daß die Ableitung aller führenden Sätze Nietzsches aus seiner Psychologie für die Beleuchtung und Kritik seiner Gedanken in gleicher Weise wichtig und interessant wäre. Eine derartige, breite und vorurteilsfreie Analyse aller seiner Sätze (vorurteilsfrei[5] nach beiden Seiten: keine Dithyrambe und keine / Threnodie) steht noch aus. Wir werden jetzt nur diese[6] Herleitung der erkenntnistheoretischen und metaphysischen Betrachtungen versuchen, und zwar gerade *ihre* Herleitung aus Gründen, die bald hervortreten werden.

Es gilt nun vorerst bei Nietzsche, scharf die spontane Grundwahrheit herauszuheben, ihre Durchführung nach allen Seiten aufzuweisen und sie mit großer Behutsamkeit und Kritik und Wahl von[7] eigenen Widersprüchen Nietzsches, vornehmlich reaktiven Behauptungen, zu unterscheiden, – zugeflogenen / Vögeln bisweilen, denen der Philosoph in vorübergehender Stimmung Heim und Obdach gewährte. Die längeren oder kürzeren Reaktionen auf Bücher und Gespräche sind als solche zu erfassen; Selbstwidersprüche und Abirrungen gehören zum Gedankenhaushalt jedes Philosophen, (ebenso[8] wie zur Wirtschaft eines preußischen Staatsbürgers ein Band Lieder von Heine.) Man muß ferner bei Nietzsche eine künst-

3 ›von der Psychologie Kritik‹. E(idZ): ›aus‹.

4 ›giebt ihm Leitgedanken‹. S: ›ihm‹. E(üdZ): ›die‹.

5 ›vorurteilsfrei . . . Threnodie‹. K.

6 ›die Herleitung‹. Ä(idZ): ›diese‹.

7 ›von eigenen Unterschieden‹. Ä(idZ): ›Widersprüchen‹.

8 ›ebenso wie sich zur Wirtschaft eines preußischen Staatsbürgers ein Band Heine‹. K. S: ›sich‹. E(üdZ): ›Lieder von‹.

lerische Verliebtheit in ein Wort, ein Bild, ein Gleichnis in Betracht ziehen, um derentwillen er bisweilen Thatbestände vergewaltigt und sein Urteil biegt, eine Untugend, mit der sich seine / Übertreibungs- und Verallgemeinerungssucht, welche ihm gleichfalls wie jedem Philosophen eignen, häufig verbindet, seine Neigung, mit dem Schlaglicht eines Appercus, das er bei seiner explosiven Denkgewohnheit im nächsten Augenblick fallen[9] läßt, eine ganze Welt zu beleuchten, dazu seine kampffrohe Lust an Paradoxen, seine Freude, wie Paul Mongré sagt, »an bezaubernden Halbwahrheiten«. Der Mangel an System, so vorteilhaft er für eine ungezwungene Gedankenentwicklung ist, rächt sich andrerseits empfindlich; im System wären so / heillose Inkonsequenzen dicht nebeneinander nicht möglich gewesen, und was im Tanze, den Nietzsche so liebte, nicht erreichbar war, im Tanze des aphoristischen Denkens und Schreibens, wäre im alten Philosophenschritt endlich doch gethan: alle Gedanken wären zu Ende gedacht worden, die[10] jetzt in seinen Lehren embryonenhaft wie Homunkulus erst »entstehen« wollen und sollten.

Es zeigt sich nach solcher Sichtung des Materials, daß das biologische Princip des Bedürfnisses, also der Zweckmäßigkeit, letztlich den Erklärungsgrund für alle hier in Frage kommenden / Erscheinungen abgiebt: Animalismus, schließlich Teleologie. Die Erhaltungs- und Wachstumsbedingungen des lebenden Tierorganismus geben die Fundamente, wie für Moral Ästhetik, so hier für Logik, Erkenntnistheorie, Metaphysik. Der springende Punkt des Unterschieds in[11] Schopenhauers und Nietzsches Ansicht wird hier sichtlich: Schopenhauer hält an der These fest, daß »reines,[12] willenfreies« Erkennen und Anschauen möglich[13] und faktisch sei, die den Philosophen, Künstler, Heiligen mache, wenn auch sonst der[14] Intellekt dem Willen / sich unterordne; Nietzsche[15] dringt, unter Ablehnung jedes Dualismus, auf strenge Einheitlichkeit in *allen* Funktionen des lebenden Organismus, durch ihre Fundierung auf

9 ›fallen läßt‹. E(üdZ): ›im nächsten Augenblick‹.

10 ›die jetzt embryonenhaft wie Homunkulus‹. E(üdZ): ›in seinen Lehren‹.

11 ›von Schopenhauers und Nietzsches Ansicht‹. Ä(üdZ): ›in Schopenhauers und Nietzsches Ansicht‹.

12 ›»reines, willenfreies« Erkennen‹. E(üdZ): ›und Anschauen‹.

13 ›möglich sei‹. S: ›sei‹.

14 ›der Intellekt dem Willen unterordnet sei‹. Ä(üdZ): ›sich unterordne‹.

15 ›Nietzsche drängt‹. Ä(idZ): ›dringt‹.

sein biologisches Grundprincip.[16] Diese[17] Einheitlichkeit ist Nietzsches psychologische Grundeinsicht, die in Metaphysik und Erkenntnistheorie ausstrahlt; mit dem biologischen Leitsatze wird nun die »Welt« substruiert. Um es kurz in Nietzsches Worten zu sagen: »Wir haben unsere Erhaltungsbedingungen projiciert als Prädikate des Seins überhaupt.« Als solche Erhaltungs- / bedingungen lassen sich aufweisen zunächst die Logik mit ihren Kategorien, die »Vernunft«. Hier ist das[18] Bedürfnis zu schematisieren, unter dem groben Zwange, verwandte Erscheinungen, wie Freude, Gefahren, immer sogleich als solche zu erkennen, ausschlaggebend gewesen, zum »Zweck der Berechnung, um Erfahrung zu kapitalisieren.« Wer hier nicht augenblicklich die Identität von Fällen erkannte, ging[19] zu Grunde: das Bedürfnis dressiert, züchtet erst so die Logik in den Tieren. Mit dem Worte »Kausalität« wird eine gleichfalls / zur[20] Berechnung und zur Erfahrungskapitalisierung nötige Ansicht über einen angeblichen Zusammenhang des Geschehens bezeichnet, über dessen Vorhandensein und Wesen unser schwankendes, ganz auf seine enge Nützlichkeit zugeschnittenes Bewußtsein nichts aussagen kann. Und was die Combination und den Verlauf logischer Gedanken angeht, so ist auch das Zusammenwirken in diesem Mechanismus durch das Bedürfnis reguliert, angezüchtet und vererbt. Wir können demnach in Nietzsches Sinne die Logik definieren als Inbegriff der[21] / wichtigsten menschlichen Erhaltungsbedingungen in abstrakter Form des Menschen; eine Vorstellungsweise, durch welche der Versuch gemacht wird, einem kantischen Satze die biologische Grundlage zu geben, nämlich »daß in unserer Vernunft Grundregeln und Maximen ihres Gebrauchs liegen, welche gänzlich das Aussehen objektiver Grundsätze haben und wodurch es geschieht, daß die subjektive Notwendigkeit einer Verknüpfung unserer Begriffe für eine objektive Notwendigkeit, der Bestimmung der Dinge an sich selbst, gehalten wird.« Eine / Forderung, die absolute Wahrheit, im alten Sinn – zu erkennen, involviert demnach einen Selbstwiderspruch;

16 ›Grundprincip;‹. Ä(idZ): ›Grundprincip.‹.

17 ›Dies ist‹. E(üdZ): ›Diese Einheitlichkeit‹.

18 ›das Bedürfnis schematisieren‹. E(idZ): ›zu‹.

19 ›ging zu Grunde,‹. Ä(idZ): ›ging zu Grunde:‹.

20 ›zur Berechnung und zur Erfahrungskapitalisierung‹. Die Präpositionen sind ausgebessert.

21 ›der wichtigsten Erhaltungsbedingungen des Menschen‹. S: ›des Menschen‹. E(üdZ): ›menschlichen‹, ›in abstrakter Form‹.

denn »erkennen« heißt ja, etwas in die[22] durch das Bedürfnis präzisierten Formen bringen, es auf seinen Lebenswert hin reduzieren, vereinfachen, fälschen. Und das Wort »Wahrheit« selber bekräftigt offenbar den aufgezeigten Sinn, die Absicht und das Wesen des Erkennens: man will sich »bewahren«. Aber überhaupt muß die Biologie den landläufigen Gegensatz »Wahrheit«, »Lüge« ablehnen, da von ihrem Standpunkte / aus eine Bewertung der einzelnen Erkenntnisse nur nach ihrem Züchtungs- oder Erhaltungsvermögen möglich ist. Sie muß, *wenn* sie noch die Worte »Wahrheit« und »Lüge« gebrauchen will, die »Wahrheit« für eine Nüanzierung der »Lüge« ansehen, – so geschieht es hier auch –, und für die einzelnen »Erkenntnisse« jetzt neu eine graduierte Skala aufstellen können, welche jede »Erkenntnis« auf ihr relatives Vermögen als Mittel der Kraftsteigerung oder Stärkung und Kraftverminderung / oder Schwächung prüft. Man weiß, daß Nietzsche folgerichtig stets seine Diagnosen und Beurteilungen über verordnete Medizinen in[23] den Krankengeschichten der Völker und Einzelnen unter diesem Gesichtspunkte abgegeben[24] hat, – das medizinische »Bild« ist nicht absichtslos hier gewählt; hier ist ganz unbildlich von der Medizin als Wissenschaft und Heilkunde die Rede –, und man sieht, wie sich auf diesem Wege, von der Biologie ausgehend, Nietzsche zum Moralisten entwickeln mußte.

Wie auf den »Verstand«, / so wird auch auf die Sinnlichkeit, das Wort im kantischen Sinne genommen, das biologische Leitprincip angewandt: Räumlichkeit, Dinglichkeit erweisen sich als tierische Erhaltungsbedingungen. Das tiefe und alte Mißtrauen so vieler Philosophen gegen die Realität der Körperwelt findet einen ganz eigenartigen Ausdruck: das Tier bedarf der Räumlichkeit, der Dinglichkeit, wenn Räumlichkeit und Dinglichkeit auch selber nur eine Idiosynkrasie dieses Organismus' ist. Diese Ansicht findet eine breite und / mehrfach wiederholte Darstellung; sie wird ähnlich ausgeführt wie oben die Genealogie der Logik, nach demselben Schema und mit denselben Formeln. Aus dem Chaos der Sinneseindrücke werden einige lebenswichtige ausgewählt, ihr Lebenswert wird im Kampfe um die Existenz von dem Organismus gefunden, unter Zugrunde-

---

22 ›die durch das Bedürfnis präzisierten und gebildeten Formen‹. K+S: ›und gebildeten‹.

23 ›an den Krankengeschichten‹. Ä(idZ): ›in den Krankengeschichten‹.

24 ›gestellt hat‹. Ä(üdZ): ›abgegeben hat‹.

gehen derjenigen, die ihn nicht finden –, die Sinneseindrücke werden zu[25] rascher, augenblicklicher Wiedererkenntnis für zukünftige Fälle zweckmäßig auf grobe Haupt- / striche reduziert, vereinfacht, Gruppen von ähnlichen Sinneseindrücken werden nach lebenswichtigen Gesichtspunkten schematisiert, die Sinnesorgane allmählich daraufhin präzisiert. Hier fleischt im wahren Sinn des Wortes das Bedürfnis dem Organismus zweckmäßige Funktionen ein und modelliert am Organismus, so daß in ihm sich allmählich eine ungeheure Vernunft, das Resultat jahrtausendelanger Zucht, aufspeichert, von[26] der der Körper täglich und stündlich Gebrauch[27] macht, ohne daß unser Bewußtsein / etwas von dieser lautlosen, rapiden, jetzt schon automatischen und reflektorischen Thätigkeit erführe. Und, wie[28] es darum im »Zarathustra« heißt: »Es ist mehr Vernunft in deinem Leibe, als in deiner besten Weisheit.« Nachdem wir im langen Verlauf unserer Stammesgeschichte immer wieder einen durch die Zusammengehörigkeit seiner Wirkungen begrenzten Complex aus dem Prozeß des Werdens isolieren mußten, nennen wir schließlich z. B. »Ding die Summe seiner Wirkungen«, – soweit sie für uns Lebenswert haben – / »synthetisch gebunden durch einen Begriff«. (Man[29] sieht in dieser Definition Nietzsches die Fehlerhaftigkeit des Pronomens »seiner«, das[30] einen circulus vitiosus schließt an dieser Stelle; es hieße besser »von Wirkungen« oder »eine Wirkungsgesamtheit«). Die scheinbare Welt, die uns real ist, zeigt sich hier als ein nach dem Bedürfnis von uns zurechtgemachter Kosmos, als die vereinfachte und geordnete Welt, in der wir leben können. Wie[31] oben definieren wir demnach die Ästhetik, das Wort nicht in / dem[32] üblichen baumgartenschen Sinne, sondern im kantischen gefaßt, als[33] Inbegriff der wichtigsten, menschlichen Erhaltungsbedingungen in anschaulicher Form. Und wie wir oben den Gegensatz »Wahrheit« »Lüge« auflösen mußten, so ist hier der Gegensatz

---

[25] ›zum Zweck rascher, augenblicklicher Wiedererkenntnis‹. Ä(üdZ): ›zu rascher, augenblicklicher Wiedererkenntnis‹.

[26] ›von der wir‹. Ä(idZ): ›von der der Körper‹.

[27] ›Gebrauch, macht‹. S: Komma nach ›Gebrauch‹.

[28] ›wie es im »Zarathustra« heißt‹. E(üdZ): ›darum‹.

[29] ›Man sieht ... »eine Wirkungsgesamtheit«‹. K.

[30] ›das einen circulus vitiosus bedeutet‹. Ä(üdZ): ›schließt‹.

[31] ›Wie oben demnach‹. E(üdZ): ›definieren wir‹.

[32] ›dem üblichen Baumgartenschen Sinne‹. Ä(idZ): ›baumgartenschen‹.

[33] ›als den Inbegriff‹. S: ›den‹.

»Realität« und »Scheinbarkeit« zu verwerfen; auch die Frage, was die »Welt« sei, losgelöst von der Sinnesreceptivität, will etwas Widersprüchliches erkunden: sobald wir die Welt »wahrnehmen«, ist sie damit unsere Sinneswelt, denn dies heißt ja, sie »wahrnehmen«, / sie in unsre Anschauungsformen bringen, unsre[34] Sinnlichkeit, unsere Erhaltungsbedingungen auf sie projicieren. Das Chaos, das »Ding an sich« aber nehmen wir nicht wahr, weil es uns nichts angeht und nicht seine »Wahrnehmung« zu den Erhaltungsbedingungen gehört. Die[35] sogenannte »seiende« Welt aber der Metaphysiker, im Gegensatz zur »scheinbaren«, stellt sich unter dem biologischen Gesichtspunkte als eine andere hypothetische Welt dar, die gleichfalls einem physiologischen, besser pathologischen Bedürfnisse ihre Erfindung verdankt. /

Aber es wird von Nietzsche doch der Versuch gemacht, über das empirisch gefundene biologische Grundprincip selbst noch hinauszugehen, um es zu fundieren und aus dem Rahmen dieser tierischen Einzelperspektive »Welt« herauszutreten, in einer Metaphysik. Dazu wird concipiert: »Kraft«, mit dem essentiellen Streben nach Akkumulation, – Wille zur Macht in Nietzsches Terminologie –, ist alles; diese Kraft häuft sich in einzelnen Centren, von denen jedes für den Rest seine Vorstellungsweise, seine spezifische Perspektive hat, welche, wie bei der / oben scizzierten tierischen Perspektive ersichtlich ist, sich deutlich als eine Art Defensivmaßregel des Einzelcentrums gegen den Rest charakterisiert. Genauer bestimmt besteht die »Realität« in dieser Partikularreaktion und -Aktion jedes Einzelnen gegen das Ganze, die Gesamtwelt schließlich in der Summe aller Einzelaktionen und -Reaktionen der Kraftcentren auf einander. Da nun die Energiemenge konstant im Weltall, also quantitativ zahlenmäßig bestimmbar ist, während[36] nur die Centration dieses Quantums beständig wechselt, – der / beständige Centrationswechsel macht eben den Weltprozeß aus –, und da die Combinationsmöglichkeit der Centren bei ihrer bestimmten Zahl einmal erschöpft sein muß, so daß dann eine schon früher dargestellte Combination eintritt, welche die Folge aller anderen in derselben Ordnung wie früher bedingt, so ist der Weltprozeß genauer eine Aufeinanderfolge identischer Reihen, der »Ring der Ringe«, wie

34 ›unsre Sinnlichkeit‹. S: Wort vor ›unsre‹, unleserlich.
35 ›Die sogenannte »seiende« Welt der Metaphysiker‹. E(üdZ): ›aber‹.
36 ›während die Centration‹. E(üdZ): ›nur‹.

Zarathustra singt. Nietzsches Metaphysik gipfelt in dieser alten Lehre von der »ewigen Wiederkunft des Gleichen« – /

Welche Einflüsse an den Lehren Nietzsches mitgearbeitet haben, wessen Lehren das eigentlich sind, läßt sich auch aus dieser Skizze nicht verkennen: ein bis zum Exceß naturwissenschaftliches Zeitalter, dessen Denkrichtung auffällig an die Leukipps und Demokrits erinnert, hat hier seinen Vorkämpfer auf philosophischem Gebiete, in diesen Sätzen seinen abstrakten Ausdruck gefunden. Es ist darum auch thöricht, Nietzsche gemeinhin als den »Kämpfer gegen seine Zeit« hinzustellen; im Gegenteil liefern diese Lehren ein charakteristisches Symptom für das Zeit- / alter Nietzsches, der den Geist seiner Zeit zu Ende dachte. Die Unterjochung der Geisteswissenschaften, – unternommen von einem Geisteswissenschaftler mit dem ganzen selbstquälerischen Fanatismus und der Übertreibung eines Neophyten und Renegaten, – dies können wir letztlich als den Sinn und das Ziel der Sätze Nietzsches angeben. Wenn dies schon im allgemeinen klar ist, so lässt sich auch im besonderen für die einzelnen Punkte die naturwissenschaftliche Genealogie nachweisen. Für den Entwicklungsgedanken, den / historischen Sinn, den man hier wie fast noch nie in philosophischen Theorien herrschen sieht, ist dies nicht nötig; denn man weiß nicht, wer[37] ihn verwirft, wenn nicht Nietzsche selbst in unbedachten Augenblicken. Der Kritizismus und Empirismus Kants, Schopenhauers, der Positivisten, besonders wohl F. A. Langes, der Engländer bestimmten seine Denkweise: die Bedeutung des Bedürfnisses für die Formung unserer Erscheinungswelt ist von Schopenhauer vorgedacht (»die[38] Vorstellung ein Mittel des Willens zum Leben«); die Begriffe und Formeln für die Einzel- / ausgestaltung dieses Gedankens: Auswahl, Schematisierung, surviver of the fittest etc. lieferten im Wesentlichen die englischen Empiristen und Naturwissenschaftler. Die Lehre von der Logisierung des Sinneseindrucks ist fast unverändert von Schopenhauer (Farbenlehre,[39] die Farben und das Sehen) herübergenommen.[40] Die Auffassung der Welt als einer ungeheuren Größe von Kraft gründet sich bewußt auf den einen Fundamentalsatz der Physik und Chemie, den Satz Robert Meyers und Helmholtz' von der Erhaltung der

---

37 ›wer ihn nicht vertritt‹. Ä(üdZ): ›verwirft‹.

38 ›»die Vorstellung . . . zum Leben«‹. K.

39 ›Farbenlehre . . .‹ K.

40 ›herübergenommen‹. E(üdZ): ›Beiblatt‹.

Energie und / der einfachen Folgerung auf die Constanz der Gesamtenergie der Welt. Auf diesem Satze fußt unmittelbar der Satz Nietzsches von der quantitativen Bestimmtheit der Energie und damit von der ewigen Wiederkunft[41] des Gleichen. (Beiläufig[42] gesagt soll mit dieser lange nicht erschöpfenden Aufzählung der Helfershelfer Nietzsches seiner Originalität kein Abbruch geschehn: Emersons Wort bei Gelegenheit Shakespeares und Hartmanns bei Gelegenheit Schopenhauers betreffend Originalität mag auch für Nietzsche gelten) /

Es läßt sich nicht leugnen: der Geist[43] moderner Naturwissenschaft schwebt hier über den Wassern; man lasse sich durch die schon wegen ihrer Häufigkeit und Heftigkeit verdächtigen Polemiken mit Naturwissenschaft und einzelnen Naturwissenschaftlern nicht beirren: nur einzelnes wird thatsächlich ernsthaft bestritten, in der Hauptsache spottet der Gefangene seiner Ketten. Man kann nun den Naturwissenschaften ein offenes Ohr entgegenbringen und das nicht minder offene andere Ohr der Philosophie / leihen, inmitten dieser beiden Raben dürfte man doch den[44] bestimmtesten Wunsch und Willen haben, das rechte Ohr nicht wissen zu lassen, was das linke weiß. Unbildlich gesprochen: ein Verwischen der Grenzen zwischen Naturwissenschaft und Philosophie, so nützlich es auch auf manchen Gebieten ist, dürfte auf anderen nicht zum Vorteil der Philosophie geschehen. An dem Leitziel Nietzsches mag dies gezeigt werden; da[45] er gleichsam als der fleischgewordene Wille zur Naturwissenschaft in der Philosophie dasteht,[46] / wie wir oben betonten, so haben wir es hier nicht mit einer Kritik eines einzelnen Mannes, sondern einer Zeit und ihres Geistes zu thun.

Daß[47] so das Vorhandensein einer Metaphysik der Kraft, die wir in der Lehre von der ewigen Wiederkunft des Gleichen ihre Spitze finden sahen, im Widerspruch steht mit der Lehre von dem begrenzten Geltungsbereich logischer Principien, wurde schon bei ihrer Skizzierung leicht angedeutet. Dem durch und durch verfälsch-

---

41 ›Wiederkunft des Gleichen‹. E(zwdZ): Worte nicht zu entziffern.

42 ›Beiläufig gesagt . . . gelten‹. K.

43 ›Geist der Naturwissenschaft‹. Ä(üdZ): ›moderner‹.

44 ›den bestimmtesten Wunsch und Willen‹. E(üdZ): ›haben‹.

45 ›und da er gleichsam‹. S: ›und‹.

46 ›angesehen werden muß‹. Ä(üdZ): ›dasteht‹.

47 ›Daß zunächst‹. Ä(üdZ): ›so‹.

ten und verfälschenden[48] / Erkennen bedeuten solche metaphysischen Wahrheiten verbotene Früchte. Hier liegt der Widerspruch vor, die Erkenntnismöglichkeit eines Gedankens abzulehnen und ihn doch als Basis eines Systems aufzustellen; eine[49] Inkonsequenz und ein Rückfall in vornaturwissenschaftliches Denken, zugleich ein Widerspruch, der in seiner Art nicht neu ist: Kant hat in der »Reinen Vernunft« einen Zaun um sein Denkbereich gezogen, über den er bekanntlich in der »Praktischen Vernunft« hinüberkletterte, – fromme Katzen lassen das Mausen nicht, aus[50] / philosophischen Gründen.

Aber betrachten wir eben diesen[51] überaus wichtigen Punkt bei Nietzsche (; das[52] Umgrenzen des Vorstellungsbereiches:) das Bedürfnis, die Erhaltungs- und Wachstumsbedingungen des lebenden Organismus sind in metaphysischer Hinsicht Ordnungsprincipien; wir haben darum ein in metaphysischer Hinsicht falsches Weltbild. Der erste Satz giebt die Begründung des zweiten, (dessen[53] Inhalt als unbestreitbares Faktum gilt.) ⟨Wir zerlegen die Kritik in zwei Teile: wir lassen zuerst den /Schlußsatz[54] gelten und untersuchen den Vordersatz auf seine begründende Kraft; zweitens werden wir den Schlußsatz selbst prüfen.⟩

⟨Gesetzt wir haben ein in metaphysischer Hinsicht falsches Weltbild, so ist die erste Frage: können[55] wir dann dafür überhaupt einen Grund finden? Die Antwort ergiebt sich unschwer, wenn wir bedenken, welcher Art solchein Grund sein muß; wenn wir die Bedingungen ins Auge fassen, die zu stellen sind, um irgend eine Behauptung als solch einen Grund gelten zu lassen. Vor allem muß diese[56] / Begründung von einem Begriff ausgehen, dessen Sphäre weiter ist als die Sphäre des Begriffes, über den etwas ausgesagt

---

48 ›verfälschenden‹. E(üdZ): ›Erkennen‹.

49 ›– eine Inkonsequenz‹. S: Gedankenstrich vor ›eine‹.

50 ›aus philosophischen Gründen‹. E(zwdZ): ›Jetzt Kritik des Willens u. 2. d. Wiederkunft‹.

51 ›diesen überaus wichtigen Punkt‹. E(üdZ): ›den Inbegriff s. Erkenntnistheorie‹.

52 ›das Umgrenzen des Vorstellungsbereiches: das Bedürfnis‹. K+S: ›das Umgrenzen des Vorstellungsbereiches‹.

53 ›dessen Inhalt . . . gilt‹. K.

54 ›Schlußsatz‹. S: davorstehendes ›Folge-‹.

55 ›können wir dafür einen Grund finden‹. E(üdZ): ›dann‹, ›überhaupt‹.

56 ›dieser Grund‹. Ä(üdZ): ›diese Begründung‹.

wird. Nun können sämtliche Bedingungen nur Einzeldaten aus der Empirie sein, »Welt« aber ist der weiteste Begriff; also kann kein Grund gefunden werden für den Satz: wir haben ein in metaphysischer Hinsicht falsches Weltbild. – Es ist ja auch klar, daß es mißlingen muß, historisch und biologisch unsere Vorstellungs- und Denkformen zu konstruieren, weil eben solche Erklärung immer und unausweichlich sich gerade der Formen bedienen / muß, die erst zu erklären sind: die Begriffe »Organismus«, »Bedürfnis« führen so als empirische Daten niemals über die Empirie hinaus.

War unsere erste Frage: unser[57] Weltbild ist falsch; warum?, – wir haben diese Frage als sinnlos zurückgewiesen –, so fragen wir jetzt: ist unser Weltbild falsch?, – eine Frage, die im Grunde schon beantwortet ist.⟩ Gesetzt daß die Lehre: unser[58] Weltbildkosmos ist[59] falsch, wahr ist nur das Chaos, richtig ist, so ist es nicht möglich sie zu erkennen. Denn das Denken, das die Falschheit der Begriffe / aufweist, geschieht selbst in diesen Begriffen. Nichts soll wahr sein, aber dieser Satz selber soll wahr sein; mithin ist dieser Satz falsch. Er führt sich selbst ad absurdum, stolpert über seine eigenen Füße. Dem Denken wird[60] hier zugleich Fälschung als Grundfunktion und wahre Einsicht in diese Grundfunktion zugesprochen.

⟨Damit ist die innere Widersprüchlichkeit des Satzes: die Erhaltungs- und Wachstumsbedingungen des lebenden Tierorganismus sind in metaphysischer Hinsicht Ordnungsprincipien; wir / haben darum ein in metaphysischer Hinsicht falsches Weltbild – aufgewiesen.[61]⟩ Nachdem wir den Satz widerlegt haben, wollen wir uns bemühen, ihn[62] im weitesten Zusammenhange des Systems, dem er entnommen ist, zu begreifen, um an die Quelle des Irrtums zu kommen. Wir sahen ja schon oben, daß er nicht als einziger Aphorismus dasteht, auch nicht willkürlich aus dem Zusammenhange gelöst ist, sondern[63] daß er, logisch erschlossen, die Spitze und Krone einer

---

57 ›»Unser Weltbild ist ...«‹ Ä(üdZ): ›unser Weltbild‹. Die Anführungszeichen wurden gestrichen.

58 ›unser Weltbild‹. E(üdZ): ›unser Weltbildkosmos‹.

59 ›ist falsch‹. E(zwdZ): ›wahr ist nur das Chaos‹.

60 ›wird hier nämlich zugleich‹. K+S: ›nämlich‹.

61 ›aufgewiesen‹. E(zwdZ): ›Auf solchen [...] hat bisher jede extreme [...] geführt.‹

62 ›ihn zu verstehen, d. h. ihn im weitesten Zusammenhange‹. S: ›zu verstehen, d. h. ihn‹.

63 ›sondern daß, logisch erschlossen‹. E(üdZ): ›er‹.

Gedankenweise bildet. Von / der Consequenz[64] des Nietzscheschen Gedankens kann[65] man sich überzeugen: ⟨der Wille zur Macht wird als essentielles Lebensprincip aufgestellt; die[66] Einheitlichkeit seines Wirkens bedingt Verwerfung jedes Gegensatzes, graduelle Abstufung zwischen »Wahrheit« und »Lüge«, »Realität« und »Scheinbarkeit«; Verwerfen dieser Begriffe überhaupt infolge[67] der Annahme alleiniger Geltung einer Kraftskala; Selbstmord des Denkens damit.⟩ Das πρῶτον ψεῦδος muß[68] also in jener psychologischen Grundwahrheit Nietzsches liegen, welche, wie wir oben sahen, / den[69] Fortschritt Nietzsches gegenüber Schopenhauer bedeutete, ⟨überhaupt damit, – da nämlich Philosophie identisch ist mit den geistigen Erlebnissen einiger philosophischer Köpfe, – den Sieg der Naturwissenschaft in der Philosophie⟩. Schopenhauer begeht eine Inkonsequenz, indem er den Willen von der »reinen Erkenntnis« ausschließt, salviert[70] aber dadurch seine Gedanken vor einer Selbstaufhebung; Nietzsche ist konsequent, hebt aber seine Gedanken selbst auf. Zugleich[71] consequent und widerspruchslos bis in die letzten / ⟨Consequenzen zu lehren, liegt in der Natur des Erkennens und ist darum eine erfüllbare Forderung.⟩ Daß die Naturwissenschaft, in der Person Nietzsches, den Geist aus der Natur konstruiert: dies haben[72] wir nun also logischerweise als springenden Punkt hervorgehoben bei der Aufweisung des Grundirrtums. Es soll[73] hier ja auch, (wie[74] nicht zu leugnen ist,) etwas entschieden absurdes, wenn auch nicht neues, geleistet werden: man will seinen[75] eigenen Stundpunkt, das eigene Denken erst von anderswoher

[64] ›Consequenz der Gedankenreihe‹. Ä(üdZ): ›Consequenz des Nietzscheschen Gedankens‹.

[65] ›kann man sich bei einem Überblick überzeugen‹. S: ›bei einem Überblick‹.

[66] ›die Einheitlichkeit seines Wirkens zwingt zu‹. Ä(idZ): ›bedingt‹.

[67] ›infolge alleiniger Geltung‹. E(üdZ): ›der Annahme‹.

[68] ›muß bei jener psychologischen Grundwahrheit‹. Ä(üdZ): ›also in‹.

[69] ›einem naturwissenschaftlichen Fortschritt‹. Ä(idZ): ›den‹. K+S: ›naturwissenschaftlichen‹.

[70] ›salviert sich aber dadurch‹. S: ›sich‹.

[71] ›Zugleich consequent . . . liegt in der‹. S.

[72] ›haben wir als den springenden Punkt hervorgehoben‹. E(üdZ): ›nun also logischer Weise‹.

[73] ›Es soll‹. E(üdZ): ›hier ja auch‹.

[74] ›wie nicht zu leugnen ist‹. K.

[75] ›seinen eigenen Standpunkt‹. V: ›das eigene Denken‹.

konstruieren; man will sich wie[76] Don Quixotte an den eigenen Haaren aus[77] / dem Wasser ziehen. ⟨Nachdem man mit Nietzsche den ganzen Weg durchlaufen ist, den die Naturwissenschaft unserer Zeit in einem »dunklen Drange« tappt und taumelt, – die Naturwissenschaft, ach, die Naturwissenschaft, die mit ihren Kartoffeln und Disteln ja die »Wissenschaft« im prägnanten Sinne bei allen friedfertigen Bürgersleuten heißt: honny soit qui mal y pense – nachdem die beiden Baumeister, das Princip der Entwicklung und der Zweckmäßigkeit, unser eigenes Denken und unsere eigene Anschauung / zurechtgezimmert haben, wandelt einen die Lust zu unauslöschlichem Gelächter an, indem man gewahr wird, was hier getrieben wurde: das schöne Kinderspiel, benamset blinde Kuh. Ja wahrhaftig: man sieht den Wald vor Bäumen nicht. Diese Lehren bedeuten[78] gewiß den extremsten Skeptizismus, vorgeblich die tiefste und erbittertste Feindschaft der Dogmatik; aber selbst der Skeptiker ist ja nur ein verkappter Dogmatiker. Selbst[79] wo der Skeptizismus sich vollendet, indem er sein Glaubensbekenntnis: ich weiß nichts, nicht mehr in der Form des / Behauptungssatzes, sondern als Fragesatz ausspricht, wie es Montaigne mit seinem: Que sais-je? thut, selbst in dieser Vollendung fußt er auf einem sehr soliden Fundament von Wahrheiten, das breit genug ist, um ein spinozistisches Lehrgebäude mit seinem ganzen wuchtigen Pathos zu tragen, geschweige denn den koketten Irrlichtertanz skeptischer Aphorismen und Selbstvergessenheiten. (Thorheit,[80] was »geistreiche« Kritici da übrigens finden wollen, daß der Aphorismus die »nunmehr« einzig mögliche philosophische Form bedeute; / ein Baustein, ein Keim ist der[81] aphoristische Gedanke, er ist wertlos und wenig bedeutend, wenn er sich nicht zu einem Baum auswächst, der seine Krone breit entfaltet, – und was das »nunmehr« anbetrifft; aber das ist nur zum[82] Lachen). Man vergißt offenbar, was alles Erkennen,

---

76 ›wie Don Quixotte‹. V: ›Münchhausen‹.

77 ›aus dem Wasser ziehen‹. E(udZ): ›N. will unsere Denkformen biologisch konstruieren; muß sich aber notgedrungen zur Erklärung gerade jener Formen bedienen, kommt also nie über diese Denkformen hinaus, kommt nie zu e. Erklärung.‹ E(üdZ): ›Beiblatt‹.

78 ›bedeuten den extremsten Skeptizismus‹. E(üdZ): ›gewiß‹.

79 ›Ja selbst wo der Skeptizismus‹. S: ›Ja‹. Ä(idZ): ›Selbst‹.

80 ›Thorheit . . . zum Lachen oder zum Ekeln‹. K.

81 ›der aphoristische Gedanke‹. V: ›der Aphorismus‹.

82 ›zum Lachen oder zum Ekeln‹. S: ›oder zum Ekeln‹.

auch das skeptische mit dem Leugnen der Erkenntnis, seinem Wesen nach ist: ein[83] Vergleichen mit Grundwahrheiten, die Dogmen sind für den Denker; also fällt unter diesem Gesichtspunkte der Gegensatz »Skeptizismus« und »Dogmatismus« zusammen, und Dogmatismus / ist in Zukunft nicht nur möglich, sondern alles[84] andere ist zugleich unmöglich. Dieser Skeptizismus ist also im Selbstirrtum über seine Grundlage und damit über sein Wesen begriffen und rangiert neben den andern dogmatischen Systemen, wenn er auch seinem geistigen Werte nach unter manchen steht.

Aus der Prüfung der letzten Consequenzen, zu denen das naturwissenschaftliche, biologische Princip drängt, wie aus der Prüfung der Zulänglichkeit für erkenntnistheoretische und metaphysische Untersuchungen, ergiebt sich seine[85] Untauglichkeit zu[86] solcher philosophischen Verwertung. Nein, unser Weltbild ist »wahr«. In unserer Denk- und Vorstellungs- / weise und nur in ihr liegt »Wahrheit«. Das Wort »Wahrheit« wird sinnlos, wenn es auf[87] »Jenseitiges« fundiert wird.〉 Wir wissen von keiner Wahrheit hinter unseren Begriffen und Anschauungen, und müssen jede derartige Behauptung als Theismus und Irrtum bezeichnen. Jede Verzweiflung über die Unwahrheit unserer Begriffe erscheint[88] als kindisch und unbedacht. Ich kann nicht von mir, meinen Begriffen und meiner Anschauung abstrahieren und loskommen, 〈wie es auch Schopenhauer mit seinen ersten Sätzen thut: »Ich kenne die Sonne ebenso unmittelbar wie[89] das Auge und das Auge ebenso mittelbar / wie die Sonne.« Das Auge ist selbst »Vorstellung«; wir drehen uns im circulus vitiosus.〉 Ich kann mich nicht so von mir abstrahieren, wie es die[90] theoretische Naturwissenschaft thut, welche die »Empfindungen« als spezifische[91] Umsetzung von »Wellen« und »Schwingun-

---

83 ›ein Vergleichen mit Grundwahrheiten‹. E(üdZ): ›die Dogmen sind für den Denker‹.

84 ›alles ist zugleich unmöglich‹. E(üdZ): ›andere‹.

85 ›die Untauglichkeit der Naturwissenschaft‹. Ä(üdZ): ›seine Untauglichkeit‹. S: ›der Naturwissenschaft‹.

86 ›zu solcher philosophischen Verwertung‹. Ä(idZ): ›zu‹.

87 ›auf »Jenseitiges« angewandt‹. Ä(üdZ): ›fundiert‹.

88 ›erscheint als kindisch und unbedacht‹. S: ›als kindisch und‹.

89 ›wie das Auge,‹. S: Komma nach ›Auge‹.

90 ›die Naturwissenschaft‹. E(üdZ): ›theoretische‹.

91 ›spezifische Umsetzung des‹. S: ›des‹.

gen« durch die Nerven ansetzt und[92] das »Ding an sich« in dem schwingenden Äther sehen will. Sie sehen den Wald vor Bäumen nicht; es[93] giebt ja keine »Außenwelt« und keine »Innenwelt«, von denen die eine »schwingt« und die andre »empfindet«, sondern es giebt nur eine Welt und eine andere der[94] naturwissenschaftlichen theoretischen Hypothesen. Sie[95] suchen ⟨schließlich noch⟩ in der grauen / Großhirnrinde die bewußte Empfindung und den bewußten Willen, und wie Gretchen finden sie sie »nie und nimmermehr«, – sondern[96] gewiß den »Mechanismus der Ganglienzellen«, spottet ihrer selbst und weiß nicht wie! Blinde Kuh! Ja, und um beim Goethecitieren zu bleiben; »Wenn sie den Stein der Weisen hätten, der Weise mangelte dem Stein.« Liegt nicht auch im Zuge dieser Naturwissenschaft jene schauerliche Mittelalterlichkeit von Frage nach dem »Zusammenhang von Leib und Seele«, versteckt hinter allerhand »Problemen«?

Man mißverstehe mich nicht: hier ist nicht[97] die Rede von / einem Bankrott der Naturwissenschaft. Von dem Bankrott des bloß naturwissenschaftlichen Denkens ist die Rede an dieser Stelle, von dem Bankrott der naturwissenschaftlichen Philosophie oder der philosophischen Naturwissenschaft. Ja, das stupide Klammern an die Empirie in diesem Zeitalter verdirbt die Philosophie, die Königin, welche zur Dienerin herabgewürdigt wird. Dies ist die Kette und die Kugel, mit der sie sich schleppt, die[98] Zwangsjacke, die ihr scheinbar kluge Verehrer mit resigniertem Lächeln angelegt haben. Dies ist das Nessusgewand, das über ihre Glieder geworfen wurde, und Nietzsche selber war die liebende Mörderin / Dejanira.

Und man übersehe nicht die Consequenzen dieses Skeptizismus und Nihilismus: wenn alles falsch ist, nun dann wacker darauf los gedichtet und erfunden, wenn es nur dem Leben dient, – ja das eben entschlafene Schneewittchen »Wahrheit« kann nun schon wieder erwachen und aufstehn! Ja,[99] man kann sogar aus den Lehren folgern,

---

92 ›und die Wahrheit, das »Ding an sich«‹. S: ›die Wahrheit‹.

93 ›es giebt keine »Außenwelt«‹. E(üdZ): ›ja‹.

94 ›der naturwissenschaftlichen Hypothesen‹. E(üdZ): ›theoretischen‹.

95 ›Sie suchen schließlich‹. E(udZ): ›letzte Seite! Moral‹.

96 ›sondern sie finden gewiß‹. S: ›sie finden‹.

97 ›nicht die Rede von einem Bankrott der Naturwissenschaft, sondern‹. S: ›sondern‹. Ä(idZ): ›Naturwissenschaft.‹.

98 ›die Fessel‹. Ä(üdZ): ›Zwangsjacke‹.

99 ›Und man kann‹. Ä(idZ): ›Ja‹.

daß Nietzsche innigst Freund war den Religionen, denn nun hat er ihnen ja auch [wie][100] den Geistern der Geistigen neues Lebensrecht gegeben, er der verkappte advocatus diaboli sive dei nunmehr, der Fürsprecher / der Religionen wider Willen, er, der Antichrist.

Und wahrhaftig, was diesen »Nihilismus« anbetrifft, der ein heimlicher, sehr bestimmter »Aliquidismus« ist, – man wird es in nicht zu ferner Zeit fühlen und wissen, welcher Art diese Seele war, welche auf unsere Seele eindrang und fürwahr nicht bräutlich. Die Unfruchtbarkeit der Lehre, die sich hier auf ihrem Höhepunkt formuliert in dem Begriffe: der Wille zur Macht als Erkenntnis, die lähmende und mordende Wirkung dieses Agnostizismus', welcher mit Kant anhebend, ein einziges Mal / unterbrochen sich[101] in das 19. Jahrhundert hinein[102] und hinweg wälzte, seine tiefe Ohnmacht muß man allmählich erkennen und ihr wehren. Es sind immer die Dichter, die Nietzsche die Kammerdiener der Philosophie nannte, die Künstler, die von den Desserttellern des Geistes speisen, welche die feinste Witterung haben für den Geist, der umgeht: sie[103] werden auch diese Ohnmacht bis in das Herz ihrer Seele hinein spüren. Wer Ohren hat, hört jetzt schon mancherlei und ihr sauve qui peut! Bald aber werden es die Spatzen auf den Dächern pfeifen, daß die himmelblauen Blumen des Mystizismus / wieder sprießen und sich entfalten wollen, geschmückt mit allerlei schönen und unschönen Namen, gesegnet von Nietzsche, der sprach von den »Abtrünnigen«: »Jetzt kam die Stunde allem lichtscheuen Volke«, die Zeit der »Leisebeter«; und dann wird Strindberg nicht mehr allein die tiefen Glocken[104] des Katholizismus läuten: die Nacht kommt, – es ist leicht zu prophezeien, – diese Nacht muß kommen.

Wer aber noch bleiben will, halte die Augen auf, wenn er auch nichts gegen die Dämmerung vermag, und zünde, wenn er es vermag, ein Lichtlein an gegen das / hereinbrechende[105] Dunkel. –

---

100 ›wie den Geistern‹. Das ›wie‹ ist unleserlich gemacht.
101 ›sich über‹. S: ›über‹.
102 ›hinein und hinweg wälzte‹. ›und‹ in ein anderes Wort hineinverbessert.
103 ›Sie werden‹. Ä(idZ): ›sie werden‹.
104 ›Glocken des Katholizismus‹. E(zwdZ): ›sauve qui peut!‹
105 ›hereinbrechende Dunkel‹. Im Manuskript folgen noch Ergänzungen.

209 Alfred Döblin
Zu Nietzsches Morallehre.* – (1903)

Wenn in der Tat ein Schluß möglich ist von der Häufigkeit, mit der ein Geschehen oder eine Eigenschaft besprochen wird, auf die Seltenheit ihres Vorkommens, so steht es schlecht um die Moral. Die Ehrfurcht, die seitaltersher um das vieldeutige und darum fast herrenlose Wort Moral schwebt, lud immer neue Machthaber und -aspiranten zu seinem Gebrauch ein, als eines bequemen, fein ausgearbeiteten Unterwerfungsmittels. Ganzen Berufsständen giebt[1] sie dann Brot, / die ja ihr Leben hindurch von[2] Moral deklamieren, und andere finden in der Moral die Form, zarte Träume, Poesien und Hoffnungen zu einem verklärenden Wortausdruck zu bringen, ohne dem Leben gar zu nahe zu kommen.

Und zweifellos springt nirgendwo die Inkongruenz von Wort und Tat so ins Auge wie hier. In das Leben der meisten greift die »Moral« ja nur wenig und von weitem, indirekt, ein; hier vollzieht sich alles unter außermoralischen Bedingungen. Der Mechanismus dieses Lebens wird / von ökonomischen und politischen Kräften gestellt, für die »Moral« deutlich nach Schwäche und Empfindsamkeit hin schillert; aber immerhin duldet man sie, sofern nicht eben jene »höheren« Gesichtspunkte in Frage kommen. Den Menschenmassen, die um den täglichen Lebensunterhalt zu kämpfen haben, scheint die Frage nach der Moral bei dem furchtbaren Ernst ihrer Lage eine Sache für Müßiggänger; denn hier, wo die wilde Lebensangst die armen Herzen ganz zusammenpreßt, darf nichts anderes Platz haben, als was / verdumpfend und einschläfernd, gütig über das Elend hinwegleitet und die Augen schließen hilft. Die der Not in gesicherten Stellungen enthoben sind, werden ganz durch die gesellschaftlichen Gesetze beansprucht, die als ein eigenartig gesondertes Sittennetz, verschieden sauber, spitzig und starr in den verschiedenen Standes- und Familiensphären ausgearbeitet, über ihnen liegen. Das Drängen auf Moralität empfindet man hier recht eigentlich als beunruhigend und innig zuwider; man spricht ebensowenig von Moral wie von / Geschlechtskrankheiten. Es klingt antisozial, zerstörerisch; ungern läßt man sich aus der bewährten Sicherheit des Lebens, des

---

* Datiert ›16. 3. 1903‹.

1 ›giebt sie Brot‹. E(üdZ): ›dann‹.

2 ›von Moral deklamieren müssen‹. S: ›müssen‹.

süßen Gewohnheitslasters, aufstören, und die Sittlichkeit findet auf dieser *Gesellschaftshöhe* ihre Gegnerin in der Sitte. Geschätzt wird das Moralische in einer ästhetischen Maskierung, als ein Schmuck des Tages, ein altertümlicher Niederschlag von Phrasen, – ein Zugeständnis an den Irrsinn, über den gescheute lächeln, die künstlerischen sich freuen im Genuß des / [...] unnützen, – sie fühlen sich selbst gerechtfertigt in den riesigen Kirchenbauten neben Fabriken und Wohnhäusern. Aber[3] wenn von »ernsten« Dingen die Rede ist, hat auch hier die Moral zu schweigen: mit verzweifelt schmerzlicher Grimasse sah[4] Ibsen dies in der »Wildente« ein. Unter den Menschen dieser Sphäre finden sich doch wenige, die an die große Linie in ihrem Leben denken, die durch eine schmerzliche Art Vertiefung an Ewiges gebunden sind, sei es im Ehrgeiz, sei es in der Liebe, oder in der Kunst oder ähnliches, bei[5] dessen Gedenken sie / erbeben, so daß sie verstummen oder kalt und ironisch vor der Welt werden.

Man kann sich eines Schauers nicht erwehren, wenn man hier schließlich einem Menschen begegnet, dessen eigenstes Geheimnis und Lebensmysterium das Gewissen und Verantwortlichkeitsgefühl um die Menschheit ist, (der[6] mit fremden starren Augen, welche an andere Perspektiven gewöhnt sind, in die Augen des werdefrohen Alltags schaut, und die Menschheit in Frage stellt im Großen und im Kleinen und / ihre moralische Wandlung fordert im Großen und im Kleinen.) Eine metaphysische Verfinsterung, fremdartig bei seinem empirisch gerichteten Denken, liegt so über Nietzsche; etwas Gewaltsames, Tragisches ist in der Art, wie er Probleme stellt, und eine düstere Flamme bricht immer da aus, wo er seine Antworten giebt. Man überhört nicht leicht die Heftigkeit des renegatischen Hasses, mit der er über Metaphysik und Transcendentales hinfährt, denn er muß es sich selbst immer wieder ins Ohr rufen: Und doch und doch habe ich / Unrecht, haben wir Metaphysiker alle Unrecht. Fast immer geschieht es, daß hier und nur hier sein Pathos tief, ehrlich und breitflüssig wird, ⟨– das Problem der Grausamkeit hat er in der Tat in der Nähe betrachtet –⟩ bis schließlich doch seine[7] eigene innerste Liebe, – zum Übermenschen, zur Wiederkunft des

---

[3] ›Aber von »ernsten« Dingen‹. E(üdZ): ›wenn‹.
[4] ›fand auch Ibsen‹. Ä(üdZ): ›sah Ibsen‹.
[5] ›bei dessen Gedenken sie erbeben‹. S (vergessen): ›sie‹.
[6] ›der mit fremden starren Augen ... im Großen und Kleinen‹. S.
[7] ›seine eigene Liebe, – zum Übermenschen‹. E(üdZ): ›innerste‹.

Gleichen, zur Metaphysik mit einem Wort, sich aus der empirischen Verstricktheit zu lösen beginnt, (seine[8] Brust himmlisch aufwallt und der Ewigkeit ein Brautlied singt). Von der Stärke des metaphysischen Bedürfnisses Nietzsches kann / man sich nicht leicht eine ausreichende Vorstellung machen: es hat bei ihm schließlich alle andern Bedürfnisse unterworfen, so daß ihm das[9] entscheidende Wort: »Tot vor Unsterblichkeit« entfährt. Ja, man[10] kann seine innersten Absichten damit treffen, wenn man sagt, er wollte die Metaphysik zu eingreifender Herrschaft über das Menschenleben bringen; denn Moral heißt[11] für ihn auf deutsch gelebte Metaphysik. Daß[12] Nietzsche über den Nutzen der Historie schrieb, war eine Ironie und Undankbarkeit, derer er sich wohl später auch bewußt wurde; daß er aber / der Metaphysik Todfeindschaft ansagte, – aus metaphysischen Gründen natürlich – ist[13] eine jener philosophischen Spitzfindigkeiten liebenswürdigster Art, wie sie die Geschichte der Philosophie noch manchmal aufweist.

Das[14] Metaphysische giebt er so nicht ungetrübt. Eine eigentümliche Verbindung geht[15] bei Nietzsche Metaphysik und Empirismus ein, die das eigentliche Wesen seiner Philosophie ausmacht. Die Verbindung ist das Resultat einer langen und tiefgehenden Einwirkung des empirisch erregten Zeitalters auf den Metaphysiker. Sie ist psychologisch leicht erklärlich –: Nietzsche / trieb zum[16] Empirismus des Reinabstrakten überdrüssig, von dem Revolutionären und Zukünftigen der neuen Gedanken und Hypothesen angelockt, als Dilettant in die fremden Wissenschaften verliebt, zugleich als Wagnerischer Künstler von der wildbrutalen Grandiosität des neuen Weltbildes, das ein Schlachtenbild ist, entzückt und immer wieder von der Buntheit der Tatsachen angeregt, – auf welche psychologischen »Erklärungen« alle aber kein Wert zu legen ist. Leider hat Nietzsche selber so unendlich viel, absichtlich und unab-

---

8 ›seine Brust himmlisch aufwallt und der Ewigkeit ein Brautlied singt‹. K+S.
9 ›das Wort: »Tot vor Unsterblichkeit«‹. E(üdZ): ›entscheidende‹.
10 ›man kann seine innersten Absichten‹. E(üdZ): ›Ja‹.
11 ›heißt für ihn gelebte Metaphysik‹. E(üdZ): ›auf deutsch‹.
12 ›Daß Nietzsche‹. E(zwdZ): ›Wir werden das bald näher ausführen.‹
13 ›ist eine jener philosophischen Spitzfindigkeiten‹. E(üdZ)+S: ›demnach‹.
14 ›Das Metaphysische giebt er so nicht ungetrübt.‹ E(zwdZ).
15 ›geht nun bei Nietzsche‹. S: ›nun‹.
16 ›zur Empirie‹. Ä(idZ): ›zum Empirismus‹.

sichtlich, zu der Milieumanie beigetragen, zu / der bequemen Sucht, den »Menschen« verstehen zu lernen und sein Werk zu vergessen; ja man glaubt sich auf der Höhe des Verstehens, wenn man eine möglichst allseitige Bedingtheit des Werkes aufweist, die etwa im Lokalen, Historischen oder Psychologischen liegt. Aber man bekommt niemals einen Geschmack von einer Suppe durch die subtilste Schilderung ihrer Rohmaterialien, des Feuermachens, der Beschaffenheit des Holzes, der Form des Topfes, der Häufigkeit[17] des Umrührens, etwa auch der moralischen Qualitäten der Köchin. Man kommt noch lange nicht an die Sache heran, wenn / man die Person ihres Herstellers – und auch diese nur einseitig und vermeintlich – »verstanden« hat. Wir lassen hier möglichst die lyrischen Phantasien über unseren Philosophen, denn wir wollen mit dem Verständnisse seiner *Lehren* wachsen und uns in die Seele seiner *Philosophie* einwühlen und *sie* nicht lassen, es sei denn, sie gäbe sich uns ganz. Es ist ein unvergleichlich großes Ding um die Philosophie, und die sündigen gegen sie, die über sie hinweg träumen, statt mit Leidenschaft und möglichster Schärfe, mit heißer Kälte ihr abringen, was sie / verhüllt. ⟨Eine Flut von Worten wälzt[18] sich so über Nietzsche, den Menschen, hin, aber wie viele giebt es, die das Papageien für eine menschenunwürdige Eigenschaft halten, und statt über »seinen abgründigen Ernst« zu perorieren und seine vielfachen philosophischen Lyrismen breit zu treten, sein Werk überdenken, damit es nicht vergeblich bleibe und wir nun wissen, wie[19] es mit uns stehe. Es gilt von aller Philosophie, aber von Nietzsches im besonderen jetzt: »Viele reden von mir, aber niemand denkt an mich.« –⟩

Der Standpunkt der empirischen / Weltanschauung, auf die wir Nietzsche stoßen sahen, ist ein subjektiver Idealismus auf[20] biologisch sensualistischer Grundlage. Eine typische Entwicklung führt[21] oft auf diesen Standpunkt. Die[22] Absicht geht immer auf Erkenntnis; man fragt: τι τὸ ὄν. Sobald man das Bedingte und das Unbedingte, das Relativische und Absolute, diese Kategorien unterscheiden kann, sieht man den ersten[23] Schritt zur Erkenntnis in dieser

17 ›Häufigkeit des Kochens‹. Ä(üdZ): ›Häufigkeit des Umrührens‹.
18 ›wälzt sich so über Nietzsche hin‹. E(üdZ): ›den Menschen‹.
19 ›wie es fortan mit uns stehe‹. S: ›fortan‹.
20 ›auf sensualistischer Grundlage‹. E(üdZ): ›biologisch‹.
21 ›führt auf diesen Standpunkt‹. E(üdZ): ›oft‹.
22 ›Die Absicht geht auf Erkenntnis‹. E(üdZ): ›immer‹.
23 ›ersten Schritt zu der Erkenntnis‹. Ä(idZ): ›zur Erkenntnis‹.

Scheidung der Bedingung, die durch den Menschen gesetzt wird, von dem Bedingten, der[24] Erscheinungswelt. Damit eben springt der Unterschied zwischen / Ding an sich und »Erscheinung« der kritischen Philosophen hervor; man erkennt auf dem Wege zu »entmenschlichen« die Notwendigkeit zu »vermenschlichen«. Im weiteren Fortschritt des Gedankens fallen dann die Begriffe des absoluten »Objekts«, Ding an sich, das Jenseits des Erkennens und des Vorstellens, als Widersinn, nämlich als gedachte Undenkbarkeiten: so ist man zum Anfang zurückgekehrt. Der[25] neue Realismus besinnt sich am Beginn des Weges zu einem subjektiven Idealismus, der seine Halbheit einsehend zum absoluten Idealismus fortschreitet und damit zum / Realismus zurückkehrt. Denn wenn man genötigt wird, alles[26] bedingt, in »anderem« begründet, »Erscheinung« – zu nennen und den Begriff Idealismus dann absolut macht, so beraubt man diesen wesentlich relativen Begriff seines Sinns, seiner Bestimmtheit, und er fällt als nunmehr gedanklich unverwertbar ins Leere. In der Tat: wo nur Licht ist, ist kein Licht; und so: wo nur Idealismus herrscht, herrscht kein Idealismus. Es liegt ja eben die Tragik eines relativen Begriffes darin, daß man ihn nicht auf den Thron des Absoluten erheben kann, ohne ihn / zugleich zu vernichten und irrsinnig zu machen.

⟨Die[27] kritizistische Weltanschauung also ist es, – welche wir als zweite Stufe charakterisierten, – auf welcher Nietzsche, der Metaphysiker, steht. Gerade dieser erkenntnistheoretischen Richtung eignet, wie gezeigt, ein Skeptizismus in metaphysischer Hinsicht, wie ihn gemäßigt Hume, so schrankenlos etwa die [...] Schule lehrt. Ohne in den Stirnerschen Solipsismus zu verfallen, centriert Nietzsches erkenntnistheoretische Einsicht die / Welt auf den Menschen. Aber wir stoßen hier auf eine persönliche Note unseres Philosophen; wenn schon andere in dem »Subjekt« den Träger oder die Form des erkenntnistheoretischen Weltsystems sahen, so setzt[28] Nietzsche als archimedischen Punkt den lebenden Organismus an: die Welterscheinung ist die Antwort auf die Bedürfnisse dieses Organismus', »wir leben in einer Welt der Werte«. Auf diese Einsicht hatte die psycho-

---

24 ›der Erscheinungswelt‹. E(üdZ)+S: ›Siehe Beiblatt‹.
25 ›Der Realismus‹. E(üdZ): ›neue‹.
26 ›alles für bedingt‹. S: ›für‹.
27 ›Die kritizistische Weltanschauung ist es‹. E(üdZ): ›also‹.
28 ›setzt Nietzsche als archimedischen Punkt‹. E(üdZ): ›biologisch‹.

logistische englische Erkenntnistheorie zusammen[29] mit der Biologie hin gedrängt, und sie / stellt der Weisheit letzten Schluß in dieser Erkenntnistheorie dar. (Man[30] begreife aber, daß »Organismus« vor allem ein Wort ist, das, dunkel, nichts Bestimmtes bezeichnet, – was wissen wir auch vom Organischen? –; wir[31] hören hier als letztes Wort ein Wunder und die Mystik hebt an: adventavit animus, fortis et pulcherrimus, wie Nietzsche so entzückend spottete. Und was gar den Inbegriff dieses Organischen, den »Willen zu Macht«, angeht, so muß man sich fragen, wie ein so feiner Psycholog und Analytiker zu einem solchen Monstrum / von Begriff kommen konnte. »Wille« ist doch 1. ein Gedankending und eitel Mythologie; kein Faktum, sondern eine falsche Erklärung; was man »Wille« nennt, sind deutlich lokalisierte Sehnen- und Gelenkempfindungen, nichts qualitativ eigenes. Zweitens darf diese Hypostasierung, diese »abstrakte Idee«, um mit Berkeley zu reden, nicht auf Metaphysisches ausgedehnt werden, denn »Wille« ist zeitlich bestimmt, was von dem Absoluten nicht gelten soll. Dem Absoluten wird drittens eine sonst verpönte Zielstrebigkeit unterschoben: »zur Macht«. Die »Macht« kann viertens die [...] zur hohen kinetischen Energie bezeichnen, was auf Hypostase hinausläuft; / oder Macht bedeutet die tatsächliche Veränderung und Bewegung: so erhält[32] man auf die Frage nach dem Wesen der Welt die Antwort: sie ist, was sie ist. –)⟩

Man fragt nach dem[33] eigentlichen Mittelglied zwischen Empirismus und Metaphysik. Es ist der[34] biologische Entwicklungsbegriff. Mit ihm bindet unsere Philosophie Himmel und Erde zusammen. Man kann ja Nietzsche geradezu, wie Spinoza den Philosophen der Substanz, den Philosophen des Entwicklungsbegriffs nennen. In der Philosophie, die wir betrachten, / liegt, so darf man wohl sagen, eine Dogmatik des antidogmatischen Entwicklungsbegriffs in den Grundzügen beschlossen, wenn[35] auch nicht mit systematischer Bewußtheit durchgeführt, aber doch jedenfalls als jene[36] »gemeinsame

---

[29] ›zusammen mit der gleich‹. S: ›gleich‹.

[30] ›Man begreife aber [...] was sie ist‹. E(üdZ)+K: ›Nächstes Beiblatt‹.

[31] ›wir sehen hier als letztes Wort‹. Ä(üdZ): ›hören‹.

[32] ›erhält man auf die Frage nach dem Wesen der Welt‹. E(üdZ): ›die Antwort‹.

[33] ›dem eigentlichen Bindeglied‹. Ä(üdZ): ›Mittelglied‹.

[34] ›der Entwicklungsbegriff‹. E(üdZ): ›biologische‹.

[35] ›wenn auch mit systematischer Bewußtheit‹. E(üdZ): ›nicht‹.

[36] ›jene »allgemeine Wurzel«‹. E(üdZ): ›als‹.

Wurzel« aller ihrer[37] Gedanken, von der Nietzsches Vorrede zur »Genealogie der Moral« spricht; als jener »in der Tiefe gebietender, immer bestimmter redender, immer Bestimmteres verlangender Grundwille« seiner Erkenntnis.

⟨Metaphysik und Empirismus sollen sich in diesem Begriff begegnen. Wir werden / diese innere Widersprüchlichkeit dieses[38] Gedankengrundes[39] in einer Fülle interessantester Durchführungsmotive sich explicieren sehen.⟩

Es ist anregend, die letzte Geschichte des Entwicklungsgedankens zu verfolgen, an dem sich nun Atheisten ebenso wie Gläubige ergötzen. Zu seiner Herrschaft in der Philosophie kam er auf Umwegen. Ursprünglich philosophisch, eine Form des alten Mysteriums von[40] der Einheit der Natur und der Stufenleiter des Geschaffenen, wurde er ein naturwissenschaftliches Postulat, dann wirklich in der Natur / »entdeckt«, und jetzt nach allen Seiten ausstrahlend gelangt der Begriff wieder in seine alte Heimat zurück, verschwistert sich hier mit manchen anderen Gedanken und beginnt eine unerhörte Herrschaft zu üben, indem er sich immer mehr ins Religiöse auswächst, mit den Füßen breit und fest auf der Erde, den Kopf in den Wolken. Überall wittert man eine »Entwicklung«, selbst aus dem ungeheuren nunc stans der spinozistischen Weltenthematik will man ihn herauslesen.

Was besagt dieser Entwicklungsbegriff? Der Satz vom / Widerspruch faßt die Welt als werdende. Er meint bildlich gesprochen: πάντα ῥεῖ, und behauptet abstrakter die Unmöglichkeit[41] der Vereinzelung eines Vorgangs, z.B. der[42] Verdinglichung, damit die vollkommene Unbestimmbarkeit und Undenkbarkeit der »Welt«. Hier wird die Welt so entschieden[43] als bewegt, als Zeit, gesetzt, daß sie jeder starren Begrenzung spottet, da das vollkommene Werden keine Teilung zuläßt und[44] da sich überallhin ins Größte wie

37 ›seiner Gedanken‹. Ä(üdZ): ›ihrer Gedanken‹.

38 ›in diesem‹. Ä(idZ): ›dieses‹.

39 ›in ihr [...] Fülle‹. S: ›ihr [...]‹.

40 ›von der Einheit der Natur und der Stufenleiter des Geschaffenen‹. E(zwdZ): ›– Aristoteles, Platon, am besten Plotin –‹.

41 ›Unmöglichkeit der Vereinzelung‹. V: ›Isolierung‹.

42 ›der Verdinglichung‹. V: ›eines Dinges‹.

43 ›entschieden als bewegt gesetzt‹. E(üdZ): ›als Zeit‹.

44 ›und sich überallhin‹. E(üdZ): ›da‹.

ins Kleinste Unendlichkeiten[45] öffnen. Das Werden läuft zu schnell, als daß irgend ein Erkennen es einholen könnte, und wo / man etwas Festes zu greifen, zu begreifen glaubt, zerfließt es in den Händen wie die Lemuren vor Mephistopheles. Den Satz des Widerspruchs als das »trügerische« Princip hat Nietzsche besonders in den beiden Tanzliedern des Zarathustra gefeiert, wie ja auch die Hegelinge die Natur als einen bakchantischen Gott, der außer sich geraten sei, preisen. (Hier im Satz des Widerspruchs findet der Skeptizismus, Nihilismus und Agnostizismus seinen fettesten Nährboden, sein ultimum refugium, – wenn gleich dieser Satz schon zu denen gehört, von denen es / bei Platon heißt: indem sie stehen, fallen sie. Denn wenn nichts bestimmbar ist, wie kommt man zu dem bestimmten Satz? Und wenn man in der Tat von diesem Satz überzeugt ist, so gilt es konsequent jedes weitere Philosophieren lassen, denn agnostizistische Philosophie hebt sich selbst auf; *daß*[46] man aber agnostizistisch philosophiert, beweist zunächst, daß man seine Gedanken nicht konsequent durchbildet, dann daß man selbst von dem Gegenteil des Satzes durchdrungen ist.)

Entwicklung möchte ein erster Einfall Werden in gerader Linie nennen; aber / »Werden in gerader Linie« widerspricht sich selbst, da Werden als wesentlich chaotisch weder gerade noch krumm genannt werden darf. Man muß begreifen, daß die scheinbar so eng verwandten Begriffe »Werden« und »Entwicklung« zunächst disparat sind. Populär aber schwächt sich der Begriff »Werden« zu »allmählicher Veränderung« ab, und besonders in der Sprechweise der sogenannten Naturphilosophen umschreibt Werden »Entstehen« und »Vergehen«, vornehmlich für[47] das Organische. Dieser matte Begriff geht wegen seiner Unbestimmtheit und Verschwommenheit leicht in den eigentlichen / Begriff »Entwicklung« über. Isoliert man nämlich einzelne Zeitstrecken und betrachtet einige[48] Bestimmungen ihres Inhalts unter dem Gesichtspunkt der allmählichen Veränderung[49] auf einen Endpunkt hin, so sieht man, wie die Bestimmungen des Zeitinhalts sich »entwickeln«. Hier stoßen wir auf den histo-

[45] ›Ewigkeiten öffnen‹. Ä(üdZ): ›Unendlichkeiten‹.

[46] ›daß man agnostizistisch philosophiert‹. E(üdZ): ›aber‹.

[47] ›hier des Organischen‹. Ä(idZ): ›für das Organische‹.

[48] ›die Bestimmungen ihres Inhalts‹. Ä(üdZ): ›einige Bestimmungen‹.

[49] ›Veränderung auf den Endpunkt hin‹. Ä(idZ): ›Veränderung auf einen Endpunkt hin‹.

rischen Entwicklungsbegriff; und nur *die* Historie verdient eigentlich diesen Namen, welche ihren Gegenstand unter dem zuletzt definierten Entwicklungsbegriff faßt. Der Endpunkt, – man mißverstehe die obige Darstellung nicht, – ist nicht / der Zielpunkt, der Zweck der Veränderung, und gerade der sichere Takt, einer[50] entschiedenen Tendenz der »Entwicklung« zum Teleologischen hin nicht nachzugeben, macht den Historiker aus. Wir treten in eine ganz andere Sphäre, wenn[51] wir nun den Entwicklungsbegriff auf seine letzte Stufe verfolgen, da nämlich, wo in der Tat sich Endpunkt und Zielpunkt für den Betrachter identifiziert haben, wo[52] Werturteile, also etwas dem Begriffe durchaus Fremdes, hinzukommen. Dieser Bastardbegriff, halb religiös, halb empirisch & historisch, gilt jetzt im prägnanten / Sinne als Entwicklungsbegriff. ⟨Er[53] erteilt etwa auf die Frage: warum etwas geworden sei, die Antwort – gesetzt daß es sich etwa um prähistorisches handelt –: damit dies Jetziges werde;⟩ es[54] wird der täglich vielgeübte[55] »Schluß« von der Wirkung auf die Ursache durch die Einschiebung eines angeblichen Zweckverhältnisses zwischen der bekannten »Wirkung« und der unbekannten »Ursache« erleichtert. Man wird nun dem teleologischen Entwicklungsbegriff nicht den Wert eines heuristischen Princips absprechen können, immer aber auch die / Unsicherheit, Unwissenschaftlichkeit seiner Erkenntnisse scharf im Auge behalten müssen. Da von der Folge viele Schlüsse auf Ursachen nicht aber auf die bestimmte Ursache, möglich ist, so wird die teleologische Entwicklung immer nur Hypothesen geben, die[56] ein Kritiker nach Geschmack ablehnen oder annehmen kann, jenachdem[57] ihm der rechte oder der falsche Zweck angesetzt zu sein scheint. In parenthesi: daß eben die, welche sich so entschieden antiteleologisch, teleophobisch gebärden und nicht genug Worte der Verachtung für den

---

50 ›der entschiedenen Tendenz‹. Ä(üdZ): ›einer entschiedenen Tendenz‹.

51 ›wenn wir den Entwicklungsbegriff‹. E(üdZ): ›nun‹.

52 ›wo Werturteile . . . hinzutragen‹. Ä(üdZ): ›hinzukommen‹.

53 ›Er erteilt auf die Frage‹. E(üdZ): ›etwa‹.

54 ›es wird also der täglich vielgeübte Schluß‹. S: ›also‹.

55 ›vielgeübte »Schluß« vom Zweck‹. Ä(idZ): ›vielgeübte »Schluß« von der Wirkung‹.

56 ›die man nach Geschmack ablehnen‹. Ä(üdZ): ›die ein Kritiker nach Geschmack ablehnen‹.

57 ›jenachdem dem Kritiker der rechte oder der falsche Zweck‹. Ä(idZ): ›jenachdem ihm‹.

»naiven, überwundenen Anthropomorphismus« finden, noch nebenher das Eselchen des Entwicklungsbegriffs streicheln, darf nicht wunderbar erscheinen; denn einen modernen, der physiopsychologisch die Minderwertigkeit des begrifflichen Denkens erkannt hat, verpflichtet konsequenterweise nichts zur Logik. Unsere »Weltanschauung«, diese Hexenküche der widersprechenden Halbwahrheiten, ist ja aller Dogmatik feind, z. B. auch[58] der logischen, so daß auf diese Anbetung und dies Spiegelbild des Chaos nicht einmal das Wort paßt: Wenn es auch Wahnsinn ist, so hat es doch Methode!

In Anbetracht der unbegrenzten Spannweite des Entwicklungsbegriffs liegt seine / spekulative Verwertung nahe. Es darf nicht Halt gemacht werden bei dem Urnebel zu dem man von uns her, der »Spitze« der organischen Natur, »herabgestiegen«[59] und in die Vergangenheit zurückgegangen ist, immer mittels der Konstruktionen unseres Begriffs; das Haltmachen widerspricht ja dem unaufhaltsamen Drängen des Leitprincipes selber. Man muß unser Weltbild selber, mit seiner Räumlichkeit, Zeitlichkeit als geworden, »entwickelt« auffassen. Unser Weltbild muß sich, (eben[60] im Verlauf der Tierheits- und Menschheitsgeschichte,) allmählich entwickelt haben; nach[61] / Isolierung der einzelnen, allgemeinsten, wesentlichsten Bestimmtheiten dieses Weltbildes werden sie durch den Entwicklungsbegriff aus der Starre ihrer Existenz herausgerissen und in[62] den allgemeinen Wirbel des Werdens hineingestoßen. ⟨Hier wird also ein fundamentaler Satz nicht beachtet, – auffällig genug bei einer Lehre, die sich neukantianisch geriert –, nämlich, daß die Zeit nichts außer uns und ohne uns sei und daß wir beim »Erkennen« der Welt nicht von uns abstrahieren können; hier »wird« – eine ungeheuerliche Absurdität – die Zeit selber.⟩ /

Die Absurdität der Ausdehnung des Entwicklungsbegriffs auf Transcendentales läßt sich nicht abweisen. In seinem Heimatsgebiet aber, dem rein oder weniger rein Empirischen, zu dem wir nach dem verunglückten Ausflug mit unserer Philosophie zurückkehren,

---

58 ›auch der logischen‹. E(zwdZ): ›so daß auf diese Anbetung ... Methode!‹

59 ›herabgestiegen ist‹. S: ›ist‹.

60 ›eben im Verlauf der Tierheits- und Menschheitsgeschichte‹. K.

61 ›unter Isolierung der einzelnen, allgemeinsten, wesentlichsten Bestimmtheiten‹. Ä(üdZ): ›nach Isolierung ...‹

62 ›in den allgemeinen Wirbel des Werdens hineingestoßen‹. E(zwdZ): ›Das haben wir alles oben genau betrachtet‹.

bewies sich das Entwicklungsprincip von überaus großer Fruchtbarkeit.

»Werden« und »Entwicklung« hatte sich schon längst auf der ganzen Linie der Naturforschung als siegreich bewährt; ihr Sieg beschränkte sich aber streng auf die Erklärungsweise von Körperformen. Und so kann[63] [man] / es dieser Philosophie nicht hoch genug anrechnen, daß sie die Anwendung und Durchführung dieses[64] Begriffes auch für die eigentliche Morallehre als Forderung aufstellte. ⟨Und[65] hier erweist sich auch als fruchtbar, der,[66] für die Spekulation verallgemeinert, zu Absurditäten und Widersprüchen drängte.⟩ Der Satz: die[67] moralischen Werturteile sind psychologische[68] das heißt biologische Probleme: dieser Satz, so harmlos und selbstverständlich er klingt, bezeichnet ja in der Tat eine »Umwertung aller Werte«; dieser selbstverständliche Satz war[69] allerdings schon / lange vor Nietzsche gedacht, aber von niemandem so ernst verfolgt. Der Inhalt des Satzes bildet[70] aber genau gesehen die Voraussetzung für seine wissenschaftliche Morallehre, die durch ihn erst inauguriert wurde. Wir finden die Grundzüge einer solchen neuen Wissenschaft an vielen Stellen von Nietzsches Werken bestimmt präzisiert.

Wahlfreiheit ist nach der alten Morallehre die Voraussetzung der Moral; die biologische[71] Moralwissenschaft muß zur entgegengesetzten Auffassung neigen. Denn ihr[72] kommt es, das tritt zunächst hervor, auf das moralische *Streben,* welches früherer Morallehre genügte, nicht / an, sondern auf das *wirkliche* Sein des Men-

---

63 ›kann [man] es dieser Philosophie‹. ›man‹ fehlt im Manuskript.

64 ›dieser beiden‹. Ä(idZ): ›dieses‹.

65 ›Und hier erweisen sich auch als fruchtbar‹. S: (wiederholtes) ›sich‹. Ä(idZ): ›erweist sich‹.

66 ›die ... zu Absurditäten und Widersprüchen drängten‹. Ä(idZ): ›der ... zu Absurditäten und Widersprüchen drängte‹.

67 ›das moralische Streben und die moralischen Werturteile‹. E(üdZ): ›Der Satz:‹. S: ›das moralische Streben und‹.

68 ›psychologische oder biologische Probleme‹. Ä(üdZ): ›psychologische das heißt biologische Probleme‹.

69 ›war schon lange vor Nietzsche‹. E(üdZ): ›allerdings‹.

70 ›bildet die Voraussetzung‹. E(üdZ): ›aber genau gesehen‹.

71 ›biologische Morallehre‹. Ä(üdZ): ›biologische Moralwissenschaft‹.

72 ›ihr kommt es auf das moralische Streben ... nicht an‹. E(üdZ): ›das tritt zunächst hervor‹.

schen und[73] auf sein *tatsächliches* Verhalten und Leben. Man sieht an die Stelle der »Freiheit« die »Vererbung« treten, durch welche eben ein Mensch das »wird«, was er im Leben wirklich ist. Eine steigende Verinnerlichung hat[74] zu dieser Lehre geführt. Luther lehnte sich gegen die Überschätzung der »Werke« auf und drang auf »Glauben«; und ihm folgend negierte Kant die Sittlichkeit jeder Handlung, die[75] auf äußere »Glückseligkeit« ginge, also nicht durch die »Pflicht« bestimmt werde. / Wenn die Moral noch mehr in[76] den Menschen hinein geschoben wird, hinter[77] die Motive, – so erreicht sie die Stufe, auf der eben die »Natur« des Menschen selber und sie allein moralische Qualitäten verleiht, und wo damit die »Moral« im alten Sinne aufhört und Anthropologie und Psychologie beginnen. Man wird nicht moralisch, sondern man ist moralisch, und es giebt keine moralische Handlungen mehr, sondern nur moralische Triebsysteme d.h. Menschen, die die Erbschaft der Eltern übernehmen und dem Fatum ihrer Abkunft durch keine moralischen Absichten und Zwecke / entfliehen können oder auch nur wollen. Man sehe aber genau hin: dies scheint Verinnerlichung und ist es auch, aber es ist auch ebenso Veräußerlichung. Denn wie *vor* Luther oder Augustinus ist auch auf dieser höchsten Stufe das »Werk«, die[78] äußere Handlung, die Tat ausschlaggebend, der »Glaube« nichts. Die[79] ganzen Handlungen sind hier nämlich der[80] ganze Mensch, – meint man anders, so treibt man Hypostasierung. Und so spricht die innerlichste Moraltheorie nur von[81] den wirklichen Handlungen der Menschen, nicht von ihren Motiven und unterscheidet sich von der Historie nur darin, daß sie die Handlungen / sc. hypostasiert das Sein der Menschen biologisch *bewertet.* –

---

73 ›u. auf sein tatsächliches Verhalten‹. Ä(idZ): ›und‹.

74 ›hat zu dieser Lehre auf einer anderen Linie geführt‹. S: ›auf einer anderen Linie‹.

75 ›die »Glückseligkeit«‹. E(üdZ): ›äußere‹.

76 ›in den Menschen hinein geschoben‹. E(üdZ): ›wird‹.

77 ›noch hinter die Motive‹. S: ›noch‹.

78 ›die Handlung‹. E(üdZ): ›äußere'.

79 ›Die Handlungen sind hier‹. E(üdZ): ›ganzen‹.

80 ›der Mensch‹. E(üdZ): ›ganze‹.

81 ›von den Handlungen der Menschen‹. E(üdZ): ›wirklichen‹. E(zwdZ): ›nicht von ihren Motiven‹.

Stärke und Schwäche sind[82] nun die relativen Werte der Biologie. Stark ist, wer ein einheitliches System verträglicher, d.h. sich unterordnender Triebe darstellt, – es ist aber einheitlich und ein rechtes System, wenn die Rassen, die in dem Individuum sich mischen, überhaupt mischbares, nicht heterogenes vererbt haben. Demnach ist schwach, was zu »Willensdisgregation« infolge Mangels an Unterordnung in den fremdartigen Einzelwillen führt, der »dekadente Mischmaschmensch« Nietzsches. /

Verstehen wir, was damit gesagt wird. Es ist die Frage, wenn nur der wirklich lebende Mensch und nicht seine Wünsche Gegenstand der Moralwissenschaft bildet, was[83] nun an dem seienden Menschen das[84] eigentlich Seiende darstellt. Denn vieles[85] Handeln ist als nebensächlich, zufällig, vorübergehend gegenüber wesentlichem zu bezeichnen. Auf der *Suche* nach der Antwort findet unsere Philosophie, daß unter einer langdauernden Gleichartigkeit der Lebensbedingungen, unter der »gleichen Ungunst der Verhältnisse« sich eine gewisse Gleichheit[86] in den vorherrschenden Triebe[n] und in der Gruppierung der / Triebe bei den Menschen herausbilde, und diese[87] eben das Fundament, das »Sein«, in dem Einzelnen der Züchtungsmasse ausmache. Die »Rasse« also giebt den Grundstock der Menschennatur ab; sie[88] ist es darum auch, die sich eigentlich erhält über das einzelne Zugrundegehen, Variieren, d.h. sie[89] hauptsächlich wird vererbt.

Der Entwicklungsbegriff der Historie nun beherrscht diese Lehre von den Rassen; Rassenvertreter verbinden sich, »vermischen« sich. Bei vollkommener Fremdartigkeit des Vererbungsmaterials findet kein Ineinander-, sondern fremdes Nebeneinanderleben, d.h. Kampf der Triebe statt u. wir sehen Menschen »der gebrochenen Leiber«. /

Jedenfalls also lebt man seine ererbte Natur und Rassenmischung

---

82 ›sind die relativen Werte des Biologen‹. E(üdZ): ›nun‹.

83 ›was nun eigentlich dem seienden Menschen‹. S: ›eigentlich‹. E(üdZ): ›an‹.

84 ›das eigentlich Seiende‹. V: ›Wesentliche, Innerste‹.

85 ›viel ist als nebensächlich‹. Ä(üdZ): ›vieles Handeln ist als nebensächlich‹.

86 ›Gleichheit der vorherrschenden Triebe‹. Ä(üdZ): ›Gleichheit in den vorherrschenden Triebe[n]‹. Endung des Substantivs nicht verbessert.

87 ›diese eben das Fundament‹. E(üdZ): ›und‹.

88 ›sie ist es auch‹. E(üdZ): ›darum‹.

89 ›sie hauptsächlich wird vererbt‹. E(üdZ): ›d.h.‹.

aus, d.h. nicht »sich«, – was Nietzsche gern unterschoben wird. Der[90] Fatalismus der Vererbung liegt ganz auf dieser Lehre, welche von Freiheit und individueller Willkür nichts wissen will. Für den biologischen Moralisten gilt[91] ja, wie wir sahen, Moral als die Lehre von der Statik und Mechanik der Rassentriebe: seine Formulierung der »Entwicklung«. – Die eigentlichen Moralia spielen hier eine untergeordnete Rolle, teils als Züchtungsphantome, teils als Stimulantia, teils als Narkotika etc, entfernte Reflexe / aus dem Kampfe des Lebens, das ja ein Experiment auf die Stärke der Individuen macht und die schwächeren zu Surrogaten der Kraft treibt, stärkere zur Selbstverherrlichung etc. Die Herleitung dieser Werte, der Moralia, aus der Rassenmischung und der durch sie gesetzten Stärke oder Schwäche, also die Aufweisung[92] der biologischen, historischen und lokalen Bedingtheit der Werte nimmt einen breiten Raum in Nietzsches Moralwissenschaft. Da, wie gesagt, die Entmetaphysierung der Moral so streng durchgeführt ziemlich neu für das 19. Jahrhundert war, ihre Darstellung[93] / wegen der deshalb notwendigen Auseinandersetzungen stark polemischen Charakter tragen mußte, so scheint Nietzsches Breite in der Genealogie der Werte nicht wunderbar.

An[94] die Spitze der Genealogie der eigentl. Moralen darf als erklärendes Motto wohl das Wort geschrieben werden: »Politische Vorrangsbegriffe lösen sich immer in faktische Vorrangsbegriffe aus«. Die Werte geben an, wie die Rassen sich zu einander verhalten, nicht aber tatsächlich, sondern nach der Meinung eben der Rassen selber und ihrer Vertreter; die durch irgend einen / Vorzug politisch stärkere Rasse denkt sich, indem sie sich stärker fühlt, auch »moralisch« höher als die schwächere, und aus dem »Pathos der Distanz« zwischen sich und der niederen Rasse, dem ärmeren Stande, erwächst ihr ein »seelischer Vorrangsbegriff«, ihr »gut«, die Herrenmoral. Dem objektiven Mechanismus der Rassen und ihrer Mischun-

---

90 ›Der Fatalismus der Vererbung also liegt‹. S: ›also‹.

91 ›gilt Moral als die Lehre‹. E(üdZ): ›ja, wie wir sahen‹.

92 ›Aufweisung der biologischen Bedingtheit der Werte‹. E(üdZ): ›historischen und lokalen‹.

93 ›ihre Darstellung deshalb wegen der notwendigen Auseinandersetzung‹. ›deshalb‹ innerhalb des Satzes umgestellt.

94 ›An die Spitze der Moralgenealogie‹. Ä(üdZ): ›An die Spitze der eigentl. Moralen‹.

gen entspricht[95] also ein subjektiver; jede stärkere Rasse und Rassenmischung hat für die schwächere eine Herrenmoral, d.h. sie empfindet ihre Vorzüge als solche.

Eine enge Beziehung wird also zwischen Politik, d.h. »Recht«, und Moral hergestellt. / Zunächst liegt es nahe, Moral werdendes Recht und demnach Recht staatlich sanktionierte Moral zu nennen; dem Empfinden einer Gesellschaftsmajorität wird gesetzlich entsprochen. ⟨In der Einrichtung der Schöffengerichte finden wir ja auch eine Bestätigung dieser Anschauung, die aber das Verhältnis nicht ganz erschöpft.⟩ Unsere Philosophie tritt besonders für die entgegengesetzte Auffassung ein, daß Recht in irgend einer Art Moral wird; (und[96] diese Reihenfolge dürfte wohl auch die häufigere sein.) Die Moral gilt also hier als Auslegung / politischer Verhältnisse. – Auf der andern Seite wird sich die schwächere Klasse der Vorzüge, durch die sie von den »Herren« unterworfen wird, mit Unlust bewußt: sie nennt diese Vorzüge »böse«; sie übertreibt ihre, wenn auch nicht für[97] politische Siege geeigneten Vorzüge und sucht auf jede Weise dem Gefühl der Schwäche, der Unterlegenheit zu entgehen. ⟨Hier nennt man auch »Moral« die wohlig faule Luft, die jeder zärtlich um seine Gewohnheiten haucht, den Himmel von Rechtfertigungen, den jeder über seine Schwäche wölbt. Tolstoi spricht ja so / in bewundernswerter Weise von der »Dirnen- und Zuhältermoral«.⟩

Noch einmal: von *Höher*entwicklung ist in der biologischen Moralwissenschaft keine Rede; sie konstatiert die »Entwicklung« der Rassen, *das heißt*, die Rassengeschichte wie sie sich historisch darstellt. Dies ist Nietzsches deskriptive Moral.

Eine bisweilen vollkommen heterogene Gedankenweise läuft neben der skizzierten her, eine normative Moral, die sich oft mit der deskriptiven zu beider Schaden vermischt, oft aber scharf sich von[98] der andern distinguieren läßt. / Hier gewinnt der Entwicklungsbegriff jene oben angegebene teleologische Färbung, durch die er heuristisches Princip und für normative Moral geeignet wird. Eben das Metaphysische, Religiöse, auf das wir oben hinwiesen, bricht

---

95 ›entspricht ein subjektiver‹. E(üdZ): ›also‹.

96 ›und diese Reihenfolge . . . die häufigere sein‹. K.

97 ›für politische, Dinge geeigneten Vorzüge,‹. S: Komma nach ›politische‹ und ›Vorzüge‹.

98 ›[. . .] der andern‹. Ä(üdZ): ›von der andern‹.

hier durch, wo wir zur Lehre vom Übermenschen und von der »Wiederkunft des Gleichen« kommen; denn man muß fassen, daß »Übermenschenmoral« und »Herrenmoral« heterogen sind, wenn sie auch oft ineinanderspielen; hier Metaphysik, dort Empirismus.

Von der Entwicklung κατ' εξοχήν, von der Höherentwicklung sprechen wir jetzt. / Die Tatsachenmoral, – die Herren- und Sklavenmoral, – ist im Grunde gar keine Moral im alten Sinne; sie »lehrt«, wie gezeigt, nichts; ihre[99] Consequenz wäre: laisser faire, laisser aller, – Fatalismus. Die Welt und Geschichte vollzieht sich als ein außermoralisches Kräftespiel, bei der jede Kraft ihre letzten Consequenzen zieht. Hier[100] herrscht also an sich nur Vernunft; ein Wert oder Urteil, das[101] irgend welcher Kraft etwas vorschreiben oder ihr ein Ziel vorstecken würde, würde unvernünftig sein. Aber es giebt ja andrer-/seits wenig Dinge, über[102] die der Immoralist Nietzsche so eins mit sich ist, wie über den metaphysischen Wert der Moral, und man muß den Theologen, die Nietzsche für sich beanspruchen, um diesetwillen Recht geben in ihrer Forderung. Dem[103] trotz allem Empirismus vorhandenen moralischen Streben ein »ewiges« Ziel in transcendentaler Form zu geben, duldet[104] aber sein biologischer Empirismus nicht. So ergreift Nietzsche eben den »darwinistischen« Entwicklungsgedanken, der ja selbst schon ein[105] moralisch-naturwissenschaftliches Ragout darstellt;[106] und macht das seines / alten Sinnes beraubte moralische Streben zum Vehikel des Entwicklungsgedankens: die höhere Art des Menschen – kurz ausgedrückt der Übermensch – ist das Ziel des moralischen Menschen. Jene »schauerliche Herrschaft des Unsinns und des Zufalls,

---

99 ›ihre Consequenz ist‹. Ä(üdZ): ›ihre Consequenz wäre‹.
100 ›Hier herrscht also nur Vernunft‹. E(üdZ): ›an sich‹.
101 ›das irgend welche Kraft aus irgend einem andern Grunde als wegen ihrer Quantität hervorheben würde‹. S: ›aus irgend einem ... hervorheben würde‹. E(zwdZ): ›etwas vorschreiben oder ihr ein Ziel vorstecken würde‹. Ä(idZ): ›irgend welcher Kraft‹.
102 ›über die der Immoralist Nietzsche sich‹. S: ›sich‹.
103 ›Dem moralischen Streben‹. E(üdZ): ›trotz allem Empirismus vorhandenen‹.
104 ›duldet sein biologischer Empirismus‹. E(üdZ): ›aber‹.
105 ›eine moralisch naturwissenschaftliche Mischung‹. Ä(idZ): ›ein moralisch naturwissenschaftliches Ragout‹.
106 ›darstellt‹. E(udZ): ›Er spannt vor den Darwinismus den Gaul der Moral‹.

die bisher Geschichte hieß«, also die Herrschaft einer streng und rein kausal geregelten »Entwicklung«, soll aufhören, um der teleologischen, zielstrebigen Platz[107] zu machen; der biologische, d.h. »unsinnige« Adel der Herkunft gegen den der Hinkunft; der moralische Mensch soll und will eingreifen in den Ablauf der Entwicklung, um sie, – es ist ein kolossaler Gedanke – zur Voll-/streckerin seines Willens zu machen. Da die »Art«erhöhung den Gegenstand des Willens repräsentiert, so haben wir in der Lehre vom Übermenschen Generismus. Das muß erst begriffen werden. Man spricht es einander nach, das Christentum lehre, ebenso andere Religionen und Moralen, Altruismus, Nietzsche aber Individualismus. Aber gewiß ist, daß im Christentum der Individualismus auf[s] maßloseste sich[108] steigert, da[109] jeder einzelne in unmittelbarem persönlichen Verkehr mit dem letzten Grund aller Dinge steht, mit Gott, und[110] sich nur vor ihm verantwortet[111] und persönliche Seligkeit in ihm findet, / hier aber wird die stärkste Form des Altruismus gelehrt, daß wir nichts als »Brücke« zur höheren Art sind und nur für dies »Andere«, dies »Außer uns« leben müssen; für uns nichts sind.

Wie gezeigt stellt die Lehre vom Übermenschen ein Compromiß zwischen Empirie und Metaphysik dar; und das Zwielicht, das auf Nietzsche, wie wir oben sagten, liegt, erscheint nirgends schöner als in diesem merkwürdigen Begriffe.

Auf Erhöhung des »Menschen« geht die ausgesprochene, wenn auch nicht tatsächliche Absicht vieler Morallehren; gegen das »Allzumenschliche« / kämpfen sie alle an. Wohin diese Moralen fliegen wollen, ist gleichgültig; aber *daß* sie fliegen, muß betont werden; denn diese Form des »Über den Menschen hinweg« eignet auch ihnen, und formell besagt es nichts, ob man für das Ziel einen »Gott«, »Engel«, das »moralische Genie« ausgiebt oder irgend ein anderes Symbol, wie hier den Übermenschen.

In der Form also mit ihnen übereinstimmend unterscheidet sich der Übermenschenbegriff von jenen dadurch, daß durch sie zumeist etwas Unirdisches, »Ideales«, d.h. we-/sentlich Unerreichbares gesetzt

107 ›Platz zu machen‹. E(zwdZ): ›der biologische, d.h. »unsinnige« Adel der Herkunft gegen den der Hinkunft‹.

108 ›gesteigert ist‹. Ä(üdZ): ›sich steigert‹.

109 ›jeder einzelne steht . . .‹ Ä(üdZ): ›da jeder einzelne . . . steht‹.

110 ›und verantwortet sich nur vor ihm‹. Ä(idZ): ›und sich nur vor ihm verantwortet‹.

111 ›verantwortet‹. E(udZ): ›und persönliche Seligkeit in ihm findet‹.

wird, der Übermenschenbegriff aber etwas Irdisches, Biologisches, angeblich Erreichbares andeutet. Indem Nietzsche die[112] höhere Art als das neue Ziel des Moraltriebes aufstellt, hat[113] er also die »verflogene Moral« als zweiter Sokrates zur Erde herabgeführt. »Einen neuen Stolz lehrte mich mein Ich, den lehre ich die Menschen; nicht mehr den Kopf in den Sand der himmlischen Dinge zu stecken, sondern frei ihn zu tragen, einen Erdenkopf, der der Erde Sinn schafft«. / Den irdischen Weg des moralischen Menschen giebt folgender Satz an: »Alle Wesen bisher schufen Etwas über sich hinaus, und ihr wollt die Ebbe dieser großen Flut sein – – –. Ihr habt den Weg vom Wurm zum Menschen gemacht – – –. Einst wart ihr Affen – – –. Der Mensch ist Etwas, das überwunden werden soll.« Nietzsche stimmt so mit der naturwissenschaftlichen Theorie darin überein, daß er den Menschen für das bisher höchste organische Gebilde ansieht, – über das hinaus oder hinüber zu kommen, das moralische Streben bestimmt, wie[114] er hinzusetzt. /

Da Übermensch nur eine allgemeine Formel für die Art, die sich aus der Art Mensch entwickeln soll, vorstellt, so muß bestimmter gesagt werden, worin die Überlegenheit dieser neuen Art über die Mutterart liegt. Zwei Auffassungen sind möglich: die Überlegenheit wird durch erhöhte Lebensintensität, »Macht«, gegeben, oder durch gesteigerte Differenzierung.

Die Steigerung der Lebensintensität, des Lebensreichtums steht im Vordergrunde unserer Philosophie. In der Schilderung des überströmenden Gefühls der Kraft schwelgt / Nietzsche immer wieder. Sein Ideal in dieser Hinsicht, die »schweifende Bestie«, den Barbarentypus, hat er mit allem Purpur, Himmelblau und Tiefschwarz, mit jedem Farbensuperlativ, der ihm zu Gebote stand, überschüttet und sich mit Entzücken in die tötlichen Schrecknisse und Grauen dieser Naturen eingewühlt. Wie ein Verliebter redet er von ihnen; auf ihnen ruht sein entschiedenes Urteil: dies ist gut. Hier eben verwischen sich die Grenzen und Bestimmtheiten von Herren- und Übermenschenmoral; unter dem / Gesichtspunkte des Herrenmenschen schien ihm die Vergangenheit einfach, – so jetzt die zukünftige

---

112 ›Die höhere Art steht als das neue Ziel des alten Moraltriebes da‹. Ä(idZ): ›Indem Nietzsche die höhere Art . . . aufstellt‹.

113 ›und mit diesem Begriffe hat Nietzsche‹. S: ›und‹. K: ›mit diesem Begriffe hat Nietzsche‹. E(üdZ): ›hat er‹.

114 ›wie Nietzsche hinzusetzt‹. Ä(idZ): ›wie er hinzusetzt‹.

Geschichte des Menschen; der Herrenmensch ist hier eine Vorstufe des Übermenschen. Die ungebrochene Kraft, die ursprüngliche »Natur« des Menschen, sein Raubtierwesen wird hier recht rousseauisch der Kultur, der[115] Schwächung, Zähmung, entgegengestellt. Die »Gesundheit« und Simplizität wird auch jetzt[116] gefeiert wie vor 100 Jahren.

Wenn[117] nun der Übermensch eine höhere Art darstellen soll, so läßt sich nicht / einsehen, wie diese höhere Art sich vor der alten Menschenart durch größere Lebensintensität auszeichnen soll. Arten[118] können nämlich garnicht auf[119] ihre Stärke oder ihren Lebensreichtum hin mit einander verglichen werden. Einem Fische oder Wurme niederen[120] Lebensdrang, sagen wir Lebendigkeit, zuzuschreiben als einem Wirbeltier, fällt auf den ersten Blick als Widersinn auf. Der Artbegriff beruht auf anatomischen Verhältnissen, nicht aber auf[121] Unterschieden der Schnelligkeit[122] etwa im Verlauf der funktionellen Prozesse. Und so bietet jede Art Spielraum für viele / Intensitätsgrade, während[123] eine Art als solche nicht[124] Intensitätsstufe ist. Damit erledigt sich der Satz, daß die Art »Übermensch« sich als wesentlich lebensreichere aus der Menschenart entwickele; weil nämlich die »Höhe« einer Art nicht von dem Gesichtspunkte der Lebensintensität aus betrachtet werden darf.

Nach oder neben diesem Gesichtspunkt kommt der Grad der »Differenzierung« als Kriterium für die »Höhe« einer Art in Betracht. Die Arten entwickeln / sich aus einfachen zu differenzierten bis zum Menschen und so auch über ihn hinaus zum Übermenschen. Die Theorie der Differenzierung beherrscht die Naturwissenschaften, soweit sie biologisch sind. – Zunächst ob etwas einfach oder

---

115 ›ihrer Schwächung, Zähmung‹. Ä(idZ): ›der Schwächung, Zähmung‹.

116 ›hier gefeiert wie vor 100 Jahren‹. Ä(idZ): ›jetzt gefeiert wie vor 100 Jahren‹.

117 ›Wenn der Übermensch‹. E(üdZ): ›nun‹.

118 ›Arten können garnicht‹. E(üdZ): ›nämlich‹.

119 ›auf ihre Stärke oder ihren Lebensreichtum hin verglichen‹. E(üdZ): ›mit einander‹.

120 ›niederen Lebensdrang‹. E(üdZ): Wort unleserlich.

121 ›auf der Schnelligkeit‹. E(üdZ): ›Unterschieden‹.

122 ›Schnelligkeit etwa des funktionellen Prozesses‹. Ä(üdZ): ›Schnelligkeit etwa im Verlauf der funktionellen Prozesse‹.

123 ›so daß also eine Art‹. Ä(üdZ): ›während‹. S: ›also‹.

124 ›nicht Intensitätsstufe sein kann‹. Ä(üdZ): ›ist‹.

compliziert genannt wird, hängt lediglich von dem Beurteiler ab infolge der Relativität dieser Begriffe. An sich ist nichts einfach oder differenziert. Wenn die Differenzierungstheoretiker dies behaupten,[125] so treiben sie groben Anthropomorphismus.

Ferner, gesetzt es[126] *gäbe* an sich einfache und compliciertere Formen, so entsteht die / Frage, ob das Differenzierungsprincip den *Impuls* zur »Entwicklung« giebt, d.h. ob sich die differenzierten Organismen aus den einfachen *gebildet* haben, *um* sich zu differenzieren. Abgesehen schon von der Teleologie, deren Berechtigung an dieser Stelle der Naturbetrachtung unkritisiert bleiben mag, zeugt die Lehre von der hervorragenden Naivität und Unschuld ihrer Bekenner in Gedankensachen. Sie konstruieren sich ein Schema[127] der Anordnung (nach der ihnen passenden Differenzierung) und / unterschieben der Natur dies Schema als Schöpfungsplan in überaus verehrenswerter Bescheidenheit; sie machen die Natur zur Vollstreckerin ihrer »Gedanken« – und da wird ihnen alles klar. Sie lehren dies mit derselben Überzeugtheit wie ein Maler, dem »weiß« als die Grundfarbe etwa erscheint und die andern Farben etwa als steigende Abschwächungen des »weiß«, und der darum die Reihe der Farben sich aus dem »weiß« »allmählich entwickeln« läßt. Ein »natürliches System« der biologischen Objekte giebt es nicht, sondern nur künstliche; »natürliches System« ist eine contradictio in / adjecto. Wenn man sich auch zur Erleichterung des Überschauens der organischen Formen, zu Lehrzwecken etwa, gestatten darf, seine Objekte nach irgend welchen Gesichtspunkten zu[128] ordnen, etwa der Differenzierung, so darf auch nicht das Wesen der getroffenen Anordnung vergessen werden, nämlich dem Wesen der Objekte äußerliches Betrachtungsprincip zu sein.

Gesetzt aber weiter, es differenzieren sich die »complicierteren« Formen aus den »einfachen«, so muß gefragt werden: ist dann der Mensch das Differenzierteste? Die Vertreter der kritisierten Hypothese geben zu, daß / nur einzelne Organsysteme des Menschen in der Tat differenzierter sind, andre nicht, wieder andre entschieden schlecht entwickelt: z.B. der menschliche Fuß, die sämtlichen Sinnesorgane, eine Reihe Muskelgruppen etc. Das Princip einer sinnvollen

125 ›behaupten, z.B. daß die Zelle ein . . .‹. S: ›z.B. daß die Zelle ein‹.

126 ›es gäbe einfache und compliciertere Formen‹. E(üdZ): ›an sich‹.

127 ›Schema der Anordnung nach der ihnen passenden Differenzierung‹. K: ›nach der ihnen passenden Differenzierung‹.

128 ›zu ordnen, so daß‹. E(üdZ): ›etwa der Differenzierung‹.

Differenzierung hält sich schon demgegenüber schwer; man sieht sich gezwungen, keine Gradlinigkeit in der »Entwicklung« zu behaupten, sondern eine »baumartige« Entwicklung anzunehmen. Aber [w]egen[129] der Differenziertheit des[130] menschlichen Großhirns, also eines einzelnen Organs, stellt die Naturwissenschaft ihn doch an die Spitze der Organismen, und im / Grunde nicht wegen der anatomischen Differenziertheit, sondern weil das Gehirn seinen *Funktionen* gemäß das höchste Organ ist, (und[131] dies deshalb, weil das Großhirn den Menschen hauptsächlich zum Herrn der Erde machte, wie man meint. Aber »herrscht« der Mensch in der Tat über die Erde? Man denke an die kolossale Verbreitung der Insektenarten und der Protisten – warum haben sich die Protisten nur »differenziert«, wo sie doch immer die sicherste, auch jetzt noch mächtigste organische Form vorstellen? – um zu unterscheiden zwischen Tatsachen und / Geschrei.) Daß der[132] Mensch für das höchste organische Wesen gilt, ist[133] in der Tat nur ein religiöses Rudiment; nachdem man schon zugab, daß er[134] keine transcendente Absolutheit bilde, sondern ein Tier sei, mußte er doch wenigstens an[135] der »Spitze« der Organismen stehen.[136] ⟨Man denke ferner an die Fülle der Dinge, die überhaupt erst seine Fortexistenz garantieren, die Städte, Staaten, die vollkommene Unfähigkeit und Ohnmacht zum Einzelleben. – Alles das, was man am Menschen mit Recht rühmt, *bedarf* er dringend zu seiner /

Beiblatt zu Seite 75

Schließlich aber, gesetzt selbst, daß sich die Arten durch[137] Lebensintensität und Differenzierung von[138] einander unterscheiden

---

129 ›Wegen der Differenziertheit‹. E(üdZ): ›Aber‹. Großschreibung von ›Wegen‹ nicht verbessert.

130 ›des menschlichen Großhirns‹. E(üdZ): ›also eines einzelnen Organs‹.

131 ›und dies deshalb ... Tatsachen und Geschrei‹. K. E(üdZ): ›nächste Seite‹.

132 ›der Mensch das höchste organische Wesen‹. Ä(üdZ): ›der Mensch für das höchste organische Wesen gilt‹.

133 ›ist ein religiöses Rudiment‹. E(üdZ): ›in der Tat nur‹.

134 ›es keine transcendente Absolutheit bilde‹. Ä(üdZ): ›er‹.

135 ›an der »Spitze« der Organismen stehen‹. E(üdZ): ›Beiblatt‹.

136 ›... stehen. Welche Spitze wir ...‹. K+S.

137 ›durch vis vitae und Differenzierung‹. Ä(üdZ): ›Lebensintensität‹.

138 ›von einander unterscheiden‹. E(zwdZ): ›und der Mensch das Differenzierteste ist‹.

und der Mensch das Differenzierteste ist, so muß weiter gefragt werden: ist die differenziertere auch die höhere? Bestimmt muß da der Wertbegriff »Höhe« aus der Wissenschaft verwiesen werden. Nichts[139] als jener religiöse Entwicklungsbegriff berechtigt zu der Anschauung, daß eine Art »höher« als die andere ist; denn für die Wissenschaft muß durchaus der Satz Princip bleiben, daß Realität und Vollkommenheit sich decken. Man darf nur Unterschiede konstatieren, wenn[140] man tatsächlich gute / Empirie treiben will, muß sich aber vor jener Beleidigung der Empirie hüten, die der Satz Nietzsches enthält: »Alle Wesen schufen Etwas *über sich hinaus.*« Wie die Rokokofranzosen frisiert man da nach[141] dem Vorbilde seiner eigenen Perücke die Natur, was eine gar zu weitherzige Auslegung der kantischen Lehre: »Der Mensch schreibt der Natur Gesetze vor« bedeuten dürfte. Dem Biologen bleibe die Natur im Naturzustande, und der Anthropomorphismus bleibe der Philosophie. / [75] Existenz – auch die Moral –; warum rühmt man aber das Notwendige? Und grade nur am Menschen, nicht aber an irgend einem[142] andern Wesen?⟩ Wenn es eine »Spitze« der Organismen giebt, so erscheint es uns zum mindesten also als unbewiesen und zweifelhaft, ob der Mensch diese Spitze einnimmt; daß es aber in[143] der Organismenreihe keine Spitze giebt, erscheint uns nicht als zweifelhaft.

Wir hatten den[144] angeblich empirischen Satz kritisieren wollen: »Alle Wesen schufen Etwas über sich hinaus und ihr wollt die Ebbe dieser großen / Flut sein –. Ihr habt den Weg vom Wurm zum Menschen gemacht –. Einst wart ihr Affen –. Der Mensch ist Etwas, das überwunden werden soll«. Wir wissen nicht, ob jede Art eine neue Art entstehen ließ und wie sie aus einander entstanden[145] sind. Wir wissen, daß sie sich nicht durch »Höhe« unterscheiden. Daß das biologische Ziel der Menschenart also eine[146] »Übermenschenart« im Sinne der Erkenntnislehre bilde, gaben wir nicht zu, wie das »Ziel« zu erreichen sei – bestimmte Sätze demnach auch nicht.

---

139 ›Nichts berechtigt‹. E(üdZ): ›als jener religiöse Entwicklungsbegriff‹.

140 ›wenn man tatsächlich‹. Ä(üdZ): ›indem‹.

141 ›nach dem Maßstabe seiner eigenen Perücke‹. Ä(üdZ): ›nach dem Vorbilde‹.

142 ›einem andern Wesen?‹ E(üdZ): ›Siehe Beiblatt!‹

143 ›in dem Organismenchaos‹. Ä(üdZ): ›in der Organismenreihe‹.

144 ›den Satz kritisieren‹. E(üdZ): ›angeblich empirischen‹.

145 ›entstanden sind‹. E(zwdZ): ›Wir wissen . . . unterscheiden‹.

146 ›eine »Übermenschenart«‹. E(üdZ): ›im Sinne der Entwicklungslehre‹.

Man wird einwenden: auf[147] die Arterhöhung in wissenschaftl. Sinne käme es nicht dieser[148] Philosophie und Morallehre an, sondern auf die Errichtung / eines neuen *Menschen*ideals für uns. Dem widerspricht Nietzsche selber, indem er vom Übermenschen als »seiner neuen Art« singt, viele andere Stellen z. B. deutlich die oben zitierte, vor allem der ganze Zug seiner Gedanken, die biologisch durchtränkt, nur eine Artenmoral finden oder anerkennen konnten. Erweist sich aber, wie wir zu zeigen versuchten, die[149] wissenschaftl. Übermenschenmoral als Irrtum und Verfehltheit, so bleibt doch immerhin die Hervorhebung bestimmter Affekte in der Form eines naturwissenschaftlichen Symbols übrig. Es / muß jedenfalls unserer Morallehre damit jene Überlegenheit über andre abgesprochen werden, als ob sie, positivistische Moral, Gewisses und Gewußtes lehre und so alle Moralen hinter sich lasse. »Gott« oder »Übermensch« ist auch hier dasselbe und der Satz gilt nicht: »Könntet ihr einen Gott schaffen? – So schweigt mir doch von allen Göttern! Wohl aber könntet ihr den[150] Übermenschen schaffen.« Wir betrachten diese Moral als M. neben andern.

Eine *Moral* wie die andern unterscheidet sie sich von ihnen durch die »Lebensbejahung«, wie es heißt.

Der Ausdruck Lebensbejahung ist ein / Pleonasmus, wenn überhaupt schon, so besonders im Rahmen dieser Philosophie, welche die Allherrschaft und Alleinherrschaft des »Willens zur Macht«, die Durchgängigkeit der Herrschaft des »Egoismus« und die Unbedingtheit der Lebensbejahung lehrt. Selbstverständlich wird auch hier nicht das Leben in Bausch und Bogen bejaht, sondern nur eine bestimmte Art Leben.

Die Art Leben, von welcher die Lebensbejahung unsrer Philosophie spricht, ist das physiologische, sinnliche Leben, in ausgesprochenem Gegensatz zum entsinnlichten. Auch das heißt pleonastisch / sprechen; der Physiologie unterliegt letzten Endes alles; ihr kann man nicht entgehen, weil sie in allem lebt, bestimmt, weil das Leben ganz und gar als Physis auf einem Randpunkt erscheint. »Entsinnlichtes Leben« hebt sich selbst auf und weist man solches Leben

---

147 ›auf die Arterhöhung‹. E(üdZ): ›in wissenschaftl. Sinne‹.

148 ›in dieser Philosophie‹. S: ›in‹.

149 ›die Übermenschenmoral‹. E(üdZ): wissenschaftl.‹.

150 ›den Übermenschen schaffen‹. E(zwdZ): ›Wir betrachten ... neben andern‹.

zurück, so rennt man offene Türen ein. »Bleibt der Erde treu!« – aber man kann ihr ja gar nicht untreu werden?

Die bestimmte Art[151] des physischen Lebens, von welchem die Lebensbejahung unsrer Philosophie redet, ist und kann[152] nur das / rein auf Irdisches beschränkte physische Leben sein. Wir stoßen damit auf einen springenden Punkt. Warum beschränkt unsere Moral das Leben auf Irdisches und haßt alle »Hinterwelten«? Sie selbst ist es doch, die[153] den Hinterwelten, selbst wenn sie Lüge sind, das stärkste Wort mit Recht spricht, da doch die falschesten Urteile uns die unentbehrlichsten sind und da ein Verzichtleisten auf falsche Urteile ein Verzichtleisten auf Leben, eine Verneinung des Lebens, wäre. Und ihm erscheint ja das »Erkennen« selbst als »Vermenschlichen«, Fälschen, ein »Messen« der Wirklichkeit an der rein erfundenen Welt des Unbedingten. / Die Hinterwelten, d.h. das nicht Empirische, Nichtsinnliche, sind also nach dieser Philosophie sogar so wenig »falsch«, daß sie vielmehr den Inbegriff des Vernünftigen, Wahren darstellen; und das Metaphysische darf jedenfalls nicht wegen[154] seiner »Unvernunft« verworfen werden, so wenig wie vorher, wegen seiner imaginären »Lebensfeindschaft«,[155] (die[156] ja übrigens ein Unbegriff ist, da Feindschaft als Lebensform nur eine andere Lebensform, nicht aber »das Leben selbst« negieren kann).

Unsere[157] Philosophie irrt überhaupt, wenn sie glaubt, durch den Empirismus zu dieser[158] Ablehnung der Metaphysik in der Moral gezwungen zu sein. / *Da*[159] sie schon überhaupt Moral gelten läßt, so tritt sie auf ein außerempirisches Gebiet und ist dem Empirismus fremd; denn sie konstatiert nicht mehr wissenschaftlich, sondern sie[160] lehrt schöpferisch. – Hier zeigt sich wieder die Unverträglich-

---

151 ›Die bestimmte Gruppe‹. Ä(üdZ): ›Die bestimmte Art‹.

152 ›kann nur die höhere Bewußtheit‹. S: ›höhere Bewußtheit‹. Ä(idZ): ›das rein auf Irdisches ...‹

153 ›die ihnen das stärkste Wort‹. Ä(üdZ): ›den Hinterwelten‹. E(üdZ): ›selbst wenn sie Lüge sind‹.

154 ›wegen seiner »Unvernunft«‹. S (wieder rückgängig gemacht): ›seiner‹.

155 ›»Lebensfeindschaft«, die ja ... negieren kann‹. K.

156 ›die ein Unbegriff ist‹. E(üdZ): ›übrigens‹.

157 ›Unsere Philosophie irrt‹. E(üdZ): Überhaupt‹.

158 ›einer Ablehnung der Metaphysik‹. Ä(üdZ): ›dieser Ablehnung der Metaphysik‹.

159 ›Wenn sie überhaupt Moral gelten läßt‹. Ä(üdZ): ›Da‹. E(üdZ): ›schon‹.

160 ›sie lehrt‹. E(üdZ): ›schöpferisch‹.

keit der Grundauffassungen dieses Gedankenconvoluts: des Empirismus und der Metaphysik, psychologisch der beiden Seelen des Philosophen, des Gelehrten und des »Schaffenden«, – seine Zeit und er. (Und[161] schließlich fehlt Nietzsche selbst gegen seine Lehre; Beweis: das Vorhandensein eines »Übermenschen«ideals und des Dogmas von der »ewigen Wiederkunft des Gleichen«, das / heißt entschiedener Metaphysika.)

Das auf irdische Ziele beschränkte physische Leben lehrt unsere Philosophie Intensitätssteigerung. Sie spricht von »aufsteigendem Leben« und von »Dekadenz«, »der höchsten Mächtigkeit und Pracht des Typus Mensch« und dem geschwächten, verarmten Leben; sie preist die Herrenmenschen, den rassesicheren, gut organisierten Typus, das irdische Präludium des Übermenschen, zu ihm im Verhältnis etwa von Engel zu Gott, oder Heiliger und Gott. Vom Übermenschen heißt es, daß wir ihn Teufel nennen würden; »aus euren / Wildkatzen müssen erst Tiger geworden sein und aus euren Giftkröten Krokodile.« Man sieht nicht ein, warum Nietzsche dann gegen den Asketen polemisiert. Wenn wirklich in dem Asketen die grausame Bestie Mensch sich darstellt, so muß er ihn um seiner *Lebensintensität* willen ebenso bewerten, lieben und segnen, wie die blonde Bestie. In anderer Beziehung paßt in diese Lehre von der Lebenssteigerung nicht der Gedanke, daß die »höchsten« Wesen auch die differenziertesten, somit gefährdetsten, schwächsten sind; in der Kampfeswelt der Menschen der »mächtigen Leiblichkeit«, die des / Mitleids ermangeln, geht das Genie, die neuropathische Erscheinung, zu Grunde. – Im Übrigen darf gegen die Lehre von der Steigerung der Lebensintensität nichts eingewandt werden; aber[162] [es ist] ja die Lehre aller Moral, wenn man das Biologische hier abzieht, das (wie[163] oben gezeigt, hier zu Unrecht einen besonderen Platz findet und das) allerdings ein Hauptcharakteristikum von Nietzsches Moralität bildet.

Dies möge zu der normativen Moral unseres Philosophen gesagt sein, die wir oben als Arterhöhungsmoral, jetzt als Moral unter Fortlassung des biologischen / Entwicklungsstandpunktes untersuchten.

Wir werfen bei der Länge und Buntheit des zurückgelegten Weges einen orientierenden Rückblick.

161 ›Und schließlich fehlt Nietzsche . . . Metaphysik‹. K.

162 ›auch ist es ja‹. Ä(üdZ): ›aber‹.

163 ›wie oben gezeigt . . . und das‹. K.

Der historische Entwicklungsbegriff herrscht in der Moralwissenschaft; sie hat als Schema eine Mechanik und Statik der Rassen, welche einen psychologischen Ausdruck in den »Moralen«, das heißt den Herren- und Sklavenmoralen findet.

Der teleologische Entwicklungsbegriff herrscht in der Arterhöhungsmoral, welche eine Verbindung der metaphysischen Moral, – die Form –, mit der biologischen Wissen-/schaft –, – der Inhalt –, zu Grunde liegt. Von dem Arterhöhungscharakter darf bei dieser Moral als von einem konstitutiven Merkmal nicht abgesehen werden; sie ist wesentlich generistisch.

Die biologische Moralwissenschaft lehrt als Wissenschaft nicht, sondern konstatiert Herren- und Sklavenmoral. Sie zeigt die Umsetzung der politischen Vorrangsbegriffe in faktische. – In parenthesi an dieser Stelle als Zusatz: »Herrenrassen« oder »Sklavenrassen« giebt es danach nicht. Wenn jetzt, wie unsere Philosophie meint, »die Eroberer- und Herren-Rasse, die der Arier« unterliegt, ja, so ist sie keine / Herrenrasse *mehr*. Mit demselben Recht, mit dem vorher die Herrenrasse nur wegen ihres Sieges über die Sklaven »Herrenrasse« genannt wurde, muß[164] jetzt bei der Offenbarkeit ihres Sieges der nur relative Begriff »Herr«, den[165] veränderten Tatsachen entsprechend, den ehemals Unterlegenen zu Teil werden. Denn an sich giebt[166] es keine herrischen Eigenschaften, da diese erst aus dem »Pathos der Distanz« zwischen Sieger und Besiegten wachsen. Daß hier Arier oder Kelten, oder Römer als Herrenrassen an sich bezeichnet werden, zeugt nur von einer psychologischen Tatsache, nämlich / (etwa[167] von Nietzsches Verliebtheit in den germanischen Blondkopf,) von seiner Schülerschaft zu Wagner, über die er sich auch hier beklagen sollte. –

Die teleologische, das heißt, eigentliche Moral, deren Ideal der Übermensch ist, gehört in die Reihe der übrigen metaphysischen Moralen, da keine »Wissenschaft« von Arterhöhung sprechen darf, will sagen keine Empirie; unter den andern Moralen aber tritt sie mit Ruhm hervor durch die Gewalt ihres Drängens auf Lebens-

---

164 ›müssen ... die nur relativen Begriffe »Herr«, »Sklaven«‹. Ä(idZ): ›muß ... der nur relative Begriff »Herr«‹. S: ›Sklaven‹.

165 ›den veränderten Tatsachen‹. S: vor ›den‹, Wort unleserlich.

166 ›giebt es herrische Eigenschaften‹. Ä(üdZ): ›giebt es keine herrischen Eigenschaften‹.

167 ›etwa von Nietzsches Verliebtheit in den germanischen Blondkopf‹. K.

erhöhung, »Sittlichkeit« unter innigster Abneigung gegen jeden Utilitarismus. Das Ideal dieser Sittlichkeit bildet, nach Fallenlassen der Arterhöhungsmoral mit[168] / ihrem Generismus, ein Energismus und ein[169] strenger, echt spinozistischer Individualismus, für den Tugend die vollkommene »Selbstentwicklung« fordert, die aber tatsächlich,[170] wie auch Nietzsche forderte, eine »Selbstüberwindung« ist. – Man mag nicht vergessen, daß der gekennzeichnete Individualismus nicht an sich das primäre Ideal unserer Moralistik bildet, wie man es einander nachspricht, sondern daß dieses der Generismus ist. Auch darf der bezeichnete Individualismus nicht als spezifisch Nietzsches hingestellt werden, – er hat eine lange Geschichte –, wohl aber der Generismus. –

Im Vorübergehen haben wir oben / die Biologie in die Erkenntnistheorie bei N. eindringen sehen –, an anderer Stelle haben wir ausführlicher davon gesprochen, – eine Irruption, die nach Nietzsche noch von Mauthner mit breiterer Front unternommen wurde und auf die sich ein biologischer Agnostizismus gründet. *Hier* gewinnt derselbe biologische Empirismus Terrain in der Moral, mit der Lehre vom Übermenschen. Beide Versuche, mit empirischen Daten über die Empirie hinauszukommen, müssen als verunglückt, wenn auch als zeitgemäß, bezeichnet werden.

⟨Wir begegneten dem übermächtigen / Gespenst des agnostizistischen oder biologischen Empirismus auch hier in der Moral, mit seiner Überzeugung: »Nach oben ist die Aussicht euch verrannt«, (wenngleich[171] man doch das[172] »Oben« dann schon gesehen haben muß, und es ein böses, logisch böses Ding um das Wissen von dem Nichtwissen ist.) Bekannt aber mit dem metaphysischen, wie er es nennt »schöpferischen«, An sich Nietzsches möchte man es fast als[173] verwunderlich und bedauerlich bezeichnen, daß er dem Hochmut dieses dürftigen »Wissenschaftsstandpunktes« nachgegeben hat, er, der selbst von der »Herrenaufgabe der Philosophie« und jener /

---

168 ›mit ihrem Generismus‹. V: ›des Generismus‹.

169 ›ein strenger, echt spinozistischer Individualismus‹. E(üdZ): ›ein Energismus und‹.

170 ›tatsächlich eine »Selbstüberwindung« ist‹. E(üdZ): ›wie auch Nietzsche forderte‹.

171 ›wenngleich man ... von dem Nichtwissen ist.‹ K.

172 ›das »Oben« schon gesehen‹. E(üdZ): ›dann‹.

173 ›als verwunderlich und bedauernswert bezeichnen‹. Ä(idZ): ›bedauerlich‹.

Philosophie spricht, »die garnicht über die Schwelle hinwegkommt und sich peinlich das Recht zum Eintritt verweigert«. (Der[174] Philosophie muß »Gedankenfreiheit« gegeben werden, wenn[175] auch nicht im Sinne blinder Spekulation, da neben und über dem Empirismus noch andere Anschauungen möglich sind, welche nicht zu dem Satze führen: Man beginnt an allem zu zweifeln, und endet an alles zu glauben. Insbesondere die Moral kann keine Kräfte aus ihr schöpfen, sondern durch sie nur geschwächt und gelähmt werden. Dies wollten wir zeigen.)⟩

Nietzsches im modernen Sinn positivistische / Moral fällt bei aller zu ihrer Darstellung entfalteten Genialität ins Leere. Was unsere Moral tatsächlich giebt, ist nichts Neues, aber doch Großes: die Macht ihrer Bedeutung quillt aus der konsequenten Durchführung und der starken Betonung, welche einzelne alte Moralsätze durch Nietzsche gefunden haben. Wie oft, besteht auch hier das System der Lehren nicht vor einer Untersuchung; die Einzelsätze erweisen sich aber stark und fruchtbar eben durch das, was das »System« verneint. –

---

[174] ›Der Philosophie . . . wollten wir zeigen.‹ K+S.

[175] ›wenn auch im Sinne‹. E(üdZ): ›nicht‹.

Quellennachweise

Vorbemerkung

Die Texte sind chronologisch nach dem Erscheinungsjahr des Erstdrucks geordnet, soweit Jahr und Ort zu ermitteln waren.

Briefe wurden nach Maßgabe ihres Datums eingereiht, Tagebuchnotizen nach Maßgabe einer vorhandenen Datierung.

Bei Reden wurde das Datum des Vortrags berücksichtigt.

Über die Druckvorlagen und eventuell abweichende Erstdrucke gibt der jeweils zugeordnete Quellennachweis Auskunft. Wiederabdrucke wurden im Interesse des Lesers verzeichnet, um einen leichteren Zugang zu den Texten zu ermöglichen.

Chronologisches Textverzeichnis und Quellennachweise sind mit derselben Numerierung versehen. Im Quellennachweis wurde bei Nennung der Aufsatz- und Briefsammlungen, der Werkausgaben und Ges. Werke der Name des Autors nicht eigens wiederholt.

E = Erstdruck	D = Druckvorlage	W = Wiederabdruck
A = Auswahl	N = Niederschrift	R = Rede, öffentlich gehalten

1. N: 1873. E: Der Briefwechsel zwischen Friedrich Nietzsche und Gottfried Keller, in: Nietzsches Gesammelte Briefe, hrsg. v. Elisabeth Förster-Nietzsche und Curt Wachsmuth, Bd. 3, 1, Berlin und Leipzig 1904, S. 210. D: Gesammelte Briefe, hrsg. v. Carl Helbling, Bd. 3, 1. Hälfte, Bern 1952, S. 170f.
2. N: 1877. E+D: Mazzino Montinari, Nietzsche Briefwechsel. Kritische Gesamtausgabe, in: Nietzsche-Studien 4, 1975, S. 384f.
3. E+D: Nietzsches gefährliches Buch, in: Der Bund v. 16. und 17. 9. 1886
4. E: Lieder eines Sünders, Leipzig 1887. D: Gesammelte Schriften, Bd. 1, München und Leipzig 1911, S. 195
5. E+D: Friedrich Nietzsche. Studie, in: Deutschland Nr. 9, Berlin 1889, S. 148f., 168ff. A: S. 148, 149, 170
6. N: 1889. E+D: Ausgewählte Briefe. Bd. 1, Berlin 1910, S. 196
7. E+D: Friedrich Nietzsche. Seine Philosophie, in: Freie Bühne 1, 1890, S. 516–520. A: S. 516f., 518, 519
8. D: Gesammelte Werke, hrsg. v. Julius Hart, Bd. 3. Literarische Erinnerungen. Ausgewählte Aufsätze, Berlin 1907, S. 159–199. A: S. 183
9. N: 1890. E+D: Tagebuch. Fragment eines Lebens, München 1906, S. 117, 118f.

10. N: 1890. E+D: Ausgewählte Briefe. Bd. 1, Berlin 1910, S. 214
11. E+D: Prüderie, in: Freie Bühne 1, 1890, S. 161–164. A: S. 161
12. E+D: Zum Bilde Friedrich Nietzsches. Eine psychologische Studie, in: Freie Bühne 2, 1891, S. 64–68, 88–91, 109–112. A: S. 64–67, 110f.
13. D: Erlösungen. Eine Seelenwandlung in Gedichten und Sprüchen, Stuttgart 1891, S. 132f. W: Gesammelte Werke in zehn Bänden, Bd. 1, Berlin 1906, S. 113ff. u. d. T. »Nachruf an Nietzsche«
14. E+D: Der Kultus der Persönlichkeit, in: Freie Bühne 2, 1891, S. 233–236. A: S. 233
15. N: 1891. E: Briefe I (1890–1901), Berlin 1935, S. 22. D: Hugo von Hofmannsthal – Arthur Schnitzler. Briefwechsel, Frankfurt 1964, S. 7
16. N: 1891. D: Manuskript. Freies Deutsches Hochstift, Frankfurt/Main
17. E+D: Religiöse Erziehung, in: Freie Bühne 2, 1891, S. 134–138. A: S. 135
18. N: 1891. E+D: Manfred Hahn, Das Werk Heinrich Manns von den Anfängen bis zum »Untertan« 1885–1914, Teil I: 1885–1907, Leipzig 1965 (Diss. masch.), S. 344
19. N: 1891. E+D: Hugo von Hofmannsthal – Arthur Schnitzler. Briefwechsel, Frankfurt 1964, S. 9
20. D: Gesammelte Werke, hrsg. v. Julius Hart, Bd. 3. Literarische Erinnerungen. Ausgewählte Aufsätze, Berlin 1907, S. 285–295. A: S. 289
21. N: 1892ff. D: Handnotiz. Freies Deutsches Hochstift, Frankfurt/Main
22. E: Zur Psychologie des Individuums. I. Chopin und Nietzsche, Berlin 1892. D: Zur Psychologie des Individuums. I. Chopin und Nietzsche, Berlin 1896, S. 28, 31f., 41f., 43f.
23. E+D: Nietzsche und der Sozialismus, in: Freie Bühne 3, 1892, S. 85–88, 202–211. A: S. 86, 87, 88
24. E+D: Die Philosophie des reinen Mittels, in: Freie Bühne 3, 1892, S. 21–31, 145–154, 278–288, 406–416, 528–538, 627–633. A: S. 31
25. E+D: Die Gefahren der Nietzscheschen Philosophie, in: Freie Bühne 4, 1893, S. 719–722. A: S. 719, 720f.
26. N: 1893. D: Unveröffentlichtes Manuskript. Freies Deutsches Hochstift, Frankfurt/Main
27. N: 1893. E+D: Josef Viktor Widmann, Briefwechsel mit Henriette Feuerbach und Ricarda Huch, Zürich und Stuttgart 1965, S. 227
28. E+D: Der Todesprediger, Dresden und Leipzig 1893, S. 189f.
29. D: Studien zur Kritik der Moderne, Frankfurt 1894, S. 162–177. A: S. 170f.
30. E+D: Das Geheimnis Friedrich Nietzsches, in: Neue Deutsche Rundschau (Freie Bühne) 5, 1894, S. 1026–1033. A: S. 1026–1029, 1031f.
31. E+D: Jugend!, in: Die Gesellschaft 11, 1895, S. 1ff. A: S. 1 [Schriftlicher Nachlaß M. G. Conrads in der Handschriften-Abt. der Stadtbibliothek München]
32. E: Demokratismus und Künstlertum, in: Die Gesellschaft 10, 1894,

S. 1527–1530. D: Der Übermensch in der Politik. Betrachtungen über die Reichszustände am Ende des Jahrhunderts, Stuttgart 1895, S. 25, 26, 29 [erweiterte Fassung]

33. E+D: Lebensblätter. Gedichte und Anderes, Berlin 1895, S. 7–29. A: S. 21f., 26. W: Sozusagen Kulturästhetik. Polemische Epistel, in: Die Gesellschaft 11, 1895, S. 522–533

34. E+D: Zur modernen Dichtung. Ein Rückblick, in: Pan 1, 1895, S. 235–242. A: S. 240, 241

35. N: 1895. E+D: Briefe. Zweite Sammlung, hrsg. v. Otto Pniower und Paul Schlenther, Bd. 2, Berlin ²1910, S. 339f.

36. N: 1895. E+D: Ein Leben in Briefen, hrsg. v. Margareta Morgenstern, Wiesbaden 1952, S. 97

37. E+D: Über Kraft, in: Blätter für die Kunst III/1, 1896, S. 31. W: Gesamt-Ausgabe. Der Werke endgültige Fassung. Bd. 17. Tage und Taten. Aufzeichnungen und Skizzen, Berlin 1933, S. 87f.

38. E+D: Vorrede, in: Blätter für die Kunst III, 1896, S. 1, 2

39. N: ca. 1896. D: Unveröffentlichtes Manuskript. Freies Deutsches Hochstift, Frankfurt/Main

40. E: Socialaristokraten, Leipzig o. J. [1896]. D: Das Werk von Arno Holz. Erste Ausgabe mit Einführungen von Dr. Hans W. Fischer, Bd. 5, Berlin 1924, S. 71. W: Werke, hrsg. v. Wilhelm Emrich und Anita Holz, Bd. 4, Neuwied, Berlin-Spandau 1962, S. 5–93

41. E+D: Zum Verständnisse Nietzsches, in: Das Zwanzigste Jahrhundert 6, 2, 1896, S. 245–251. A: Auszüge

42. E+D: Nietzsche, der Erzieher, in: Neue deutsche Rundschau 7, 1896, S. 709–712. A: S. 709f.

43. N: 1896/1912. E: Stufen. Eine Entwicklung in Aphorismen und Tagebuchnotizen, hrsg. v. Margareta Morgenstern und Michael Bauer, München 1929. D: Stufen. Eine Entwicklung in Aphorismen und Tagebuchnotizen, hrsg. v. Margareta Morgenstern und Michael Bauer, München o. J. [1941], S. 80f., 83f., 85

44. E+D: Byron der Uebermensch, sein Leben und sein Dichten, Jena 1897, S. 138

45. E+D: Nietzsche's Herrenmoral und die Naturwissenschaft, in: Das Magazin für Litteratur 66, 1897, Sp. 1519–1524. A: Sp. 1519f., 1523

46. E+D: Die versunkene Glocke und der falsche Nietzsche, in: Das Magazin für Litteratur 66, 1897, Sp. 1138–1146. A: Sp. 1142, 1144

47. N: 1897. E+D: Ein Leben in Briefen, hrsg. v. Margareta Morgenstern, Wiesbaden 1952, S. 97.

48. N: 1898. D: Unveröffentlichtes Manuskript. Freies Deutsches Hochstift, Frankfurt/Main

49. E+D: Der Kampf um Nietzsche, in: Die Wage 2, 1899, S. 811–814. A: S. 812, 813

50. D: Salve Regina, Berlin und Leipzig 1899, S. 95f.

51. E+D: Der neue Gott. Ein Ausblick auf das kommende Jahrhundert. Florenz und Leipzig 1899, S. 79f., 88f., 110f., 116. [Mit Genehmigung des Julius-Hart-Archivs bei der Akademie der Künste, Berlin]
52. E: Revolution der Lyrik, Berlin 1899 / Idee und Gestaltung des Phantasus, in: Zs. f. Bücherfreunde 10, 1918, S. 117–128. D: Das Werk von Arno Holz. Erste Ausgabe mit Einführungen von Dr. Hans W. Fischer, Bd. 10, Berlin 1925, S. 533, 670f.
53. E+D: Mehr Goethe!, Leipzig 1899, S. 39, 40, 52
54. E+D: Der neue Gott, in: Die Gesellschaft 15, 4, 1899, S. 119–122. A: S. 120.
55. E+D: Der Liberalismus und die moderne Litteratur, in: Die Gesellschaft 15, 3, 1899, S. 81–92. A: S. 86, 87, 88
56. E+D: Zu Friedrich Nietzsches Tod, in: Der Kunstwart 13, 2, 1900, S. 429–431. A: Auszüge
57. E+D: Friedrich Nietzsche gestorben am 25. August 1900, in: Die Insel, 2, 1. Quartal, Nr. 1 v. Okt. 1900, S. 1f. A: Auszüge
58. E+D: Friedrich Nietzsche, Berlin 1900, S. 36f.
59. E: Nietzsche, in: Blätter für die Kunst V, 1900, S. 5f. D: Gesamt-Ausgabe. Der Werke endgültige Fassung. Bd. 6/7. Der siebente Ring, Berlin 1931, S. 12f.
60. E+D: Aus meinem Tagebuch, Berlin 1900, S. 141ff.
61. E+D: [Karl Kraus], in: Die Fackel [hrsg. v. Karl Kraus, photomechan. Nachdruck hrsg. v. Heinrich Fischer, München: Kösel 1968ff. Mit freundl. Genehmigung Ben Fischer, London] 2, 1900, Nr. 51, S. 19–22. A: S. 19f.
62. E+D: [Karl Kraus], in: Die Fackel [hrsg. v. Karl Kraus, vgl. Nachweis Nr. 61] 2, 1900, Nr. 52, S. 14f.
63. E+D: Friedrich Nietzsche, in: Der Türmer 3, H. 1 v. Okt. 1900, S. 2–10. A: S. 3f.
64. N: [Marginalien zu Friedrich Nietzsche]. [›Die Geburt der Tragödie‹] 1900. E+D: Sämtliche Werke. Bd. 6, Frankfurt 1966, S. 1163–1177. A: S. 1165, 1167f., 1172f.
65. E: Frei geboren, Leipzig 1900. D: Opfer-Freigeboren, Leipzig 1907, S. 666f.
66. N: 1901. E+D: Renate Werner, Skeptizismus, Ästhetizismus, Aktivismus. Der frühe Heinrich Mann, Düsseldorf 1972, S. 96
67. D: Von Emile Zola bis Gerhart Hauptmann. Erinnerungen zur Geschichte der Moderne, Leipzig 1902, S. 86ff.
68. E: Offener Brief von Richard Dehmel an den Herausgeber der »Kultur«, in: Die Kultur 1, 1902, H. 1, S. 54–66. D: Gesammelte Werke in Einzelausgaben. Bd. 5. Bekenntnisse, Berlin 1926, S. 122–138. A: S. 127–131, 132
69. N: 1902. E+D: Ein Leben in Briefen, hrsg. v. Margareta Morgenstern, Wiesbaden 1952, S. 137f.

70. N: 1902. E+D: Tagebücher, Aphorismen, Essays und Reden, hrsg. v. Adolf Frisé, Hamburg 1955 [© Rowohlt Verlag GmbH], S. 36f. W: Tagebücher, hrsg. v. Adolf Frisé, Bd. I, Reinbek b. Hamburg 1976 [© Rowohlt Verlag GmbH], S. 19
71. N: 1899. E+D: Tagebücher, Aphorismen, Essays und Reden, hrsg. v. Adolf Frisé, Hamburg 1955 [© Rowohlt Verlag GmbH], S. 42f. W: Tagebücher, hrsg. v. Adolf Frisé, Bd. I, Reinbek b. Hamburg 1976 [© Rowohlt Verlag GmbH], S. 50
72. E+D: Neuland, in: Der Stürmer 1, 1902, Nr. 4 vom 15. August, S. 69f. A: S. 70. W: Dichtungen, hrsg. v. Karl Ludwig Schneider, Bd. 2, Hamburg 1954, S. 9f.
73. N: 1903. E+D: Briefe II (1900–1909), Wien 1937, S. 117f.
74. N: 1903. E+D: Sein Lebensgang in Briefen. Unter Mitwirkung von Ina Britschgi-Schimmer hrsg. v. Martin Buber, Frankfurt 1929, S. 117f.
75. E: Die Göttinnen oder Die drei Romane der Herzogin von Assy, Berlin 1903. D: Die Göttinnen oder Die drei Romane der Herzogin von Assy, Hamburg und Düsseldorf 1969, S. 329f. [© Aufbau-Verlag. Alle Rechte für die Bundesrepublik beim Claassen-Verlag GmbH, 1976]
76. E: Ellen Olestjerne. Eine Lebensgeschichte, München 1903. D: Gesammelte Werke, hrsg. v. Else Reventlow, München 1925, S. 575f.
77. E+D: Bänkelsang vom Balzer auf der Balz, München 1904, S. 8, 9. W: Gesammelte Werke in sechs Bänden. Bd. 4. Lyrik und kleinere Versdichtungen, München 1925, S. 573–698
78. E: Peter Camenzind, Berlin 1904. D: Gesammelte Werke in zwölf Bänden. Bd. 1, Frankfurt 1970, S. 341–496. A: S. 383
79. E+D: Die Bilanz der Moderne, Berlin 1904, S. 161f., 189. W: Die Bilanz der Moderne, hrsg. v. Gotthart Wunberg, Tübingen 1974
80. E+D: Walt Whitman, Berlin und Leipzig 1904, S. 12
81. E+D: Das Gespräch über Formen und Platons Lysis, Leipzig 1905, S. 14
82. D: Gesammelte Werke, hrsg. v. Julius Hart, Bd. 3. Literarische Erinnerungen. Ausgewählte Aufsätze, Berlin 1907, S. 11–96. A: S. 87, 92
83. N: 1906. E+D: Dichtungen und Schriften, Bd. 3. Tagebücher, Träume, Briefe, Darmstadt 1960, S. 44
84. N: 1906. E+D: Gesamtwerk, hrsg. v. Wilhelm Emrich, Bd. 7. Frühwerk, Neuwied 1967, S. 847f.
85. N: 1907/1909. D: Weltende. Gesammelte Dichtungen, Zürich 1958, S. 17 [© Die Arche]. W: Udo Reiter, Jakob van Hoddis. Leben und lyrisches Werk, Göppingen 1970, S. 160 [Ursprüngliche, ungekürzte Fassung]
86. E+D: Der »Fall« Nietzsche. Eine »Überwindung«, Leipzig 1907, S. 4, 10, 12, 17, 71, 176f., 244f.
87. E: Der Weg ins Freie, in: Neue Rundschau 19, 1908, S. 31–71, 183–

221, 327–361, 471–517, 643–693, 801–857. D: Gesammelte Werke. I. Abt. Bd. 3, Berlin 1908. A: S. 203f. W: Gesammelte Werke. Die Erzählenden Schriften. Bd. 1, Frankfurt 1961, S. 635–958

88. E: Meine Beziehungen zu Nietzsche, in: Die Zeit Nr. 1826, 1907. D: Meine Beziehungen zu Nietzsche, München 1908, S. 42f., 45, 46. W: Gesammelte Werke, Bd. 6. Autobiographische Schriften, Zürich 1947, S. 491–518

89. E+D: Faust und Zarathustra. Vortrag gehalten in der Bremer Ortsgruppe des Deutschen Monisten-Bundes am 1. Mai 1909, Bremen o. J. [1909], S. 17f., 30f.

90. E+D: Der Ausgang der Moderne. Ein Buch der Opposition, Dresden 1909, S. 65–73. A: S. 72f. W: Der Ausgang der Moderne. Ein Buch der Opposition, hrsg. v. Gotthart Wunberg, Tübingen 1976

91. N: 1909. E+D: T. J. Reed, ›Geist und Kunst‹. Thomas Mann's Abandoned Essay on Literature, in: Oxford German Studies 1, 1966, S. 86f. W: Hans Wysling, »Geist und Kunst«. Thomas Manns Notizen zu einem »Literatur-Essay«, in: Paul Scherrer / Hans Wysling, Quellenkritische Studien zum Werk Thomas Manns, Bern und München 1967, S. 208

92. E: Das Nordlicht. »Florentiner Ausgabe« in 3 Bänden, München und Leipzig 1910. D: Das Nordlicht, Bd. 1, Leipzig 1921, S. 572f.

93. N: 1910. E+D: Stefan George – Friedrich Gundolf. Briefwechsel, hrsg. v. Robert Boehringer mit Georg Peter Landmann, München und Düsseldorf 1962, S. 202

94. N: 1897/1900. E: Gesammelte Werke, hrsg. v. Roman Woerner, Bd. 1, München 1910. D: Gesammelte Werke, Straßburg ^{2}1943, S. 187–209. A: S. 188f.

95. N: 1910. E+D: Sein Lebensgang in Briefen. Unter Mitwirkung von Ina Britschgi-Schimmer hrsg. v. Martin Buber, Bd. 1, Frankfurt 1929, S. 325

96. E: Zehn Jahre nach Nietzsche, in: Die Propyläen. Wochenschrift der Münchener Zeitung Jg. 7, Nr. 39 v. 29. 6. 1910, S. 609ff. und Nr. 40 v. 6. 7. 1910, S. 625ff. D: Nachgelassene Schriften, München 1914, S. 354–375. A: S. 354, 359f., 360f., 367, 369f.

97. E+D: Nietzsche, in: Der Sturm 1, 1910/1911, S. 380f., 388f. A: S. 381

98. E+D: Vom Pathos. Die um George, in: Der Sturm 1, 1910, S. 316

99. E+D: Die Blätter für die Kunst und die neuste Literatur, in: Jahrbuch für die geistige Bewegung 1, 1910, S. 1–18. A: S. 4f. W: Gesammelte Werke, hrsg. v. Margot Ruben und Claus Victor Bock, Bd. 2. Übertragungen, Prosa, Hamburg 1960, S. 219–236

100. E+D: Friedrich Nietzsche. Eine intellektuale Biographie, Leipzig 1911, S. 7f., 8f., 45ff., 48f., 50, 51, 53 [Vorabdruck: Menschliches Allzumenschliches, in: Der Sturm I, 1910, Nr. 38, S. 299ff.]

101. N: 1911. E+D: Tagebücher, Aphorismen, Essays und Reden, hrsg. v.

Adolf Frisé, Hamburg 1955 [© Rowohlt Verlag GmbH], S. 145. W: Tagebücher, hrsg. v. Adolf Frisé, Bd. I, Reinbek b. Hamburg 1976 [© Rowohlt Verlag GmbH], S. 251

102. E+D: Detlev von Liliencron (Zu seinem Todestage), in: Die Aktion 1, 1911, Sp. 724–727. A: Sp. 724

103. N: 1911. E: Reinhard Johannes Sorge, Unser Weg. Von Susanne M. Sorge, München 1927, S. 12. D: Werke, hrsg. v. Hans Gerd Rötzer, Bd. 1, Nürnberg 1951, S. 406

104. E+D: Leben Hermann Conradis, in: Hermann Conradi, Gesammelte Schriften, Bd. 1, München und Leipzig 1911, S. CLX

105. E+D: Razzia auf Literarhistoriker, in: Die Fackel [hrsg. v. Karl Kraus, vgl. Nachweis Nr. 61] 13, 1912, Nr. 345/346, S. 30–43. A: S. 37f. W: Werke, Bd. 6. Literatur und Lüge, München 1958, S. 275–291

106. E+D: Aufruf!, in: Die Aktion 3, 1913, Sp. 1002

107. E+D: Lyrik, in: Die Aktion 3, 1913, Sp. 862f.

108. E: Gedankengut aus meinen Wanderjahren, München 1913. D: Gesammelte Werke. Bd. 1. Autobiographisches, München 1925, S. 339–405. A: S. 399f.

109. E: Das neue Pathos, in: Das literarische Echo 11, 1909, Sp. 1701–1707. D: Das neue Pathos, in: Das neue Pathos 1, 1913, S. 1–6. A: S. 4ff. W: Emile Verhaeren, Leipzig 1910; Expressionismus. Der Kampf um eine literarische Bewegung, hrsg. v. Paul Raabe, München 1965, S. 15–22

110. E+D: Ethik, in: Der Brenner 4, 1914, S. 684–690. A: S. 686ff.

111. E: Der Stern des Bundes, Berlin 1914. D: Gesamt-Ausgabe. Der Werke endgültige Fassung. Bd. 8. Der Stern des Bundes, Berlin 1934, S. 34

112. N: 1915. E: Die Flucht aus der Zeit. Fuga saeculi, Berlin und Leipzig 1927. D: Die Flucht aus der Zeit, Luzern 1946, S. 29

113. E: Die Fackel [hrsg. v. Karl Kraus, vgl. Nachweis Nr. 61] 17, Nr. 406–412, 1915, S. 99. W: Nachts, Leipzig 1918. D: Werke, hrsg. v. Heinrich Fischer, Bd. 3. Beim Wort genommen, München 1955, ^{2}1965, S. 375

114. E+D: Die Deutschsprechung Friedrich Nietzsche. Ein Protest, in: Die Aktion 5, 1915, Sp. 320–323. A: Auszüge. W: Das Aktionsbuch, hrsg. v. Franz Pfemfert, Berlin 1917, S. 185–189

115. N: 1916. E: Die Flucht aus der Zeit. Fuga saeculi, Berlin und Leipzig 1927. D: Die Flucht aus der Zeit, Luzern 1946, S. 132

116. N: 1916. E: Die Flucht aus der Zeit. Fuga saeculi, Berlin und Leipzig 1927. D: Die Flucht aus der Zeit, Luzern 1946, S. 135

117. Gespräch: 1916/1920. E+D: Gespräche mit Stefan George, München und Düsseldorf 1963, S. 54f., 100, 115

118. N: 1917. E: Die Flucht aus der Zeit. Fuga saeculi, Berlin und Leipzig 1927. D: Die Flucht aus der Zeit, Luzern 1946, S. 162

119. E+D: Die Dichtung der neuen Generation, in: Das literarische Echo

21, 1918, Sp. 1–8. A: Sp. 3f., 5. W: Paul Pörtner, Literaturrevolution 1910–1925. II. Begriffsbestimmung der Ismen, Neuwied, Berlin-Spandau 1961, S. 241–245

120. R: 1918. E: Über den Expressionismus in der Literatur und die neue Dichtung, Berlin 1919. D: Frühe Manifeste. Epochen des Expressionismus, Hamburg 1957, S. 13–25. A: S. 18

121. E: Betrachtungen eines Unpolitischen, Berlin 1918. D: Gesammelte Werke. Bd. XII. Reden und Aufsätze 4, Frankfurt 1960 (1970), S. 7–589. A: S. 86ff., 539f., 541

122. N: 1918. E+D: Briefe 1889–1936, hrsg. v. Erika Mann, Frankfurt 1961, S. 150–153 (Auszüge)

123. E+D: Zur Kritik der deutschen Intelligenz, Bern 1919, S. 224–228. W: Zur Kritik der deutschen Intelligenz, hrsg. v. Gerd-Klaus Kaltenbrunner, München 1970

124. E+D: Der unendliche Mensch, Leipzig 1919, S. 35. W: Der jüngste Tag. Die Bücherei einer Epoche, neu hrsg. v. Heinz Schöffler, Frankfurt 1970

125. E: Zarathustras Wiederkehr. Ein Wort an die deutsche Jugend. Von einem Deutschen, Bern 1919. D: Gesammelte Werke in zwölf Bänden. Bd. 10, Frankfurt 1970, S. 466–497. A: S. 472, 474f., 488, 489

126. E: Der Sinn der Heiligen Schrift, Leipzig 1919. D: Der Sinn der Heiligen Schrift, Leipzig 1922, S. 28, 196f., 198, 203f., 205f. W: Gesammelte Werke, hrsg. v. Wilhelm Emrich, Bd. 7. Schriften zur Religion und Weltanschauung, Köln, Berlin 1968, S. 337–624

127. E+D: Der Weg der neuen Dichtung, in: Das junge Deutschland II, 1919, Nr. 415, S. 109–114. A: S. 112

128. E+D: Nietzsche im Krieg, in: Die Weißen Blätter 6, 1919, S. 277–284. A: S. 277f.

129. E: Macht und Mensch, München 1919. D: Ausgewählte Werke in Einzelausgaben, hrsg. v. Alfred Kantorowicz, Bd. 12, Berlin 1955, S. 31–68. A: S. 46f.

130. E+D: Maßstäbe und Beispiele lyrischer Synthese. IV. Stefan Georges Stern des Bundes, in: Das junge Deutschland 2, 1919, H. 9, S. 240f. A: S. 240

131. E+D: Das religiöse Bewußtsein des Expressionismus, in: Neue Blätter für Kunst und Dichtung 1, 1918/19, S. 193–199. A: S. 194. W: Paul Pörtner, Literaturrevolution 1910–1925. II. Zur Begriffsbestimmung der Ismen, Neuwied, Berlin-Spandau 1961, S. 266–269

132. E+D: Der doppelte Ursprung des deutschen Expressionismus, in: Neue Blätter für Kunst und Dichtung 1, 1918/19, S. 227–230. A: S. 228. W: Die deutsche expressionistische Kultur und Malerei, Berlin 1920

133. N: 1920. E: Die Flucht aus der Zeit. Fuga saeculi, Berlin und Leipzig 1927. D: Die Flucht aus der Zeit, Luzern 1946, S. 260

134. N: 1920. E+D: Expressionismus. Literatur und Kunst 1910–1923.

Eine Ausstellung des Deutschen Literaturarchivs im Schiller-Nationalmuseum Marbach a. N., i. A. der Deutschen Schillergesellschaft hrsg. v. Bernhard Zeller, Marbach a. N. 1960, S. 102f.

135. E+D: Dada-Almanach, hrsg. v. Richard Huelsenbeck, Berlin 1920, S. 3–9. A: S. 7f. W: Paul Pörtner, Literaturrevolution 1910-1925. II. Zur Begriffsbestimmung der Ismen, Neuwied, Berlin-Spandau 1961, S. 517–522

136. E+D: Einführung in Nietzsche, München 1920 (Flugblätter Nr. 8), S. 1f., 3, 4

137. E: Berlin oder Juste milieu, München 1920. D: Gesamtwerk, hrsg. v. Wilhelm Emrich, Bd. 6. Zeitkritik, Neuwied 1966, S. 105–171. A: S. 125

138. E+D: Liebe der Lebenden. Tagebücher 1921–1923. Bd. 1, Hildesheim 1924, S. 250, 254

139. E+D: Der Antichrist, in: Feuer 2, Saarbrücken 1921, S. 369–377. A: S. 370f., 373f., 376

140. E+D: Der Antichrist, in: Die Fackel [hrsg. v. Karl Kraus, vgl. Nachweis Nr. 61] 23, 1921, Nr. 577/582, S. 65f.

141. E+D: Die Entfaltung. Novellen an die Zeit, hrsg. v. Max Krell, Berlin 1921, S. V–XIII. A: S. VI f., IX. W: Paul Pörtner, Literaturrevolution 1910–1925. I. Zur Ästhetik und Poetik, Darmstadt, Neuwied, Berlin-Spandau 1960, S. 321–326

142. E+D: Ewige Wiederkunft des Gleichen oder Aufwärts-Entwickelung?, Langensalza 1921, S. 22f.

143. E: Tasso oder Kunst des Juste milieu. Ein Wink für die Jugend [Tribüne der Kunst und Zeit. Eine Schriftensammlung, hrsg. v. Kasimir Edschmid, Bd. 25], Berlin 1925. D: Gesamtwerk, hrsg. v. Wilhelm Emrich, Bd. 6. Zeitkritik, Neuwied 1966, S. 177–201. A: S. 199

144. E: Formung von Drama, in: Deutsches Bühnen-Jahrbuch 33, 1922, S. 53f. D: Werke, hrsg. v. Walther Huder, Bd. 4, Frankfurt, Berlin, Wien: Ullstein, Propyläen 1971, S. 572ff. A: S. 572f.

145. E: Der kommende Mensch, in: Hannoverscher Anzeiger Nr. 88 v. 9. 4. 1922 / Dichtung und Energie, in: Berliner Tageblatt Nr. 594 v. 25. 12. 1923, S. 6. D: Werke, hrsg. v. Walther Huder, Bd. 4, Frankfurt, Berlin, Wien: Ullstein, Propyläen 1971, S. 567–571. A: S. 569

146. E+D: Das Bilderbuch meiner Jugend, Stuttgart und Berlin 1922, S. 244

147. E: Verse der Lebenden. Deutsche Lyrik seit 1910, hrsg. v. Heinrich Eduard Jacob, Berlin 1924. D: Verse der Lebenden, hrsg. v. Heinrich Eduard Jacob, Berlin [3]1932, S. 5–37. A: S. 9, 11f. W: Expressionismus. Der Kampf um eine literarische Bewegung, hrsg. v. Paul Raabe, München 1965, S. 194–211

148. R: 4. 11. 1924. E: Rede zur Feier des 80. Geburtstages Friedrich Nietzsches am 15. 10. 1924, in: Ariadne. Jahrbuch der Nietzsche-

Gesellschaft 1925, S. 122–126. D: Gesammelte Werke. Bd. X. Reden und Aufsätze 2, Frankfurt 1960 (1974), S. 180–184. A: S. 181f.

149. N: 1911. E: Antichrist, München 1921. W: Der Jüngling. Die frühen Dichtungen, Kempten 1925. D: Werke, hrsg. v. Hans Gerd Rötzer, Bd. 1, Nürnberg 1962, S. 327–350. A: S. 328f., 332ff., 341f.

150. E: Der Kampf mit dem Dämon. Hölderlin, Kleist, Nietzsche, Leipzig 1925, S. 231–321. D: Baumeister der Welt, Frankfurt 1962, S. 297–362. A: S. 309–312, 325f., 336f., 338f., 340, 356, 359, 360f.

151. E: Moi wspótcześni. Wśród obcych, Warszawa 1926. D: Erinnerungen an das literarische Berlin. Mit einem Geleitwort von Willy Haas, München 1965, S. 90f., 196

152. E: Der Steppenwolf. Gesammelte Werke [2], Berlin 1927. D: Gesammelte Werke in zwölf Bänden. Bd. 7, Frankfurt 1970, S. 181–413. A: S. 191, 204, 252f.

153. R: 10. 1. 1927. E: Das Schrifttum als geistiger Raum der Nation, in: Neue Rundschau 38, 2, 1927, S. 11–26 und: Verlag der Bremer Presse, München 1927. D: Gesammelte Werke in Einzelausgaben, hrsg. v. Herbert Steiner, Prosa IV, Frankfurt 1955, S. 390–413. A: S. 397f., 401ff.

154. R: 1927. D: Rufe und Reden. Führungen und Betrachtungen, Frankfurt 1928, S. 229–237. A: S. 233

155. E+D: Der Snobismus als geistige Weltmacht, in: Jahrbuch des Paul Zsolnay-Verlages, Berlin, Wien, Leipzig 1928, S. 9–34. A: S. 21f.

156. E: Ibsen-Jugend. Schüler-Erinnerungen, in: Münchner Neueste Nachrichten Nr. 78 v. 20. 3. 1928. D: Bild und Gesetz. Gesammelte Abhandlungen, Berlin, Zürich 1930, S. 121–126. A: S. 121f. W: Gesammelte Werke, hrsg. v. Margot Ruben und Claus Victor Bock, Bd. 2. Übertragungen, Prosa, Hamburg 1960, S. 351–355

157. E+D: Erzählung eines Lebens, Leipzig 1930, S. 123. W: Erzählung einer Jugend, in: Schriften in Auswahl, München 1960, S. 1–143

158. E+D: Dichterköpfe, Wien 1930, S. 38–44

159. E: Lebensabriss, in: Neue Rundschau 41, 1930, S. 732–769 / A Sketch of my Life, Paris 1930. D: Gesammelte Werke. Bd. XI. Reden und Aufsätze 3, Frankfurt 1960 (1974), S. 98–144. A: S. 109ff.

160. E: Der Mann ohne Eigenschaften, Bd. 1, Berlin 1930, Bd. 2, Berlin 1933. W: Der Mann ohne Eigenschaften, hrsg. v. Adolf Frisé, Hamburg 1952 [© Rowohlt Verlag GmbH]. D: Der Mann ohne Eigenschaften, hrsg. v. Adolf Frisé, Reinbek b. Hamburg [5]1960, S. 16, 17, 49, 353, 354, 368, 435, 607, 748, 770, 910

161. N: 1930. N+D: Sigmund Freud / Arnold Zweig, Briefwechsel, hrsg. v. Ernst L. Freud, Frankfurt 1968, S. 35f.

162. R: 23. 3. 1931. E: Rede auf Heinrich Mann, in: Vossische Zeitung Nr. 75 v. 29. 3. 1931. D: Gesammelte Werke in vier Bänden, hrsg. v.

Dieter Wellershoff, Bd. 1. Essays, Reden und Vorträge, Wiesbaden 1959, S. 410–418. A: S. 413–416

163. E+D: Wissen und Verändern! Offene Briefe an einen jungen Menschen, Berlin 1931, S. 72f., 168f. W: Der deutsche Maskenball von Linke Poot. Wissen und Verändern, Olten und Freiburg i. Br. 1972, S. 127–266

164. R: 27. 3. 1931. E: Vom Beruf des deutschen Schriftstellers in unserer Zeit. Ansprache an den Bruder, in: Neue Rundschau 42, 1931, S. 604–612. D: Thomas Mann – Heinrich Mann, Briefwechsel 1900–1949, hrsg. v. Hans Wysling, Frankfurt 1968, S. 126–136. A: S. 133. W: Gesammelte Werke. Bd. X. Reden und Aufsätze 2, Frankfurt 1960 (1974), S. 306–315

165. E: Sils Maria, in: Die Literatur 36, 1933, S. 13f. D: Gesammelte Werke in vier Bänden, hrsg. v. Dieter Wellershoff, Bd. 3. Gedichte, Wiesbaden 1960, S. 153

166. E: Das Böse im Wertsystem der Kunst, in: Neue Rundschau 44, 2, 1933, S. 157–191. D: Dichten und Erkennen. Essays. Bd. 1, hrsg. v. Hannah Arendt, Zürich 1955, S. 311–350. A: S. 313f.

167. E+D: Der »kranke« Nietzsche, in: Die Literatur 35, 1933, S. 249–251. A: S. 249f.

168. E: Scholle und Schicksal. Geschichte meines Lebens, München 1933. D: Scholle und Schicksal. Die Geschichte meiner Jugend, Salzburg ^{2}1940, S. 369f. W: Sämtliche Werke, Bd. 1, Salzburg 1945

169. N: 1933. E: Werke, hrsg. v. Heinrich Fischer, Bd. 3. Die dritte Walpurgisnacht, München: Kösel 1952, ^{3}1965. D: Die dritte Walpurgisnacht, hrsg. v. Heinrich Fischer, München 1967, S. 59f., 63f.

170. E: Rede auf Stefan George, in: Die Literatur (Das literarische Echo) 36, 1934, S. 377–382. D: Gesammelte Werke in vier Bänden, hrsg. v. Dieter Wellershoff, Bd. 1. Essays, Reden und Vorträge, Wiesbaden 1959, S. 464–477. A: S. 471f.

171. N: 1937. E+D: Tagebücher, Aphorismen, Essays und Reden, hrsg. v. Adolf Frisé, Hamburg 1955 [© Rowohlt Verlag GmbH], S. 401. W: Tagebücher, hrsg. v. Adolf Frisé, Bd. I, Reinbek b. Hamburg 1976 [© Rowohlt Verlag GmbH], S. 903.

172. E+D: Liebe und Ärgernis des D. H. Lawrence, Amsterdam 1934, S. 49. W: Werke in drei Bänden, hrsg. v. Hermann Kesten, Bd. 3, Köln, Berlin 1959, S. 703–777

173. N: 1934. E+D: Sigmund Freud / Arnold Zweig, Briefwechsel, hrsg. v. Ernst L. Freud, Frankfurt 1968, S. 85f.

174. N: 1934. E+D: Sigmund Freud / Arnold Zweig, Briefwechsel, hrsg. v. Ernst L. Freud, Frankfurt 1968, S. 90ff.

175. E: Bilanz der deutschen Judenheit. Ein Versuch, Amsterdam 1934. D: Bilanz der deutschen Judenheit. Ein Versuch, Köln 1961, S. 290–292

176. E+D: Jahrhundertwende. Geschichte meines Lebens 1893–1914, Danzig 1935, S. 295. W: Sämtliche Werke, Bd. 2, Salzburg 1945
177. E+D: Erlebnis mit Nietzsche, in: Neue Rundschau 46, 1, 1935, S. 391–407. A: S. 392f., 401f., 403. W: Gesichter und Zeiten. Erinnerungen. Bd. 1. Völker und Vaterländer, Berlin 1935
178. N: 1935. E+D: Robert Musil und ein junger Mann seiner Zeit. Karl Baedeker, in: Robert Musil. Studien zu seinem Werk, hrsg. v. Karl Dinklage, Hamburg 1970 [© Rowohlt Verlag GmbH], S. 343
179. E: Turin I, in: Das Gedicht. Blätter für die Dichtung, hrsg. v. Heinrich Ellermann, II, 7, 1936. D: Gesammelte Werke in vier Bänden, hrsg. v. Dieter Wellershoff, Bd. 3. Gedichte, Wiesbaden 1960, S. 177
180. D: Abenteuer meiner Jugend, Bd. 2, Berlin 1937, S. 436f., 438. W: Sämtliche Werke, hrsg. v. Hans-Egon Hass, Bd. VII. Autobiographisches, Darmstadt 1962, S. 451–1082
181. E: Buch der Erinnerung, Leipzig 1938. D: Buch der Erinnerung, Erlenbach-Zürich ^{2}1954, S. 115f., 117, 118
182. N: 1938. E+D: Briefe 1937–1947, hrsg. v. Erika Mann, Frankfurt 1963, S. 63
183. E: Introductory essay, in: The living thoughts of Nietzsche, New York 1939. D: Nietzsche, in: Maß und Wert 2, 1939, S. 277–304. A: S. 277, 278ff., 281, 282f., 287, 288, 289, 290, 291, 292, 293, 294, 295f., 297f., 299, 300. W: Préface, in: Les pages immortelles de Nietzsche. Choisies et expliquées par Heinrich Mann, Paris 1939, S. 7–66
184. E+D: Alfred Schuler, Fragmente und Vorträge aus dem Nachlaß, Leipzig 1940, S. 60. W: Ludwig Klages, Sämtliche Werke, hrsg. v. Ernst Frauchiger, Gerhard Funke u. a., Bd. 9, Bonn 1978
185. E+D: Welt und Weg. Aus meinem Leben, Bonn 1940, S. 14ff., 63, 81, 244
186. R: 2. 5. 1941. E+D: Ansprache zu Heinrich Manns siebzigstem Geburtstag, in: Thomas Mann – Heinrich Mann, Briefwechsel 1900–1949, hrsg. v. Hans Wysling, Frankfurt 1968, S. 206–212. A: S. 208–210
187. R: 15. 10. 1945. E: Zuweisungen. Essais und Aufsätze, Baden-Baden 1948, S. 87–109 / Nachwort, in: Nietzsche. Rückblick auf eine Philosophie, Baden-Baden ^{2}1947. D: Die Verurteilung des Sokrates. Biographische Essays aus sechs Jahrzehnten, hrsg. v. Fredy Gröbli-Schaub und Rolf Hochhuth, Heidelberg 1970, S. 300–317. A: S. 300f., 314–317
188. E: Ein Zeitalter wird besichtigt, Stockholm 1945. D: Ein Zeitalter wird besichtigt, Düsseldorf 1974, S. 170 [© 1973 Aufbau-Verlag, 1974 Claassen Verlag]
189. D: Gesammelte Werke in fünf Bänden. Bd. 3, Berlin und Frankfurt 1952, S. 1169–1194. A: S. 1180f.
190. E: Die deutsche Utopie von 1933 und die Literatur, in: Das goldene

Tor 1, 1946, H. 2, S. 136–147 u. H. 3, S. 258–269. D: Die literarische Situation, Baden-Baden 1947, S. 7, 8, 9 (überarbeitete Fassung). W: Schriften zur Politik und Gesellschaft, Olten und Freiburg i. Br. 1972, S. 423–438

191. N: 1947/1948. E+D: Hofmannsthal und seine Zeit. Eine Studie, in: Dichten und Erkennen. Essays. Bd. 1, hrsg. v. Hannah Arendt, Zürich 1955, S. 43–181. A: S. 72f.

192. E: Doktor Faustus, Stockholm 1947. D: Gesammelte Werke. Bd. VI, Frankfurt 1960 (1974), S. 316, 317, 323f., 324f., 501, 649f., 650f.

193. R: 2. 6. 1947. E: Nietzsche's Philosophie im Lichte unserer Erfahrung, in: Neue Rundschau 58, 1947, S. 359–389. D: Gesammelte Werke. Bd. IX. Reden und Aufsätze 1, Frankfurt 1960 (1970), S. 675–712. A: S. 682f., 684ff., 689, 690f., 692f., 694, 695f., 701f., 703f., 706f., 707f., 710

194. E: Roman des Phänotyp, in: Der Ptolemäer, Wiesbaden 1949, S. 33–86. D: Gesammelte Werke in vier Bänden, hrsg. v. Dieter Wellershoff, Bd. 2. Prosa und Szenen, Wiesbaden 1958, S. 152–204. A: S. 167–169

195. N: 1940. E: Ausdruckswelt, Wiesbaden 1949, S. 40–43 u. d. T. ›Züchtung‹. D: Gesammelte Werke in vier Bänden, hrsg. v. Dieter Wellershoff, Bd. 1. Essays, Reden, Vorträge, Wiesbaden 1959, S. 295–298. A: S. 297f.

196. E+D: Schicksalsreise. Bericht und Bekenntnis, Frankfurt 1949, S. 159–162. W: Autobiographische Schriften und Letzte Aufzeichnungen, Olten und Freiburg i. Br. 1977 [© Walter-Verlag]

197. E+D: Strahlungen, Tübingen 1949, S. 9. W: Werke, Bd. 2. Tagebücher II, Stuttgart 1962

198. E: Die Entstehung des Doktor Faustus, Amsterdam 1949. D: Gesammelte Werke. Bd. XI. Reden und Aufsätze 3, Frankfurt 1960 (1974), S. 145–301. A: S. 165f.

199. N: 1950. E: Auf andere Art so große Hoffnung. Tagebuch 1950, Berlin 1951. D: Gesammelte Werke, Bd. 12. Auf andere Art so große Hoffnung. Tagebuch 1950. Eintragungen 1951, Berlin und Weimar 1969, S. 12f., 93, 168

200. R: 25. 8. 1950. E: Nietzsche nach 50 Jahren, in: Das Lot 4, 1950, S. 7–14. D: Gesammelte Werke in vier Bänden, hrsg. v. Dieter Wellershoff, Bd. 1. Essays, Reden und Vorträge, Wiesbaden 1959, S. 482–493

201. D: Der Nihilismus und die werdende Welt. Aufsätze und Vorträge, Nürnberg 1951, S. 289–306. A: S. 290f., 292, 294f., 298ff.

202. R: 12. 9. 1952 in französischer Sprache. E+D: Gesammelte Werke in vier Bänden, hrsg. v. Dieter Wellershoff, Bd. 1. Essays, Reden und Vorträge, Wiesbaden 1959, S. 541–549. A: S. 542–544

203. E+D: Das Jahr der schönen Täuschungen, Wiesbaden 1952, S. 118f., 120f., 126f.

204. E+D: Der Tag des jungen Arztes, Wiesbaden 1955, S. 200

205. E+D: An der Zeitmauer, Stuttgart 1959, S. 278ff. W: Werke, Bd. 6. Essays II, Stuttgart 1963, S. 507–661
206. E+D: Streitbares Leben. Autobiographie, München 1960, S. 236. W: Streitbares Leben. Autobiographie, München 1968 [Erweiterte Fassung]
207. E+D: Typus · Name · Gestalt, Stuttgart 1963, S. 61. W: Werke, Bd. 8. Essays IV, Stuttgart 1963, S. 383–473.
208. N: 1902. D: Unveröffentlichtes Manuskript. Deutsches Literaturarchiv, Marbach
209. N: 1903. D: Unveröffentlichtes Manuskript. Deutsches Literaturarchiv, Marbach

Nachbemerkung

Die chronologische Anordnung wurde bei den nachstehenden Texten nicht eingehalten, weil deren Datierung erst während der Drucklegung gesichert werden konnte:

71 Robert Musil, Tagebucheintragung ›Etwas über Nietzsche‹ (1899)
94 Emil Gött, An Nietzsche (1897/1900)
109 Stefan Zweig, Das neue Pathos (1909)
149 Reinhard Johannes Sorge, Antichrist (1921)
171 Robert Musil, Tagebucheintragung ›Nietzsche‹ (1937)

Auswahlbibliographie zur weiteren Nietzsche-Rezeption

Améry, Jean, Nietzsche – der Zeitgenosse. Zu seiner Betrachtung ›Schopenhauer als Erzieher‹, in: Merkur 29, 1975, S. 1141–1149

Andreas-Salomé, Lou, Zum Bilde Friedrich Nietzsches, in: Freie Bühne 3, 1892, S. 249–257, 485–496

— Friedrich Nietzsche in seinen Werken, Wien 1894

Andres, Stefan, Nietzsche vor dem Kassationshof, in: Aufbau 4, 1948, S. 359f.

Avenarius, Ferdinand, Nietzsche und Spitteler, in: Der Kunstwart 16, 1902/1903, S. 154f.

Bahr, Hermann, Die Überwindung des Naturalismus, Dresden und Leipzig ²1899, S. 19f.

— Dialog vom Marsyas. Ein Gespräch über Kunst, Berlin 1905 [Neuausgabe Leipzig nach 1912], S. 8f., 12, 58–62

— Eintragung vom 5. 4. 1920, in: Hermann Bahr, Kritik der Gegenwart, Augsburg 1922, S. 104f.

— Rez. Stefan Zweig, Der Kampf mit dem Dämon: Hölderlin – Kleist – Nietzsche, Leipzig 1925, in: Neue Freie Presse v. 20. 5. 1925

Becher, Johannes R., Vom Anderswerden, Berlin 1949, S. 10f., 63–70, 196, 201–204, 290f.

Benn, Gottfried, Dorische Welt, in: Gottfried Benn, Gesammelte Werke in vier Bänden, hrsg. v. Dieter Wellershoff, Bd. 1. Essays, Reden, Vorträge, Wiesbaden 1959, S. 262–294

— Nach dem Nihilismus, in: Gottfried Benn, Gesammelte Werke in vier Bänden, hrsg. v. Dieter Wellershoff, Bd. 1. Essays, Reden, Vorträge, Wiesbaden 1959, S. 151–161

— Turin II, in: Gottfried Benn, Gesammelte Werke in vier Bänden, hrsg. v. Dieter Wellershoff, Bd. 3. Gedichte, Wiesbaden 1960, S. 465

Benndorf, Friedrich Kurt, Hymnen an Zarathustra und andere Gedichtkreise, Leipzig 1900, S. 1–25, 141–146

Berg, Leo, Friedrich Nietzsche. Ein Essay, in: Die Gesellschaft 6, 1890, S. 1415–1428

Bierbaum, Otto Julius, Deutsche Lyrik von heute, München 1891, S. 4 (Münchener Flugschriften II)

Binding, Rudolf G., Aus dem Kriege, Frankfurt 1925, S. 113f.

Blass, Ernst, Das alte Café des Westens, in: Expressionismus. Aufzeichnungen und Erinnerungen der Zeitgenossen, hrsg. v. Paul Raabe, Olten und Freiburg i. Br. 1965, S. 38

Blei, Franz, Das große Bestiarium: Nietzsche, in: Franz Blei, Schriften in Auswahl, München 1960, S. 577–580

Bölsche, Wilhelm, Notiz zur »naturwissenschaftlichen Betrachtungsweise« des Wahnsinns und Rezension von Hermann Türk, Fr. Nietzsche und seine philosophischen Irrwege, in: Freie Bühne 3, 1892, S. 666f.
Borchardt, Rudolf, Rede über Hofmannsthal, in: Rudolf Borchardt, Reden, Stuttgart 1955, S. 53, 87
Breysig, Kurt, Begegnungen mit Stefan George, in: Kurt Breysig, Stefan George. Gespräche. Dokumente, Amsterdam 1960, S. 16, 29f.
Broch, Hermann, Brief an Rudolf Brunngraber vom 17. 2. 1948, in: Hermann Broch, Briefe von 1929 bis 1951, hrsg. v. Robert Pick, Zürich 1957, S. 285
Conrad, Michael Georg, Madame Lutetia! Neue Pariser Studien, Leipzig o. J. (1883), S. 289f.
— Rez. Friedrich Nietzsche, Zur Genealogie der Moral, in: Die Gesellschaft 4, 1888, S. 1156–1158
— An unsere Leser und Freunde, in: Die Gesellschaft 5, 1889, S. 918
Conradi, Hermann, Adam Mensch, Leipzig 1889
Däubler, Theodor, Sparta. Ein Versuch, in: Theodor Däubler, Dichtungen und Schriften, hrsg. v. Friedhelm Kemp, München 1956, S. 344
Dallago, Carl, Der Bildungsphilister als Geistesrichter, in: Der Brenner 4, 1914, S. 723–736
Dehmel, Richard, Den Schreihälsen, in: Richard Dehmel, Gesammelte Werke in zehn Bänden, Bd. 1, Berlin 1906, S. 124
— Naivität und Genie, in: Richard Dehmel, Gesammelte Werke in drei Bänden, Bd. 3, Berlin 1913, S. 152f.
— Das Rätsel des Schönen, in: Richard Dehmel, Gesammelte Werke in zehn Bänden. Bd. 8. Betrachtungen, Berlin 1909, S. 49–53
— Ausgewählte Briefe aus den Jahren 1883–1920, hrsg. v. Ida Dehmel, 2 Bde., Berlin 1922/23, Bd. 1, S. 161f., Bd. 2, S. 77
Diner, Joseph, Friedrich Nietzsche, in: Moderne Dichtung 2, 1890, S. 429–431, 634–638
— Friedrich Nietzsche. Ein Dichterphilosoph, in: Freie Bühne 1, 1890, S. 368–371
Döblin, Alfred, Krieg und Frieden, in: Der neue Merkur 4, 1920/1921, S. 202f.
— Unser Dasein, Olten und Freiburg i. Br. 1964, S. 191f., 231ff.
— Prometheus und das Primitive, in: Alfred Döblin, Schriften zur Politik und Gesellschaft, Olten und Freiburg i. Br. 1972, S. 365
Ernst, Otto (Pseud.), Nietzsche, der falsche Prophet, Leipzig 1914
Ernst, Paul, Friedrich Nietzsche. Seine historische Stellung, in: Freie Bühne 1, 1890, S. 489ff.
— Nietzsche Briefe und der Wille zur Macht, in: Magazin f. Literatur 71, 1902, S. 217f.
— Der Wille zur Macht, in: Ethische Kultur 10, Berlin 1902, S. 34ff.
Flaischlen, Caesar, Jost Seyfried. Ein Roman in Brief- und Tagebuchblät-

tern. Aus dem Leben eines Jeden. Bd. 1. 1. Buch. Sprüche eines Steinklopfers, Berlin [4]1908, S. 48ff.
Flake, Otto, Praeludium. Prinzipielle Einleitung zum Versuch einer Kulturkritik, in: Der Stürmer 1, 1902, Nr. 1 vom 1. Juli, S. 13–15
— Der Ruf nach Bindungen, in: NRds 38, 2, 1927, S. 79ff., 82
Friedlaender, Salomo, Friedrich Nietzsche. Ein Wink zum Verständnis seiner Lehre, in: Das Neue Magazin 73, H. 17, Berlin 1904, S. 529–535
Mynona (Salomo Friedlaender), Freier der Wahrheit (Zum Todestage Nietzsches), in: Die Aktion 1, 1911, Sp. 878f.
Friedlaender, Salomo, Präsentismus. Rede des Erdkaisers an die Menschen, in: Der Sturm III/144/145, 1913, S. 253f.
Gött, Emil, Tagebücher und Briefe, hrsg. v. Roman Woerner, Bd. 1. Aus den Tagebüchern 1894–1900, München 1914, S. 37f., 70f., 77, 94f., 123, 125, 211f., 243, 273, 281ff., 292
— Tagebücher und Briefe, hrsg. v. Roman Woerner, Bd. 2. Aus den Tagebüchern 1901–1908, München 1914, S. 78f.
Grottewitz, Curt, Die Zukunft der deutschen Literatur im Urteil unserer Dichter und Denker. Eine Enquête, Berlin 1892, S. 118, 125f.
Hanstein, Adalbert von, Das jüngste Deutschland. Zwei Jahrzehnte miterlebter Litteraturgeschichte, Leipzig 1900, S. 189f., 270
Hauptmann, Gerhart, Die versunkene Glocke, Berlin 1897
Heinrich, Curt, Der Naturalismus und das deutsche Publikum, in: Die Gesellschaft 10, 1894, S. 1480
Hesse, Hermann, Anzeige von: Ernst Bertram, Nietzsche, in: Vivos voco 1, 1919/1920, S. 78
— Über »Zarathustras Wiederkehr«, in: Hermann Hesse, Gesammelte Werke in zwölf Bänden. Bd. 11. Schriften zur Literatur I, Frankfurt 1970, S. 39–42
Heym, Georg, Versuch einer neuen Religion, in: Georg Heym, Dichtungen und Schriften, Bd. 2. Prosa und Dramen, Hamburg und München 1962, S. 164–172
Heyse, Paul, Über allen Gipfeln, Berlin 1895 (S. 39f., 47, 102, 112f., 166ff., 243, 251, 348)
Hiller, Kurt, Das Cabaret und die Gehirne Salut. Rede zur Eröffnung des Neopathetischen Cabarets, in: Der Sturm I, 1910, Nr. 44, S. 351
— Ferdinand Hardekopf. Drei Worte zu Oppenheimers Porträt, in: Die Aktion 2, 1912, Sp. 1486
— Beitrag zur Litteraturgeschichte, in: Kurt Hiller, Die Weisheit der Langenweile. Eine Zeit- und Streitschrift. Bd. 1, Leipzig 1913, S. 240f.
— Taugenichts, Tätiger Geist, Thomas Mann, Berlin 1917, S. 11f.
— Überlegungen zur Eschatologie und Methodologie des Aktivismus, in: Kurt Hiller, Verwirklichung des Geistes im Staat. Beiträge zu einem System des logokratischen Aktivismus, Leipzig 1925, S. 163f.
Hofmannsthal, Hugo von, Zur Physiologie der modernen Liebe, in: Hugo

von Hofmannsthal, Gesammelte Werke in Einzelausgaben. Prosa I, hrsg. v. Herbert Steiner, Frankfurt 1956, S. 10
— Brief an Harry Graf Kessler vom 6. 10. 1903, in: Hugo von Hofmannsthal – Harry Graf Kessler. Briefwechsel 1898–1929, hrsg. v. Hilde Burger, Frankfurt 1968, S. 55
Holz, Arno, Zola als Theoretiker, in: Freie Bühne 1, 1890, S. 101–104
Huch, Ricarda, Die blaue Blume, in: Ricarda Huch, Gesammelte Werke, hrsg. v. Wilhelm Emrich, Bd. 6. Literaturgeschichte und Literaturkritik, Köln, Berlin 1969, S. 668
Johst, Hans, Der junge Mensch, München 1919, S. 16
Jünger, Ernst, Sgraffiti, in: Ernst Jünger, Werke. Bd. 7. Essays III, Stuttgart 1961, S. 460, 461
Jünger, Friedrich Georg, Nietzsche, Frankfurt 1949
Kassner, Rudolf, Englische Dichter, Leipzig 1920, S. 68, 72f., 129, 135f.
Kayser, Rudolf, Zur Polarität unserer Zeit, in: Das junge Deutschland 2, 1919, Nr. 10, S. 269ff.
— Die Zeit ohne Mythos, Berlin 1923, S. 93f.
— Europäische Rundschau: Eine neue Nietzsche-Ausgabe, in: NRds 41, 1, 1930, S. 710f.
Der Briefwechsel zwischen Friedrich Nietzsche und Gottfried Keller, in: Nietzsches Gesammelte Briefe, hrsg. v. Elisabeth Förster-Nietzsche und Curt Wachsmuth, Bd. 3, 1, Berlin und Leipzig 1904, S. 207–217
Keßler, Harry Graf, Brief an Hugo von Hofmannsthal vom 16. 4. 1911, in: Hugo von Hofmannsthal – Harry Graf Kessler. Briefwechsel 1898–1929, hrsg. v. Hilde Burger, Frankfurt 1968, S. 323ff.
Klein, Carl August, Über Stefan George, eine neue Kunst, in: Blätter für die Kunst I/2, 1892, S. 47f., 50
Klein, Rudolf, Nietzsche und unsere Zeit, in: Die Gesellschaft 13, 1897, S. 48–55
Kraus, Karl, Vom Niveau der Sprache, in: Die Fackel 23, 1921, Nr. 577/582, S. 61–64
Landauer, Gustav, Friedrich Hölderlin in seinen Gedichten. Ein Vortrag, in: Die Weißen Blätter 3, 1916, S. 183ff.
Lasker-Schüler, Else, Der kleine Friedrich Nietzsche, in: Else Lasker-Schüler, Gesammelte Werke, hrsg. v. Friedhelm Kemp, Bd. 2. Prosa und Schauspiele, München 1962, S. 721ff.
Levy, Oscar, Das neunzehnte Jahrhundert, Dresden 1904, S. 52–81, 123–127, 133ff.
Leybold, Hans, Schon wieder: Lehrer Schmidt contra Nietzsche, in: Die Aktion 4, 1914, Sp. 273f.
Lienhard, Friedrich, Parsifal und Zarathustra, Stuttgart 1914, S. 27–40
— Nietzsches Ausklang, in: Den Manen Friedrich Nietzsches. Weihgeschenke zum 75. Geburtstag der Frau Elisabeth Förster-Nietzsche, hrsg. v. Max Oehler, München 1921, S. 123–126

Lublinski, Samuel, Moderne Weltanschauung und geschichtliche Dichtung, in: Der Kunstwart 12, 2, 1899, S. 281
— Nietzsche und die Romantik, in: Der Zeitgeist Nr. 33 v. 14. 8. 1905 [3 n. num. Sp.]
— Nietzsche und der Sozialismus, in: Europa 1, 1905, S. 1084–1092
— Nietzsche und die Humanität, in: Der Zeitgeist Nr. 51 v. 21. 12. 1908 [5 n. num. Sp.]
Ludwig, Emil, Geschenke des Lebens. Ein Rückblick, Berlin 1931, S. 101, 159f.
Mann, Heinrich, Friedrich Nietzsche und das Deutschthum, in: Das Zwanzigste Jahrhundert 6, 1896, S. 561f.
— Wagner und Liszt. Eine zeitgemäße Betrachtung zum Todestage Richard Wagners, in: Das Zwanzigste Jahrhundert 6, 1, 1895/1896, S. 393–404
— Geist und Tat, in: Heinrich Mann, Ausgewählte Werke in Einzelausgaben, hrsg. v. Alfred Kantorowicz, Bd. 11, Berlin 1954, S. 12f.
Mann, Klaus, Kind dieser Zeit, München 1965, S. 187–192
— Frank Wedekind, in: Klaus Mann, Prüfungen. Schriften zur Literatur, hrsg. v. Martin Gregor-Dellin, München 1968, S. 221f.
Mann, Thomas, ›Geist und Kunst‹. Notizen zum ›Literatur-Essay‹, Nr. 32, 35, 44, 46, 62, 92, 97, 103. Text und Kommentar: Hans Wysling, »Geist und Kunst«. Thomas Manns Notizen zu einem »Literatur-Essay«, in: Paul Scherrer / Hans Wysling, Quellenkritische Studien zum Werk Thomas Manns, Bern und München 1967, S. 168, 169, 173, 174, 184f., 200, 203f., 208
— An Ernst Bertram. Briefe aus den Jahren 1910–1955, hrsg. v. Inge Jens, Pfullingen 1960, S. 35, 131, 149
Mombert, Alfred, Briefe an Friedrich Kurt Benndorf aus den Jahren 1900–1940, ausgewählt und kommentiert von Paul Kersten, Heidelberg 1975, S. 21, 35, 73f.
— Briefe 1893–1942, ausgewählt und hrsg. v. B. J. Morse, Heidelberg, Darmstadt 1961, S. 49, 74, 78, 163
Morgenstern, Christian, Mutter und Sohn, in: Christian Morgenstern, Nachlaß
— Nietzsche, in: Christian Morgenstern, Gesammelte Werke in einem Band, hrsg. v. Margareta Morgenstern, München 1965, S. 504
Oppeln-Bronikowski, Friedrich von, Auf Nietzsches Tod, in: Die Gesellschaft 16, 1900, S. 79ff.
Pannwitz, Rudolf, Die Religion Friedrich Nietzsches, in: Weimarer Blätter 1, 1919, S. 602–606
— Grundriss einer Geschichte meiner Kultur 1881–1906, Regensburg 1921, S. 22
— Die Osterinsel, in: Die horen 4, 1927, H. 2, S. 110–122 (Nietzsche-George-Apollon, S. 118)

Pannwitz, Rudolf, Nietzsche und die Verwandlung des Menschen, Amsterdam 1943

Rilke, Rainer Maria, Das Florenzer Tagebuch, in: Rainer Maria Rilke, Tagebücher aus der Frühzeit, hrsg. v. Ruth Sieber-Rilke und Carl Sieber, Leipzig 1942, S. 13–140

Rubiner, Ludwig, Der Mensch in der Mitte, Berlin-Wilmersdorf 1917, S. 21f., 86f., 105, 155f., 166f.

Sack, Gustav, Paralyse, in: Gustav Sack, Gesammelte Werke in zwei Bänden, Bd. 1, Leipzig 1920, S. 409ff.

Schickele, René, Brief an Thomas Mann vom 9. 1. 1933, in: René Schickele, Werke in drei Bänden, hrsg. v. Hermann Kesten, Bd. 3, Köln, Berlin 1959, S. 1174

— Friedrich Nietzsche, in: Das Vermächtnis. Deutsche Gedichte von Walther von der Vogelweide bis Nietzsche, hrsg. v. René Schickele, Freiburg 1948, S. 336–339

Schlaf, Johannes, Rez. von ›Jenseits von Gut und Böse‹, in: Allgemeine Deutsche Universitätszeitung vom 8. 1. 1887, Wiederabdruck in: Hermann Conradi, Gesammelte Schriften, Bd. 1, München und Leipzig 1911, S. CLX f.

— Bernoulli und der Fall Nietzsche, Leipzig 1908

Servaes, Franz, Nietzsche, Wagner und Hellas, in: Die Zeit Nr. 75 u. 76, 1896, S. 155ff., 172f.

— Friedrich Dionysos und Wolfgang Apollo, in: Die Zeit Nr. 156, 1897, S. 201ff.

Sorge, Reinhard Johannes, Guntwar / Ein Werden, [Untertitel: »Dem zugeeignet, der dies in mir schuf.«] in: Reinhard Johannes Sorge, Werke, hrsg. v. Hans Gerd Rötzer, Bd. 1, Nürnberg 1962, S. 275–288

— Zarathustra. Eine Impression, in: Reinhard Johannes Sorge, Werke, hrsg. v. Hans Gerd Rötzer, Bd. 1, Nürnberg 1962, S. 313–325

— Gericht über Zarathustra. Vision, in: Reinhard Johannes Sorge, Werke, hrsg. v. Hans Gerd Rötzer, Bd. 2, Nürnberg 1964, S. 95–128

Spitteler, Carl, Besprechung des ›Fall Wagner‹, in: Der Bund 39, Nr. 309 v. 8. 11. 1888

— Brief an Nietzsche vom 6. 11. 1888, zit. nach Mazzino Montinari, Nietzsche Briefwechsel. Kritische Gesamtausgabe, in: Nietzsche-Studien 4, 1975, S. 397

Stadler, Ernst, Deutsch-Französisches, in: Der elsässische Garten. Ein Buch von unsres Landes Art und Kunst, hrsg. v. Friedrich Lienhard, Hans Pfitzner, Carl Spindler, Straßburg 1912, S. 248ff.

Sudermann, Hermann, Brief an seine Frau vom 18. 3. 1901, in: Hermann Sudermann, Briefe an seine Frau (1891–1924), hrsg. v. Irmgard Leux, Stuttgart und Berlin 1932, S. 162f.

Wedekind, Frank, »Was ich mir dabei dachte«. Kurzer Kommentar zu den

Werken Frank Wedekinds von ihm selbst. 2. Frühlings Erwachen, in: Frank Wedekind, Gesammelte Werke, Bd. 9, München 1924, S. 424
Weigand, Wilhelm, Friedrich Nietzsche. Ein psychologischer Versuch, München 1893
Widmann, J. V., Jenseits von Gut und Böse, Stuttgart 1893
— Über Nietzsches »Antichrist«, in: Der Bund Nr. 7–11, 8.–12. 1. 1895
— C. Spitteler und Friedrich Nietzsche in ihren persönlichen Beziehungen, in: Der Bund v. 6. 10. 1907
Wilbrandt, Adolf, Die Osterinsel. Roman, 1895, 3Stuttgart 1897
Wolfskehl, Karl, Zarathustra, in: Blätter für die Kunst V, 1900, S. 7
— Geist und Gegenwart, in: Karl Wolfskehl, Bild und Gesetz. Gesammelte Abhandlungen, Berlin, Zürich 1930, S. 129
Wolters, Friedrich, Der Wandrer. Zwölf Gespräche, Berlin 1924, S. 42–45
Wolzogen, Ernst von, Wie ich mich ums Leben brachte. Erinnerungen und Erfahrungen, Braunschweig, Hamburg 1922, S. 53f., 196f., 267–270
Zweig, Stefan, Nietzsche und der Freund, in: Inselalmanach 1919, S. 111–123
— Mater Dolorosa. Die Briefe von Nietzsches Mutter an Overbeck (1937), in: Stefan Zweig, Zeit und Welt. Gesammelte Aufsätze und Vorträge 1904–1940, Stockholm 1943, S. 55–64

Namenregister

Kursive Zahlen = Beiträge der Autoren

Sachregister